I

幾何学百科

小島定吉・三松佳彦

[編集]

多様体のトポロジー

服部晶夫
佐藤 肇
森田茂之

[著]

朝倉書店

■編集委員

小島定吉（こじま　さだよし）
東京工業大学情報理工学院教授

三松佳彦（みつまつ　よしひこ）
中央大学理工学部教授

■執筆者（執筆順）

服部晶夫（はっとり　あきお）
元 東京大学

佐藤　肇（さとう　はじめ）
名古屋大学名誉教授

森田茂之（もりた　しげゆき）
東京大学名誉教授

まえがき

　本巻では「幾何学百科」の嚆矢として，現代幾何学の代表的な土俵となった可微分多様体のトポロジーを概説する．

　トポロジー自体は18世紀にオイラーが有名な多面体定理（[頂点の数]＋[面の数]＝[辺の数]＋2）を見出したのが端緒とされ，19世紀中葉にリーマン，19世紀末にはポアンカレが登場してホモロジー論や基本群などの概念が徐々に形をなしはじめた．20世紀に入ってから多様体の概念が確立し，ホモロジー論の整備がなされ，リーマンやポアンカレの思索は実り豊かな理論体系として成長していくこととなった．

　20世紀中葉になるとベクトル束の特性類や特性数の概念が生まれ，トムの同境理論と相まって，代数的トポロジーによる多様体の分類理論が爆発的かつ華々しい展開を見せ，微分トポロジーの「黄金時代」などともいわれるようになった．50年代から70年代前半までのフィールズ賞のリストはこの方面が賑やかである――ボット，ヒルツェブルフ，ゲルファント，サリバン，他が抜け落ちているにもかかわらず．

　1970年ごろまでにはサリバンらにより，5次元以上の単連結可微分閉多様体の微分同相類は特性類の言葉により（有限の不確定性を除いて）特定されることがつきとめられ，それ以降，多様体自体の代数的トポロジーの発展は黄金時代に比べるとやや停滞しはじめる．かわって，多様体上の幾何構造や微分同相群などの研究が盛んになり，多様体論自体としては，双曲幾何などのより幾何学的な道具を必要とする3次元多様体論と，ゲージ理論などのより大域解析的な道具を必要とする4次元多様体論が急速な発展を始める．

　3, 4次元多様体論や関連する幾何構造，力学系，大域解析学，ゲージ理論

などは他の巻に譲り，本巻では，まず服部晶夫氏による代数的トポロジーの基礎，特に多様体の理解に沿う形での導入から始める．章の終盤では，同境の発展に伴って豊かな実質を伴うようになったスペクトラムなどのホモトピー論にもふれられている．次の章では，佐藤肇氏により黄金時代のトポロジーが展開される．最後の章では，現代幾何学・トポロジーにとって不可欠な道具となった特性類の理論についての解説が森田茂之氏によってなされる．この珠玉の3章は，分類空間などを代表とする，代数的トポロジーがかちえた概念の深さと美しさを十二分に読者に伝えることと確信している．

この序文は，本来であれば日本のトポロジー界をながく牽引してこられた服部晶夫先生にお願いすべきものであったが，残念ながら服部先生は本巻の完成を待たず2013年8月に亡くなられた．

服部先生のご冥福を心よりお祈り申しあげます．

2016年9月

編集委員を代表して　三松佳彦

目次

第1章　トポロジーの基礎　　　　　　　　　　（服部晶夫）　1
1.1　序節 . . . .　1
1.2　ポアンカレ . . . .　5
1.3　ホモロジー群, コホモロジー群 . . . .　10
　　1.3.1　特異ホモロジー . . . .　10
　　1.3.2　チェックホモロジー . . . .　14
　　1.3.3　相対ホモロジー, 係数付きホモロジー . . . .　17
　　1.3.4　コホモロジー . . . .　19
　　1.3.5　積 . . . .　23
　　1.3.6　ホモトピー不変性 . . . .　31
　　1.3.7　切除定理 . . . .　33
　　1.3.8　胞体複体, CW 複体 . . . .　35
　　1.3.9　公理 . . . .　39
　　1.3.10　多様体のホモロジー . . . .　41
　　1.3.11　被覆空間, ファイバー束 . . . .　50
　　1.3.12　層係数コホモロジー . . . .　54
1.4　ホモトピー理論 . . . .　57
　　1.4.1　ホモトピー群 . . . .　58
　　1.4.2　ファイバー空間, スペクトル系列 . . . .　64
　　1.4.3　$K(\pi, n)$ 空間 . . . .　72
　　1.4.4　コホモロジー作用素 . . . .　76

1.5	一般コホモロジー理論		81
	1.5.1	K 理論	81
	1.5.2	スペクトラム	90
1.6	同境理論		93
参考文献			98

第 2 章　微分トポロジー　　　　　　　　　　　　（佐藤　肇）101

2.1	はじめに		101
2.2	ポアンカレの位置解析		102
	2.2.1	多様体	103
	2.2.2	ホモロジーとベッチ数	105
	2.2.3	交叉数	107
	2.2.4	双対性	108
	2.2.5	基本群	109
	2.2.6	ポアンカレ球面	109
	2.2.7	ポアンカレ予想	111
	2.2.8	モース理論	111
	2.2.9	その後	112
2.3	さまざまな多様体		113
	2.3.1	位相多様体と微分可能多様体	113
	2.3.2	PL 多様体とホモロジー多様体	115
2.4	異種球面の出現		118
	2.4.1	球面上の円板束	119
	2.4.2	$m=1,\ n=1$	120
	2.4.3	$m\geq 2,\ n=1$	120
	2.4.4	$m=2,\ n=2$	121
	2.4.5	$m=4,\ n=4$	122
	2.4.6	8 次元位相多様体	122
	2.4.7	エキゾティック球面の正統性	123
2.5	h 同境の定理		124

	2.5.1	同境, h 同境	125
	2.5.2	h 同境の定理	126
	2.5.3	モース理論	127
	2.5.4	h 同境の定理の証明の核心	132
2.6		ホモトピー球面の分類	134
	2.6.1	ホモトピー球面のなす群	135
	2.6.2	概平行化可能多様体	136
	2.6.3	平行化可能多様体の境界	138
	2.6.4	bP_{4k} の計算	142
	2.6.5	bP_{4k+2} の計算	144
2.7		PL 構造を固定した微分可能多様体の分類理論	146
	2.7.1	微分構造空間	146
	2.7.2	マイクロ束, ファイバー束	148
	2.7.3	分類	150
2.8		手術理論と多様体の分類理論	154
	2.8.1	手術理論のあらまし	155
	2.8.2	球面ファイバー空間	157
	2.8.3	ポアンカレ複体	159
	2.8.4	構造群	160
	2.8.5	手術の方法	164
	2.8.6	中間次元の手術と手術群	167
	2.8.7	微分構造空間	170
	2.8.8	手術完全系列	172
2.9		組合せ多様体	174
	2.9.1	ブロック束	175
	2.9.2	準単体的集合	177
	2.9.3	$\widetilde{PL_q}$	178
	2.9.4	PL 多様体構造	180
	2.9.5	三角形分割と主予想	181
2.10		ホモロジー多様体	184

	2.10.1	ホモロジー多様体から PL 多様体	185
	2.10.2	3 次元ホモロジー球面のなす群	185
	2.10.3	PL 多様体の構成のための障害元	187
	2.10.4	束理論	188
2.11	自己同相群	190
	2.11.1	$Diff(M), PL(M), TOP(M), G(M)$	190
	2.11.2	コンコーダンス群	192
	2.11.3	微分同相群のホモトピー型の非有限性	194
2.12	おわりに	197
参考文献	198

第 3 章　特性類　　　　　　　　　　　　　　　　　　（森田茂之）203

3.1	序論	203
	3.1.1	はじめに	203
	3.1.2	ガウス曲面論 〜特性類の理論の源流〜	205
	3.1.3	ガウスの考えの一般化 〜グラスマン多様体〜 . . .	209
	3.1.4	ファイバーバンドルと特性類	220
3.2	ベクトルバンドルの特性類	225
	3.2.1	分類空間のコホモロジー	225
	3.2.2	切断の存在に関する障害類	231
	3.2.3	接続と曲率（ベクトルバンドルの場合）	237
	3.2.4	ベクトルバンドルの種々の操作とホイットニーの公式	249
	3.2.5	グロタンディクの分解原理	257
	3.2.6	トム同型定理とギシン完全系列	264
	3.2.7	特性類の公理	267
3.3	チャーン–ヴェイユ理論	268
	3.3.1	S^1 バンドルの場合	269
	3.3.2	一般のリー群の場合	271
3.4	特性類の使われ方	277
	3.4.1	多様体の特性類と特性数	277

	3.4.2	トムの同境理論 279
	3.4.3	ヒルツェブルフの符号数定理 281
	3.4.4	"微分トポロジー"の誕生と特性類 〜異種球面〜 ... 283
3.5	2次特性類の理論 286
	3.5.1	平坦バンドル 286
	3.5.2	チャーン–サイモンズ理論 289
	3.5.3	ゲルファント–フックス理論 291
	3.5.4	葉層構造の特性類 301
3.6	一般のファイバーバンドルの特性類 315
	3.6.1	曲面バンドルの特性類 316
	3.6.2	高次トーションの理論 324
	3.6.3	球面バンドルの特性類 327
	3.6.4	離散位相を持った微分同相群の特性類 328

参考文献 329

索引 333

第1章

トポロジーの基礎

1.1 序節

　トポロジー（topology）という言葉は数学の術語の"位相"という意味と，位相幾何学という意味の2通りの使い方がある．後者の使い方については，20世紀の中頃までは位相幾何学が多く使われていたが，次第にトポロジーのほうが多く使われるようになってきた．その頃から代数的位相幾何学，微分位相幾何学という用語が現れたことと関係があるのかもしれない．微妙な違いとして，トポロジーは位相幾何学よりも広い意味で使われることが多い．例えば，この本の主題は多様体のトポロジーであるが，この言葉の持つ雰囲気は使う人，使われ方によって多少のニュアンスの違いがある．一般的には，多様体にまつわるさまざまな現象の中で，位相幾何学やその周辺に関わるものを指すことが多い．周辺の範囲はかなり広いところまで及ぶことがあり，そこにニュアンスの違いが現れてくる．

　本章の視点は，多様体に関して今日まで発展してきた理論の中で，特に位相的手法を主として用いる基礎的な道具立てと，それを用いて得られるいくつかの目ぼしい結果について解説することにある[*1]．本節は序節として，18世紀オイラーの公式から始まるトポロジーの歴史を概観する．その時代の仕事が現代のトポロジーの考え方にいかにつながっているかを見ることに重点

[*1] 多様体に関する基礎的な用語については標準的な教科書を参照されたい．

を置いていく．

　数学史上トポロジーの考え方が初めて現れたのは**オイラー**（Euler）**の多面体公式**（1750〜1753 年頃）であると言われている．多面体（ここでは三角形分割または多面体分割された 2 次元球面と位相同型な空間を指す）に対して，頂点，辺，面の個数をそれぞれ v, e, f とすると，

$$v - e + f = 2$$

が成り立つ．分割の仕方によって v, e, f はいろいろ変わるが，交代和はいつも 2 に等しいという主張であり，位相だけで定まる量になっている．今日の言葉でいう**位相不変量**が歴史上初めて姿を現したものである．一般の種数 g の向き付け可能な閉曲面に対する同様の公式

$$v - e + f = 2 - 2g$$

が得られたのは次の 19 世紀に入ってからであった．これらの公式における右辺の意味はベッチ数の交代和である**オイラー数**（または**オイラー標数**）として後にポアンカレにより説明されることになる．

　オイラーの公式は現代の数学で現れるある種の型の等式の雛型と考えられている．その型とは，同じ対象に対して，別の方向から考えられた二つの量が実は一致し，一方が他方に出発点とは異なる意味付けを与えるというものである．

　オイラーの公式と同様に後の数学に大きな影響を与えた等式として次の**ガウス–ボンネ**（Gauss–Bonnet）**の公式**を挙げることができる[*2]．向きの付いた閉曲面 M にリーマン計量が与えられているとき，そのガウス曲率を K として

$$\frac{1}{2\pi} \int_M K dV = \chi(M) = 2 - 2g$$

が成り立つ．ここで $\chi(M)$ は M のオイラー数である．実はガウスが最初に与えたのは上の形でなく，リーマン計量が与えられた曲面上の測地三角形

[*2] ガウス–ボンネの公式など曲面の微分幾何については [27] を参照されたい．

1.1 序節

$\triangle ABC$ に対して次の等式が成り立つというものであった（1827 年）．

$$\int_{\triangle ABC} KdV = \angle A + \angle B + \angle C - \pi$$

特に，K が一定である定曲率曲面では $K<0$，$K=0$，$K>0$ に応じて測地三角形の内角の和は 2 直角よりも小さくなるか，等しくなるか，大きくなる．当時ロバチェフスキー（Lobachevskiĭ），ボリアイ（Bolyai）による非ユークリッド幾何学はまだ発表されていなかったが，ガウスはこのような形でそれを知っていて，しかも自分では発表しようとしなかったと言われている．上のガウスの公式は辺が測地線でない場合にボンネによって拡張され，さらに曲多面体の場合を経て，閉曲面の場合の上記の公式が得られるようになった．最初は微分幾何学の公式であったものが，微分幾何的に定義される局所的量であるガウス曲率と大域的な量であるオイラー数とを結び付ける公式として捉えられるようになったのである．なお，ガウスが曲率の考察に用いたガウス写像は現代のトポロジーで重要な分類写像の特別な場合であり，その走りであったと考えられる．そのほかにも，ガウスが与えた二つの閉曲線のまつわり数の積分表示式は，現在ではホモロジー類の間のまつわり数の一つの表示として見ることができる．

　オイラーの公式，ガウス–ボンネの公式とはニュアンスがやや異なるが，19 世紀の所産であって現代のトポロジーと密接に結び付いているものにストークス（Stokes）の公式と複素解析におけるコーシー（Cauchy）の積分公式や留数公式（1825 年）がある．ストークスの公式は多変数解析の初めのほうで学ぶおなじみのものであるが，ドラム（de Rham）コホモロジーに繰り込まれることによって，その幾何学的意味が明瞭なものになった．コーシーの留数公式は位相不変量の局所化の原型であるということができる．

　19 世紀ではホモロジーの概念はまだ成熟していなかったが，萌芽として曲面や平面図形の連結度が考えられていた．**連結度**とは直観的には図形の中の穴の個数であり，閉曲面の場合には種数に相当する．線積分の積分路のとり方の問題とも関連して当然生じる概念であった．例えば，連結度が最も低い場合として単連結性が認識されるようになっていた．連結度の高次元化も考えられ，ベッチは後にベッチ数と呼ばれる量を導入した．これは後にポア

ンカレ（Poincaré）によってホモロジー群の次元（階数）として定式化されることになる．関連して，ジョルダン（Jordan）の曲線定理を挙げておく．また，メビウス（Möbius）の帯の発見から，曲面の向き付け可能性についても意識されるようになっていた．

現代数学では用いる概念にはすべて厳密な定義が与えられ，それに基づいて推論が行われるが，19世紀では必ずしもそのようではなかった．現代数学の基本である空間概念もその一つである．多様体に相当する概念がある程度はっきり提出されたのはリーマン（Riemann）の1854年の有名な講演[*3]においてである．彼はそれに対し現代の多様体に相当する"Mannigfaltigkeit"という用語を用い，"多重に広がった容量"と説明した．言葉は漠然としているが，リーマンが一般的な多様体の概念に到達していたと考えるのは自然である．リーマン計量はガウスが3次元空間内の曲面の内在的量として抽出していたが，リーマンはそれを一般の多様体にまで拡張した．リーマンはまた1851年の学位論文でリーマン面を導入し，無理関数をリーマン面上の1価関数と見なすことができることを指摘している．被覆空間の走りとして，将来の幾何学の流れに大きな影響を与えるアイデアであった．多様体の概念をはじめリーマンが導入した概念はその後20世紀初頭にかけて次第に成熟していくことになる．トポロジー以外にも，微分幾何学や，代数幾何学の発展にその跡を見ることができる．

明確な概念としての多様体の定義のためには位相空間の概念が必要であるが，それが現れるのは20世紀になってからである．収束や連続性については，18世紀から19世紀にかけて，ユークリッド空間上の点列や関数に対して厳密に扱われるようになっていた．19世紀後半，カントル（Cantor）は集合論を創始し，実数論の基礎付けや，ユークリッド空間上で集積点，閉集合，開集合の定義を与えた．位相空間の概念の前触れであったと言えよう．

空間とともに数学における最も基本的な概念の一つに群がある．代数方程式の可解性に関するガロア（Galois）の発想に端を発し，ジョルダンによって整理された有限変換群は次第に定着していたが，連続群論は19世紀後半リー（Lie）により創められた．今日のリー群論，位相群論のもとである．

[*3] [43]に英訳と解説がある．

リーが考えたのはリー変換群芽であって，群と多様体の概念が合体したリー群の出現にはもうしばらくの時が必要であった．しかし，具体的な対象である線形群はクライン（Klein）のプログラムなどの中で登場していた．

以上に概観したように，多様体のトポロジーは19世紀の間に次第にその形を整えてきていたが[*4]，本格的な発展の端緒は19世紀の末から20世紀初頭にわたって書かれたポアンカレの数編の論文によって開かれることになった．

1.2　ポアンカレ

本節の主題はポアンカレにより初めて定義された基本群，ホモロジー群と，ポアンカレ双対定理，ポアンカレ予想である．ポアンカレの定義や証明自体は現代の目から見ると必ずしも正確とは言えないが，そのアイデアは現代にそのまま引き継がれている．

歴史的な順序とは逆になるが，基本群から始めよう．位相空間[*5] X の点 x_0 を固定したとき対 (X, x_0) を**基点付き（位相）空間**という．基点付き空間 (X, x_0) の基本群の元は点 x_0 に始点と終点を持つ X の向きの付いたループ（閉じた道）のホモトピーという同値関係による同値類である．詳しく述べると次のようになる．

位相空間 X, Y と二つの連続写像 $f_0, f_1 : X \to Y$ に対し，$f_i(x) = F(x, i)$, $i = 0, 1$ となる連続写像 $F : X \times [0, 1] \to Y$ が存在するとき f_0 と f_1 は**ホモトピック**であるという．この関係を $f_0 \simeq f_1$ と表す．また，F を f_0 と f_1 の間の**ホモトピー**という．$F(x, t)$ を $f_t(x)$ と書き，f_t もホモトピーという．ホモトピーは同値関係である．その同値類をホモトピー類という．基点付き空間 (X, x_0) から基点付き空間 (Y, y_0) への写像 $f : X \to Y$ は，$f(x_0) = y_0$ となるとき**基点付き写像**であるといい，$f : (X, x_0) \to (Y, y_0)$ と書く．今後断らない限り，写像は連続写像，基点付き空間から基点付き空間への写像は基点付き連続写像であるとする．また，基点付き写像

[*4] 19世紀の幾何学の発展について [40] に丁寧な解説がある．
[*5] 本書を通じて，位相空間と言えばハウスドルフ空間を意味する．

$f_0, f_1 : (X, x_0) \to (Y, y_0)$ の間のホモトピーは常に**基点付きホモトピー**，すなわち $F(x_0 \times [0, 1]) = y_0$ を満たしているものとする．

円 $S^1 = \{z = e^{2\pi\sqrt{-1}t} \mid 0 \le t \le 1\}$ の基点を $b = 1$ $(t = 0)$ にとる．写像 $f : (S^1, b) \to (X, x_0)$ がループであり，t が増加する方向を正の向きとする．ループの（基点付き）ホモトピー類の全体を $\pi_1(X, x_0)$ と記し，(X, x_0) の**基本群** (fundamental group) という．その群構造は次のように定義される．まず，二つのループ $f, g : (S^1, b) \to (X, x_0)$ に対し，積 $fg : (S^1, b) \to (X, x_0)$ を

$$fg(e^{2\pi\sqrt{-1}t}) = \begin{cases} f(e^{2\pi\sqrt{-1}2t}), & 0 \le t \le 1/2 \\ g(e^{2\pi\sqrt{-1}(2t-1)}), & 1/2 \le t \le 1 \end{cases}$$

また f の逆ループ f^{-1} を $f^{-1}(e^{2\pi\sqrt{-1}t}) = f(e^{2\pi\sqrt{-1}(1-t)})$ により定義する．$e(e^{2\pi\sqrt{-1}t}) = x_0$ を単位ループと呼ぶ．これらの演算は基本群の演算を導き，それにより $\pi_1(X, x_0)$ は群になる．空間 X が弧状連結なとき，二つの基点 x_0, x_1 に対して $\pi_1(X, x_0)$ と $\pi_1(X, x_1)$ は同型である（標準的な同型はない）．そのため，場合によってはその同型類を $\pi_1(X)$ と書き，空間 X の基本群という．自明な基本群を持つ弧状連結な空間を**単連結**であるという．

ユークリッド空間は単連結である．ユークリッド平面 $\mathbb{R}^2$ から n 個の点を除いた空間 $\mathbb{R}^2 \setminus \{p_1, \ldots, p_n\}$ の基本群は n 個の生成元による自由群である．このことから $\mathbb{R}^2 \setminus \{p_1, \ldots, p_n\}$ の1次元ベッチ数は n に等しいことがわかる．この事実はリーマンの時代から $\mathbb{R}^2 \setminus \{p_1, \ldots, p_n\}$ の連結度が $n + 1$ であるとして知られていた．

詳しくは後述するが，1次元ホモロジー群 $H_1(X)$ は基本群のアーベル化と同型になる．すなわち上への準同型 $\pi_1(X) \to H_1(X)$ があって，その核は $\pi_1(X)$ の交換子群 $[\pi_1(X), \pi_1(X)]$ に等しい．特に，$H_1(X)$ の元（ホモロジー類）はループで代表される．ホモロジー類の代表と見たときにはループを1（次元）サイクルという．一般に q 次元ホモロジー類は q 次元サイクルで代表される．その定義は後回しになるが，サイクルの一つのイメージとしては，向きの付いた閉多様体（コンパクト，境界なし）から空間 X への写像（またはその像）を考えるとよい．特に X が多様体であるときその閉部分多様体や，代数幾何における（特異点を持つ）代数多様体の部分代数多様

1.2 ポアンカレ

体などが典型的なものである．一般には閉多様体の像として書けないサイクルもあるが[*6]，直観的なイメージとしてこのように考えて間違いない．

ベッチ数の定義も上のような直観的考察に基づいていた．ポアンカレ自身もホモロジーに関する最初の論文では同様の観点から出発していた．しかし問題点があることに気づき，続く論文では，現代に通ずる単体分割あるいはもう少し一般な胞体分割による定義を採用し，それからベッチ数を定義した．実はポアンカレはホモロジー群そのものまでは定義していなかったが[*7]，実質的にはホモロジーの誕生と考えてよい．ここで単体複体のホモロジーを復習しておこう．

ユークリッド空間内で，一般の位置にある $n+1$ 個の点 $v_0, v_1, \ldots, v_n$ を含む最小の凸集合 s を頂点 $\{v_i\}$ で張られる n 単体という．すなわち

$$s = \left\{ \sum_{i=0}^{n} a_i v_i \,\middle|\, a_i \geq 0,\ \sum_i a_i = 1 \right\}$$

である．$\{v_i\}$ の部分集合で張られる単体を s の**面**という．（十分大きい次元の）ユークリッド空間内の単体の（有限個の）集まり $K = \{s\}$ で次の条件を満たしているものを（有限）**単体複体**という．

1) $s \in K$ に対して s の面も K に属する．
2) $s, s' \in K$, $s \cap s' \neq \emptyset$ に対して，$s \cap s'$ は s, s' 両方の面である．

各単体 s に向きを付けたものを $\langle s \rangle$ と書く．s の向きは頂点の順列の偶奇で決まる．$(v_0, v_1, \ldots, v_q)$ の定める向きの単体を $\langle v_0, v_1, \ldots, v_q \rangle$ と表す．$\langle s \rangle$ と反対の向きの単体を $\langle s \rangle^{\mathrm{op}}$ と書く．置換 σ に対して

$$\langle v_{\sigma(0)}, v_{\sigma(1)}, \ldots, v_{\sigma(q)} \rangle = \begin{cases} \langle v_0, v_1, \ldots, v_q \rangle, & \operatorname{sign} \sigma = +1 \\ \langle v_0, v_1, \ldots, v_q \rangle^{\mathrm{op}}, & \operatorname{sign} \sigma = -1 \end{cases}$$

[*6] この問題は後述の一般ホモロジー理論の例であるコボルディズム理論と関係がある．q 次整係数ホモロジー群 $H_q(X)$ が有限生成であり，奇数位数のねじれ元を持たなければ，q 次元サイクルとして閉多様体の像をとることができる [14, §15]．

[*7] ネーター（E. Noether）がポアンカレの方法を整理し，ホモロジー群を導入したと言われている．

である．向きの付いた q 単体全体 $\{\langle s \rangle \mid \dim s = q\}$ で生成される自由加群を $\{\langle s \rangle + \langle s \rangle^{\mathrm{op}}\}$ で生成される部分加群で割った商加群を $C_q(K)$ と記す（$C_q(K)$ では $\langle s \rangle^{\mathrm{op}} = -\langle s \rangle$ と見る）．$C_q(K)$ も自由加群である．**境界作用素**と呼ばれる準同型 $\partial_q : C_q(K) \to C_{q-1}(K)$ を

$$\partial_q(\langle v_0, v_1, \ldots, v_q \rangle) = \sum_{i=0}^{q} (-1)^i \langle v_0, \ldots, \widehat{v_i}, \ldots, v_q \rangle \tag{1.1}$$

で定義する．重要な性質は

$$\partial_q \circ \partial_{q+1} = 0 : C_{q+1}(K) \to C_{q-1}(K) \tag{1.2}$$

である．これから ∂_q の核 $\mathrm{Ker}\,\partial_q = \{c \in c_q(K) \mid \partial_q(c) = 0\}$ を $Z_q(K)$ と書き，∂_{q+1} の像を $B_q(K)$ と書くと $B_q(K) \subset Z_q(K)$ である．そこで（整係数）q 次**ホモロジー群**を

$$H_q(K) = Z_q(K)/B_q(K)$$

により定義する．$Z_q(K)$ の元を q 次**サイクル**（**輪体**）と呼ぶ．

K は単体 s の集まりであったが，単体をユークリッド空間の部分集合と見て和をとった空間（多面体）$|K| = \bigcup_{s \in K} s$ を K の**実現**という（単体 s を $|K|$ の部分空間と見たときは $|s|$ と書くこともある．なお，$|K|$ を単体複体と呼ぶこともある）．空間 X に対し同相写像 $f : |K| \to X$ を X の**単体分割**という．これを用いて，ポアンカレは空間 X のホモロジー群を

$$H_q(X) = H_q(K)$$

として定義した．この定義が意味を持つためには，それが単体分割のとり方によらないことを保証する必要がある．ポアンカレはその証明を与えているが，完全なものではなく[*8]，十数年後アレクサンダー（Alexander）により証明され，ホモロジー群は位相不変量として確立した．q 次**ベッチ数** b_q は $H_q(X)$ の階数 $\mathrm{rank}(H_q(X))$ として定義され，したがってこれも位相不変量

[*8] そこから基本予想，単体分割可能性問題という基本的な問題が発生した．これについては，[39] の付録の松本幸夫による解説を見られたい．

1.2 ポアンカレ

である．また，$H_q(X)$ のねじれ部分群（$H_q(X)$ の有限位数の元の作る部分群）$\mathrm{tor}\, H_q(X)$ もそうである．

ポアンカレはオイラー数 $\chi(X)$ を

$$\chi(X) = \sum_{q=0}^{n} (-1)^q b_q, \quad n = \dim X$$

と定義し，さらにオイラーの公式の一般化となる公式

$$\chi(X) = \sum_{q=0}^{n} (-1)^q c_q, \quad c_q = K \text{ の } q \text{ 次単体の個数} = \mathrm{rank}(C_q(K))$$

を証明した．オイラー数を**オイラー–ポアンカレ標数**とも呼ぶのはこの事実に基づいている．

ポアンカレは一連の論文の中で，今日では**ポアンカレの双対定理**と呼ばれている次の定理[*9]を証明した．

定理 1.2.1 向き付け可能な n 次元（連結）閉多様体 X において

$$b_q = b_{n-q}, \quad \mathrm{tor}\, H_q(X) = \mathrm{tor}\, H_{n-q-1}(X)$$

が成り立つ．

ポアンカレが与えた証明は**双対胞体**を用いるもので，双対性の意味が直観的につかみやすく今日でも通用する[*10]．X の単体分割 $f:|K|\to X$ をとったとき，K の q 単体 s に対応して $|K|$ の中で s と横断的に交わる $n-q$ 次双対複体 s^* があり，それらが集まって $|K|$ の分割を与える．**胞体**という用語は通常は球体と同相な空間の意味で使われるが，双対胞体 s^* は一般には**ホモロジー的胞体**となる．すなわち，s^* の境界 ∂s^* のホモロジー群は

$$H_q(\partial s^*) \cong H_q(S^{n-q-1}) \cong \begin{cases} \mathbb{Z}, & q = 0,\ n-q-1 \\ 0, & q \neq 0,\ n-q-1 \end{cases}$$

を満たし（このことを ∂s^* は $n-q-1$ 次元**ホモロジー球面**であるという），s^* はその上の錐と同相である．後に述べるように胞体分割を用いて空間の

[*9] コホモロジーを用いる定式化については，1.3 節，定理 1.3.22 で触れる．
[*10] 成書，例えば [21] 参照．

ホモロジーが計算できるが，双対胞体による分割でも同様である．単体分割と双対複体による分割の両方により X のホモロジーを表示し，両者を対比することにより定理の証明が得られる．

ポアンカレの双対定理から3次元の向き付け可能な閉多様体のオイラー数は消える ($= 0$)．実は，この事実は向き付けに関係なく成り立つ（標数2の体を係数に持つホモロジーの双対定理による）．

ポアンカレは今では**ポアンカレ球面**と呼ばれる3次元のホモロジー球面の例を初めて作った．その基本群は，複正20面体群（binary icosahedral group）である．3次元球面 S^3 は単連結であるが，双対定理により単連結な3次元の向き付け可能な閉多様体はホモロジー球面である．この事実を念頭に，ポアンカレは単連結な3次元の向き付け可能な閉多様体は球面と同相であろうと予想をした．これが有名な**ポアンカレ予想**であり，一世紀を経てやっと解かれることになった．

以上でポアンカレの仕事の概観を終わる．

1.3 ホモロジー群，コホモロジー群

ポアンカレ以後およそ30年，トポロジーの研究の主流はホモロジー論の整備に費やされたといっても過言ではない．

アレクサンダーが空間の単体分割による（単体的）ホモロジー群の位相不変性を証明したことはすでに触れた．その方法は単体近似によるものであった．一方，単体分割によらず，直接空間のホモロジーを定義する試みから生まれたのが特異ホモロジー群とチェック（Čech）ホモロジー群である．

1.3.1 特異ホモロジー

特異ホモロジー群は次のように定義される．**標準 q 単体** Δ_q を

$$\Delta_q = \left\{ (x_0, x_1, \ldots, x_q) \in \mathbb{R}^{q+1} \,\middle|\, x_i \geq 0, \sum_{i=0}^{q} x_i = 1 \right\}$$

1.3 ホモロジー群，コホモロジー群

で定める．その $n+1$ 個の頂点は

$$e_i = (0,\ldots,0,1,0,\ldots,0),\ 0 \leq i \leq q\ (i\ 番目が 1,\ 他は 0)$$

である．$0 \leq i \leq q$ に対し写像 $\epsilon_q^i : \Delta_{q-1} \to \Delta_q$ を

$$\epsilon_q^i((x_0, x_1, \ldots, x_{q-1})) = (x_0, \ldots, x_{i-1}, 0, x_i, \ldots, x_q)$$

で定義する．空間 X に対し連続写像 $\sigma : \Delta_q \to X$ を X の**特異 q 単体** (singular q-simplex) という．X の特異 q 単体全体が生成する自由加群を $S_q(X)$ と書き ($S_q(X) = 0,\ q < 0$)，準同型 $\partial^i : S_q(X) \to S_{q-1}(X)$ を

$$\partial^i(\sigma) = \sigma \circ \epsilon_q^i$$

により定義する．そこで，境界作用素 $\partial_q : S_q(X) \to S_{q-1}(X)$ を

$$\partial_q(\sigma) = \sum_{i=0}^{q} (-1)^i \partial^i(\sigma)$$

で定義する．この定義と式 (1.1) との類似に注意されたい．これに対し式 (1.2) と同様の式

$$\partial_q \circ \partial_{q+1} = 0 : S_{q+1}(X) \to S_{q-1}(X)$$

が成り立ち，したがって $Z_q(X) = \operatorname{Ker} \partial_q \supset B_q(X) = \operatorname{Im} \partial_{q+1}$ である．X の q 次特異ホモロジー群 $H_q(X)$ は $H_q(X) = Z_q(X)/B_q(X)$ として定義される．

連続写像 $f : X \to Y$ に対して準同型写像 $f_\# : S_q(X) \to S_q(Y)$ を $f_\#(\sigma) = f \circ \sigma$ で定義すると

$$\partial_q \circ f_\# = f_\# \circ \partial_q$$

が成り立ち，$f_\#(Z_q(X)) \subset Z_q(Y)$, $f_\#(B_q(X)) \subset B_q(Y)$ となる．したがって準同型 $f_* : H_q(X) \to H_q(Y)$ が導かれる．$f_\#$ のように，境界作用素と交換する準同型を**鎖準同型**という．また f_* をホモロジーにおける f の**誘導準同型**という．次の命題は誘導準同型の基本的な性質である．

命題 1.3.1　1) $f: X \to Y$, $g: Y \to Z$ に対し $(g \circ f)_* = g_* \circ f_* : H_q(X) \to H_q(Z)$.

2) 恒等写像 $1: X \to X$ に対し $1_* = 1: H_q(X) \to H_q(X)$.

圏の言葉を使うと，上の性質は H_q が位相空間の圏から加群の圏への関手であるということができる．

ここで $f: X \to Y$ が同相写像であれば，$f^{-1} \circ f = 1: X \to X$ と $f \circ f^{-1} = 1: Y \to Y$ に上の命題を適用して，$f_*: H_q(X) \to H_q(Y)$ が同型になることがわかる．これは特異ホモロジーの位相不変性である．

空間 X の単体分割 $f: |K| \to X$ が与えられているとき，準同型 $C_q(K) \to S_q(X)$ を次のように定める．K の向きの付いた単体 $\langle s \rangle = \langle v_0, \ldots, v_q \rangle$ に対し，$\phi_s(e_i) = v_i$ となるアフィン写像 $\phi_s: \Delta_q \to s$ を用いて，準同型 $\phi: C_q(K) \to S_q(X)$ を

$$\phi(\langle s \rangle) = f \circ \phi_s$$

で定義すると，ϕ は鎖準同型となり，したがって準同型 $\phi_*: H_q(K) \to H_q(X)$ を誘導するが，実は ϕ_* は同型になる．後にも触れるが，これにより単体分割を持つ空間に対して単体的ホモロジーの位相不変性が得られる．

多面体 $|K|$ から多面体 $|K'|$ への連続写像 $f: |K| \to |K'|$ に対して単体的ホモロジーの準同型 $f_*: H_q(K) \to H_q(K')$ を定義するためには単体複体の細分や連続写像の単体近似を経過する必要がある[*11]．アレクサンダーの証明もその方針によるものであった．上に述べたように，多面体に対して，単体的ホモロジーで生ずる上のような困難は特異ホモロジーを用いることによって回避することができる．特異鎖 ($S_q(X)$ の元) はそれ以前から用いられることもあったが，特異ホモロジー群を上に述べたようなきれいな形で導入したのはアイレンベルグ (Eilenberg) [16] である．

簡単な空間であっても，その特異ホモロジー群を定義から求めるのは難しい．ただ X が弧状連結であるとき，$H_0(X) \cong \mathbb{Z}$ であることはすぐわかる．生成元は点 $p \in X$ を任意にとって，$\sigma_p(v_0) = p$ で定まる 0 特異単体 σ_p で代表される (この特異単体 σ_p を p と同一視し，$X \subset S_0(X)$ と見る)．その

[*11] これらについては [46] 参照．

1.3 ホモロジー群，コホモロジー群

生成元 $[p]$ を $1 \in \mathbb{Z}$ と同一視し，$H_0(X) = \mathbb{Z}$ と見ることが多い．

多面体の場合には，単体複体のホモロジーを用いれば計算は原理的に可能であるが効率が良いとは言えない．あとで出てくる胞体複体では効率的な計算方法がある．ここでは，いくつかの例を挙げておく．

n 次元球体 $D^n = \{x \in \mathbb{R}^n \mid \|x\| \leq 1\}$ に対し，

$$H_q(D^n) \cong \begin{cases} \mathbb{Z}, & q = 0, \\ 0, & q \neq 0. \end{cases}$$

また，1.2 節でも述べたように

$$H_q(S^n) \cong \begin{cases} \mathbb{Z}, & q = 0, n, \\ 0, & q \neq 0, n. \end{cases}$$

ここで一般の鎖複体とそのホモロジーについて触れておこう．

$$\cdots \longrightarrow C_q \xrightarrow{\partial_q} C_{q-1} \xrightarrow{\partial_{q-1}} C_{q-2} \longrightarrow \cdots \longrightarrow C_1 \xrightarrow{\partial_1} C_0$$

は加群の準同型の列で

$$\partial_{q-1} \circ \partial_q = 0 : C_q \to C_{q-2}, \ q \geq 2$$

を満たすものとする．このときこの列を**鎖複体**といい，$(C_*, \partial) = \{(C_q, \partial_q)\}$ とも書く．また，C_q を q 次**鎖群**，C_q の元を q（次）**鎖**（チェイン），∂_q を**境界作用素**という．しばしば鎖複体 (C_*, ∂) を単に C_* と書く．∂_q については単に ∂ と書かれることが多い．特異ホモロジーの場合の $\{(S_q(X), \partial_q)\}$，単体複体のホモロジーの場合の $\{(C_q(K), \partial_q)\}$ は鎖複体の典型的な例である．前者を X の**特異鎖複体**，後者を単体複体 K の**単体的鎖複体**という．鎖複体 (C_*, ∂) に対し，$Z_q = \mathrm{Ker}(\partial_q) \subset C_q$，$B_q = \mathrm{Im}(\partial_{q+1})$ とおくと，$Z_q \supset B_q$ となる．$H_q(C) = Z_q/B_q$ を鎖複体 (C_*, ∂) の q 次ホモロジー群という．前と同様，Z_q の元を q（次）サイクルという．鎖複体の間の鎖準同型 $\varphi : (C_*, \partial) \to (C'_*, \partial')$ とは，加群の準同型 $\varphi_q : C_q \to C'_q$ の列で $\partial' \circ \varphi_q = \varphi_{q-1} \circ \partial$ を満たすものである．このとき準同型 $H_q(C_*) \to H_q(C'_*)$ が導かれるのは特異ホモロジーの場合と同様であり，同じく誘導準同型と呼ばれ，命題 1.3.1 と同様の性質を満たす．

特に，$\varphi_q : C_q \to C'_q$ が部分加群の埋め込みの写像であるとき，(C_*, ∂) は (C'_*, ∂') の **部分鎖複体** であるという．このとき ∂' は準同型 $\partial'' : C'''_q = C'_q/C_q \to C'_{q-1}/C_{q-1} = C'''_{q-1}$ を導くが，明らかに $\partial'' \circ \partial'' = 0$ である．すなわち (C'''_*, ∂'') は鎖複体である．通常鎖複体 C'''_* を C'_*/C_* と書き，C'_* の (C_* による) **商鎖複体** という．また，これを鎖複体の短完全系列

$$0 \to C_* \to C'_* \to C'''_* \to 0$$

の形に書くこともある．

1.3.2 チェックホモロジー

空間 X の開被覆 $\mathfrak{U} = \{U_\lambda\}$ に対し単体集合 $N(\mathfrak{U})$[*12]を次のように定義する．ここで **単体集合** とは単体複体の抽象化であり，集合 N とその有限部分集合の族 Σ の組 (N, Σ) で，以下の条件を満たしているものである．

1) $v \in N$ に対し，$\{v\} \in \Sigma$．また $\emptyset \notin \Sigma$．
2) $s \in \Sigma$, $\emptyset \neq s' \subset s$ ならば，$s' \in \Sigma$．

通常 Σ を省略して単体集合 N ということが多い．また，v と $\{v\}$ を同一視し頂点といい，$q+1$ 個の頂点からなる Σ の元を q 単体という．単体複体において，単体はその頂点の集合で決まるので，上の意味の単体集合が自然に対応する．単体集合 N に対しその鎖複体 $C_*(N)$ とホモロジー群 $H_q(N)$ が単体複体の場合とまったく同様に定義される．

さて，$N(\mathfrak{U})$ の q 単体は $\bigcap_{i=0}^q U_{\lambda_i} \neq \emptyset$ となる $\mathfrak{U}$ の部分集合 $\{U_{\lambda_i}\}_{i=0}^q$ と定義する．これにより $N(\mathfrak{U})$ は単体集合となる．空間 X が単体分割 $f : |K| \to X$ を持つとき，K のホモロジー群をもって空間 X のホモロジー群を位相不変量として定義することができた．単体分割を仮定しなくても，開被覆 $\mathfrak{U}$ とそれに対応する単体集合 $N(\mathfrak{U})$ のホモロジー $H_q(N(\mathfrak{U}))$ が X のホモロジーを近似するものであると考え，近似の度合いを細かくしていくことによって X のホモロジーを定義しようというのがチェックホモロジーの

[*12] 開被覆 $\mathfrak{U}$ の nerve という．標準的な訳語はないようである．

1.3 ホモロジー群,コホモロジー群

アイデアである.そのため,一つの開被覆をとっただけでは十分ではない.開被覆全体の集合 $Cov(X)$ を考える必要がある.

$\mathfrak{U}, \mathfrak{U}' \in Cov(X)$ において,$\mathfrak{U}$ の各元 U_λ に対し $U_\lambda \subset U'_{\lambda'}$ となる $\mathfrak{U}'$ の元 $U'_{\lambda'}$ が存在するとき,$\mathfrak{U}$ は $\mathfrak{U}'$ の細分 (refinement) であるといい,$\mathfrak{U}' \prec \mathfrak{U}$ と表す.そのとき,各 $U_\lambda \in \mathfrak{U}$ に対し上のような $U'_{\lambda'} \in \mathfrak{U}'$ を一つとり,$p(U_\lambda) = U'_{\lambda'}$ とおくと写像 $p: \mathfrak{U} \to \mathfrak{U}'$ が得られるが,$N(\mathfrak{U})$ の単体 $s = \{U_{\lambda_0}, U_{\lambda_1}, \ldots, U_{\lambda_q}\}$ に対して $p(s) = \{p(U_{\lambda_0}), p(U_{\lambda_1}), \ldots, p(U_{\lambda_q})\}$ は $N(\mathfrak{U}')$ の単体になっている(次元は下がっている可能性がある).したがって写像 $p: N(\mathfrak{U}) \to N(\mathfrak{U}')$ が定まる.

一般に,単体集合 N から単体集合 N' への写像 $p: N \to N'$ が上のように単体を単体に写すとき,p は**単体写像**であるという.単体写像 $p: N \to N'$ に対し

$$p_\#(\langle v_0, \ldots, v_q \rangle) = \begin{cases} (\langle p(v_0), \ldots, p(v_q) \rangle), & \text{すべての } i \neq j \text{ に対し } p(v_i) \neq p(v_j) \\ 0, & \text{ある } i \neq j \text{ に対し } p(v_i) = p(v_j) \end{cases}$$

により写像 $p_\#: C_q(N) \to C_q(N')$ を定義する.$p_\#$ は鎖準同型である.すなわち等式

$$\partial \circ p_\# = p_\# \circ \partial$$

を満たす.よって準同型 $H_q(N) \to H_q(N')$ が誘導される.

以上の一般論から $p: N(\mathfrak{U}) \to N(\mathfrak{U}')$ は準同型 $p_\#: C_q(N(\mathfrak{U})) \to C_q(N(\mathfrak{U}'))$ を定めるが,$U_\lambda \subset U'_{\lambda'}$ となる $\mathfrak{U}'$ の元 $U'_{\lambda'}$ は,U_λ に対して一つとは限らないので,写像 $p: N(\mathfrak{U}) \to N(\mathfrak{U}')$ も一意的には決まらない.しかし同様な $p': N(\mathfrak{U}) \to N(\mathfrak{U}')$ があれば,

$$\partial_{q+1} \circ D_q + D_{q-1} \circ \partial_q = p'_\# - p_\#$$

を満たす準同型 $D_q: C_q(N(\mathfrak{U})) \to C_{q+1}(N(\mathfrak{U}'))$ が存在する.これから

$$p_* = p'_*: H_q(N(\mathfrak{U})) \to H_q(N(\mathfrak{U}'))$$

となることがわかる.上のような準同型の列 $\{D_q\}$ を**鎖ホモトピー**という.また,このとき鎖準同型 $p_\#$ と $p'_\#$ は鎖ホモトピーでつながれているという.

$\mathfrak{U}' \prec \mathfrak{U}$ に対して，$p_* : H_q(N(\mathfrak{U})) \to H_q(N(\mathfrak{U}'))$ は $p : \mathfrak{U} \to \mathfrak{U}'$ のとり方によらないからそれを $p_{\mathfrak{U},\mathfrak{U}'*}$ と記す.

集合 $Cov(X)$ における関係 $\prec$ において，$\mathfrak{U}'' \prec \mathfrak{U}'$ かつ $\mathfrak{U}' \prec \mathfrak{U}$ ならば $\mathfrak{U}'' \prec \mathfrak{U}$ であり，また，任意の $\mathfrak{U}'$ と $\mathfrak{U}''$ に対して，$\mathfrak{U}' \prec \mathfrak{U}$ かつ $\mathfrak{U}'' \prec \mathfrak{U}$ となる $\mathfrak{U}$ が存在する. すなわち $Cov(X)$ は有向集合である. $p_{\mathfrak{U},\mathfrak{U}'*}$ については $\mathfrak{U}'' \prec \mathfrak{U}'$ かつ $\mathfrak{U}' \prec \mathfrak{U}$ ならば

$$p_{\mathfrak{U},\mathfrak{U}'*} \circ p_{\mathfrak{U}',\mathfrak{U}''*} = p_{\mathfrak{U},\mathfrak{U}''*}$$

が成り立つ. よって $\{H_q(N(\mathfrak{U}))\}_{\mathfrak{U}\in Cov(X)}$ は有向集合 $Cov(X)$ 上の射影系である. その射影的極限[*13] $\varprojlim H_q(N(\mathfrak{U}))$ を空間 X の q 次**チェックホモロジー群**と定義し $H_q(X)$ と書く. 一般には特異ホモロジー群とは一致しないが，ここでは混乱のおそれがないので同じ記号を使った.

v を多面体 $|K|$ の頂点とする. v を含む n 単体 $|s|$ の頂点を $v = v_0, v_1, \ldots, v_n$ として，$v_1, \ldots, v_n$ で張られる面を $|s|$ から除いた集合を $|s|$ における v の**開星状体** (open star) という. また，v を含むすべての単体の開星状体の和 U_v を $|K|$ における v の開星状体という. 族 $\mathfrak{U}_K = \{U_v\}$ (和は $|K|$ の頂点すべてにわたる) は $|K|$ の開被覆であり，$N(\mathfrak{U}_K)$ は単体集合として K と同型である. したがって

$$H_q(N(\mathfrak{U}_K)) \cong H_q(K)$$

である. 一方, 射影的極限 $\varprojlim H_q(N(\mathfrak{U}))$ から $H_q(N(\mathfrak{U}_K))$ への自然な写像 $p_{\mathfrak{U}_K}$ は同型になることがわかる. よって，チェックホモロジーでも

$$H_q(X) \cong H_q(K)$$

となる. これは多面体 $|K|$ に対するチェックホモロジーの位相不変性も同時に示している.

[*13] 射影的極限および帰納的極限については成書，例えば [25] を参照せよ. ただし [25] では射影的極限を逆極限，帰納的極限を直極限と書いている.

1.3.3 相対ホモロジー，係数付きホモロジー

空間 X と部分空間 A の組 (X, A) を空間対という．空集合との対 $(X, \emptyset)$ を空間 X と同一視する．空間対 (X, A) のホモロジーも定義され，重要な役割をする．特異ホモロジーの場合には次のように定義する．A の特異鎖複体 $S_*(A) = \{S_q(A)\}$ は X の鎖複体 X の部分鎖複体である．$S_*(X, A) = S_*(X)/S_*(A)$ を (X, A) の特異鎖複体と定義し，そのホモロジー群を $H_q(X, A)$ と書き，対 (X, A) の**相対ホモロジー群**という．相対ホモロジーの重要性は短完全系列

$$0 \to S_*(A) \to S_*(X) \to S_*(X, A) \to 0$$

から得られる（長）完全系列

$$\to H_{q+1}(X, A) \xrightarrow{\partial_*} H_q(A) \to H_q(X) \to H_q(X, A) \xrightarrow{\partial_*} H_{q-1}(A) \to \tag{1.3}$$

にある．これは次の補題の特別の場合である．

補題 1.3.2 鎖複体の短完全系列

$$0 \to C \xrightarrow{i} C' \xrightarrow{j} C'' \to 0$$

に対し，次の完全系列が自然に定義される．

$$\cdots \to H_{q+1}(C'') \xrightarrow{\partial_*} H_q(C) \xrightarrow{i_*} H_q(C') \xrightarrow{j_*} H_q(C'') \xrightarrow{\partial_*} H_{q-1}(C) \to \cdots$$

ここで，i_*, j_* はそれぞれ鎖準同型 i, j の誘導準同型であり，∂_* は以下のように定義される．行が完全系列である可換な図式

$$\begin{array}{ccccccccc}
0 & \longrightarrow & C_q & \xrightarrow{i_q} & C'_q & \xrightarrow{j_q} & C''_q & \longrightarrow & 0 \\
& & \partial \downarrow & & \partial \downarrow & & \partial \downarrow & & \\
0 & \longrightarrow & C_{q-1} & \xrightarrow{i_{q-1}} & C'_{q-1} & \xrightarrow{j_{q-1}} & C''_{q-1} & \longrightarrow & 0
\end{array}$$

において，サイクル $c \in C''_q$ のホモロジー類を $[c]$ としたとき

$$\partial_*([c]) = [i_{q-1}^{-1} \partial(j_q^{-1} c)].$$

（右辺は $i_{q-1}^{-1}\partial(j_q^{-1}c)$ が $Z_{q-1}(C)$ の中で $B_{q-1}(C)$ に関する一つの剰余類であり，[ ] はそのホモロジー類であることを示している）

$\partial_*([c])$ の定義がホモロジー類の代表 c のとり方などによらないこと，上の列が完全系列であることは図式を慎重に追っていけば簡単に証明できる．∂_* を**連結準同型**という．

例として，$X_2 \subset X_1 \subset X$ となる 3 対 (X, X_1, X_2) に対して，鎖複体の短完全系列

$$0 \to S_*(X_1, X_2) \to S_*(X, X_2) \to S_*(X, X_1) \to 0$$

から，そのホモロジー完全系列

$$\cdots \to H_{q+1}(X, X_1) \xrightarrow{\partial_*} H_q(X_1, X_2) \to H_q(X, X_2) \to H_q(X, X_1) \xrightarrow{\partial_*} \cdots$$

が得られる．空間対のホモロジー完全系列とともによく用いられる．

G をアーベル群とする[*14]．$(S_*(X) \otimes G, \partial \otimes 1)$[*15]は鎖複体であり，そのホモロジー群を $H_q(X; G)$ と記し，G を**係数（群）**とする特異ホモロジー群という．係数群として多く用いられるのは整数群 $\mathbb{Z}$ と体 $\mathbb{Q}, \mathbb{R}, \mathbb{C}$，$\mathbb{Z}/p\mathbb{Z}$ (p 素数) である．$H_q(X; \mathbb{Z})$ は整係数ホモロジー群 $H_q(X)$ と同一視する．次の命題は $H_q(X; G)$ を $H_q(X)$ と G で記述するものであり，**普遍係数定理**と呼ばれている．

命題 1.3.3 自然な短完全系列

$$0 \to H_q(X) \otimes G \to H_q(X; G) \to \mathrm{Tor}(H_{q-1}(X), G) \to 0$$

が存在する[*16]．この短完全系列は分解する（$H_q(X; G) \to \mathrm{Tor}(H_{q-1}(X), G)$ の右逆写像がある）．

例 1.3.4 $H_q(X)$ は有限生成加群であると仮定する．このとき，標数 0 の体 k に対して $\mathrm{Tor}(H_{q-1}(X), k) = 0$，したがって

$$H_q(X; k) \cong H_q(X) \otimes k.$$

[*14] アーベル群と加群は同義であるが，ホモロジーの係数のときは前者を使う習慣がある．
[*15] テンソル積 $\otimes$ については例えば [25] を参照．
[*16] Tor については [25] 参照．

特に k の標数が 0 ならば, $b_q(X) = \dim H_q(X;k)$ である. また, $G = \mathbb{Z}/p\mathbb{Z}$ に対して $\mathrm{Tor}(H_q(X),G) \cong \mathrm{tor}\, H_q(X) \otimes G$. したがって $H_q(X) = \mathrm{Fr} \oplus \mathrm{tor}\, H_q(X)$ と自由加群 $\mathrm{Fr} \cong \mathbb{Z}^{b_q}$ と $\mathrm{tor}\, H_q(X)$ の和に表すと,

$$H_q(X;\mathbb{Z}/p\mathbb{Z}) \cong (\mathbb{Z}/p\mathbb{Z})^{b_q} \oplus (\mathrm{tor}\, H_q(X) \otimes \mathbb{Z}/p\mathbb{Z}) \oplus (\mathrm{tor}\, H_{q-1}(X) \otimes \mathbb{Z}/p\mathbb{Z}).$$

命題 1.3.5 $H_*(X) = \bigoplus_{q \geq 0} H_q(X)$ は有限生成加群であると仮定する. k を任意の体とする. そのとき, オイラー数 $\chi(X) = \sum_{q \geq 0}(-1)^q b_q(X)$ に対して

$$\chi(X) = \sum_{q \geq 0}(-1)^q \dim H_q(X;k)$$

が成り立つ.

証明は命題 1.3.3 の短完全系列において $G = k$ としたとき

$$\sum_{q \geq 0}(-1)^q \dim H_q(X;k)$$
$$= \sum_{q \geq 0}(-1)^q \dim(H_q(X) \otimes k) + \sum_{q \geq 0}(-1)^q \dim \mathrm{Tor}(H_{q-1}(X),k)$$

であることに注意すればよい.

係数付き相対ホモロジー群 $H_q(X,A;G)$ も同様に定義される. $S_q(A)$ が自由加群であるので,

$$0 \to S_q(A) \otimes G \to S_q(X) \otimes G \to S_q(X,A) \otimes G \to 0$$

も短完全系列である. したがって, 補題 1.3.2 が適用でき, 式 (1.3) と同様の係数付きホモロジー完全系列が得られる.

1.3.4 コホモロジー

コホモロジーはホモロジーの双対的な概念で, 歴史的にはホモロジーよりだいぶ遅れ, 1920 年代から 1930 年代に形を現し始めた.

典型的なコホモロジー理論は滑らかな多様体の上のドラムコホモロジーである. 多様体 M 上の q 次微分形式の作る線形空間を $\Omega^q(M)$ とすると, 外微

分 $d: \Omega^q(M) \to \Omega^{q+1}(M)$ の特徴的な性質 $d \circ d = 0 : \Omega^q(M) \to \Omega^{q+2}(M)$ により，q 次閉微分形式の全体 $Z^q(M) = \{\omega \in \Omega^q(M) \mid d\omega = 0\}$ は完全微分形式の全体 $B^q(M) = d(\Omega^{q-1}(M))$ を含む．実線形空間 $H^q_{\mathrm{DR}}(M) = Z^q(M)/B^q(M)$ を M の q 次ドラムコホモロジー（**群**）という．

ホモロジーとの双対性は次の形に述べられる．$S^\infty_q(M) \subset S_q(M)$ を滑らかな q 次特異単体の全体とすると，$\partial(S^\infty_q(M)) \subset S^\infty_{q-1}(M)$ であるから，$S^\infty_*(M) = \{S^\infty_q(M)\}$ は $S_*(M)$ の部分鎖複体である．任意の係数群 G に対して誘導準同型 $H_q(S^\infty(M) \otimes G) \to H_q(S_*(M;G))$ は同型になることが知られている[17]．また，M がコンパクトな n 次元多様体ならば $H_q(M)$ は有限生成で $q > n$ に対しては $H_q(M) = 0$ である．

双線形写像 $\langle\,,\,\rangle : \Omega^q(M) \times S^\infty_q(M) \to \mathbb{R}$ を $\omega \in \Omega^q(M)$ と $c \in S^\infty_q(M)$ に対して

$$\langle \omega, c \rangle = \int_c \omega$$

として定義する．次の公式はストークスの定理の言い換えである．

$$\langle d\omega, c \rangle = \langle \omega, \partial c \rangle \quad \omega \in \Omega^{q-1}(M),\ c \in S^\infty_q(M)$$

この公式から，$W = \bigl(Z^q(M) \times B_q(S^\infty_q(M))\bigr) + \bigl(B^q(M) \times Z_q(S^\infty_q(M))\bigr)$ は $\langle\,,\,\rangle$ によって 0 に写される．したがって $\langle\,,\,\rangle : Z^q(M) \times Z_q(S^\infty_q(M)) \to \mathbb{R}$ は

$$H^q_{\mathrm{DR}}(M) \times H_q(M) \cong \bigl(Z^q(M) \times Z_q(S^\infty_q(M))\bigr)/W \to \mathbb{R}$$

を導く．これからさらに実線形空間のペアリング（双線形写像）$H^q_{\mathrm{DR}}(M) \times H_q(M;\mathbb{R}) \to \mathbb{R}$ が導かれる．

定理 1.3.6（ドラムの定理） $H^q_{\mathrm{DR}}(M)$ は有限次元であると仮定する．このペアリングは双対ペアリングである．すなわち $\langle \theta, \alpha \rangle = 0$, $\theta \in H^q_{\mathrm{DR}}(M)$, $\alpha \in H_q(M;\mathbb{R})$ がすべての $\alpha \in H_q(M;\mathbb{R})$ に対して成り立つならば $\theta = 0$, また上の式がすべての $\theta \in H^q_{\mathrm{DR}}(M)$ に対して成り立つならば $\alpha = 0$ である．特に $H^q_{\mathrm{DR}}(M)$ と $H_q(M;\mathbb{R})$ とは互いの双対線形空間である[18]．

---

[17] [34] 参照．

[18] 証明は [34] 参照．

1.3 ホモロジー群，コホモロジー群

多様体だけでなく一般の位相空間のコホモロジーには種々の異なった定義があり，性質に微妙な差があるが，ここでは最もよく用いられる特異コホモロジーとチェックコホモロジーを紹介する．

G を係数群とし，空間 X の **余鎖複体** $S^*(X;G) = \{(S^q(X;G), \delta^q)\}$ を

$$S^q(X;G) = \mathrm{Hom}(S_q(X), G),$$
$$\delta^q = \partial^*_{q+1} : S^q(X;G) \to S^{q+1}(X;G) \quad (\partial_{q+1} \text{ の転置写像})$$

と定義する[*19]．明らかに $\delta^{q+1} \circ \delta^q = 0$ である．

一般に加群の準同型の列

$$C^* : \quad C^0 \xrightarrow{\delta^0} C^1 \longrightarrow \cdots \longrightarrow C^q \xrightarrow{\delta^q} C^{q+1} \xrightarrow{\delta^{q+1}} C^{q+2} \longrightarrow \cdots$$

で $\delta^{q+1} \circ \delta^q = 0$ を満たすものを余鎖複体という．鎖複体と比べて写像が番号を上げる向きになっているだけで，本質的な違いはない．サイクルに相当する $Z^q(C^*) = \ker(\delta^q)$ の元を **コサイクル** という．また $B^q(C^*) = \delta^{q-1}(C^{q-1})$ とおいて $H^q(C^*) = Z^q(C^*)/B^q(C^*)$ を余鎖複体 C^* の (q 次) コホモロジー（群）という．典型的な例は，鎖複体 (C, ∂) と係数群 G に対して，$C^q = \mathrm{Hom}(C_q, G)$，$\delta^q = \partial^*_{q+1}$ とおいて得られる余鎖複体 (C^*, δ) である．この余鎖複体 (C^*, δ) のコホモロジーを通常 $H^q(C^*; G)$ と書く．同じ流儀で余鎖複体 $S^*(X;G)$ のコホモロジーを単に $H^q(X;G)$ と書き，空間 X の (G 係数 q 次) **特異コホモロジー群** という．

連続写像 $f : X \to Y$ に対して $f^\# = f^*_\# : S^q(Y;G) \to S^q(X;G)$ は δ^* と交換し，コホモロジーの間の準同型 $f^* : H^q(Y;G) \to H^q(X;G)$ を導く．$f^\#$ を余鎖準同型，f^* を誘導準同型という．命題 1.3.1 に対応する性質は次の形になる．

命題 1.3.7　 1) $f : X \to Y$，$g : Y \to Z$ に対し $(g \circ f)^* = f^* \circ g^* : H^q(Z) \to H^q(X)$．

2) 恒等写像 $1 : X \to X$ に対し $1^* = 1 : H^q(X) \to H^q(X)$．

ホモロジーのときと比べて写像の向きと，合成の順序が逆になっている．

[*19] Hom と転置写像については [25] 参照．

圏の言葉で言うと，ホモロジーの場合は共変関手，コホモロジーでは反変関手である．

相対コホモロジーも同様に定義される．$S^q(X, A; G) = \mathrm{Hom}(S_q(X, A), G)$ である．$S_q(A)$ が自由加群だから短完全系列

$$0 \to S^q(X, A; G) \to S^q(X; G) \to S^q(A; G) \to 0$$

が得られ，これから相対コホモロジーの完全系列（係数群 G を省略）

$$\to H^{q-1}(A) \xrightarrow{\delta^*} H^q(X, A) \to H^q(X) \to H^q(A) \xrightarrow{\delta^*} H^{q+1}(X, A) \to$$

が得られる．ホモロジーの場合と同様に，δ^* を連結準同型という．

コホモロジーの普遍係数定理は次の形になる．

命題 1.3.8 自然な短完全系列

$$0 \to \mathrm{Ext}(H_{q-1}(X, A), G) \to H^q(X, A; G) \to \mathrm{Hom}(H_q(X, A), G) \to 0$$

がある[20]．この短完全系列は分解する．

上の短完全系列の中の準同型 $H^q(X, A; G) \to \mathrm{Hom}(H_q(X, A), G)$ はペアリング $\langle \, , \, \rangle : H^q(X, A; G) \times H_q(X, A) \to G$ と同値である．このペアリングを**クロネッカー積**という．$G = \mathbb{Z}$ の場合が多く用いられる．普遍係数定理で，特に $H_{q-1}(X, A)$ が有限生成であるとき，標数 0 の体 k に対して $H^q(X, A; k) = \mathrm{Hom}(H_q(X, A), k) = \mathrm{Hom}_k(H_q(X, A; k), k)$，すなわち，$H^q(X, A; k)$ は $H_q(X, A; k)$ の双対空間である．特に多様体 M に対してドラムコホモロジー $H^q_{\mathrm{DR}}(M)$ と実係数特異コホモロジー $H^q(M; \mathbb{R})$ はともに $H_q(M; \mathbb{R})$ の双対空間として同型である（$H_q(M; \mathbb{R})$ は有限次元であると仮定しておく）．

特異余鎖複体を作った方法は単体複体の鎖複体に対しても適用できる．実際，単体複体 K に対し，$C^q(K; G) = \mathrm{Hom}(C_q(K), G)$，$\delta^q = \partial^*_{q+1} : C^q(K; G) \to C^{q+1}(K; G)$ とおけば，余鎖複体 $C^*(K; G)$ が得られ，それから単体的コホモロジー群 $H^q(K; G)$ が定義される．

---

[20] Ext については [25] 参照．

1.3 ホモロジー群，コホモロジー群

チェックコホモロジーはチェックホモロジーと双対的に次のように定義される．ホモロジーの場合，空間 X の $\mathfrak{U}' \prec \mathfrak{U}$ となる開被覆 $\mathfrak{U}$ と $\mathfrak{U}'$ に対して鎖準同型 $p_{\#} : C_q(N(\mathfrak{U})) \to C_q(N(\mathfrak{U}'))$ を定義したが，他の同様の $p'_{\#} : C_q(N(\mathfrak{U})) \to C_q(N(\mathfrak{U}'))$ との間には鎖ホモトピー $D_q : C_q(N(\mathfrak{U})) \to C_{q+1}(N(\mathfrak{U}'))$, $q \geq 0$ が存在した．そこで $C^q(N(\mathfrak{U}); G) = \mathrm{Hom}(C_q(N(\mathfrak{U})), G)$, $\delta^q = \partial^*_{q+1}$ とおけば余鎖複体 $C^*(N(\mathfrak{U}); G)$ が得られ，余鎖準同型 $p^{\#} = p^*_{\#} : C^q(N(\mathfrak{U}'); G) \to C^q(N(\mathfrak{U}); G)$ が存在する．さらに $D^q = D^*_{q-1} : C^q(N(\mathfrak{U}'); G) \to C^{q-1}(N(\mathfrak{U}); G)$ とおくと，

$$\delta^{q-1} \circ D^q + D^{q+1} \circ \delta^q = p'^{\#} - p^{\#}$$

が成り立つので（余鎖ホモトピー），誘導準同型 $p^* : H^q(N(\mathfrak{U}'); G) \to H^q(N(\mathfrak{U}); G)$ が一意的に定まる．よって $\{H^q(N(\mathfrak{U}); G)\}_{\mathfrak{U} \in Cov(X)}$ は有向集合 $Cov(X)$ 上の帰納系である．その帰納的極限 $\varinjlim H^q(N(\mathfrak{U}); G)$ を空間 X の G 係数 q 次チェックコホモロジー群と定義し $H^q(X; G)$ と書く．

チェックホモロジー，チェックコホモロジーでも連続写像の誘導準同型が定義される．しかし鎖複体，余鎖複体の段階では鎖準同型，余鎖準同型は $p_{\#}$ の場合と同様に一意的に定義できず，鎖ホモトピーを用いる必要があるが，命題 1.3.1，命題 1.3.7 は特異理論の場合と同様に成り立つ．また，相対ホモロジー，相対コホモロジーも定義できる．相対コホモロジーの完全系列は特異理論の場合と同様に成り立つが，相対ホモロジーの完全系列は一般には成り立たないので注意を要する[*21]．その原因は完全系列と射影的極限の相性の悪さにある．

1.3.5 積

コホモロジーはホモロジーの双対物であるだけでなく，ホモロジーにはない積構造を備えている．それがすぐ見てとれるのはドラムコホモロジーである．微分形式の外積 $\Omega^p(M) \times \Omega^q(M) \to \Omega^{p+q}(M)$ と外微分の間の関係

$$d(\omega_1 \wedge \omega_2) = d\omega_1 \wedge \omega_2 + (-1)^p \omega_1 \wedge d\omega_2$$

[*21] [17] 参照．

からコホモロジーでの積 $H^p_{\mathrm{DR}}(M) \times H^q_{\mathrm{DR}}(M) \to H^{p+q}_{\mathrm{DR}}(M)$ が導かれる．閉形式 ω_1 と閉形式 ω_2 に対して $[\omega_1] \wedge [\omega_2] = [\omega_1 \wedge \omega_2]$ である．$[\omega]$ は閉形式 ω のコホモロジー類を表す．この積は結合律，分配律を満たすが，交換法則に関しては

$$\theta_1 \wedge \theta_2 = (-1)^{pq} \theta_2 \wedge \theta_1, \ \ \theta_1 \in H^p_{\mathrm{DR}}(M), \ \theta_2 \in H^q_{\mathrm{DR}}(M)$$

を満たす．

特異コホモロジー，チェックコホモロジーでも上と同じ性質を満たす積が定義できるのだが，手順はもっと複雑になる．結論だけ先に述べる．簡単のため R は単位元 1 を持つ可換環とする．どちらの理論でも空間 X, Y に対し**カップ積**と呼ばれる積

$$H^p(X;R) \times H^q(X;R) \to H^{p+q}(X;R), \ \ (u_1, u_2) \mapsto u_1 \cup u_2$$

が存在し，それにより $H^*(X;R) = \oplus_{q \geq 0} H^q(X;R)$ は次数付き環となる．X が弧状連結だと，すべての 0 単体 p ($p \in X$) に対し $u_0(p) = 1$ で定義される 0 余特異鎖 u_0 が $H^0(X;R) \cong R$ を生成する．コホモロジー類 $[u_0]$ がコホモロジー環 $H^*(X;R)$ の単位元 1 になる．

コホモロジーはその生誕の当初から多様体における交叉理論と関係があった．発展の順序とは逆になるが，ポアンカレの双対定理 1.2.1 はより正確な次の形で述べられる．

定理 1.3.9 M を向き付けられた n 次元閉多様体[*22]とする．そのとき，自然な同型

$$\vartheta : H^q(M;G) \to H_{n-q}(M;G)$$

が存在する．

定理 1.2.1 はこの定理と普遍係数定理から導かれる．$v \in H_q(M;G)$ に対して $u = \vartheta^{-1}(v) \in H^{n-q}(M;G)$ を v の**ポアンカレ双対**という．また，$\vartheta(1) \in H_n(M)$ を向き付けられた n 次元閉多様体 M の基本ホモロジー類といい，$[M]$ と記す（本来は基本ホモロジー類を別の形で定義し，それとコホ

[*22] 境界のないコンパクト連結多様体．

1.3 ホモロジー群, コホモロジー群

モロジーとホモロジーの間の積構造を用いて ϑ を定義するので，ここでの説明は本末転倒であるが，差し当たりこのように理解しておく[*23].

（向きの付いた）q 次元閉多様体 N から空間 X への連続写像 $f: M \to X$ は特異鎖群 $S_q(X)$ のサイクルと考えられ，誘導準同型 $f_*: H_q(N) \to H_q(X)$ による基本ホモロジー類の像 $f_*([M])$ を代表する．特に X も多様体で N がその部分多様体であるとき，N は $i_*([N])$ を代表するサイクルである ($i: N \to X$ は包含写像). これも単に $[N]$ と書くことがある．このようなサイクルについては 1.2 節で直観的な形で触れてきた．

整係数のホモロジー類 $v_1 \in H_p(M)$, $v_2 \in H_q(M)$ に対して，

$$u_1 = \vartheta^{-1}(v_1),\ u_2 = \vartheta^{-1}(v_2)$$

とおき，（交叉）積 $v_1 \cdot v_2$ を

$$v_1 \cdot v_2 = \vartheta(u_1 \cup u_2) \in H_{n-(p+q)}(M)$$

と定義することができる．これについては次の事実が知られている．v_1, v_2 が横断正則的に交わっている M の（境界のない）閉部分多様体 M_1, M_2 のホモロジー類とする．そのとき交わり $M_1 \cap M_2$ は $n-(p+q)$ 次元部分多様体であり，ちょうど $v_1 \cdot v_2$ を代表する．このような状況は代数幾何では早くから考察されてきた．レフシェッツ (Lefschetz) を始めとするホモロジーでの交叉理論の研究は代数幾何の影響であった．代数幾何での多様体は特異点を許すが，部分多様体はやはり M のサイクルを代表する．代数幾何ではこのような部分多様体の生成する加群のある商群に交叉による積を与え，チャウ (Chow) 環と呼んでいる．代数幾何ではホモロジーより精密な理論である．

通常 M_1, M_2 が v_1, v_2 を代表しても，両者が横断正則的に交わっているとは限らない．このような場合，両者を小さいホモトピーで動かし，横断正則的に交わるようにできる[*24]．しかもその交わりの代表するホモロジー類はホモトピーのとり方によらない．したがってそのホモロジー類を $v_1 \cdot v_2$

[*23] 項末参照.
[*24] 横断正則性定理, [23] 参照.

と定義することができる．交叉積は環 R に係数を持つホモロジー類に対しても同様に定義できる．

$v_1 \in H_p(M)$, $v_2 \in H_q(M)$ で $p+q=n=\dim M$ の場合は特別の意味を持つ．$v_1 \cdot v_2 \in H_0(M)$ であるが，標準的な同一視 $H_0(M) = \mathbb{Z}$ を通して，$v_1 \cdot v_2 \in \mathbb{Z}$ と見る．これを v_1 と v_2 の**交点数**という．v_1, v_2 が横断的に交わる向きの付いた閉部分多様体 M_1, M_2 のホモロジー類になっているとする．$M_1 \cap M_2 = \{p_i\}$（有限個の点）である．各点 p_i で M の接空間 $T_{p_i}M$ は直和 $T_{p_i}M = T_{p_i}M_1 \oplus T_{p_i}M_2$ に分解する．M_1 の向きを与える $T_{p_i}M_1$ の順序付き基底 $\mathrm{a}_1, \ldots, \mathrm{a}_p$ と M_2 の向きを与える $T_{p_i}M_2$ の順序付き基底 $\mathrm{b}_1, \ldots, \mathrm{b}_q$ をとったとき，$T_{p_i}M$ の順序付き基底 $\mathrm{a}_1, \ldots, \mathrm{a}_p, \mathrm{b}_1, \ldots, \mathrm{b}_q$ が $T_{p_i}M$ の向きを与えるか否かによって，$\epsilon_i = +1$ または $\epsilon_i = -1$ とおく．そのとき，

$$v_1 \cdot v_2 = \sum_i \epsilon_i$$

が成り立つ．

歴史的に見ると，多様体から一般の空間に対象を広げて積を考えるとき，直積空間のホモロジー，コホモロジーがかなめになることが次第にわかってきた．まず用語を準備する．二つの鎖複体 C と C' の間に鎖準同型 $\varphi : C \to C'$ と $\varphi' : C' \to C$ があって，$\varphi' \circ \varphi$ と 1_C が鎖ホモトピーでつながり，$\varphi \circ \varphi'$ と $1_{C'}$ が鎖ホモトピーでつながっているとき（$1_C, 1_{C'}$ はそれぞれ C, C' の単位写像），鎖準同型 $\varphi : C \to C'$, $\varphi' : C' \to C$ を**鎖ホモトピー同値**という．このとき，誘導準同型 $\varphi_* : H_q(C) \to H_q(C')$, $\varphi'_* : H_q(C') \to H_q(C)$ は同型である．

次の定理は直積の特異ホモロジーに関して基本的である．

定理 1.3.10（Eilenberg–Zilber） 自然な鎖ホモトピー同値

$$\rho : S_*(X \times Y) \to S_*(X) \otimes S_*(Y)$$

であって，0 次元では

$$\rho(x,y) = x \otimes y, \quad x \in X \subset S_0(X),\ y \in Y \subset S_0(Y)$$

を満たすものが存在する．また，この条件を満たす自然な鎖準同型 ρ は互いに鎖ホモトピーでつながれる．

1.3 ホモロジー群，コホモロジー群

ここで，一般に鎖複体 C と C' のテンソル積 $C \otimes C'$ は

$$(C \otimes C')_s = \bigoplus_{p+q=s} C_p \otimes C'_q,$$

$$\sum_{p+q=s} \partial(c \otimes c') = \partial c \otimes c' + (-1)^p c \otimes \partial c', \ c \in C_p, \ c' \in C'_q$$

として定義される．

鎖準同型 $\rho: S_*(X \times Y) \to S_*(X) \otimes S_*(Y)$ が一意ではないのは，単体の積 $\Delta_p \times \Delta_q$ の単体分割が最も単純なものでも幾通りもあることに起因する．しかしそれらは皆鎖ホモトピーでつながるので，ホモロジーの段階では一意的に写像 $\rho_*: H_s(X \times Y) \to H_s(S_*(X) \otimes S_*(Y))$ が決まる[*25]．上記の鎖ホモトピー同値の多様性はコホモロジー作用素，マッセイ（Massey）積，A_∞ 積など理論の別の発展につながっている．

また，$C \otimes C'$ のホモロジーを C, C' のホモロジーで記述するキュネス（Künneth）の公式[*26]があり，それと定理 1.3.10 により $X \times Y$ の（特異）ホモロジーは（したがってコホモロジーも）X, Y のホモロジーで記述できる．係数付きホモロジー，コホモロジーの普遍係数定理はキュネスの公式の拡張である．ここでは，係数群 G, G' に対して余鎖準同型 $\varphi: \mathrm{Hom}(C, G) \otimes \mathrm{Hom}(C', G') \to \mathrm{Hom}(C \otimes C', G \otimes G')$ が $\varphi(u \otimes u')(v \otimes v') = u(v) \otimes u'(v')$ で与えられ，誘導準同型 $H^p(C; G) \otimes H^q(C'; G') \to H^{p+q}(C \otimes C'; G \otimes G')$ が導かれることに注意する．これと定理 1.3.10 の鎖ホモトピー同値 ρ を組み合わせることにより，準同型 $H^p(X; G) \otimes H^q(Y; G') \to H^{p+q}(X \times Y; G \otimes G')$ が得られる．特に，環 R に対して $G = G' = R$ とおき，環の積の写像 $R \otimes R \to R$ を通して

$$\mu_{X \times Y}: H^p(X; R) \otimes H^q(Y; R) \to H^{p+q}(X \times Y; R)$$

が得られる．$\mu_{X \times Y}(u_1 \otimes u_2)$ を $u_1 \times u_2 \in H^p(X \times Y; R)$ と書き，u_1 と u_2 の**クロス積**という．クロス積は $H^p(X; R) \otimes_R H^q(Y; R) \to H^{p+q}(X \times Y; R)$ を導く（$\otimes_R$ は環 R 上のテンソル積．この写像もクロス積という）．

[*25] 詳細については [21], [36] 参照．
[*26] [21], [36] 参照．

k が標数 0 の体であり，X が有限胞体複体のとき，クロス積 $\mu_{X\times Y}$ は同型 $H^*(X;k)\otimes_k H^*(Y;k) \cong H^*(X\times Y;k)$ を与える．$H^*(X)$, $H^*(Y)$ がねじれ群を持たなければ，整係数でも $H^*(X)\otimes H^*(Y) \cong H^*(X\times Y)$ である．これらはキュネスの公式の特別の場合である．

クロス積は次の簡単な性質を持つ．

補題 1.3.11 $u_1 \in H^p(X)$, $u_2 \in H^q(Y)$, $u_3 \in H^r(Z)$ とする．

1) $(u_1 \times u_2) \times u_3 = u_1 \times (u_2 \times u_3)$.
2) $T: X\times Y \to Y\times X$, $T(x,y) = (y,x)$ に対して，
$$u_1 \times u_2 = (-1)^{pq} T^*(u_2 \times u_1) \in H^{p+q}(X\times Y).$$

クロス積を用いて $u_1 \in H^p(X;R)$, $u_2 \in H^q(X;R)$ のカップ積 $u_1 \cup u_2 \in H^{p+q}(X;R)$ を
$$u_1 \cup u_2 = d^*(u_1 \times u_2)$$

と定義する．ここで $d: X \to X\times X$ は対角線写像 $d(x) = (x,x)$ である．補題 1.3.11 1) からカップ積の結合法則が導かれる．$X = Y$ に対しては $d\circ T = d$ であるからカップ積の交換法則 $u_1 \cup u_2 = (-1)^{pq} u_2 \cup u_1$ は補題の 2) から導かれる．

例を二つ挙げておく．

n 次元複素射影空間 $\mathbb{CP}^n = \mathbb{P}(\mathbb{C}^{n+1})$ のホモロジーは
$$H_q(\mathbb{CP}^n) = \begin{cases} \mathbb{Z}, & q = 2k,\ 0 \leq k \leq n, \\ 0, & \text{その他の場合} \end{cases}$$

で与えられる．$\mathbb{C}^{n+1}$ の $k+1$ 次元部分線形空間 W_k を任意に選んだとき，W_k の射影空間 $\mathbb{P}(W_k)$ がサイクルとして，$H_{2k}(\mathbb{CP}^n) \cong \mathbb{Z}$ の生成元を代表する（$\mathbb{P}(W_k)$ の向きは複素多様体の決める向きをとる）．しかも，そのホモロジー類 v_k は部分空間 W_k のとり方によらない．証明は胞体分割を使うのが簡単である（後述）．$k+l \geq n$ とし，W_k と W_l が横断的に交わっているようにとると，その交わりは $k+l-n$ 次元の部分線形空間になる．よって $v_k \cdot v_l = v_{k+l-n}$ である．コホモロジーに移って，$u_q = \vartheta^{-1}(v_{n-q})$ とおく

と，$u_p \cup u_q = u_{p+q}$, $0 \le p,q$, $p+q \le n$ である．したがって，コホモロジー環は $H^*(\mathbb{CP}^n) = \mathbb{Z}[u_1]/(u_1^{n+1})$ となる．

また，$S^k \times S^l$ のホモロジーは次のようになる．簡単のため $k \ne l$ とする．

$$H_q(S^k \times S^l) \cong \begin{cases} \mathbb{Z}, & q = 0, k, l, k+l, \\ 0, & その他の場合 \end{cases}$$

これはキュネスの公式の特別の場合と見られるが，具体的に，S^k, S^l に基点 $b_1 \in S^k$, $b_2 \in S^l$ をとると，サイクル $S^k \times b_2$, $b_1 \times S^l$ がそれぞれ $H_k(S^k \times S^l) \cong \mathbb{Z}$, $H_l(S^k \times S^l) \cong \mathbb{Z}$ の生成元 v_1, v_2 を代表する．また，$S^k \times S^l$ 自身がサイクルとして $H_{k+l}(S^k \times S^l) \cong \mathbb{Z}$ の生成元を代表する．交点数 $v_1 \cdot v_2$ は 1 である．

コホモロジーに移ると，$u_1 = \vartheta^{-1} v_1 \in H^l(S^k \times S^l)$, $u_2 = \vartheta^{-1} v_2 \in H^k(S^k \times S^l)$, $u_1 \cup u_2 \in H^{k+l}(S^k \times S^l)$ がそれぞれ生成元である．クロネッカー積は $\langle u_1, v_2 \rangle = 1$, $\langle u_2, v_1 \rangle = 1$ である．$p = q$ の場合も本質的な相違はない．

最後に，ポアンカレの双対写像 ϑ を振り返ってみる．クロス積を定義する鎖ホモトピー同値 $\rho : S_*(X \times Y) \to S_*(X) \otimes S_*(Y)$ は一意的ではなかったが，

$$\rho(\sigma, \tau) = \sum_{p+q=n} {}_p\sigma \otimes \tau_q$$

によって定義され，**アレクサンダー–ホイットニー写像**と呼ばれる特別の ρ がある．ここで，X の特異 n 単体 $\sigma : \Delta_n \to X$ に対し ${}_p\sigma = \partial_{p+1}\cdots\partial_n(\sigma)$ は σ の "最初の p 次元の面"，同様に $\tau_q = \partial_0\cdots\partial_{p-1}(\tau)$ は $\tau : \Delta_n \to Y$ の "最後の q 次元の面" である ($q = n-p$)．この ρ を用いて，$u_1 \in S^p(X;R)$, $u_2 \in S^q(X,R)$ に対し，

$$\langle u_1 \cup u_2, \sigma \rangle = \langle u_1, {}_p\sigma \rangle \langle u_2, \sigma_q \rangle, \ \forall \sigma \in S_{p+q}$$

とおくと，

$$\delta(u_1 \cup u_2) = \delta u_1 \cup u_2 + (-1)^p u_1 \cup \delta u_2$$

が成り立つ．すなわち，$u_1 \otimes u_2 \mapsto u_1 \cup u_2$ は余鎖準同型 $S^p(X;R) \otimes S^q(X;R) \to S^{p+q}(X;R)$ を与える．これからコホモロジーに移ることに

よってカップ積 $H^p(X;R) \otimes H^q(X;R) \to H^{p+q}(X;R)$ が得られる：
$$[u_1] \cup [u_2] = [u_1 \cup u_2].$$

アレクサンダー–ホイットニー写像 ρ を用いて，$S^q(X;G) \otimes S_{p+q}(X) \to S_p(X;G)$ を
$$u \otimes \sigma \mapsto u \cap \sigma = \langle u, {}_q\sigma \rangle \sigma_p$$
で定めると，
$$\partial(u \cap \sigma) = (-1)^p \delta u \cap \sigma + u \cap \partial \sigma$$
を満たす．よって**キャップ積**と呼ばれる積
$$H^q(X;G) \otimes H_{p+q}(X) \to H_p(X;G), \ [u] \otimes [v] \mapsto [u] \cap [v] = [u \cap v]$$
が得られる．環 R に対してキャップ積 $H^q(X;R) \otimes H_{p+q}(X;R) \to H_p(X;R)$ も定義される．

環係数のキャップ積とカップ積は関係
$$\langle u', u \cap v \rangle = \langle u' \cup u, v \rangle$$
で結ばれる．

M を向きの付いた n 次元閉多様体とする．ポアンカレの双対写像 ϑ は
$$\vartheta(u) = u \cap [M], \ u \in H^q(M;G)$$
として定義する．この定義のためには，基本ホモロジー類 $[M]$ を改めて定義する必要がある．ここでは M の単体分割が与えられているとし，M を多面体 $|K|$ と見ることにする．K の n 次元単体すべてに向きを付け，鎖 $c = \sum_{\dim s = n} \langle s \rangle$ を考える．M が向き付け可能ならば，c がサイクルとなるように各 s の向きを付けることができる．そのホモロジー類 $[M]$ が $H_n(M)$ を生成し，$H_n(M) \cong \mathbb{Z}$ となることが容易にわかる．これがホモロジー基本類である．ついでながら，M が向き付け不可能のときは，s にどのような向きを付けても c はサイクルとはならず，また $H_n(M) = 0$ である．

上のように双対写像 ϑ を定義すると，任意の $u \in H^n(M;G)$ に対して
$$\langle u, \vartheta(1) \rangle = \langle u, 1 \cap [M] \rangle = \langle u \cup 1, [M] \rangle = \langle u, [M] \rangle$$

であるから，$\vartheta(1) = [M]$ となり，先の定義と一致する．

M を向きの付いた n 次元閉多様体とする．k を体とし，ペアリング $Q : H^p(M;k) \times H^{n-p}(M;k) \to k$ を

$$Q(u_1, u_2) = \langle u_1 \cup u_2, [M] \rangle$$

により定義する．

次の定理は体係数の場合のポアンカレ双対性の別の表現と見ることができる．

命題 1.3.12 M を向きの付いた n 次元閉多様体とする．ペアリング $Q : H^p(M;k) \times H^{n-p}(M;k) \to k$ は双対ペアリングである．$k = F_2$ ならば M の向き付けに関係なく，Q は双対ペアリングである．

証明のためには，すべての $u_1 \in H^p(M,k)$ に対して $\langle u_1 \cup u_2, [M] \rangle = 0$ ならば $u_2 = 0$ となることを言えばよい．$\langle u_1 \cup u_2, [M] \rangle = \langle u_1, u_2 \cap [M] \rangle$ であるから，$\vartheta(u_2) = u_2 \cap [M] = 0$．よって，ポアンカレ双対性から $u_2 = 0$ を得る．

1.3.6 ホモトピー不変性

これまでホモトピーでつながる二つのサイクルが同じホモロジー類を表す例をいくつか見てきた．弧状連結空間 X の 0 サイクル $p \in X$ と $p' \in X$, $\mathbb{CP}^n$ の $2k$ サイクル $\mathbb{P}(W_k)$ と $\mathbb{P}(W'_k)$, $S^k \times S^l$ の $S^k \times b_2$ と $S^k \times b'_2$ は皆そうである．すなわち $f_0 \simeq f_1 : M \to X$ であれば $f_{0*}([M]) = f_{1*}([M])$ という事実である．これは次のホモロジー，コホモロジーの**ホモトピー不変性**に基づく．空間対 (X, A) から (Y, B) に対し，ホモトピー $f_t : X \to Y$ が $f_t(A) \subset B$ を満たしているとき，$f_t : (X, A) \to (Y, B)$ と書いて対の間のホモトピーという．

定理 1.3.13 $f_t : (X, A) \to (Y, B)$ が対の間のホモトピーであるとき，$f_{t*} : H_q(X, A; G) \to H_q(Y, B; G)$, $f_t^* : H^q(Y, B; G) \to H^q(X, A; G)$ は t によらない．

証明はホモトピー f_t を用いて，t を固定して，鎖準同型 $f_{0\#}$ と $f_{t\#}$ の間

の鎖ホモトピーを構成することによってなされる（特異鎖の場合）．要点はプリズム $\Delta_q \times [0,1]$ の単体分割を与えることである．定理 1.3.10 における鎖ホモトピー同値同士の間の鎖ホモトピーの構成が $\Delta_p \times \Delta_q$ の単体分割に基づいたのと同様である．

注意 1.3.14 ホモトピー $f_t : X \to Y$ が $f_t(A) \subset B$ を満たさなくても，$f_0|A, f_1|A$ がともに B への写像としてホモトピックであるとき，$f_{0*} = f_{1*} : H_q(X, A; G) \to H_q(Y, B; G)$ が成り立つ．コホモロジーについても同様である．証明は (X, A) と (Y, B) のホモロジー完全系列を比較することによって得られる．

二つの空間 X と Y の間に写像 $f : X \to Y$, $g : Y \to X$ があって，$g \circ f \simeq 1_X : X \to X$, $f \circ g \simeq 1_Y : Y \to Y$ となるとき，X と Y は同じ**ホモトピー型**を持つ，または**ホモトピー同値**であるという．命題 1.3.1, 1.3.7 から次の系が得られる．

系 1.3.15 位相空間 X と Y が同じホモトピー型を持つならば $H_q(X; G) \cong H_q(Y; G)$, $H^q(X; G) \cong H^q(Y; G)$ である．

この系はホモロジー，コホモロジーがホモトピー不変性という位相不変性よりも柔軟な性質を持っていることを示している．この性質ゆえにホモロジー，コホモロジーは扱いやすい道具になっている．空間対に対しても同様の定義と結論が得られる．

空間 X の部分空間 A に対して，ホモトピー $r_t : X \to X$ であって，$r_0 = 1_X$, $r_1(X) \subset A$, $r_t|A = 1_A$ を満たすものが存在するとき，A は X の**変位レトラクト**であるという．このとき，X と A は同じホモトピー型を持つ．さらに，$B \subset X$, $C \subset A$ であって，r_t が $(X, B) \to (A, C)$ のホモトピーを与えるとき，対 (A, C) は対 (X, B) の変位レトラクトであるという．そのとき $H_q(A; G) \cong H_q(X; G)$, $H_q(A, C; G) \cong H_q(X, B; G)$ である．コホモロジーについても同様の同型がある．

1 点とホモトピー同値な空間 X のホモロジー，コホモロジーは自明である．すなわち $H_0(X) \cong \mathbb{Z}$ で $q > 0$ に対しては $H_q(X) = 0$ である（コホモロジーについても同様）．このような空間は弱い意味で**可縮**であるという．

1.3 ホモロジー群, コホモロジー群

X の中の 1 点 b が X の変位レトラクトであるとき, X は可縮であるという. 球体 D^n などユークリッド空間の中の凸集合が典型的な例である.

S^n の基点を $b = (0,\ldots,0,-1)$ にとる. 対 (S^n, b) のホモロジー完全系列から, $H_n(S^n, b) \cong \mathbb{Z}$ であり, $q \neq n$ に対しては $H_q(S^n, b) = 0$ であることがわかる. また, $D^n_- = \{x = (x_1,\ldots,x_{n+1}) \in S^n \mid x_{n+1} \leq 0\}$ とおくと, 対 (S^n, D^n_-) のホモロジー完全系列で D^n_- が可縮であることに注意すれば, 対 (S^n, b) と同様に $H_n(S^n, D^n_-) \cong \mathbb{Z}$ であり, $q \neq n$ に対しては $H_q(S^n, D^n_-) = 0$ であることがわかる. 関連して, 対 (D^n, S^{n-1}) に対し, $H_n(D^n, S^{n-1}) \cong \mathbb{Z}$ であり, $q \neq n$ に対しては $H_q(D^n, S^{n-1}) = 0$ であることも, 対の完全系列からわかる.

1.3.7 切除定理

空間 X の部分空間の列 $X_1 \subset \cdots \subset X_n = X$ があって, 対 (X_k, X_{k-1}) のホモロジー完全系列において $H_q(X_k, X_{k-1})$ がただ一つの q を除いて自明であり, それを用いて $H_q(X_k)$ が帰納的に求められる場合がある. 例えば, 単体複体 $X = |K|$ の k **切片の列** $X_k = \bigcup_{\dim s \leq k} |s|$ はその例である. $X_k \setminus X_{k-1}$ は互いに交わらない k 次元開単体の和であり, $H_q(X_k, X_{k-1}) = \bigoplus_{\dim s = k} H_q(|s|, \partial|s|)$ となる. $|s|$ は k 単体だから $H_q(|s|, \partial|s|)$ は $q = k$ を除いて自明であり, $q = k$ のときは $\mathbb{Z}$ と同型である. 結局 $H_k(X_k, X_{k-1})$ は鎖群 $C_k(K)$ と同型であることに注意されたい.

胞体複体でも同様の切片の列 X_k があり, 切片の差は開球 $D^k \setminus S^{k-1}$ のいくつかのコピーの和になり, $H_q(X_k, X_{k-1})$ は上と同様の状況になる. それを保障するのが**切除定理**である.

次の定理は切除定理のもとになる定理である. 空間 X とその部分空間 X_1, X_2 に対し, 特異複体 $S_*(X)$ の部分複体 $S_*(X_1), S_*(X_2)$ が生成する $S_*(X)$ の部分複体を $S_*(X_1) + S_*(X_2)$ と書く.

定理 1.3.16 空間 X が二つの部分空間 X_1, X_2 の内部 (内点の全体) X_1°, X_2° の和であるとき, 包含写像 $S_*(X_1) + S_*(X_2) \to S_*(X)$ は鎖ホモトピー

同値である[*27].

$S_*(X_1) \cap S_*(X_2) = S_*(X_1 \cap X_2)$ である．$i_1 : X_1 \cap X_2 \to X_1$, $i_2 : X_1 \cap X_2 \to X_2$, $j_{1\#} : S_*(X_1) \to S_*(X_1) + S_*(X_2)$, $j_{2\#} : S_*(X_2) \to S_*(X_1) + S_*(X_2)$ を包含写像とする．定理の状況で鎖複体の短完全系列

$$0 \to S_*(X_1 \cap X_2) \xrightarrow{i_{1\#} \oplus (-i_{2\#})} S_*(X_1) \oplus S_*(X_2) \xrightarrow{j_{1\#} + j_{2\#}} S_*(X_1) + S_*(X_2) \to 0$$

のホモロジーとコホモロジーの長完全系列で，$S_*(X_1) + S_*(X_2)$ のホモロジー，コホモロジーを $S_*(X)$ のそれらと置き換えることによって，$(X; X_1, X_2)$ の（特異ホモロジー，コホモロジーの）**マイヤー–ヴィートリス**（Mayer–Vietoris）**完全系列**と呼ばれる完全系列

$$\cdots \xrightarrow{\partial_*} H_q(X_1 \cap X_2; G) \xrightarrow{i_{1*} \oplus (-i_{2*})} H_q(X_1; G) \oplus H_q(X_2; G) \xrightarrow{j_{1*} + j_{2*}} H_q(X; G)$$
$$\xrightarrow{\partial_*} H_{q-1}(X_1 \cap X_2; G) \to \cdots,$$

$$\cdots \xrightarrow{\delta^*} H^q(X; G) \xrightarrow{j^{1*} \oplus j^{2*}} H^q(X_1; G) \oplus H^q(X_2; G) \xrightarrow{i^{1*} + (-i^{2*})} H^q(X_1 \cap X_2; G)$$
$$\xrightarrow{\delta^*} H^{q+1}(X; G) \to \cdots$$

が得られる．よく用いられる便利な完全系列である．

定理 1.3.17（**切除定理**） A, U は空間 X の部分空間で，$\overline{U} \subset A^\circ$ を満たすものとする（$\overline{U}$ は U の閉包）．このとき包含写像 $i : (X \setminus U, A \setminus U) \hookrightarrow (X, A)$ の（特異ホモロジー，コホモロジー）誘導準同型は同型である：

$$i_* : H_q(X \setminus U, A \setminus U; G) \cong H_q(X, A; G),$$
$$i^* : H^q(X, A; G) \cong H^q(X \setminus U, A \setminus U; G).$$

証明． まず定理 1.3.16 の状況で，定理の帰結として，包含写像 $(X_1, X_1 \cap X_2) \hookrightarrow (X, X_2)$ がホモロジー，コホモロジーの同型を誘導することに注意する．

条件 $\overline{U} \subset A^\circ$ から $A^\circ \cup (X \setminus U)^\circ = X$ である．$A \cap (X \setminus U) = A \setminus U$ であるから，上の注意により定理を得る． □

[*27] 証明は [21], [36] を参照．

n 次元多様体 M の点 p に対して,$H_q(M, M \setminus p) \cong H_q(D^n, S^{n-1})$,すなわち $H_q(M, M \setminus p) = 0$, $q \neq n$ で,$H_n(M, M \setminus p) \cong \mathbb{Z}$ である.実際,D^n と同相な p の閉近傍 V をとり,$W = M \setminus V$ とおくと,$W \subset M \setminus p \subset M$ は切除定理の仮定を満たす.$(M \setminus W, (M \setminus p) \setminus W) = (V, V \setminus p)$ は $(D^n, D^n \setminus 0)$ と同相である.ホモトピー不変性から $H_q(D^n, D^n \setminus 0) \cong H_q(D^n, S^{n-1})$ であるから $H_q(M, M \setminus p) \cong H_q(D^n, S^{n-1})$ となる.

一般に,空間 X の点 p に対して,$H_q(X, X \setminus p)$ を点 p における X の**局所ホモロジー**という.どの点 p に対しても $H_q(X, X \setminus p) \cong H_q(D^n, D^n \setminus 0)$ となる空間 X を**ホモロジー多様体**という.ポアンカレ球面などホモロジー球面の懸垂はその例である.

1.3.8 胞体複体,CW 複体

胞体複体についてはこれまで何度か言及してきた.ホモロジーの効率的な計算に適した空間の分割を与えるものである.空間 X が胞体と呼ばれる部分空間 $\{e_\lambda\}$ の直和になっているとする.すなわち $X = \bigsqcup_\lambda e_\lambda$.簡単のため胞体は有限個とし,次の条件を仮定する.

1) 各 e_λ に対して,連続写像 $\varphi_\lambda : D^{n_\lambda} \to X$ が与えられていて,$\mathrm{Im}(\varphi_\lambda) = \bar{e}_\lambda$ であり,$\varphi_\lambda(S^{n_\lambda - 1}) \subset \bar{e}_\lambda \setminus e_\lambda$ かつ $\varphi_\lambda|(D^{n_\lambda} \setminus S^{n_\lambda - 1})$ は e_λ の上への同相写像である.
2) $X^{(k)} = \bigcup_{n_\lambda \leq k} e_\lambda$ とおいて,$\bar{e}_\lambda \setminus e_\lambda \subset X^{(n_\lambda - 1)}$.

このとき族 $\{e_\lambda\}$ を X の**胞体分割**といい,胞体分割 $\{e_\lambda\}$ を伴った空間 X を**胞体複体**という.φ_λ を胞体 e_λ の**特性写像**といい,n_λ を e_λ の次元という.また e_λ を n_λ 胞体という.部分空間 $X^{(k)}$ を胞体複体 X の k **切片**という.$X^{(k)}$ 自身も胞体複体である.本来は無限個の胞体を持つ胞体複体も考慮すべきであるが,その場合には胞体分割 $\{e_\lambda\}$ に X の位相と適合するような条件を付ける必要があり,そのような条件を加えたものを CW **複体**といっている[*28].ホモトピー理論でよく出てくるループ空間や分類空間に関

[*28] [21], [36] 参照.

連して無限次元の CW 複体を扱う必要があるが，煩雑さを避けるため，以下では議論を有限複体に限ることにする．

単体複体は胞体複体である．各単体 $|s|$ に対して $|s| \setminus \partial |s|$ が胞体である．また，n 次元球面 S^n に一つ基点 b をとると，2 個の胞体 $e_0 = \{b\}$, $e_n = S^n \setminus \{b\}$ からなる胞体複体となる．他の例として，1.3.5 項，1.3.6 項で使った複素射影空間の胞体分割を取り上げる．$\mathbb{C}^{n+1}$ の線形部分空間の列 $0 = W_{-1} \subset W_0 \subset \cdots \subset W_n = \mathbb{C}^{n+1}$ ($\dim W_k = k+1$) をとる．$e_k = \mathbb{P}(W_k) \setminus \mathbb{P}(W_{k-1})$ は $\mathbb{C}^k$ と（よって k 次元開球 B^n と）同相である．よって，$e_0, e_1, \ldots, e_n$ は $\mathbb{P}(\mathbb{C}^{n+1})$ の胞体分割を与える．$\dim e_k = 2k$ である．また $\bar{e}_k = \mathbb{P}(W_k)$ である．

単体複体の単体的鎖複体に対応して胞体複体 $(X, \{e_\lambda\})$ の**胞体的鎖複体** $C_* = C_*(X)$ を次のように作る．

$$C_q = H_q(X^{(q)}, X^{(q-1)}) \quad (\text{右辺は特異ホモロジー}),$$

$$\partial_q : C_q = H_q(X^{(q)}, X^{(q-1)}) \xrightarrow{\partial_*} H_{q-1}(X^{(q-1)})$$
$$\longrightarrow H_{q-1}(X^{(q-1)}, X^{(q-2)}) = C_{q-1}$$

ここで，$\sum_{\dim e_\lambda = q} \varphi_{\lambda *} : \bigoplus_{\dim e_\lambda = q} H_p(D^q, S^{q-1}) \to H_p(X^{(q)}, X^{(q-1)})$ は切除定理により同型である．特に，$p \neq q$ に対して $H_p(X^{(q)}, X^{(q-1)}) = 0$ で，$C_q = H_q(X^{(q)}, X^{(q-1)}) \cong \bigoplus_{\dim e_\lambda = q} \mathbb{Z} e_\lambda$ (q 次元胞体 e_λ で生成される自由加群) である．

定理 1.3.18 $C_*(X)$ において，$\partial_{q-1} \circ \partial_q = 0$ である．これにより $C_*(X)$ は鎖複体になるが，そのホモロジー，コホモロジーは X の特異ホモロジー，コホモロジーと同型である[*29]．

胞体複体と部分複体の組 (X, A) に対して，X の中で A を 1 点に縮めた空間を X/A と書く．X/A も胞体複体になる．その中で A が縮んだ 1 点 $*$ は 0 胞体になる．$p : (X, A) \to (X/A, *)$ を射影とすると，p は同型

$$H_q(X, A; G) \cong H_q(X/A, *; G), \quad H^q(X, A; G) \cong H^q(X/A, *; G)$$

[*29] 証明は [21], [36] 参照．

1.3 ホモロジー群，コホモロジー群

を誘導する．$q > 0$ なら

$$H_q(X/A, *; G) = H_q(X/A; G), \quad H^q(X/A, *; G) = H^q(X/A; G)$$

である．実際，$\partial e_\lambda = \bar{e}_\lambda \setminus e_\lambda$ が A と交わるような e_λ に対して $A_\lambda = \varphi_\lambda(V_\lambda)$ とおく．ここで，$V_\lambda = \{x \in D^{n_\lambda} \mid \|x\| \leq \frac{1}{2}\}$ である．$A' = A \cup \bigcup_\lambda A_\lambda$ とおくと，A は A' の変位レトラクトとなる．また $*$ は $p(A')$ の変位レトラクトである．切除定理とホモトピー不変性により

$$H_q(X, A) \cong H_q(X, A') \cong H_q(X \setminus A, A' \setminus A)$$

である．同様に

$$H_q(X/A, *) \cong H_q(X/A, p(A')) \cong H_q(X/A \setminus *, p(A') \setminus *)$$

となるが，$(X \setminus A, A' \setminus A) = (X/A \setminus *, p(A') \setminus *)$ であるから求める同型が得られる．係数は省略して書いた．コホモロジーについても同様である．

一般に，すべての q について $H_q(X)$ が有限生成である空間 X に対し

$$P(H_*(X; k), t) = \sum_{q=0}^\infty \dim H_q(X; k) t^q$$

を X の（体 k 係数の）**ポアンカレ級数**という．有限胞体複体のように，十分大きい q に対して $H_q(X) = 0$ となる空間の場合には**ポアンカレ多項式**という．胞体複体 X の場合，$m_q = \dim C_q(X) \otimes k = \operatorname{rank} C_q(X) = \#\{e_\lambda \mid \dim e_\lambda = q\}$ として

$$P(C_*(X), t) = \sum_q m_q t^q, \quad Q(t) = \sum_q (\dim \partial(C_{q+1}(X) \otimes k)) t^q$$

とおくと，

$$P(C_*(X), t) - P(H_*(X; k), t) = (1 + t) Q(t) \tag{1.4}$$

が成り立つ．ここで，$t = -1$ とおいた $P(C_*(X), -1) = P(H_*(X), -1)$ はオイラーの公式にほかならない．

$X = S^n$ の場合，分割 e_0, e_n をとれば，$q \neq 0, q$ に対し $C_q = 0$ であるから，$n > 1$ のとき明らかに $\partial_q = 0$ で $H_q(X) = C_q(X)$ となる．よって，

$q = 0, n$ に対し $H_q(X) \cong \mathbb{Z}$ で他の $H_q(X)$ は自明となる．$n = 1$ のとき ∂_1 は容易にわかり，ホモロジーについては上と同じ結論を得る．

$X = \mathbb{CP}^n$ の場合，q が奇数ならば $C_q(X) = 0$ である．したがって必然的に $\partial_q = 0$ で $H_q(X) = C_q(X)$ となる．定義をたどれば e_k に相当する $H_{2k}(\mathbb{CP}^n)$ のホモロジー類はサイクル $\mathbb{P}(W_k)$ で代表されることがわかる．

n 次元実射影空間 $\mathbb{RP}^n$ の場合も分割の作り方は複素射影空間の場合と同様である．$\mathbb{R}^{n+1}$ の実線形部分空間の列 $0 = W_{-1} \subset W_0 \subset \cdots \subset W_n = \mathbb{C}^{n+1}$ ($\dim W_k = k + 1$) からできる胞体 $e_k = \mathbb{P}(W_k) \setminus \mathbb{P}(W_{k-1})$ の族 $e_0, e_1, \ldots, e_n$ が $\mathbb{P}(\mathbb{R}^{n+1})$ の胞体分割を与える．$\bar{e}_k = \mathbb{P}(W_k)$ であるが，この場合 $\dim e_k = k$ である．したがって境界作用素 ∂_q は 0 とは限らない．実際

$$\partial_q(e_q) = \begin{cases} \pm 2e_{q-1}, & q \text{ が偶数} \\ 0, & q \text{ が奇数} \end{cases}$$

である[*30]．ここでは，球面 S^n の対心写像 $\tau(x) = -x$ の誘導準同型 $\tau_* : H_n(S^n) \to H_n(S^n)$ が $(-1)^{n+1}$ 倍に等しいことが効いていることに注意するに留める．これから $\mathbb{RP}^n$ のホモロジー，コホモロジーが求められる．簡単のため，体 $F_2 = \mathbb{Z}/2\mathbb{Z}$ を係数に持つ場合だけ扱う．$(\partial \otimes F_2)(e_q) = 0$ であるから，$0 \leq q \leq n$ に対して $H_q(\mathbb{RP}^n, F_2) \cong C_q(\mathbb{RP}^n) \otimes F_2 \cong F_2$ で，他の $H_q(\mathbb{RP}^n, F_2)$ は自明である．また，コホモロジー環は $H^*(\mathbb{RP}^n, F_2) = (F_2)[u_1]/(u_1^{n+1})$ である．

一般に，(向き付け可能とは限らない) 閉多様体に対し F_2 係数のポアンカレ双対定理が成り立つ．すなわち，$\dim M = n$ として，自然な同型

$$\vartheta : H^q(M; F_2) \to H_{n-q}(M; F_2)$$

が存在する．これにより F_2 係数のホモロジー類の積 $v_1 \cdot v_2$ が定義され，部分多様体の交わりを用いて記述できる．それを用いて，複素射影空間の場合と同様の議論により，上に述べた $H^*(\mathbb{RP}^n, F_2)$ の構造を示すことができる．

[*30] 詳しくは [21], [36] 参照．

1.3.9 公理

本節の初めに書いたように，ポアンカレ以後，ホモロジー，次いでコホモロジーの理論の整備が進められ，いろいろな定義が提案され，改良が試みられた．その結果，理論が実際の問題に適用される程度に仕上がり，代数的トポロジーの新しい成果が見られるようになった．1930 年代から 1940 年代にかけて，代数的位相幾何学の教科書が相次いで出版され大きな影響力を持った．[2], [29], [41] の 3 冊を挙げておく．ホモロジー理論そのものについては，アイレンベルグ–スティーンロッドの本 [17] の出版によって統一的な見解が広がったと見ることができる．著者たちはホモロジーの性質から基本的なものを抽出し，それらを公理とし，それを基準にいくつかのホモロジー群，コホモロジー群の違いを指摘し，また単体分割可能な空間対に対して公理を満たす理論は一意的であることを示した．以下にその公理を列挙する．いずれもこれまでに強調してきた性質である．コホモロジーでも同様なので，ホモロジーに限る．

位相空間対と連続写像の圏 $\mathcal{T}$ 上のホモロジー理論とは，各整数 $q \in \mathbb{Z}$ に対して定義された $\mathcal{T}$ から加群と準同型の圏 $\mathcal{A}$ への共変関手 $h_q(X, A)$, $f_* : h_q(X, A) \to h_q(Y, B)$ [*31]，および関手の間の自然変換 $\partial_* : h_q(X, A) \to h_{q-1}(A)$ であって，以下の公理を満たすものである．

完全系列公理

対 (X, A) に対し，次の列は完全である．

$$\to h_{q+1}(X, A) \xrightarrow{\partial_*} h_q(A) \xrightarrow{i_*} h_q(X) \xrightarrow{j_*} h_q(X, A) \xrightarrow{\partial_*} h_{q-1}(A) \to$$

ホモトピー公理

$f_0 \simeq f_1 : (X, A) \to (Y, B)$ ならば $f_{0*} = f_{1*} : h_q(X, A) \to h_q(Y, B)$ である．

[*31] この書き方はいささか乱暴であるが，これまでの記述を念頭に置き，このように略記する．∂_* についても同様．

切除公理

$U \subset A \subset X$ において $\overline{U} \subset A^\circ$ ならば $i_* : h_q(X \setminus U, A \setminus U) \to h_q(X, A)$ は同型である．

次元公理

1点 b のホモロジーについては，すべての $q \neq 0$ に対して $h_q(b) = 0$ である．

以上がアイレンベルグ–スティーンロッドの公理群である．アーベル群 $h_0(b)$ をホモロジー理論 h の係数群という．ホモロジー理論が関手であることから，別の点 b' をとっても，同型 $h_0(b) \cong h_0(b')$ が一意的に決まるので，係数群 G は点 b によらずに定まる．

公理化の新しい骨子はホモロジー理論の一意性と存在である．先にも述べたように，単体分割可能な空間対の圏上ではホモロジー理論は一意である．$h_q(X, A)$ の一意性の証明には，胞体複体のホモロジーが胞体的鎖複体のホモロジーと一致することを示した前項の証明と同様のテクニックが用いられる．f_* の一意性には単体近似が用いられる．同様の考察により，一意性は胞体複体の圏の上でも成り立つ[*32]．

存在については，前項までで，特異ホモロジー，特異コホモロジーが公理を満たすことを示してきた．チェックコホモロジーも公理を満たす．したがって，単体分割可能な空間対の圏の上では特異，チェックの両コホモロジー理論は一致する．チェックホモロジーでは完全系列公理が一般には満たされない．しかし，単体分割可能な空間対の圏の上では満たされる[*33]．

以下には実用的な命題を挙げておく．

チェック理論で開被覆に関する極限をとらなくても，空間 X のホモロジー群 $H_q(X; G)$，コホモロジー群 $H^q(X; G)$ の計算が可能な場合がある．空間 X の有限開被覆 $\mathfrak{U} = \{U_i\}$ で，U_i の任意の空でない交わりが可縮であるとする．そのとき，$H_q(X; G) \cong H_q(N(\mathfrak{U}); G)$，$H^q(X; G) \cong H^q(N(\mathfrak{U}); G)$

[*32] 任意の胞体複体に対し，同じホモトピー型を持つ多面体が存在することが知られている．
[*33] チェック理論のさらに詳しい性質については [17] を参照されたい．

1.3　ホモロジー群，コホモロジー群　　**41**

が成り立つ[*34].

X が胞体複体で X_1, X_2 が部分胞体複体なら $(X_1 \cup X_2 = X)$, X_1, X_2 に対して h_q, h^q におけるマイヤー–ヴィートリス完全系列が成り立つ．証明は，完全系列公理，ホモトピー公理，切除公理を組み合わせれば容易である．

1.3.10　多様体のホモロジー

多様体のトポロジーは位相幾何学の重要なテーマである．ここでは多様体のホモロジーに関わる話題を取り上げる．

写像度

連続写像 $f: S^1 \to \mathbb{C} \setminus \{0\}$ は連続関数 $\theta: [0,1] \to \mathbb{R}$ と $r: [0,1] \to \mathbb{R}_{\geq 0}$ によって $f(e^{2\pi\sqrt{-1}t}) = r(t)e^{2\pi\sqrt{-1}\theta(t)}$ と書くことができる．$r(0) = r(1)$, $\theta(1) - \theta(0) \in \mathbb{Z}$ である．$\theta(1) - \theta(0)$ を f の**回転数**という．$f \simeq g$ ならば f と g の回転数は等しいことは容易にわかる．すなわち，回転数はホモトピー不変量である．複素平面 $\mathbb{C}$ から原点を除いた空間は円 S^1 と同じホモトピー型を持つので，回転数は連続写像 $f: S^1 \to S^1$ に対しても同様に定義できる．これは回転数が θ で決まる量であることに対応している．回転数は，平面上の孤立零点を持つベクトル場の指数と関連して，ポアンカレの知るところであったようである．一般に，空間 X, Y に対して連続写像 $X \to Y$ のホモトピー類の全体を $[X, Y]$ と書く．回転数は関数 $[S^1, S^1] \to \mathbb{Z}$ を定める．一方，S^1 の基本群 $\pi_1(S^1)$ から $[S^1, S^1]$ へ自然な写像がある．実は，写像の列 $\pi_1(S^1) \to [S^1, S^1] \to \mathbb{Z}$ はすべて全単射であることが容易にわかる．

写像度は回転数の高次元への拡張であると考えることができる．M, N を n 次元，向き付け可能なコンパクト連結多様体とする．$H_n(M), H_n(N) \cong \mathbb{Z}$ であり，M, N の向きを定めておけば，それぞれホモロジー基本類 $[M], [N]$ で生成される．そこで，写像 $f: M \to N$ に対して，$f_*([M]) = \deg f \cdot [N]$ により，写像度 $\deg f \in \mathbb{Z}$ を定義する．f_* のホモトピー不変性から写像度は関数 $\deg: [M, N] \to \mathbb{Z}$ と見ることができる．

[*34] 証明は [34] 参照.

$M = S^n$ としても $\deg : [S^n, N] \to \mathbb{Z}$ について一般的なことは言えない．例えば，$n = 2$ のとき種数 $g \geq 1$ の閉曲面 N に対し $\deg : [S^2, N] \to \mathbb{Z}$ は常に 0 に等しい．また $\deg : [S^n, S^n] \to \mathbb{Z}$ は全単射である．

$N = S^n$ の場合には $\deg : [M, S^n] \to \mathbb{Z}$ は全単射である．これは次の**ホプフ（Hopf）の定理**の特別の場合である．一般に（有限）多面体 X に対して，$\rho : [X, S^n] \to H^n(X)$ を $\rho([f]) = f^*([S^n]^*)$ と定義する．ここで，$[S^n]^* \in H^n(S^n) \cong \mathbb{Z}$ は $\langle [S^n]^*, [S^n] \rangle = 1$ で定まるコホモロジー類である．ホプフは

$$\dim X \leq n \text{ ならば } \rho : [X, S^n] \to H^n(X) \text{ は全単射である}$$

ことを証明した．これはホプフの（分類）定理と呼ばれ，1930 年代以降におけるホモトピー集合 $[X, Y]$ の研究の発展の走りとなるものであった．

3 次元ユークリッド空間に埋め込まれた閉曲面（必然的に向き付け可能）のガウス写像 $\nu : M \to S^2$ に対し

$$2 \deg \nu = \chi(M)$$

が成り立つ．これからガウス–ボンネの公式を証明することができるし，逆にガウス–ボンネの公式からこの式を導くこともできる．

不動点定理

有限多面体 X から自分自身への写像 $f : X \to X$ に対して $L(f) = \sum_{q=0}^{\dim X} (-1)^q \operatorname{tr}_q(f_*)$ とおき，f の**レフシェッツ数**という．ここで，$\operatorname{tr}_q(f_*)$ は $f_* : H_q(X; \mathbb{Q}) \to H_q(X; \mathbb{Q})$ の跡（トレース）を指す．レフシェッツ数はホモトピー不変量である．

命題 1.3.19　$L(f) \neq 0$ ならば，f は不動点 $x \in X$ $(f(x) = x)$ を持つ[*35]．

応用としてよく引き合いに出されるのは X が可縮の場合である．$H_q(X; \mathbb{Q}) = 0$ で $f_* : H_0(X; \mathbb{Q}) \to H_0(X; \mathbb{Q})$ は恒等写像に等しいから，$L(f) = 1$，よってどんな連続写像 f も不動点を持つ．$X = D^n$ の場合が

[*35] [21], [36] 参照．

1.3 ホモロジー群,コホモロジー群

有名なブロウアー (Brouwer) の不動点定理である(もっと易しい証明もある).

X が多様体であるときには,より精密な結果がある.簡単のため M を閉多様体で,$f: M \to M$ の不動点集合は有限個の点 $\{p_i\}$ からなるものとする.各 p_i の閉近傍 U_i, V_i でともに D^n と同相であり,$U_i \subset V_i$, $f(U_i) \subset V_i$ を満たすものをとる.同相 $(V_i, p_i) \to (D^n, 0)$ を固定し,それにより $(V_i, p_i) = (D^n, 0)$ と見ることにする.U_i を十分小さくとり,写像 $\bar{f}: (U_i, U_i \setminus p_i) \to (D^n, D^n \setminus 0)$ を

$$\bar{f}(x) = x - f(x)$$

により定義する.包含写像 $\iota: (U_i, U_i \setminus p_i) \hookrightarrow (D^n, D^n \setminus 0)$ の誘導準同型 $\iota_*: H_n(U_i, U_i \setminus p_i) \to H_n(D^n, D^n \setminus 0)$ は同型となるので,$\iota_*([U_i]) = [D^n]$ となるように,両方の生成元をとる.それにより,$I_{p_i}(f) \in \mathbb{Z}$ を

$$\bar{f}_*([U_i]) = I_{p_i}(f) \cdot [D^n]$$

により定義する.$I_{p_i}(f) \in \mathbb{Z}$ を不動点 p_i における f の**不動点指数**という.f が C^1 写像で,点 p_i での f の微分 $df_{p_i}: TM_{p_i} \to TM_{p_i}$ が $\det(1 - df_{p_i}) \neq 0$ を満たしているとき,p_i は非退化な不動点であるという.そのとき

$$I_{p_i}(f) = \operatorname{sign} \det(1 - df_{p_i}) = \frac{\det(1 - df_{p_i})}{|\det(1 - df_{p_i})|}$$

となる.

定理 1.3.20 M を閉多様体,$f: M \to M$ を有限個の不動点 $\{p_i\}$ のみを持つ連続写像とする.そのとき

$$L(f) = \sum_i I_{p_i}(f) \tag{1.5}$$

が成り立つ.

式 (1.5) を**レフシェッツの不動点公式**という.右辺の不動点指数の和は次のような意味を持つ.$d: M \to M \times M$ を対角線写像,$\hat{f}: M \to M \times M$ を $\hat{f}(x) = (x, f(x))$ とする.$\hat{f}$ の像は f のグラフである.これに対し

$$\sum_i I_{p_i}(f) = d_*([M]) \cdot \hat{f}_*([M])$$

が成り立つ．右辺のホモロジー交叉積は不動点の形に関係なく，一般の写像 f に対して意味を持つことに注意されたい．レフシェッツが与えたのは

$$d_*([M]) \cdot \hat{f}_*([M]) = L(f)$$

という，より一般的な式であった（不動点指数の和との一致はホプフによる）．この公式は 1927 年に発表されたものだが，20 世紀の数学の諸分野で現れた同様の公式の原型であり，大きな影響力を持った．

M を滑らかな閉多様体，$\mathcal{X}$ を M 上の連続ベクトル場とする．$\mathcal{X}$ の孤立零点 p の周りの座標近傍 U をとり，座標 $x = (x_1, \ldots, x_n)$ を一つ定め，$U \subset \mathbb{R}^n$ と見なす．それにより U 上で $\mathcal{X}$ は連続写像 $g : (U, U \setminus p) \to (\mathbb{R}^n, \mathbb{R}^n \setminus 0)$ と見ることができる．包含写像 $U \hookrightarrow \mathbb{R}^n$ の導く局所ホモロジーの同型 $H_n(U, U \setminus p) \cong H_n(D^n, D^n \setminus 0)$ により対応する生成元を $[U]$, $[\mathbb{R}^n]$ とし，$I_p(\mathcal{X}) \in \mathbb{Z}$ を

$$g_*([U]) = I_p(\mathcal{X}) \cdot [\mathbb{R}^n]$$

により定義する．$I_p(\mathcal{X})$ をベクトル場 $\mathcal{X}$ の零点 p における**指数**という．

定理 1.3.21 M を滑らかな閉多様体，$\mathcal{X}$ を M 上の連続ベクトル場で，有限個の零点 $\{p_i\}$ のみを持つものとする．そのとき

$$\sum_i I_{p_i}(\mathcal{X}) = \chi(M) \tag{1.6}$$

が成り立つ．

$\mathcal{X}$ のベクトルの向きを反対にしたベクトル場 $-\mathcal{X}$ の生成する流れ (1 助変数群) を f_t とすると，$I_{p_i}(\mathcal{X}) = I_{p_i}(f_1)$ が成り立つ．f_1 は $f_0 = 1_M$ とホモトピックであるから，$L(f_1) = L(1_M) = \chi(M)$ である．よってレフシェッツの不動点公式から式 (1.6) を得る．式 (1.6) は境界のあるコンパクト多様体とその上のベクトル場で，境界上では外向きのベクトル場になっているものに対してもそのまま成り立つ．定理 1.3.21 は $M = S^2$ の場合ポアンカレによるもので，後にホプフが一般の場合に証明した．そのため**ポアンカレ–ホプフの指数定理**と呼ばれている．

1.3 ホモロジー群,コホモロジー群　　　　　　　　　　　　　　　　　　　45

定理 1.3.21 の系として,

$$\chi(M) \neq 0 \text{ となる閉多様体上のベクトル場は必ず零点を持つ}$$

ことがわかる.例えば,トーラス以外の閉曲面上のベクトル場は必ず零点を持つ.

双対定理

閉じているとは限らない向きの付いた連結コンパクト多様体 M の境界を ∂M と書く.ポアンカレの双対定理と並んで次の**ポアンカレ–レフシェッツの双対定理**が成り立つ[*36].

定理 1.3.22　向きの付いた n 次元連結コンパクト多様体 M に対して自然な同型

$$\vartheta : H^q(M; G) \to H_{n-q}(M, \partial M; G)$$
$$\vartheta : H^q(M, \partial M; G) \to H_{n-q}(M; G)$$

が存在する.$G = F_2$ ならば向きに関する条件は不要である.

同型 $\vartheta : H^q(D^n; G) \to H_{n-q}(D^n, S^{n-1}; G)$ は典型的な例である.
$G = \mathbb{Z}$ のとき,$1 \in H^0(M)$ に対し $[M, \partial M] = \vartheta(1)$ とおいて,$[M, \partial M] \in H_n(M, \partial M)$ を M の**基本ホモロジー類**という($G = F_2$ 係数についても同様).∂M が部分複体となるような M の単体分割があるときは,閉多様体の場合と同様に,$[M, \partial M]$ は $\sum_{\dim s = n} \langle s \rangle$ の形のサイクルで表される.

次に扱う双対定理はポアンカレ–レフシェッツと関係はあるが,使い方のニュアンスが異なる.

M を向きの付いた n 次元の滑らかな多様体,A を M のコンパクト部分多様体とする.簡単のため A の境界はないとする.M の中の A の閉管状近傍 V をとると,A は V の変位レトラクトである.よって

$$H^q(A; G) \cong H^q(V; G) \cong H_{n-q}(V, \partial V; G).$$

[*36] [21], [36] 参照.

また，切除定理（とホモトピー不変性）により，

$$H_{n-q}(V, \partial V; G) \cong H_{n-q}(M, \overline{M \setminus V}; G).$$

V の境界 ∂V は $V \setminus A$ の変位レトラクトであることから，

$$H_{n-q}(M, \overline{M \setminus V}; G) \cong H_{n-q}(M, M \setminus A; G).$$

これらを併せて

$$H^q(A; G) \cong H_{n-q}(M, M \setminus A; G)$$

を得る．実は一般に次の定理が成り立つ[*37]．特異コホモロジーと区別するため，チェックコホモロジーを $H^q_{\mathrm{CH}}(X)$ と書く．

定理 1.3.23　M を向き付けられた n 次元連結（位相）多様体，$A \subset M$ をコンパクトな部分集合とする．そのとき自然な同型

$$H^q_{\mathrm{CH}}(A; G) \to H_{n-q}(M, M \setminus A; G)$$

が存在する．$G = F_2$ なら向きに関する条件は不要である．

A が"良い"空間（例えば閉多様体）の場合には $H^q_{\mathrm{CH}}(A)$ を特異コホモロジー $H^q(A)$ で置き換えてよい．$M = S^n$ の場合を**アレクサンダーの双対定理**という．

系 1.3.24　$n \geq 2$ とし，$A \subset S^n$ を境界を持たない連結な $n-1$ 次元閉部分多様体とする．そのとき，A は向き付け可能であり，$S^n \setminus A$ はちょうど 2 個の連結成分を持つ．

実際，定理 1.3.23 から $H_1(S^n, S^n \setminus A; F_2) \cong H^{n-1}(A; F_2) \cong F_2$．これと，対 $(S^n, S^n \setminus A)$ のホモロジー完全系列から $H_0(S^n \setminus A; F_2) \cong F_2 \oplus F_2$ を得る．これは $S^n \setminus A$ の連結成分がちょうど 2 個であることを意味する．したがって $H_0(S^n \setminus A; \mathbb{Z}) \cong \mathbb{Z} \oplus \mathbb{Z}$ を得る．上の推論を逆にたどると，$H^{n-1}(A; \mathbb{Z}) \cong \mathbb{Z}$ となる．よって A は向き付け可能でなければならない．

[*37] [21], [36] 参照．

1.3 ホモロジー群,コホモロジー群

この系で $A = S^{n-1}$ としたのが**ジョルダン–ブロウアーの定理**であり,さらに $n = 2$ としたのが**ジョルダンの曲線定理**である.意味がすぐわかり,正しいと思われる定理だが,初等的な証明は困難である.

A を S^n に埋め込まれた向きの付いた q 次元閉多様体,B を S^n に埋め込まれ,A と交わらない,向きの付いた $n-q-1$ 次元閉多様体とする.$n \geq 3$,$n-2 \geq q \geq 1$ と仮定する.対 $(S^n, S^n \setminus A)$ の完全系列,次元に関する条件,アレクサンダーの双対定理から

$$H_{n-q-1}(S^n \setminus A) \cong H_{n-q}(S^n, S^n \setminus A) \cong H^q(A) \cong \mathbb{Z}$$

となる.$\beta^* \in H^q(A)$ を上の同型によって $[B] \in H_{n-q-1}(S^n \setminus A)$ に対応するコホモロジー類とし,$L(A, B) \in \mathbb{Z}$ を

$$L(A, B) = \langle \beta^*, [A] \rangle$$

で定義し,A と B の**まつわり数**という.S^n の中に,$\partial W = B$,かつ A と有限個の点で交わる向きの付いた閉部分多様体 W がある場合には,$L(A, B)$ は交点数 $[W, \partial W] \cdot [A]$ に等しい.$n = 3$ で,A, B が S^3 の中の結び目(S^3 に埋め込まれた S^1)であるときには,このような W が存在する.これを B の**ザイフェルト**(Seifert)**膜**という.

また,$S^n = \mathbb{R}^n \cup \infty$ と見て,$A, B \subset \mathbb{R}^n$,$A \cap B = \emptyset$ であるとき,写像 $g : A \times B \to S^{n-1}$ を

$$g(x, y) = (y - x) / \|y - x\|$$

で定義すると,$L(A, B) = \pm \deg g$ が成り立つ.

モース理論

多様体のトポロジーの発展の歴史の中で,異色の流れを作っているのが**モース理論**である.滑らかな多様体上の滑らかな関数とその勾配流のトポロジーとの関係を追求する理論としてモース (Morse) により始められた.最初から多様体上のループ空間など無限次元の多様体を念頭に置いた理論である[*38].

[*38] [35] はモース自身による成書である.その後の発展については [32] 参照.

この項では多様体，写像と言えば滑らかなものに限ることとする．多様体 M 上の関数 $f : M \to \mathbb{R}$ の臨界点 p ($df_p : TM_p \to \mathbb{R} = 0$ となる点) におけるヘッセ行列 $((\partial^2 f/\partial x_i \partial x_j)(0))$ が正則であるとき，臨界点 p は**非退化**であるという．非退化な臨界点は孤立臨界点である．そのとき，(対称) 行列 $((\partial^2 f/\partial x_i \partial x_j)(0))$ の重複度を込めた負の固有値の個数を p での f の (**モース) 指数**という．すべての臨界点が非退化である関数を**モース関数**という．モース関数は多様体上の関数全体の中で密に存在する．

簡単のため，M は連結な n 次元閉多様体としよう．M 上のモース関数 f の臨界点は有限個である．f の指数 q の臨界点の個数を λ_q としたとき，f を少しずつ動かし，次の性質を持つ新しいモース関数 g を作ることができる．g は f と同じ λ_q 個の指数 q の臨界点 $p_{q\alpha}$ を持ち，$p_{q\alpha}$ の g による値は α によらず一定値 c_q であり，かつ，$q < r$ に対しては $c_q < c_r$ となる．また，指数 0 と指数 n の臨界点は 1 個だけと仮定してよい．この g を用いて，各臨界点 $p_{q\alpha}$ に対応して q 次元胞体 $e_{q\alpha}$ を持つ M の胞体分割を構成することができる．この胞体分割の q 次元の胞体の個数は λ_q に等しい．

一般の胞体複体における公式 (1.4) で $\operatorname{rank} C_q$ を λ_q で置き換えると，任意の体 k に対して，

$$\sum_q \lambda_q t^q - P(H_*(M;k),t) = (1+t)Q(t)$$

を得る．これから，任意の整数 $a \geq 0$ に対し不等式

$$\sum_{q=0}^{a} (-1)^{a-q} \dim H_q(M;k) \leq \sum_{q=0}^{a} (-1)^{a-q} \lambda_q$$

が得られる．特に

$$\dim H_q(M;k) \leq \lambda_q$$

である．これらの不等式をまとめて**モース不等式**という．

M 上にどの点の指数も偶数になるモース関数があると，偶数次元の胞体からなる胞体分割が作れるから，奇数 q に対して $H_q(M) = 0$ であり，偶数 q に対して $H_q(M)$ は自由加群である．この事実はモース不等式だけからも導くことができる（すべての標数の体 k 係数を利用する）．このように，

1.3 ホモロジー群,コホモロジー群

モース不等式はベッチ数を関数の臨界点の個数で上から抑える式であると見ることができる.しかし,同時に,臨界点の個数を下から抑える式でもある.後者の観点は無限次元のモース理論で重要である.

モースの時代には胞体分割はまだ表に出ず,モース不等式が主要結果とされていた.胞体分割がはっきり意識されるようになったのは,1950 年代から 1960 年代にかけてで,微分トポロジーの発展に大きな影響を与えた.スメール (Smale) による h 同境定理がその代表例である[*39].

モース関数から得られる胞体分割の鎖複体 C_* の境界作用素 $\partial : C_q \to C_{q-1}$ は $\partial e_\lambda = \sum_{\dim e_\mu = q-1} a_{\lambda,\mu} e_\mu$ の係数 $a_{\lambda,\mu}$ で決まるが,この係数をモース関数 f の勾配流(M にリーマン計量を一つ与えておく)から直接求めることができる[*40].

関数 $f : M \to \mathbb{R}$ はモースではないが,臨界点の集合の連結成分が閉多様体であり,その閉多様体の各点 p の周りの法方向の球体に f を制限したとき p が非退化な臨界点になっているとする.このような関数 f を**ボット–モース (Bott–Morse) 関数**という.連結なコンパクトリー群 G が M に作用しているとき,G 不変な関数はモース関数にはなり得ないが,G 不変なボット–モース関数は有効に用いられる[*41].

多様体上の 2 点 p, q を結ぶ区分的に滑らかな道の空間

$$\Omega(M; p, q) = \{\omega : [0, 1] \to M \mid \omega(0) = p,\ \omega(1) = q\}$$

の上の汎関数(**エネルギー関数**)

$$E(\omega) = \int_0^1 \left\| \frac{d\omega}{dt} \right\|^2 dt$$

の臨界点は p と q を結ぶ測地線である.エネルギー関数 $E : \Omega(M; p, q) \to \mathbb{R}$ のモース理論を通して,測地線の存在や存在範囲,また,空間 $\Omega(M; p, q)$ のホモロジーが調べられる[*42].

[*39] 詳しい解説は第 2 章を見られたい.
[*40] [22] 参照.さらに最近の発展については [18] の冒頭に解説がある.
[*41] [11] 参照.
[*42] [32] 参照.

1.3.11 被覆空間, ファイバー束

数学全般で多様体と並んで重要な役割を果たす概念に被覆空間[43]とファイバー束[44]がある.

X, X' は連結な空間とする. 連続写像 $\pi : X' \to X$ が次の条件を満たしているとする. 任意の $x \in X$ に対し, x の十分小さい開近傍 U の逆像は $\pi^{-1}(U) = \bigsqcup_i U_i'$ と直和に分解され, 各 i に対し $\pi|U_i' : U_i' \to U$ は同相となる. このとき, X' は X の**被覆空間**であるという. $\pi : X' \to X$ を被覆空間ということもある. $\mathbb{R} \to S^1$, $t \mapsto e^{2\pi\sqrt{-1}t}$ は被覆空間である.

被覆空間 $\pi : X' \to X$ と連結な胞体複体 A が与えられているとする. 写像 $g_0 : A \to X'$ と $f = \pi \circ g_0 : A \to X$ のホモトピー $f_t : A \to X$ に対し, $\pi \circ g_t = f_t : A \to X$ となるホモトピー $g_t : A \to X'$ が一意的に存在する. この性質を A に関する**一意被覆ホモトピー性質**という. 被覆空間の重要な性質である. g_t を f_t の X' への**持ち上げ**という.

被覆空間 $\mathbb{R} \to S^1$ を例にとり, $A = \{p\}$ は 1 点とし, $f_t(p)$ を単に f_t と書く. $f_t \in S^1$ を $f_t = e^{2\pi\sqrt{-1}\theta(t)}$ と書いたとき, $g_t = \theta(t)$ は f_t の $\mathbb{R}$ への持ち上げである. g_t は $g_0 = \theta(0)$ を決めれば一意的である.

以下, 簡単のため X は連結な胞体複体であるとする. 被覆空間 $\pi : X' \to X$ において, 1 点 $x_0 \in X$ と $x_0' \in \pi^{-1}(x_0)$ を固定する. 基本群 $\pi_1(X, x_0)$ は $\pi^{-1}(x_0)$ に推移的に作用し, x_0' の固定群 $\{g \in \pi_1(X, x_0) \mid gx_0' = x_0'\}$ は X' の基本群 $\pi_1(X', x_0')$ と同一視される. よって, $\pi^{-1}(x_0) = \pi_1(X, x_0)/\pi_1(X', x_0')$ である. $\pi_1(X', x_0')$ が正規部分群であるとき, $X' \to X$ は**正規被覆**または**ガロア被覆**であるという.

$\pi : X' \to X$, $\pi' : X'' \to X$ をともに被覆空間とする. 同相写像 $\varphi : X' \to X''$ で $\pi' \circ \varphi = \pi$ を満たすものを (被覆空間の) 同型という. X 上の被覆空間の同型類の全体と $\pi_1(X)$ の共役類の全体が一対一に対応する. 単連結な被覆空間 $\pi : \tilde{X} \to X$ を**普遍被覆空間**という. 多様体や CW 複体など局所

---
[43] 被覆空間についてはトポロジーの標準的な教科書ならばだいたい記述がある.
[44] [44] はファイバー束の古典的な教科書である.

1.3 ホモロジー群,コホモロジー群　　51

的に単連結な空間 X に対し普遍被覆空間は存在し,同型を除いて一意的である.

被覆空間 $\pi: X' \to X$ に対し,$\pi^{-1}(x)$ の個数は点 x のとり方によらない (X の連結性による).それが有限個 r のとき有限被覆あるいは r 重被覆という.$X' \to X$ を r 重被覆とすると,オイラー数に関して次の等式が成り立つ.

$$\chi(X') = r\chi(X)$$

また,k を標数が r と素な体とする.そのとき $\pi^*: H^q(X; k) \to H^q(X'; k)$ は単射である.特に,$\pi: X' \to X$ が正規被覆とすると群 $\Gamma = \mathrm{Aut}(X)$ は $H^q(X'; k)$ に作用し,

$$\mathrm{Im}\,\pi^* = H^q(X'; k)^\Gamma = \{u \in H^q(X'; k) \mid \gamma u = u,\ \forall \gamma \in \Gamma\}$$

である.したがって,有限群の表現の指標公式によって

$$\dim H^q(X; k) = \frac{1}{|\Gamma|} \sum_{\gamma \in \Gamma} \mathrm{tr}(\gamma | H^q(X'; k))$$

である.特に,$k = \mathbb{Q}$ とすると X のベッチ数 $b_q(X)$ の公式となる.これからまた,オイラー数は

$$\chi(X) = \frac{1}{|\Gamma|} \sum_{\gamma \in \Gamma} L(\gamma)$$

となるが,Γ の X' への作用は自由だから,$\gamma \neq 1$ のとき $L(\gamma) = 0$ であり,$L(1) = \chi(X')$.よって $\chi(X) = \frac{1}{|\Gamma|}\chi(X')$ となり,先の結果と一致する.

"分岐のある"被覆空間もよく扱われる.典型例は閉多様体 M に有限群 Γ が作用している場合である.そのとき,射影 $\pi: M \to X = M/\Gamma$ に対し,$\mathrm{Im}\,\pi^*, b_q(X), \chi(X)$ の式はそのまま成り立つ[*45].単位元以外の $\gamma \in \Gamma$ の作用が孤立不動点のみを持つ場合には,$L(\gamma)$ はレフシェッツの不動点公式によって求められる.リーマン面に有限群が向きを保って作用しているときはその状況が起こっている.

[*45] $\chi(X') = r\chi(X)$ は一般には成り立たない.

被覆空間は古くから数学の諸分野で現れていたが，次に扱うファイバー束は 20 世紀の産物である．これについては後に 3.1 節，3.6 節で詳しく論じられるので，ここでは要点をまとめるに留める．B, X, F を位相空間とする．簡単のため X は胞体複体としておく．写像 $\pi : B \to X$ において，X の開被覆 $\{U_\alpha\}$ と同相写像 $\varphi_\alpha : \pi^{-1}(U_\alpha) \to U_\alpha \times F$ で $p \circ \varphi_\alpha = \pi$ を満たすものが存在するとき（$p : U_\alpha \times F \to U_\alpha$ は第 1 成分への射影），$\pi : B \to X$ は F をファイバーとする**ファイバー束**という．$\{\varphi_\alpha\}$ を**局所自明化**という．ファイバー束はすべての胞体複体に関して**被覆ホモトピー性質**（一意被覆ホモトピー性質から一意性を除いたもの）を満たす．被覆空間はファイバーが離散空間である場合である．被覆空間や後述の局所系を除くと，ファイバーが連結なファイバー束を扱うことが多い．

ファイバーが（実または複素）ベクトル空間であるファイバー束を（実または複素）**ベクトル束**といい，一番よく現れる種類のファイバー束である．多様体の接ベクトル束が典型的な例である．ファイバーが 1 次元のベクトル束を**直線束**という．

ファイバー束 $\pi : B \to X$ と開被覆 $\mathfrak{U} = \{U_\alpha\}$ が与えられたとき，$U_\alpha \cap U_\beta \neq \emptyset$ となる $U_\alpha, U_\beta \in \mathfrak{U}$ に対し，$\phi_{\beta,\alpha} : U_\alpha \cap U_\beta \to \mathrm{Homeo}(F)$ を

$$\phi_{\beta,\alpha}(x)(y) = \varphi_\beta \circ \varphi_\alpha^{-1}(x, y)$$

で定義する．$\phi_{\gamma,\beta} \phi_{\beta,\alpha} = \phi_{\gamma,\alpha}$ が成り立つ．実際問題ではしばしばファイバー F は多様体である．その場合 $\phi_{\beta,\alpha}$ の像が F の可微分同相群の部分リー群 H に含まれることを要請するのが普通である．このとき，ファイバー束 $\pi : B \to X$ は**構造群** H を持つという．特に，F がリー群で $F = H$ となる場合は，H が空間 B に（右から）自由に作用していることになる．このようなファイバー束を**主ファイバー束**または**主束**という．被覆空間の正規被覆に相当する．

ファイバー束 $\pi : B \to X$ において，底空間 X もファイバー F も多様体で，すべての $\phi_{\beta,\alpha} : U_\alpha \cap U_\beta \to \mathrm{Homeo}(F)$ が滑らかな写像にとれるとき，$\pi : B \to X$ は滑らかなファイバー束であるという．同様に，X も F も複素多様体で，すべての $\phi_{\beta,\alpha}$ が複素解析的にとれるとき，$\pi : B \to X$ は複素解析的ファイバー束であるという．

1.3 ホモロジー群，コホモロジー群

群 H が F に作用し，H を構造群に持つ主ファイバー束 $\pi : P \to X$ があると，H は $P \times F$ に $(y, y')h = (yh, h^{-1}y')$ で（右から）作用する．$\pi : P \to X$ は写像 $P \times F \to X$ を導き，さらに $B = (P \times F)/H \to X$ を導く．$B = (P \times F)/H \to X$ は F をファイバーに持つファイバー束である．これを主束 P に**同伴するファイバー束**という．

$S^{2n+1} \to \mathbb{CP}^n$, $(z_0, \ldots, z_n) \to [z_0, \ldots, z_n]$ は $S^1 = U(1)$ を構造群とする主ファイバー束である．これを**ホップファイバー束**という．同様に定義される $S^n \to \mathbb{RP}^n$ は $S^0 = \{\pm 1\}$ を構造群とする主ファイバー束（正規被覆）である．$U(1) \subset \mathbb{C}$ は $\mathbb{C}$ に数の掛け算で作用している．$k \in \mathbb{Z}$ に対し，$U(1)$ の $\mathbb{C}$ への作用を $h \cdot z = h^k z$ で与え，その作用により複素直線束 $(S^{2n+1} \times \mathbb{C})/U(1) \to \mathbb{CP}^n$ を定義する．これは複素解析的複素直線束になる．$k = 1$ のとき超平面（直線）束，$k = -1$ のとき**トートロジー的直線束**という．

ファイバー束 $\pi : B \to X$ において $\pi \circ s = 1_X$ となる写像 $s : X \to B$ を**切断**という．切断を切断のホモトピー s_t で分類することは重要なテーマである．そのホモトピー類の集合を $[X, B]_{sc}$ と書こう．自明なファイバー束 $p : B = X \times F \to X$ に対しては，切断 $s : X \to X \times F$ は写像 $f : X \to F$ のグラフにほかならず，$[X, B]_{sc} = [X, F]$ である．後に 3.2 節で説明がある**障害理論**は $[X, B]_{sc}$ の研究のために開発された．

ファイバー束 $\pi : B \to X$ において，全空間 B, 底空間 X, ファイバー F のコホモロジーの関係を知ることが重要である．そのための道具立てとして**スペクトル系列**が役に立つ．これについては，次節で扱う．それと関連して，誘導準同型 $\pi^* : H^q(X; G) \to H^q(B; G)$, $H^q(B; G) \to H^q(F; G)$ および F が k 次元の向きの付いた閉多様体であるときの**ギシン** (Gysin) **準同型** $\pi_! : H^q(B; G) \to H^{q-k}(X; G)$ の間の関係に関するいくつかの重要な定理がある．ルレー–ヒルシュの定理，トム同型定理などが挙げられる．これらについては次の項で扱う．

$f : M \to N$ を向きの付いた閉多様体の間の写像とする．そのとき，$k = \dim M - \dim N$ として，

$$f_! = \vartheta^{-1} \circ f_* \circ \vartheta : H^q(M; G) \to H^{q-k}(N; G)$$

をギシン準同型という．$f_!$ を f_* と書くこともある．ファイバー束 $\pi : B \to X$ で B, X が向きの付いた多様体ならば，ギシン準同型が定義されるが，実は一般にファイバーが向きの付いた閉多様体で，連結なリー群を構造群に持つファイバー束 $\pi : B \to X$ に対して，ギシン準同型 $\pi_! : H^q(B;G) \to H^{q-k}(X;G)$ が定義され，**ファイバー沿い積分**(integration along the fiber) とも言われる．鍵となる性質として

$$\pi_!(u \cup \pi^*(u')) = \pi_!(u) \cup u'$$

が成り立つ（環係数の場合）．

例えば，自明なファイバー束 $p : X \times F \to X$（F は向きの付いた閉多様体）において，$u \in H^p(X;R)$, $u' \in H^q(F;R)$ に対し，

$$p_!(u \otimes u') = p^*(u) \cup (1 \otimes u') = u \cup p_!(1 \otimes u')$$

となる．したがって，

$q < \dim F$ なら $p_!(u \otimes u') = 0$, $q = \dim F$ なら $p_!(u \otimes u') = \langle u', [F] \rangle u$

である．

1.3.12 層係数コホモロジー

位相空間 X の開集合の全体とその包含関係の圏から加群と準同型の圏への反変関手 $\mathcal{F}$ を X 上の**前層**という．すなわち各開集合 U に加群 $\mathcal{F}(U)$ が，$U \subset V$ には準同型 $\rho_{U,V} : \mathcal{F}(V) \to \mathcal{F}(U)$ が対応し，$U \subset V \subset W$ なら $\rho_{U,V} \circ \rho_{V,W} = \rho_{v,w}$ が成り立っているとする．

$\mathfrak{U}$ を X の開被覆とする．単体集合 $N(\mathfrak{U})$ の q 単体 s は $U_0 \cap \cdots \cap U_q \neq \emptyset$ となる集まり $s = \{U_0, \ldots, U_q \mid U_i \in \mathfrak{U}\}$ である．これに対して $U_s = U_0 \cap \cdots \cap U_q$ とおく．前のように，向きを付けた単体を $\langle s \rangle$ と書く．チェックコホモロジーに倣い，余鎖複体 $(C^*(\mathfrak{U}, \mathcal{F}), \delta)$ を次のように定義する．余鎖群 $C^q(\mathfrak{U}, \mathcal{F})$ の元（余鎖）は各 $\langle s \rangle$ に $f_{\langle s \rangle} \in \mathcal{F}(U_s)$ を対応させる関数 f で，$f_{\langle s \rangle^{\mathrm{op}}} = -f_{\langle s \rangle}$ を満たしているものである．$q+1$ 単体 $s = \{U_0, \ldots, U_{q+1}\}$ に対して，辺の q 単体は $s_i = \{U_0, \ldots, \hat{U}_i, \ldots, U_{q+1}\}$,

1.3 ホモロジー群，コホモロジー群

$0 \leq i \leq q+1$ である．簡単のために，$\rho_{U_s,U_{s_i}}$ を ρ_{s,s_i} と書く．そこで境界作用素 $\delta: C^q(\mathfrak{U}, \mathcal{F}) \to C^{q+1}(\mathfrak{U}, \mathcal{F})$ を

$$(\delta f)_{\langle s \rangle} = \sum_{i=0}^{q+1} (-1)^i \rho_{s,s_i}(f_{\langle s_i \rangle})$$

で定義する．$\delta \circ \delta = 0$ が成り立ち，コホモロジー $H^q(X, \mathcal{F})$ が定義される．これを $\mathcal{F}$ 係数の層係数コホモロジーという．

ホモロジーとコホモロジーは代数的トポロジーから始まったものだが，その後，群，リー環，環のホモロジー，コホモロジーも定義され，次第にホモロジー代数という新しい分野に吸収されるようになった．層と層係数コホモロジーはルレーに始まり，複素解析や代数幾何に取り入れられてきたが，これもまたホモロジー代数に組み込まれてきた[*46]現在では，ホモロジー，コホモロジーは**導来関手**を用いて一般的に記述されるようになっている[*47]．

G をアーベル群とする．G をファイバーとする連結な空間 X 上のファイバー束 $\pi : \mathcal{F} \to X$ であって，積演算

$$\mu : \mathcal{F} \underset{X}{\times} \mathcal{F} = \{(u_1, u_2) \in \mathcal{F} \times \mathcal{F} \mid \pi(u_1) = \pi(u_2)\} \to \mathcal{F}$$

が定義されていて，局所自明化がこの積演算と群 G の積演算と両立するとき，$\pi : \mathcal{F} \to X$ を X 上の**局所系**という．X の開集合 V 上の切断の全体を $\mathcal{F}(V)$ と書けば，$\mathcal{F}$ は前層と考えられる．各点の周りの十分小さい連結な開近傍 V に対しては $\mathcal{F}(V) = G$ であり，$U \subset V$ も連結な開近傍なら，$\mathcal{F}(U) = G$ で，$\rho_{U,V}$ は恒等写像である．局所系はトポロジーでよく用いられる．一意被覆ホモトピー性質によって，$\pi_1(X)$ は G に群同型として作用する．自明な局所系 $\mathcal{F}: X \times G \to X$ に対しては $\pi_1(X)$ の G への作用は自明であり，$H^q(X, \mathcal{F}) = H^q(X; G)$ である．

例えば，n 次元多様体 M に対して $\mathcal{F}_M = \bigcup_{x \in M} H_n(M, M \setminus x)$ とおく．各点 x の周りの十分小さい近傍 U に対し，$j_x : H_n(M, M \setminus U) \to H_n(M, M \setminus x)$ は切除定理により同型である．$\gamma \in H_n(M, M \setminus U) \cong \mathbb{Z}$ ご

[*46] 当時の代表的な教科書に [13], [20] がある．
[*47] [26] 参照．

とに $\bigcup_{x \in U} j_{x*}(\gamma) \subset \mathcal{F}_M$ の像を開集合と見なすことによって, $\mathcal{F}_M$ に位相を入れると, $\mathcal{F}_M$ は局所系になる. これを M の**向きの局所系**または**向きの層**という. $\pi_1(M)$ はファイバー $H_n(M, M \setminus x) \cong \mathbb{Z}$ に同型群として作用する. $\mathbb{Z}$ の同型群は $\{\pm 1\}$ である. $\pi_1(M)$ の作用が自明（どの元も +1 倍で作用）であることと M が向き付け可能であることとは同値である. そのとき $\mathcal{F}_M$ は $M \times \mathbb{Z}$ と同型である.

M を閉多様体とする. 向き付け可能か否かにかかわらず, 基本ホモロジー類 $[M] \in H_n(M, \mathcal{F}_M) \cong \mathbb{Z}$ が存在し, ポアンカレ双対

$$\cap [M] : H^q(M, \mathcal{F}) \cong H_{n-q}(M; \mathcal{F} \otimes \mathcal{F}_M)$$

が局所系 $\mathcal{F}$ に対して成り立つ.

$\pi : (B, B_0) \to X$ を (F, F_0) をファイバーとするファイバー束の対とする. すなわち, $B_0 \subset B$ であって, $\pi|B_0 \to X$ が F_0 をファイバーとするファイバー束になっているものである. 環 R を係数とするコホモロジーの誘導準同型 $\pi^* : H^*(X; R) \to H^*(B; R)$ は環準同型だから, $H^*(B; R)$ は環 $H^*(X; R)$ 上の加群と見なすことができる. また, カップ積 $H^*(B; R) \otimes_R H^*(B, B_0; R) \to H^*(B, B_0; R)$ が 1.3.9 項と同様に定義できる. それにより $H^*(B, B_0; R)$ は $H^*(B; R)$ 上の加群である. したがって, $H^*(B, B_0; R)$ は $H^*(X; R)$ 上の加群となる. 次の**ルレー–ヒルシュ** (Leray–Hirsch) **の定理**は有用である.

定理 1.3.25 ファイバー対 (F, F_0) のコホモロジー群 $H^*(F, F_0; R)$ は R 加群と見て, 有限生成自由 R 加群であるとする. もし誘導準同型 $i^* : H^*(B, B_0; R) \to H^*(F, F_0; R)$ が全射ならば, $H^*(X; R)$ 加群としての同型

$$H^*(B, B_0; R) \cong H^*(X; R) \underset{R}{\otimes} H^*(F, F_0; R)$$

が存在する.

これはキュネスの公式の拡張と考えられる. 証明については次の節で触れるが, 底空間が多面体の場合, マイヤー–ヴィートリス完全系列を用いて比較的容易に証明することができる.

$\pi : E \to X$ が実ベクトル束で, E_0 は E から零切断 ($\bigcup_{x \in X} \{0 \in \pi^{-1}(x)\}$) を除いたものとしよう. $\pi : E_0 \to X$ は $\mathbb{R}^n \setminus 0$ をファイバーとする E の部分

ファイバー束である $(n = \dim \pi^{-1}(x))$. $\pi_* : \bigcup_{x \in X} H_n(\pi^{-1}(x), \pi^{-1}(x) \setminus 0) \to X$ は $H_n(\mathbb{R}, \mathbb{R}^n \setminus 0)$ をファイバーとする局所系 $\mathcal{F}_E$ になり, $\pi_1(X)$ がファイバー $H_n(H_n(\pi^{-1}(x), \pi^{-1}(x) \setminus 0)) \cong \mathbb{Z}$ に自明に作用するとき, 実ベクトル束 $\pi : E \to X$ は向き付け可能であるという. そのとき, $H_n(E, E_0; \mathcal{F}_E) = H_n(E, E_0) \cong \mathbb{Z}$ の生成元を定めることを E に向きを付けるという. そのとき, 定めた生成元 $[E, E_0]$ を $\pi : E \to X$ の向きという.

定理 1.3.26（トム（Thom）同型定理）　ファイバーの次元が n の実ベクトル束 $\pi : E \to X$ が向き付け可能で, 向きが与えられているとする. そのとき, 自然な同型

$$\Theta : H^q(X; R) \to H^{q+n}(E, E_0; R)$$

が存在する.

　同型 Θ を**トム同型**といい, $\Theta(1) \in H^n(E, E_0; R)$ を**トム類**という. $\Theta(1)$ は $\langle \Theta(1), [E, E_0] \rangle = 1$ で特徴付けられ, $i^*(\Theta(1))$ は $H^n(\mathbb{R}^n, \mathbb{R}^n \setminus 0)$ の生成元である. よって, トム同型はルレー–ヒルシュの定理の特別の場合であると見ることができる.

　通常, ベクトル束 $\pi : E \to X$ に内積 (,)（各ファイバー $\pi^{-1}(x)$ の内積で x について連続に動くもの）を入れ, $D(E) = \{y \in E \mid \|y\| \leq 1\}$ とおき, $H^q(E, E_0; R) = H^q(D(E), \partial D(E); R)$ と同一視することが多い. $D(E), \partial D(E)$ をそれぞれベクトル束 E の**球体束**, **球面束**という.

　トム同型は特性類と密接に関連し非常に重要な定理である.

1.4　ホモトピー理論

　ホモトピーの概念は基本群に始まり, 代数的トポロジーの発展に伴って次第に内包を広げ, 一つの理論としての形をとるようになった. ホモロジー, コホモロジーもその中の道具と考えるのが自然である. ホモロジー群に次いで, 1930 年代にフレヴィッツ（Hurewicz）によりホモトピー群が導入され, 多くの研究者の興味を引き, 理論の進展の契機になった. 今日では, ホモトピー論的思考が研究の指針として数学全般の中に浸透している.

1.4.1 ホモトピー群

写像のホモトピー集合 $[X,Y]$ や，切断のホモトピー集合 $[X,B]_{sc}$ は代数的トポロジーの格好の研究対象であった．空間対の間の写像のホモトピー集合 $[(X,A),(Y,B)]$，基点付き空間の間の写像のホモトピー集合 $[(X,x_0),(Y,y_0)]$，基点付き対の間の写像のホモトピー集合 $[(X,A,x_0),(Y,B,y_0)]$ ($x_0 \in A$, $y_0 \in B$) についても同様である．

空間 X に対し，積空間 $X \times [0,1]$ の中の部分集合 $X \times 1$ を 1 点に縮めた空間 $X \times [0,1]/X \times 1$ を X 上の錘といい，CX と書く．空間対 (X, x_0) に対し，CX の中の $Cx_0 = C\{x_0\}$ を 1 点に縮めた CX/Cx_0 を $\tilde{C}X$ と書き，(X, x_0) 上の（または基点付き X 上の）被約錘という．また $X \times [0,1]$ の中で，$X \times 0$, $X \times 1$ をそれぞれ別の 1 点に縮めた空間を SX と書き，X 上の懸垂という．さらに，空間対 (X, x_0) に対し，SX/Sx_0 を $\tilde{S}X$ と書き，(X, x_0) 上の被約懸垂という．CX, $\tilde{C}X$ は可縮であり，SX と $\tilde{S}X$ は同じホモトピー型を持つ．$\tilde{C}X$, $\tilde{S}X$ はそれぞれ Cx_0, Sx_0 を縮めた 1 点を基点とする基点付き空間で，それらも x_0 と書くことにする．今後基点付きの空間や対の間のホモトピー集合について，基点を省略して，$[(X, A, x_0), (Y, B, y_0)]$ を $[X, A; Y, B]_0$ のように書くことにする．

基点付き空間 (X, x_0) のループの全体 ΩX は $e = e_{x_0}$ を基点とする基点付き空間である．(X', x_0') も基点付き空間とすると，ΩX におけるループの積 $\omega_1 \omega_2$ は $[X'; \Omega X]_0$ に群構造を誘導する．その機構は基本群の場合とまったく同様である．また，$[X'; \Omega^2 X]_0$ はアーベル群になる（Ω^2 は Ω の繰り返し）．実際，$\omega_1, \omega_2 : (S^1, b_0) \to (\Omega X, e_{x_0})$ に対して，空間 ΩX のループ空間 $\Omega(\Omega X)$ での積 $\omega_1 \omega_2$ のほかに，ループ空間 ΩX の積から導かれる積 $\omega_1 \star \omega_2$ がある．すなわち

$$(\omega_1 \star \omega_2)(t) = \omega_1(t)\omega_2(t), \quad \omega_1(t), \omega_2(t) \in \Omega X$$

である．この二つの間には関係

$$\omega_1 \star \omega_2 \simeq (\omega_1 e) \star (e \omega_2) = (\omega_1 \star e)(e \star \omega_2) \simeq \omega_1 \omega_2$$
$$\omega_1 \star \omega_2 \simeq (e \omega_1) \star (\omega_2 e) = (e \star \omega_1)(\omega_2 \star e) \simeq \omega_2 \omega_1$$

1.4 ホモトピー理論

が成り立つ．これから，$\omega_1\omega_2$ と $\omega_1 \star \omega_2$ は $[Y;\Omega^2 X]_0$ に同じ群構造を定め，しかもその積は可換になることがわかる．

空間対 (X,A) に対して $\Omega(X,A) = \{\omega : [0,1] \to X \mid \omega(0) = x_0, \omega(1) \in A\}$ とおく．

補題 1.4.1 自然な全単射
$$[\tilde{S}X';X]_0 \longleftrightarrow [X';\Omega X]_0$$
$$[\tilde{C}X',X';X,A]_0 \longleftrightarrow [X';\Omega(X,A)]_0$$
が存在する．

$f : \tilde{S}X' \to X$ を $\tilde{f} : X' \times [0,1] \to X$ に持ち上げ，$g(y)(t) = \tilde{f}(y,t)$ で $g : Y \to \Omega X$ を定める．$\tilde{f}$ を通して，f と g とが $[\tilde{S}X';X]_0$ と $[X';\Omega X]_0$ との全単射対応を導く．$[\tilde{C}X',X';X,A]_0$ についても同様である．

S^0 は 2 点 $\{1,-1\}$ であり，$S^n = \tilde{S}S^{n-1} = \tilde{S}^n S^0$ と同一視できる（$\tilde{S}^n$ は $\tilde{S}$ の n 回繰り返し）．また，$n \geq 2$ のとき，$(D^n, S^{n-1}) = (\tilde{C}S^{n-1}, S^{n-1})$ と同一視する．そこで，基点付き空間 (X,x_0) の n 次**ホモトピー群** $\pi_n(X,x_0)$ と，$n \geq 2$ として，基点付き対 (X,A,x_0) の n 次ホモトピー群 $\pi_n(X,A,x_0)$ を
$$\pi_n(X,x_0) = [(S^n,b_0),(X,x_0)],$$
$$\pi_n(X,A,x_0) = [(D^n,S^{n-1},b_0),(X,A,x_0)]$$
と定義する．

起点 x_0 を特定する必要がないときには単に $\pi_n(X)$，$\pi_n(X,A)$ と書く．$n = 1$ のとき，$\pi_1(X,x_0)$ は基本群である．$\pi_n(X,x_0)$ と，$n \geq 2$ のとき $\pi_n(X,A,x_0)$ には自然な群構造が入る．$n > 1$ のとき $\pi_n(X,x_0)$ はアーベル群である．$n > 2$ のとき $\pi_n(X,A,x_0)$ はアーベル群である．

群構造は次のように導入される．補題 1.4.1 により，
$$\pi_n(X,x_0) = [S^{n-1};\Omega X]_0, \quad \pi_n(X,A,x_0) = [S^{n-2};\Omega(\Omega(X,A))]_0 \ (n \geq 2)$$
であるから群演算が定義できる．また，
$$\pi_n(X,A,x_0) = [S^{n-2};\Omega^2 X]_0, \ n > 1,$$

$$\pi_n(X, A, x_0) = [S^{n-3}; \Omega^2(\Omega(X, A))]_0, \ n > 2$$

であるから,群はアーベル群になる.

基点付き空間の間の写像 $f : (X, x_0) \to (Y, y_0)$ は,X' を固定すると,ホモトピー集合の間の写像 $[X'; X]_0 \to [X'; Y]_0$ を誘導し,それにより $[X'; \ ]_0$ は基点付き空間の圏から集合の圏へのホモトピー不変な共変関手となる.基点付き空間対の圏についても同様である.特に,f は $f_* : \pi_n(X) \to \pi_n(Y)$ を誘導する.それにより $\pi_n(\ )$ は基点付き空間の圏から群の圏へのホモトピー不変な共変関手となる.$\pi_n(X, A)$ についても同様である.

$f : (D^n, S^{n-1}, b_0) \to (X, A, x_0)$ に $f|S^{n-1} : (S^{n-1}, b_0) \to (A, x_0)$ を対応させることにより準同型 $\partial : \pi_n(X, A) \to \pi_{n-1}(A)$ が導かれる.これを**連結準同型**という.

命題 1.4.2 基点付き空間対 (X, A, x_0) に対し

$$\cdots \xrightarrow{\partial} \pi_n(A) \xrightarrow{i_*} \pi_n(X) \xrightarrow{j_*} \pi_n(X, A) \xrightarrow{\partial} \pi_{n-1}(A) \cdots$$

は完全系列である.

この完全系列は

$$\cdots \xrightarrow{i_*} \pi_1(X) \xrightarrow{j_*} \pi_1(X, A) \xrightarrow{\partial} \pi_0(A) \xrightarrow{i_*} \pi_0(X)$$

まで続く.ここで,$\pi_1(X, A)$, $\pi_0(A)$, $\pi_0(X)$ は n が一般のときの定義式どおりであるが,ホモトピー集合として単なる集合と考える.$\pi_0(A)$, $\pi_0(X)$ はそれぞれ A, X の弧状連結成分の集合である.完全性の意味は,上の列で $j_*^{-1}(e) = \mathrm{Im}\, i_*$, $\partial^{-1}(e) = \mathrm{Im}\, j_*$, $i_*^{-1}(e) = \mathrm{Im}\, \partial$ である (e は e_{x_0} のホモトピー類).

ホモトピー群とホモロジー群の間の関係を示すフレヴィッツ準同型,フレヴィッツ同型定理,ホワイトヘッドの定理は重要である.

$\alpha = [f] \in \pi_n(X)$ は $f_* : H_n(S^n) \to H_n(X)$ を誘導する.ここで S^n に向きを定めれば,$f_*([S^n])$ は α だけによる.それを $h(\alpha)$ と書く.これにより

$$h : \pi_n(X) \to H_n(X)$$

1.4 ホモトピー理論

が定まる．h は準同型である．h を**フレヴィッツ準同型**という．h は関手 π_n から関手 H_n への自然変換である．同様に

$$h: \pi_n(X, A) \to H_n(X, A)$$

が定義され，やはりフレヴィッツ準同型と呼ばれる．

X を弧状連結な空間とする．$1 \leq q \leq n$ に対して $\pi_q(X) = \{e\}$ となるとき，X は **n 連結**であるという．また，空間対 (X, A) において，すべての $x \in A$ と $1 \leq q \leq n$ に対して $\pi_q(X, A, x) = \{e\}$ となるとき，(X, A) は n 連結であるという．

定理 1.4.3（フレヴィッツ同型定理） X を単連結な弧状連結空間とする．そのとき，$h: \pi_1(X) \to H_1(X)$ は $\pi_1(X)$ のアーベル化と一致する．

$n \geq 2$ とし，X を $n-1$ 連結な弧状連結空間とする．$1 \leq q < n$ となるすべての q に対して $H_q(X) = 0$ となり，$h: \pi_n(X) \to H_n(X)$ は同型である．また，逆に $1 \leq q < n$ となるすべての q に対して $H_q(X) = 0$ ならば，$\pi_q(X) = 0$ でもあり，$h: \pi_n(X) \to H_n(X)$ は同型である[*48]．

X も A も弧状連結な空間対 (X, A) とする．$n \geq 2$ として，上記で X を (X, A) で置き換えれば，同じ結論の定理（フレヴィッツ同型定理）が成り立つ．

同型 $\pi_n(S^n) \to H^n(S^n)$ はフレヴィッツの定理の特別の場合と考えられる．$q < n$ に対して $\pi_q(S^n) = 0$ となることは直接容易に確かめられる．

一般に，ホモトピー理論をはじめトポロジーの諸分野で，単連結空間は扱いが簡単である．例えば，X が単連結でないと，$[X', X]$ と $[X'; X]_0$ は微妙な差がある．X が単連結であれば，自然な写像 $[X'; X]_0 \to [X', X]$ は全単射である．$\mathcal{F}_{\pi_n} = \bigcup_{x \in X} \pi_n(X, x)$ や $\mathcal{F}_{H_n} = \bigcup_{x \in X} H_n(X, X \setminus \{x\})$ は X 上の局所系を作るが，それが自明なときは話が比較的簡単である．

定理 1.4.4（ホワイトヘッド（Whitehead）の定理） $f: (X, x_0) \to (Y, y_0)$ を弧状連結な基点付き空間の間の写像とする．$f_*: \pi_q(X, x_0) \to \pi_q(Y, y_0)$ がすべての $1 \leq q < n$ に対しては同型で，$q = n$ に対して全射ならば，ホモ

[*48] 証明は [21] 参照．

ロジーの誘導準同型 $f_* : H_q(X) \to H_q(Y)$ もすべての $1 \leq q < n$ に対して同型で, $q = n$ に対して全射である.

また, X, Y が単連結であるときは, $f_* : H_q(X) \to H_q(Y)$ がすべての $1 \leq q < n$ に対して同型で, $q = n$ に対して全射ならば, ホモトピー群の誘導準同型 $f_* : \pi_q(X, x_0) \to \pi_q(Y, y_0)$ もすべての $1 \leq q < n$ に対して同型で, $q = n$ に対して全射である.

f が包含写像 $i : X \hookrightarrow Y$ のときは, 対 (Y, X) のホモトピー完全系列とホモロジー完全系列を使い, 空間対のフレヴィッツ同型定理に還元する. 一般の場合は f の**写像柱** $M_f = ((X \times [0,1]) \cup Y)/\sim$ をとる. ここで $\sim$ は $(X \times [0,1]) \cup Y$ において $(x,1) \sim f(x)$, $x \in X$ で生成される同値関係である. Y は自然に M_f の部分空間であり, $r(x,t) = f(x)$, $r(y) = y$ で定義される $r : M_f \to Y$ により, Y は M_f の変位レトラクトである. よって, ホモトピーで不変な問題を考えるときは Y を M_f で置き換えてよい. 一方, $i(x) = (x, 0)$ とおけば, $i : X \to M_f$ は単射であり, $r \circ i = f$ である. これにより, f の代わりに i をとることによって, 包含写像の場合に還元される.

弧状連結な空間の間の写像 $f : X \to Y$ に対して, $f_* : \pi_q(X) \to \pi_q(Y)$ がすべての $1 \leq q$ に対して同型であるとき, f は**弱ホモトピー同値**であるという. X, Y が弧状連結な胞体複体であれば, 弱ホモトピー同値はホモトピー同値になる. ホワイトヘッドの定理により, X, Y が単連結胞体複体であれば, $f_* : H_q(X) \cong H_q(Y), \forall q$ はホモトピー同値を意味する.

基点付きの空間対の間の写像 $f : (X', x_0') \to (X, x_0)$ に対し, $f \times 1_{[0,1]} : X' \times [0,1] \to X \times [0,1]$ は f の (被約) 懸垂 $\tilde{S}f : \tilde{S}X' \to \tilde{S}X$ を導く. これから, $\tilde{S} : [X'; X]_0 \to [\tilde{S}X'; \tilde{S}X]_0$ が得られる. 特に $X' = S^q$ のときは, **懸垂準同型** $\tilde{S} : \pi_q(X) \to \pi_{q+1}(\tilde{S}X)$ である.

定理 1.4.5(**懸垂定理**) X を n 連結な基点付き胞体複体とする. 懸垂準同型 $\tilde{S} : \pi_q(X) \to \pi_{q+1}(\tilde{S}X)$ は $q \leq 2n$ のとき同型で, $q = 2n + 1$ のとき全射である.

恒等写像 $1_{\tilde{S}X} : \tilde{S}X \to \tilde{S}X$ に対応する写像(補題 1.4.1 参照)を $i : X \to \Omega\tilde{S}X$ とする. X が n 連結な胞体複体とすると, 誘導準同型 $i_* : H_q(X) \to$

1.4 ホモトピー理論

$H_q(\Omega \tilde{S} X)$ は $0 \leq q \leq 2n+1$ に対し同型になることが示せる(次項のファイバー空間の手法を用いる).したがって,ホワイトヘッドの定理により,$i_* : \pi_q(X) \to \pi_q(\Omega \tilde{S} X)$ は $1 \leq q \leq 2n$ で同型,$q = 2n+1$ で全射になる.一方,$\pi_q(\Omega \tilde{S} X) = \pi_{q+1}(\tilde{S} X)$ により,i_* は $\tilde{S} : \pi_q(X) \to \pi_{q+1}(\tilde{S} X)$ と同一視される.これが懸垂定理の証明の大筋である.

ついでながら,ホモロジー,コホモロジーについては,すべての $0 < q$ に対して,**懸垂同型**と呼ばれる自然な同型

$$H_q(X; G) \cong H_{q+1}(\tilde{S} X; G), \ H^q(X; G) \cong H^{q+1}(\tilde{S} X; G)$$

がある.ホモロジーでは同型 $\partial_*^{-1} : H_q(X; G) \to H_{q+1}(\tilde{C}_+ X, X; G)$ と切除同型 $H^{q+1}(\tilde{C}_+ X, X; G) \cong H_{q+1}(\tilde{S} X, \tilde{C}_- X; G) = H_{q+1}(\tilde{S} X; G)$ の合成である.ここで,$\tilde{C}_+ X$, $\tilde{C}_- X$ はそれぞれ $X \times [\frac{1}{2}, 1]$, $X \times [0, \frac{1}{2}]$ の $\tilde{S} X$ での像を指す.コホモロジーでは双対をとる.

初期の頃ホモトピー群の中で特に注目を浴びたのが球面のホモトピー群[49]であった.球面のホモトピー群に懸垂定理を適用すると,$\tilde{S} : \pi_{q+n}(S^n) \to \pi_{q+n+1}(S^{n+1})$ は $q < n-1$ なら同型,$q = n-1$ で全射となる.この事実は**フロイデンタール**(Freudenthal)**の懸垂定理**と呼ばれ,懸垂定理の先駆けとなるものであった.

懸垂同型の列

$$\cdots \to \pi_{p+n}(S^n) \xrightarrow{\tilde{S}} \pi_{q+n+1}(S^{n+1}) \xrightarrow{\tilde{S}} \pi_{q+n+2}(S^{n+2}) \xrightarrow{\tilde{S}} \cdots$$

は中途から同型になる.この列の帰納的極限を球面の q 次**安定ホモトピー群**という.$n > q+1$ の範囲の $\pi_{q+n}(S^n)$ と同型である.安定ホモトピー群は非安定な範囲のホモトピー群に比べて諸種の道具が適用でき,扱いやすい.

非安定な範囲の境目にある $\pi_{2n-1}(S^n)$ は特別の性質を持つ.そこでは**ホプフ不変量**と呼ばれる準同型 $H : \pi_{2n-1}(S^n) \to \mathbb{Z}$ が定義されている.ホプフ不変量の定義はいろいろあるが,ここではもとのホプフの定義に従い,次のように定義する($n > 1$ とする).

---

[49] [48] 参照.

$\alpha \in \pi_{2n-1}(S^n)$ を代表する滑らかな写像 $f: S^{2n-1} \to S^n$ をとる．f の異なる正則値 x, y をとり，$A = f^{-1}(x)$，$B = f^{-1}(y)$ とおく．A, B はともに S^{2n-1} の滑らかな部分多様体であり，連結にとることができる．また，一定の向きを付けることができる．そこで A, B のまつわり数 $L(A, B)$ を $H(\alpha)$ と定義する．これは f や正則値のとり方によらない．

実は，ホプフ不変量の像は $n = 2, 4, 8$ のとき $\mathbb{Z}$ 全体，それ以外の偶数のときは $2\mathbb{Z}$，n が奇数 $(n > 1)$ のときは 0 となることが知られている[*50]．偶数のとき像が $2\mathbb{Z}$ を含むこと，$n = 2, 4, 8$ のとき像が $\mathbb{Z}$ に一致することは簡単に証明できるが，像が $\mathbb{Z}$ になるのは $n = 2, 4, 8$ に限るという事実はアダムス（Adams）による深い結果である．それは実数上の可除代数（結合律も要求しない）は実数，複素数，四元数，ケイリー数に限ること，また平行化可能な球面は S^1, S^3, S^7 に限ることの証明になっている．

また，n が偶数のとき，ホプフ不変量が自明でないので，$\pi_{2n-1}(S^n)$ は有限アーベル群ではない．一方，$q \neq n, 2n - 1$ に対して球面のホモトピー群 $\pi_q(S^n)$ はすべて有限群であることがセール（Serre）により証明されている．

球面のホモトピー群と関連して，古典リー群のホモトピー群も研究された．***J* 準同型**と呼ばれる準同型 $J: \pi_q(SO(n)) \to \pi_{q+n}(S^n)$ は，安定領域で，ホモトピー球面の微分構造の分類とも関係する．

1.4.2　ファイバー空間，スペクトル系列

ファイバー束 $B \to X$ は局所自明性を持つ写像で，被覆ホモトピー性質を満たしていた．連続写像 $\pi: Y \to X$ が全射でかつすべての胞体複体に関して被覆ホモトピー性質を満たしているとき，$\pi: Y \to X$ は**ファイバー空間**であるという．$x \in X$ に対して $\pi^{-1}(x)$ を x 上のファイバーという．通常，底空間 X は弧状連結であると仮定する．

弧状連結な基点付き空間 (X, x_0) に対し，

$$E(X, x_0) = \{\omega: [0, 1] \to X \mid \omega(0) = x_0\}$$

[*50] 1.5.1 項で K 理論を用いる証明を与える．

1.4 ホモトピー理論

とおき,$\pi : E(X, x_0) \to X$ を $\pi(\omega) = \omega(1)$ と定義する.$E(X, x_0) \to X$ はファイバー空間であり,x_0 上のファイバーは $\Omega(X, x_0) = \Omega X$ である.$E(X, x_0)$ は可縮な空間である.このファイバー空間はしばしば用いられる.

$\pi : Y \to X$ をファイバー空間とする.$f : X' \to X$ に対し,誘導ファイバー空間 $\pi' = f^*\pi : f^*Y \to X'$ を

$$f^*Y = \{(x', y) \in X' \times Y \mid f(x') = \pi(y)\}, \quad \pi'(x', y) = x'$$

と定義する.

補題 1.4.6 $\pi : Y \to X$ を弧状連結な空間 X 上のファイバー空間,$F = \pi^{-1}(x)$ を x 上のファイバー,$y_0 \in F$ とする.このとき,自然な完全系列

$$\cdots \longrightarrow \pi_{q+1}(X, x_0) \xrightarrow{\partial} \pi_q(F, y_0) \xrightarrow{i_*} \pi_q(Y, y_0) \xrightarrow{\pi_*} \pi_q(X, x_0) \xrightarrow{\partial} \cdots$$
$$\cdots \longrightarrow \pi_1(X, x_0) \xrightarrow{\partial} \pi_0(F, y_0) \xrightarrow{i_*} \pi_0(Y, y_0) \longrightarrow 0$$

が存在する.

証明. 被覆ホモトピー性質から $\pi_* : \pi_q(Y, F, y_0) \to \pi_q(X, x_0, x_0) = \pi_q(X, x_0)$ は同型になる.これを基点付き空間対 (Y, F, y_0) の完全系列に組み込めば求める完全系列になる(最後の $\to 0$ の部分も容易にわかる).補題の完全系列をファイバー空間の完全系列という. $\square$

例えば,$\pi : E(X, x_0) \to X$ において $E(X, x_0)$ は可縮で,$F = \Omega X$ だから,上の完全系列は

$$\partial : \pi_{q+1}(X) \cong \pi_q(\Omega X)$$

を表している.

また,被覆空間 $X' \to X$ では F は離散空間だから,$q - 1 > 0$ に対して $\pi_{q-1}(F) = 0$ である.よって,$q > 1$ に対して

$$\pi_* : \pi_q(X') \cong \pi_q(X)$$

である.

次の補題はファイバー空間の有用性を示している.

補題 1.4.7 弧状連結な空間の間の連続写像 $f: Y \to X$ に対して，ファイバー空間 $f': Y' \to X'$ とホモトピー同値写像 $\tilde{i}: Y \to Y'$, $r: X' \to X$ であって，
$$r \circ f' \circ \tilde{i} = f$$
となるものが存在する．

証明. $X' = M_f$ (f の写像柱) とおき，$i: X \to X'$ を $i(x) = x \in M_f$ で定義する．また，$i'(y) = (y, 0) \in M_f = X'$ を埋め込みと見て，$Y \subset X'$ と考える．そこで，$Y' = E(X', Y) = \{\omega : [0,1] \to X' \mid \omega(0) \in Y\}$ とおき，$f': Y' \to X'$ を $f'(\omega) = \omega(1)$ と定義すると，f' はファイバー空間である．$\tilde{i}(y) = e_y \in E(X', Y) = Y'$ により Y を Y' の部分空間と見ると，Y は Y' の変位レトラクトで，$\tilde{i}: Y \to Y'$ はホモトピー同値写像である．また，変位レトラクトを与える写像 $r: X' = M_f$, $r([y, t]) = f(y)$, $r(x) = x$ により，$r \circ f' \circ \tilde{i}(y) = f(y)$ となる． □

上の補題のファイバー空間 $f': Y' \to X'$ のファイバー F のホモトピー型は写像 $f: Y \to X$ だけで定まる．これを $f: Y \to X$ の**ホモトピーファイバー**という．ホモトピーファイバー F を用いると，誘導準同型 $f_*: \pi_q(Y) \to \pi_q(X)$ は完全系列

$$\cdots \xrightarrow{\partial_*} \pi_q(F) \longrightarrow \pi_q(Y) \xrightarrow{f_*} \pi_q(X) \xrightarrow{\partial_*} \pi_{q-1} \longrightarrow \cdots$$

の中に取り込まれる．

このように，ホモトピー群はファイバー空間と相性が良いが，ホモロジーはルレー–ヒルシュの定理など特別な場合を除き，それほど簡単ではない．

手始めに，$X = S^n$, $n \geq 2$ とし，$S^n = e^0 \cup e^n$ と胞体分割が与えられているとしよう ($\dim e^q = q$)．$\pi: Y \to S^n$ の e^0 上のファイバーを F とする．F は連結であると仮定する．$\pi: Y \to S^n$ がファイバー束である場合には，切除定理により，$H^*(Y, F; G) \cong H_*(D^n \times F, S^{n-1} \times F; G)$ となる．よってトム同型により

$$H^{q+n}(Y, F; G) \cong H^q(F; G)$$

1.4 ホモトピー理論

である．これを対 (Y, F) のコホモロジー完全系列に組み込んで，完全系列

$$\cdots \xrightarrow{i^*} H^{q-1}(F; G) \xrightarrow{d} H^{q-n}(F; G) \longrightarrow H^q(Y; G)$$
$$\xrightarrow{i^*} H^q(F; G) \xrightarrow{d} H^{q+1-n}(F; G) \longrightarrow \cdots$$

を得る．S^n 上の一般のファイバー空間に対してもこの完全系列は成立する．これを**ワン**（Wang）**の完全系列**という．この系列で $H^*(F; G)$ と d の状況がわかれば，$H^*(Y; G)$ に関する相当の情報が得られる．例えば，$G = \mathbb{Q}$ とすると，Y のベッチ数が得られる．

一般に，連結なファイバーを持つ，連結な胞体複体 X 上のファイバー空間 $\pi : Y \to X$ を考える．簡単のため，$\pi_1(X, x)$ の $H^*(\pi^{-1}(x))$ への作用は自明であると仮定する（この仮定はこの項を通して保持する）．p 切片 $X^{(p)}$ をここでは X_p と書き，$Y_p = \pi^{-1}(X_p)$ とおく（$Y_{-1} = \emptyset$）．X_0 はただ一つの 0 胞体 e^0 からなるものとする．p と i とを動かしたときの対 (Y_p, Y_{p-i}) のコホモロジー完全系列は Y のコホモロジー $H^q(Y; G)$ の情報を含んでいるが，それらを効率よく抽出する仕組みが**スペクトル系列**である．そのために，3 対 $(Y, Y_0, Y_{-1}) = (Y, Y_0), (Y, Y_1, Y_0), \ldots, (Y, Y_p, Y_{p-1}), \ldots$ のコホモロジー完全系列を書いてみる（簡単のため係数群 G は省略）．

$$\cdots \xrightarrow{i^*} H^p(Y_0) \xrightarrow{\delta^*} H^p(Y, Y_0) \xrightarrow{j^*} H^p(Y) \xrightarrow{i^*} H^{p-1}(Y_0) \xrightarrow{\delta^*} \cdots,$$
$$\cdots \xrightarrow{i^*} H^p(Y_1, Y_0) \xrightarrow{\delta^*} H^p(Y, Y_1) \xrightarrow{j^*} H^p(Y, Y_0) \xrightarrow{i^*} H^{p-1}(Y_1, Y_0) \xrightarrow{\delta^*} \cdots,$$
$$\cdots \xrightarrow{i^*} H^p(Y_2, Y_1) \xrightarrow{\delta^*} H^p(Y, Y_2) \xrightarrow{j^*} H^p(Y, Y_1) \xrightarrow{i^*} H^{p-1}(Y_2, Y_1) \xrightarrow{\delta^*} \cdots,$$
$$\cdots\cdots\cdots\cdots\cdots\cdots\cdots$$

アイデアは $H^*(Y_p, Y_{p-1})$ を既知と見なし，$H^*(Y, Y_{p-1})$ を $H^*(Y, Y_p)$ の j^* の像によって近似し，最後に $j^* : H^*(Y, Y_0) \to H^*(Y)$ によって $H^*(Y)$ に到達しようというものである．

そこで，$A_1^{p,q} = H^{p+q}(Y, Y_{p-1})$, $E_1^{p,q} = H^{p+q}(Y_p, Y_{p-1})$ とおき，さらに

$$A_1^* = \sum_{0 \le p, q} A_1^{p,q}, \ E_1^* = \sum_{0 \le p, q} E_1^{p,q}$$

とおく．この記号を使うと，上の完全系列の集まりは次の 3 角の完全系列にまとめられる．

すなわち，

$$E_1^* \xrightarrow{\delta^*} A_1^* \xrightarrow{j^*} A_1^*, \ A_1^* \xrightarrow{j^*} A_1^* \xrightarrow{i^*} E_1^*, \ A_1^* \xrightarrow{i^*} E_1^* \xrightarrow{\delta^*} A_1^*$$

はすべて完全列である．

上のように3角の完全系列を作る加群の組 $\{A_1^*, E_1^*\}$ と準同型の列 i^*, j^*, δ^* の列を（上昇）**完全カップル**という．完全カップル $\{A_1^*, E_1^*\}$ に対して $d_1 = i^* \circ \delta^* : E_1^* \to E_1^*$ とおくと，$d_1 \circ d_1 = 0$ となる．したがって，コホモロジー $H^*(E_1^*)$ が定義される．それを E_2^* と書く．

ファイバー空間 $Y \to X$ から作った完全カップルの場合には，次数について

$$\delta^* : E_1^{p,q} \to A_1^{p+1,q}, \ j^* : A_1^{p,q} \to A_1^{p+1,q-1}, \ i^* : A_1^{p,q} \to E_1^{p,q}$$

であることに注意する．その場合 $E_1^{p,q} = H^{p+q}(Y_p, Y_{p-1}; G)$ であり，

$$d_1 : E_1^{p,q} = H^{p+q}(Y_p, Y_{p-1}; G) \to E_1^{p+1,q} = H^{p+1+q}(Y_{p+1}, Y_p; G)$$

は3対 $(Y_{p+1}, Y_p, Y_{p-1}; G)$ の連結準同型 δ^* と一致する．一方，$X = S^n = e^0 \cup e^n$ のときと同様に，

$$H^*(Y_p, Y_{p-1}; G) \cong H^*(X_p, X_{p-1}) \otimes H^*(F; G)$$

となる（F を e^0 とは異なる点の x 上のファイバーとしても，この同型は点 x のとり方によらない．$\pi_1(X, x)$ のコホモロジーへの作用が自明であると仮定したことがここに効いている）．胞体複体 X の余鎖複体は $C^p(X) = H^p(X_p, X_{p-1})$ であることを想起すると（$H^q(X_p, X_{p-1}) = 0$, $\forall q \neq p$），結局

$$H^*(Y_p, Y_{p-1}; G) = C^p(X) \otimes H^*(F; G)$$

1.4 ホモトピー理論

で,
$$d_1 = \delta \otimes 1_{H^*(F;G)} : C^p(X) \otimes H^q(F;G) \to C^{p+1}(X) \otimes H^q(F;G)$$
となる. よって,
$$E_2^{p,q} = H^p(X; H^q(F;G))$$
である.

一般に, 完全カップル $\{A_1^*, E_1^*\}$ に対して, $A_2^* = \operatorname{Im} j^*$ とおき,
$$\delta_2^* : E_2 \to A_2, \ j_2^* : A_2^* \to A_2^*, \ i_2^* : A_2^* \to E_2^*$$
を
$$\delta_2^*([u]) = \delta^*(u), \ j_2^*(u) = j^*(u), \ i_2^*(u) = i^*((j^*)^{-1}(u))$$
で定義する. この定義が矛盾のないものであること, δ_2^*, j_2^*, i_2^* により $\{A_2^*, E_2^*\}$ が完全カップルを作ることは簡単に検証できる. この構成を次々に続けることにより, 列
$$E_1^*, E_2^*, \ldots, E_r^*, \ldots$$
と $d_r \circ d_r$ となる準同型 $d_r : E_r^* \to E_r^*$ の列 $\{d_r\}$ を得る. d_r によるコホモロジーをとることにより, $E_{r+1}^* = H^*(E_r^*)$ である. これを完全カップル $\{A_1^*, E_1^*\}$ のスペクトル系列という. また, d_r をスペクトル系列の**微分**という.

ファイバー空間 $\pi : Y \to X$ の場合には, そのファイバー空間の**セールスペクトル系列** [42] という. そのとき,
$$d_r : E_r^{p,q} \xrightarrow{\delta_r^*} A_r^{p+1,q} \xrightarrow{i_r^*} E_r^{p+r,q-r+1}$$
である. X の次元が n であるとすると, $r > n$ ならば, すべての p に対して $E_r^{p+r,q-r+1} = 0$ である. したがって, $d_r = 0$ であるから,
$$E_n^{p,q} = E_{n+1}^{p,q} = \cdots$$
となる. この加群 $E_n^{p,q}$ を $E_\infty^{p,q}$ と書く. 同様の理由により, 一般に $r+p > n$ なら $E_r^{p,q} = E_\infty^{p,q}$ である. また, $q - r + 1 < 0$ ならば $E_r^{p,q} = E_\infty^{p,q}$ である.

補題 1.4.8 $j^* : H^*(Y, Y_{p-1}; G) \to H^*(Y; G)$ の像を $F^p H^*(Y; G)$ とおくと，
$$E_\infty^{p,q} \cong F^p H^{p+q}(Y; G)/F^{p+1} H^{p+q}(Y; G)$$
が成り立つ．

$F^p H^*(Y; G)$ をここでは $F^p H^*$ と略記する．列
$$H^*(Y; G) = F^0 H^* \supset F^1 H^* \supset \cdots F^p H^* \supset \cdots$$
に対して
$$Gr H^* = \bigoplus_{0 \leq p} F^p H^{p+q}(Y; G)/F^{p+1} H^{p+q}(Y; G)$$
を加群 $H^*(Y; G)$ の**同伴次数付き加群**という．補題 1.4.8 は $E_\infty^* \cong Gr H^*$ を意味する．一方，$Gr H^*$ は $H^*(Y; G)$ を近似するものと考えられる．例えば，$G = k$ を体とすると，次数 s を固定して，$H^s(Y; k) \cong \bigoplus_{p+q=s} E_\infty^{p,q}$ を得る．

特に，$q = 0$ の場合には，$E_2^{p,0} = H^p(X; H^0(F; G)) = H^p(X; G)$ であり，常に $d_r = 0$ であるから，全射の列
$$H^p(X; G) = E_2^{p,0} \to E_3^{p,0} \to \cdots \to E_\infty^{p,0}$$
があり，その合成は $\pi^* : H^p(X; G) \to E_\infty^{p,0} \subset H^p(Y; G)$ と同一視できる．すなわち，$E_\infty^{p,0}$ は $\pi^* : H^p(X; G) \to H^p(Y; G)$ の像である．

$p = 0$ とすると，包含写像の列
$$E_\infty^{0,q} \subset \cdots \subset E_2^{0,q} = H^0(X; H^q(F; G)) = H^q(F; G)$$
は $i^* : H^q(Y; G) \to H^q(F; G)$ と一致する．

スペクトル系列でも積が導入される．

命題 1.4.9 ファイバー空間 $\pi : Y \to X$ の可換環 R を係数とするセールスペクトル系列 E_r^* におけるカップ積 $E_r^{p,q} \otimes E_r^{p',q'} \to E_r^{p+p',q+q'}$，$u \otimes u' \mapsto u \cup u'$ が定義され，$u \in E_r^{p,q}$, $u' \in E_r^{p',q'}$ に対し
$$u' \cup u = (-1)^{(p+q)(p'+q')} u \cup u'$$

1.4 ホモトピー理論

と
$$d_r(u \cup u) = d_r u \cup u' + (-1)^{p+q} u \cup d_r u'$$
が成り立つ．また，同一視 $E_2^{p,q} = H^{p+q}(X; H^q(F; R))$ はカップ積を保つ．

すべての $r \geq 2$ に対して $d_r = 0$ となるスペクトル系列は最も簡単である．このようなスペクトル系列を**つぶれるスペクトル系列**という．このとき，$E_\infty^* = E_2^*$ となるから，$GrH^*(Y; G) \cong H^*(X; H^*(F; G))$ である．さらに，可換環 R に対し，$H^*(F; R)$ が有限生成自由 R 加群であるとすると，普遍係数定理により，$H^*(X; H^*(F; R)) \cong H^*(X; R) \otimes_R H^*(F; R)$ である．この事実とカップ積を用いて，同型 $H^*(Y; R) \cong H^*(X; R) \otimes_R H^*(F; R)$ が得られる．これはルレー–ヒルシュの定理の帰結と同じである．実は，ルレー–ヒルシュの定理の仮定からファイバー空間のスペクトル系列がつぶれることがわかる．これによりルレー–ヒルシュの定理の一つの証明が得られたことになる．

スペクトル系列の微分の中で $d_r : E_r^{0,r-1} \to E_r^{r,0}$ は特別の位置を占め，**転入**と呼ばれる．例えば，ファイバー F が $r-2$ 連結であるとき，
$$H^{r-1}(F; G) = E_2^{0,r-1} = E_r^{0,r-1}, \ H^r(X; G) = E_2^{r,0} = E_r^{r,0}$$
であるから，転入は準同型 $\tau : H^{r-1}(F; G) \to H^r(X; G)$ となる．この場合，
$$H^r(X; G) \xrightarrow{\pi^*} H^r(Y, F; G) \xleftarrow{\delta^*} H^{r-1}(F; G)$$
において，π^* は単射，$\mathrm{Im}(\pi^*) = \mathrm{Im}(\delta^*)$ で，
$$\tau = (\pi^*)^{-1} \circ \delta^*$$
である．これからまた $\pi^* \circ \tau = 0 : H^{r-1}(F; G) \to H^r(Y; G)$ である．特にファイバーが $F = S^{r-1}$ であるファイバー束における転入はトム同型と密接な関係を持つ．

ファイバー空間 $\pi : Y = E(X, x_0) \to X$ では Y は可縮で，ファイバーは ΩX であった．X は $r-1$ 連結であるとする．ファイバー空間のホモトピー完全系列により ΩX は $r-2$ 連結である．このとき，$0 < p \leq 2r-2$ に対し

て $E_2^{p,0} = \cdots = E_p^{p,0}$, $E_2^{0,p-1} = \cdots = E_p^{0,p-1}$ であり，$d_p : E_p^{0,p-1} \to E_p^{p,0}$ は $0 < p < 2r-2$ のとき同型，$p = 2r-2$ のとき全射になる．したがって，転入

$$\tau : H^{p-1}(\Omega X; G) \to H^p(X; G)$$

は $0 < p < 2r-2$ のとき同型，$p = 2r-2$ のとき全射になる．ホモロジーについても同様の同型が成り立つ．それは懸垂定理の証明で使われた．

双対的にファイバー空間 $\pi : Y \to X$ のホモロジーセールスペクトル系列も存在する．

1.4.3 $K(\pi, n)$ 空間

球面 S^n の整係数ホモロジー群 $H^q(S^n), q > 0$ は $q = n$ を除けば自明であるが，そのホモトピー群は複雑である（$n > 1$）．一方，ホモトピー群 $\pi_q(X)$ が $q = n$ を除けば自明になる空間をアイレンベルグ–マクレーン空間という．また，$\pi_n(X) = \pi$ となるアイレンベルグ–マクレーン空間を $K(\pi, n)$ 空間という．$K(\pi, n)$ 空間をアイレンベルグ–マクレーン空間と同じ意味に用いることが多い．

弧状連結な空間 X の普遍被覆空間 $\tilde{X}$ が可縮であれば，被覆空間のホモトピー完全系列から，X は $K(\pi_1(X), 1)$ 空間である．例えば S^1 は $K(\mathbb{Z}, 1)$ 空間である．

実射影空間の増大列

$$\mathbb{RP}^1 \subset \mathbb{RP}^2 \subset \cdots \subset \mathbb{RP}^n \subset \cdots$$

の帰納的極限 $\varinjlim \mathbb{RP}^n = \bigcup \mathbb{RP}^n$ を**無限次元実射影空間**といい，$\mathbb{RP}^\infty$ と書く．$\mathbb{RP}^\infty$ は各次元に一つの胞体を持つ無限次元の胞体複体（CW 複体）であり，$\mathbb{RP}^\infty$ の 2 重被覆 $S^n \to \mathbb{RP}^n$ の増大列

$$S^1 \subset S^2 \subset \cdots \subset S^n \subset \cdots$$

の帰納的極限 S^∞（無限次元球面）を普遍被覆空間に持つ．$\pi_q(S^\infty) =$

1.4 ホモトピー理論

$\pi_q(S^{q+1}) = 0$ であるから[*51] S^∞ は弱可縮 $(\pi_q(S^\infty) = 0, \forall q > 0)$ である。よって $\mathbb{RP}^\infty$ は $K(\mathbb{Z}/2\mathbb{Z}, 1)$ 空間である。

無限次元複素射影空間 $\mathbb{CP}^\infty = \bigcup \mathbb{CP}^n$ は $U(1)$ 主ファイバー空間 $S^{2n+1} \to \mathbb{CP}^n$ の増大列

$$S^3 \subset S^5 \subset \cdots \subset S^{2n+1} \subset \cdots$$

の帰納的極限 S^∞ を全空間に持つ $U(1)$ 主ファイバー空間である。そのホモトピー完全系列から $\mathbb{CP}^\infty$ は $K(\pi_1(U(1)), 2) = K(\mathbb{Z}, 2)$ 空間であることがわかる。

π をアーベル群，$n \geq 1$, Y を $K(\pi, n)$ 空間とする。フレヴィッツの定理により，$H_n(Y) = \pi_n(Y) = \pi$ である。したがって，普遍係数定理によって $H^n(Y; \pi) = \mathrm{Hom}(\pi, \pi)$ である。この同一視によって恒等写像 $1_\pi \in \mathrm{Hom}(\pi, \pi)$ に対応する $H^n(Y; \pi)$ のコホモロジー類を $\mathfrak{o}$ と書く。

命題 1.4.10　Y を $K(\pi, n)$ 空間とする。任意の CW 複体 X に対して，対応 $[f] \mapsto f^*(\mathfrak{o})$ は全単射

$$[X, Y] \to H^n(X; \pi)$$

を与える。

証明は障害理論[*52]の簡単な応用である。この命題から，$K(\pi, n)$ 空間のホモトピー型は群 π と n だけで定まることが導かれる。

弧状連結な空間 X 上のファイバー空間 $p: Y \to X$, $p': Y' \to X$ に対し，$p' \circ \varphi = p$ を満たす写像 $\varphi: Y \to Y'$ をファイバー空間の間の**射**という。また，射 $\varphi: Y \to Y'$, $\varphi': Y' \to Y$ と射のホモトピー $\psi_t: Y \to Y$, $\psi'_t: Y' \to Y'$ が存在して，

$$\psi_0 = 1_Y, \ \psi_1 = \varphi' \circ \varphi, \ \psi'_0 = 1_{Y'}, \ \psi'_1 = \varphi \circ \varphi'$$

が成り立つとき，ファイバー空間 Y と Y' は**ファイバーホモトピー同値**であるといい，φ, φ' はファイバーホモトピー同値（写像）であるという。

[*51] 無限次元の胞体複体の扱いは注意を要する。例えば，$\pi_q(\varinjlim_i(X_i)) = \varinjlim_i \pi_q(X_i)$ は CW 複体に対して成立する。以後，断りなしに，用語 CW 複体を用いる。

[*52] 3.2.2 項参照.

ファイバー空間 $Y \to X$ とホモトピー $g_t : X' \to X$ に対して $g_0^* Y \to X'$ と $g_1^* Y \to X'$ はファイバーホモトピー同値である.

ファイバー空間 $Y \to X$ は $K(\pi, n)$ 空間 F をファイバーに持つとする. この項でも, $\pi_1(X, x)$ の $H^*(\pi^{-1}(x))$ への作用は自明であると仮定する. $\mathfrak{o}(Y) \in H^{n+1}(X; \pi)$ を $\mathfrak{o}(Y) = -\tau(\mathfrak{d})$ と定義する. ここで $\tau : H^n(F; \pi) \to H^{n+1}(X, \pi)$ は転入である ($\mathfrak{d} \in H^n(F; \pi) = \mathrm{Hom}(\pi, \pi)$). $\mathfrak{o}(Y)$ をファイバー空間 $Y \to X$ の**第一障害類**という.

$U(1)$ 主束 $P \to X$ において, $U(1) = K(\mathbb{Z}, 1)$ と見て, 第一障害類 $\mathfrak{o}(P)$ を, $P \to X$ に同伴する複素直線束[*53]$L = P \times \mathbb{C}/U(1) \to X$ の**チャーン (Chern) 類**という.

$K(\pi, n+1)$ 空間 Z の基点 z_0 を任意にとると, $E(Z, z_0) \to Z$ は $K(\pi, n)$ 空間 ΩZ をファイバーに持つファイバー空間である. 別の $K(\pi, n+1)$ 空間 Z' をとると, $E(Z', z_0') \to Z'$ は $E(Z, z_0) \to Z$ とファイバーホモトピー同値である. これを象徴的に $E(\pi, n+1) \to K(\pi, n+1)$ と書き, $K(\pi, n)$ 普遍ファイバー空間という. $E(\pi, n+1) \to K(\pi, n+1)$ に対しては $\mathfrak{o}(E(\pi, n+1)) = -\mathfrak{d} \in H^{n+1}(K(\pi, n+1); \pi)$ である.

$p : Y \to X$ を $K(\pi, n)$ 空間 F をファイバーに持つファイバー空間とする. 命題 1.4.10 により, $f^*(\mathfrak{o}(E(\pi, n+1))) = \mathfrak{o}(Y)$ となる写像 $f : X \to K(\pi, n+1)$ が存在し, ホモトピーを除いて一意的である. ファイバー空間 $f^*(E(\pi, n+1)) \to X$ に対して, $\mathfrak{o}(f^*(E(\pi, n+1))) = f^*(\mathfrak{o}(E(\pi, n+1))) = \mathfrak{o}(Y)$ である. この事実と障害理論から次の命題を得る.

命題 1.4.11 上の状況で, さらに X を連結な CW 複体と仮定する. そのとき $Y \to X$ から $f^*(E(\pi, n+1)) \to X$ へのファイバーホモトピー同値が存在する. これにより, X 上の $K(\pi, n)$ 空間をファイバーに持つファイバー空間 $Y \to X$ のファイバーホモトピー同値類の全体は, $Y \to X$ に $\mathfrak{o}(Y) \in H^{n+1}(X; \pi)$ を対応させることにより, $H^{n+1}(X; \pi)$ と一対一に対応する.

[*53] $U(1)$ の $\mathbb{C}$ への作用は数の積による.

1.4 ホモトピー理論

定理 1.4.12　連結な CW 複体 X に対して，ホモトピー可換[*54]な図式

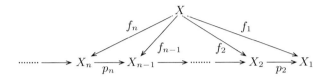

で，

$$i \leq n \text{ のとき}\quad f_{n*}: \pi_i(X) \to \pi_i(X_n) \text{ は同型},$$
$$i > n \text{ のとき}\quad \pi_i(X_n) = 0$$

となるものが存在する．このような列はホモトピーを除き一意的である．また，X_n として X に $n+2$ 次元以上の胞体を貼り付けて得られる CW 複体をとることができる．

実際，n を固定し，$\pi_{n+1}(X)$ の生成元 $\{\alpha\}$ を代表する $f_\alpha : S^{n+1} \to X$ により，$n+2$ 胞体 e_α^{n+2} を X に貼り付けて CW 複体 $X_n(n+1)$ を作ると，$\pi_{n+1}(X_n(n+1)) = 0$ であり，$i \leq n$ に対しては，包含写像 $f_n(n+1) : X \to X_n(n+1)$ が同型 $\pi_i(X) \cong \pi_i(X(n+1))$ を誘導する．$\pi_{n+2}(X_n(n+1))$ を消すために，$X_n(n+1)$ に同様の操作を施し $X_n(n+2)$ を作る．この操作を

$$X \subset X_n(n+1) \subset X_n(n+2) \subset \cdots \subset X_n(n+q) \subset \cdots$$

と続けていき，$X_n = \bigcup_q X_n(n+q)$ とおくと，$i > n$ に対して $\pi_i(X_n) = 0$ であり，包含写像 $f_n : X \to X_n$ は $i \leq n$ の範囲で同型 $\pi_i(X) \cong \pi_i(X_n)$ を誘導する．

次に X_n に対して，$n+1$ 次以上の胞体を次々に貼り付けることにより，その n 次のホモトピー群を消し，X_{n-1} を得る．この操作を繰り返し，列

$$X \overset{f_n}{\subset} X_n \overset{p_n}{\subset} X_{n-1} \subset \cdots \overset{p_2}{\subset} X_1$$

を得る．

次に，定理の条件を満たす図式 $\{X'_n, f'_n, p'_n\}$ があったとしよう．$f'_n : X \to X'_n$ に対し，障害理論により，上に構成した X_n から X'_n へ f'_n の拡張

[*54] $p_n \circ f_n \simeq f_{n-1}$.

$g_n : X_n \to X'_n$ が存在する．$g_n \circ f_n = f'_n$ である．$i \leq n$ に対して f_{n*}, f'_{n*} は π_i の同型を与えているから，$g_n : \pi_i(X_n) \to \pi_i(X'_n)$ もその範囲で同型である．$i > n$ では $\pi_i(X_n) = \pi_i(X'_n) = 0$ であるから，$g_n : \pi_i(X_n) \to \pi_i(X'_n)$ はすべての i に対して同型となる．よって g_n は弱ホモトピー同値であるが，X_n が CW 複体だから，結局 g_n はホモトピー同値である．同様にホモトピー同値 $g_{n-1} : X_{n-1} \to X'_{n-1}$ が得られる．同様の考察により，すべての i に対して，$(p'_n \circ g_n)_* = (g_{n-1} \circ p_n)_* : \pi_i(X_n) \to \pi_i(X'_{n-1})$ が成り立ち，$p'_n \circ g_n \simeq g_{n-1} \circ p_n : X_n \to X'_{n-1}$ となる．

定理 1.4.12 で，すべての $n \geq 1$ に対して $\pi_1(X)$ の $\pi_n(X)$ への作用が自明であるとする．そのとき，$p_n : X_n \to X_{n-1}$ をホモトピー同値なファイバー空間 $p'_n : X'_n \to X'_{n-1}$ で置き換えると（補題 1.4.7），p'_n のホモトピー完全系列から，そのファイバーは $K(\pi_n(X), n)$ である．$\mathfrak{o}(X'_n) \in H^{n+1}(X'_{n-1}; \pi_n(X))$ を，同一視 $H^{n+1}(X_{n-1}) = H^{n+1}(X'_{n-1})$ を通して，$H^{n+1}(X_{n-1}; \pi_n(X))$ の元と見て，$\mathbf{k}^{n+1}(X)$ と書き，X の **n 次ポストニコフ不変量** という．また，定理 1.4.12 のホモトピー可換な図式を X の **ポストニコフ分解** または **ポストニコフ塔** という．命題 1.4.11 と定理 1.4.12 から次の定理を得る．

定理 1.4.13 すべての $n \geq 1$ に対して $\pi_1(X)$ の $\pi_n(X)$ への作用が自明である連結な CW 複体 X のホモトピー型はポストニコフ分解で決まる．また，列

$$\pi_1(X),\ \pi_2(X),\ \mathbf{k}^3(X), \ldots, \pi_n(X),\ \mathbf{k}^{n+1}(X), \ldots$$

で決まる．

1.4.4 コホモロジー作用素

G, G' をアーベル群，q, q' を正の整数とする．コホモロジー群 $H^q(\ ; G)$, $H^{q'}(\ ; G')$ を CW 複体の圏から集合の圏への関手と見て，自然変換

$$\theta : H^q(\ ; G) \to H^{q'}(\ ; G')$$

を $(G, q; G', q')$ 型の **コホモロジー作用素** という．任意の CW 複体 X に対

1.4 ホモトピー理論

して定義された（準同型とは限らない）写像

$$\theta : H^q(X;G) \to H^{q'}(X;G')$$

であって，連続写像の誘導準同型と可換になるものである．

命題 1.4.10 により，$u \in H^q(X;G)$ をホモトピーを除いて一意的に決まる $f: X \to K(G,q)$ により $u = f^*(\mathfrak{d})$ ($\mathfrak{d} \in H^q(K(G,q);G))$ と書くと，

$$\theta(u) = \theta(f^*(\mathfrak{d})) = f^*(\theta(\mathfrak{d}))$$

である．したがって，θ は $\theta(\mathfrak{d}) \in H^{q'}(K(G,q);G')$ で完全に決まる．よって次の命題が成り立つ．

命題 1.4.14 $(G,q;G',q')$ 型のコホモロジー作用素は $H^{q'}(K(G,q);G')$ の元と一対一に対応する．今後，コホモロジー作用素 θ に対応する $\theta(\mathfrak{d}) \in H^{q'}(K(G,q);G')$ も θ と書く．

上の命題からコホモロジー作用素は $q' \geq q > 0$ の範囲で考えればよい．コホモロジー作用素は一般には加法的ではないが，**懸垂コホモロジー作用素**と呼ばれる加法的コホモロジー作用素の族がある．

$K(G,q)$ の懸垂 $SK(G,q)$ は q 連結で，$\pi_{q+1}(SK(G,q)) = G$ と同一視できるから（懸垂定理），$\phi_{q+1} = 1_G : \pi_{q+1}(SK(G,q)) = G \to \pi_{q+1}(K(G,q+1)) = G$ となるような写像 $\phi: SK(G,q) \to K(G,q+1)$ がホモトピーを除いて一意的に決まる．$\phi^* : H^{q'+1}(K(G,q+1);G') \to H^{q'+1}(SK(G,q);G')$ とコホモロジー懸垂同型 $H^{q'+1}(SK(G,q);G') \cong H^{q'}(K(G,q);G')$ の合成を S と書き，これも懸垂（準同型）という．$\theta' \in H^{q'+1}(K(G,q+1);G')$ に対して

$$\theta = S\theta' \in H^{q'}(K(G,q);G')$$

を θ' の懸垂（コホモロジー作用素）という．

補題 1.4.15 懸垂コホモロジー作用素 $S\theta'$ は加法的である．

同一視

$$H^{q'+1}(SK(G,q);G') = [SK(G,q);K(G',q'+1)]_0$$
$$= [K(G,q);\Omega K(G',q'+1)]_0$$

において，$[K(G,q);\Omega K(G',q'+1)]_0$ はループ空間から来る和によって加群になるが，さらに加群として $H^{q'+1}(SK(G,q);G')$ と同型になっている．補題 1.4.15 の証明の本質的な部分はこの事実に含まれる．

$\theta = S\theta'$ は次の可換な図式によって解釈することができる．

$$\begin{CD} H^{q+1}(SX;G) @>{\theta'}>> H^{q'+1}(SX;G') \\ @V{S}VV @VV{S}V \\ H^q(X;G) @>>{\theta}> H^{q'}(X;G') \end{CD}$$

ここで S はコホモロジー懸垂同型である．

懸垂 $S: H^{q+i+1}(K(G,q+1);G') \to H^{q+i}(K(G,q);G')$ は $i \leq q-1$ のとき同型で，逆は転入である．よって i を固定したとき，自然な同型の列

$$H^{2i+1}(K(G,i+1);G') \cong \cdots \cong H^{q+i}(K(G,q);G') \cong \cdots$$

ができる．これの極限 ($H^{2i+1}(K(G,i+1);G')$ と同型) を $H_S^i(G;G')$ と書く．対応して加法的コホモロジー作用素の列

$$\theta, S^{-1}\theta, \ldots, S^{-q}\theta, \ldots$$

ができる．これらと $S\theta, S^2\theta, \ldots$ をまとめて，単に $\theta \in H_S^i(G;G')$ と書き，**安定コホモロジー作用素**という．θ は任意の q に対し，$\theta: H^q(X;G) \to H^{q+i}(X;G')$ を定める．

胞体複体の組 (X,A) に対して，$H^q(X,A) = H^q(X/A)$ $(q>0)$ であることに注意すると，加法的コホモロジー作用素 θ は

$$\theta: H^q(X,A;G) \to H^{q+i}(X,A;G')$$

に拡張される．これに対して，可換な図式

$$\begin{CD} H^q(X;G) @>{\theta}>> H^{q'}(X;G') \\ @V{\delta^*}VV @VV{\delta^*}V \\ H^{q+1}(X,A;G) @>>{\theta}> H^{q'+1}(X,A;G') \end{CD}$$

が成り立つ．

1.4 ホモトピー理論

加法的コホモロジー作用素の例を一つ挙げる．

$$0 \to G' \to G'' \to G \to 0$$

をアーベル群の短完全系列とする．これから導かれる余鎖複体の短完全系列

$$0 \to S^*(X, G') \to S^*(X, G'') \to S^*(X, G) \to 0$$

のコホモロジー完全系列の連結準同型

$$\beta = \partial^* : H^q(X; G) \to H^{q+1}(X; G')$$

は安定コホモロジー作用素である．β を**ボックシュタイン**（Bockstein）**作用素**という．よく用いられるのは

$$0 \to \mathbb{Z} \xrightarrow{p} \mathbb{Z} \to \mathbb{Z}/p\mathbb{Z} \to 0$$
$$0 \to \mathbb{Z}/p\mathbb{Z} \xrightarrow{p} \mathbb{Z}/p^2\mathbb{Z} \to \mathbb{Z}/p\mathbb{Z} \to 0$$

である．後者のボックシュタイン作用素を β_p と書くことにする．

$G = G' = F_p$（標数 p の素体，$\cong \mathbb{Z}/p\mathbb{Z}$）の場合の安定コホモロジー作用素は重要である．それらは合成により F_p 上の代数をなす．これを**スティーンロッド代数**といい，$\mathcal{S}_p$ と書く．$\mathcal{S}_p$ の生成元は，$p = 2$ のときは $\boldsymbol{Sq}$ **作用素** $\{Sq^i\}_{i \geq 0}$ で与えられ，p が奇数のときはボックシュタイン作用素 β_p と $\mathcal{P}$ **作用素** $\{\mathcal{P}^i\}_{i \geq 0}$ で与えられる．それらの間には**アデム**（Adem）**関係式**があり，$\mathcal{S}_p$ を決定する．Sq 作用素，$\mathcal{P}$ 作用素の構成はスティーンロッド，アデム関係式についてはアデム，カルタン（Cartan）による[*55]．ベクトル空間として $\mathcal{S}_p$ は $H_S^*(F_p; F_p)$ に等しい．セールとカルタンは $H_S^*(F_p; F_p)$ を決定することにより，Sq 作用素，$\mathcal{P}$ 作用素が $\mathcal{S}_p$ を生成することを示した [12]．ミルナーは $\mathcal{S}_p$ の双対がホップ代数になることを利用した $\mathcal{S}_p$ の記述を与えた[*56]．

スティーンロッドの作用素は公理系によって特徴付けられる．Sq 作用素 Sq^i については

[*55] [45] 参照．
[*56] [45] 参照．

1) $Sq^i : H^q(X, A; F_2) \to H^{q+i}(X, A; F_2)$ (連結作用素と可換),
2) $Sq^0 = 1$,
3) $\dim u = i$ なら $Sq^i u = u^2$,
4) $\dim u < i$ なら $Sq^i u = 0$,
5) カルタン公式:
$$Sq^k(uv) = \sum_{i=0}^{k} Sq^i u Sq^{k-i} v.$$

なお, $Sq^1 = \beta_2$ である.

$\mathcal{P}$ 作用素 $\mathcal{P}^i$ については

1) $\mathcal{P}^i : H^q(X, A; F_p) \to H^{q+2i(p-1)}(X, A; F_p)$ (連結作用素と可換),
2) $\mathcal{P}^0 = 1$,
3) $\dim u = 2i$ なら $\mathcal{P}^i u = u^p$,
4) $\dim u < 2i$ なら $\mathcal{P}^i u = 0$,
5) カルタン公式:
$$\mathcal{P}^k(uv) = \sum_{i=0}^{k} \mathcal{P}^i u \mathcal{P}^{k-i} v.$$

コホモロジー作用素の簡単な応用例を書いておく. ホプフファイバー束 $p : S^3 \to \mathbb{CP}^1 = S^2$ のファイバーは S^1 だから, ホモトピー完全系列により,

$$\pi_3(S^2) \cong \mathbb{Z}$$

であり, その生成元 α は p で代表される. 懸垂 $\tilde{S} : \pi_3(S^2) \to \pi_4(S^3)$ は全射であるから, $\tilde{S}(\alpha) \in \pi_4(S^3)$ が $\pi_4(S^3)$ を生成する. S^2 に 4 胞体 e^4 を p によって貼り付けた空間を X, 懸垂 SX は S^3 に 5 胞体 e^5 を p の懸垂 Sp によって貼り付けた空間と考えることができる. $H^2(X; F_2) \cong F_2$, $H^4(X; F_2) \cong F_2$ であり, X は $\mathbb{CP}^2$ と同相だから, 生成元 $u \in H^2(X; F_2)$ に対し $Sq^2 u = u^2 \neq 0$ である. Sq^2 は懸垂同型 $S : H^{q+1}(SX; F_2) \cong H^q(X; F_2)$ と可換だから, $S^{-1} u \in H^3(SX; F_2)$ に対し $Sq^2 S^{-1} u = S^{-1} Sq^2 u \neq 0$ である. このことは $\tilde{S}(\alpha) = [Sp] \in \pi_4(S^3)$ が非自明で, 巡回群 $\pi_4(S^3)$ の位数が偶数で

あることを示している*57.

1.5 一般コホモロジー理論

胞体複体の上で完全系列公理，ホモトピー公理，切除公理，次元公理を満たすコホモロジー理論は存在し（特異コホモロジー，チェックコホモロジー，胞体的コホモロジー），一意的であった．空間対の圏から加群の圏への反変関手であって，これらの公理のうち次元公理を落としたものを**一般コホモロジー理論**という．同様に共変関手の場合を**一般ホモロジー理論**という*58.

一般コホモロジー理論が興ったきっかけは，一つにはスペクトラムという概念である．スペクトラムは球面の安定ホモトピー群や安定コホモロジー作用素に現れたような懸垂で結ばれる空間の列，またコボルディズム理論におけるトム複体などと関連して生じてきた．もう一つにはリーマン–ロッホの微分可能多様体版などを意識して出てきた K 理論である [4]．続いて現れたボットの周期性定理により，一般コホモロジー理論の代表的な具体例となった*59.

1.5.1 K 理論

この項では位相空間 X はすべてコンパクトであると仮定する．X 上の複素ベクトル束 $E \to X$ の同値類の全体を $Vect(X)$ と書く．$Vect(X)$ はベクトル束の**ホイットニー**（Whitney）**和** $E_1 \oplus E_2 = \bigcup_{x \in X} E_{1x} \oplus E_{2x}$ により可換半群をなす．その可換半群の**グロータンディック群**を $K(X)$ と書き，X の **K 群**という．一般に可換半群 S のグロータンディック群 $GR(S)$ とは，$S \times S$ における同値関係

$$(x_1, x_2) \sim (y_1, y_2) \iff \exists z : x_1 + y_2 + z = x_2 + y_1 + z$$

---

*57 実は $\pi_4(S^3) \cong \mathbb{Z}/2\mathbb{Z}$ である．
*58 一般コホモロジーの解説書として [3], [28] がある．
*59 K 理論のまとまった教科書として [5] がある．

による商集合 $(S \times S)/\sim$ のことである．(x_1, x_2) の同値類を $[x_1, x_2] \in GR(S)$ と書くと，和 $[x_1, x_2] + [y_1, y_2] = [x_1 + y_1, x_2 + y_2]$ により $GR(S)$ は可換群になる．零は $[x, x]$，逆は $-[x, y] = [y, x]$ である．$x \mapsto [x + z, z]$ は順同型 $S \to GR(S)$ を与える．$0 \in S$ を仮定すると，$[x + z, z] = [x, 0]$ である．$[x, 0]$ を単に $[x]$ と書く．$GR(S)$ は $[x] - [y]$ の形の元で生成される．

連続写像 $f : X \to Y$ は $f^* : Vect(Y) \to Vect(X)$ $(E \mapsto f^*E)$ を誘導し，さらに $f^* : K(Y) \to K(X)$ $(f^*[E] = [f^*E])$ を誘導する．これは下に定義する積の意味で環準同型である．こうして K 群は空間の圏から環の圏への反変関手であることがわかる．

$K(X)$ は積
$$[E_1, E_2][E_1, E_2] = [E_1 \otimes E_1 + E_2 \otimes E_2, E_1 \otimes E_2 + E_2 \otimes E_1]$$
により可換環になる．K のクロス積 $K(X) \otimes K(Y) \to K(X \times Y)$ も定義される．$p_1 : X \times Y \to X$, $p_2 : X \times Y \to Y$ を射影として，$[E_1] \times [E_2] = p_1^*[E_1] p_2^*[E_2]$ とおけばよい．

これから後，空間 X は連結な（有限）胞体複体であると仮定する[*60]．任意の $F \in Vect(X)$ に対して，$F \oplus G$ が自明になるような $G \in Vect(X)$ が存在する．ファイバー次元が n の自明束を $\mathbf{n}$ と書くことにする．K 群 $K(X)$ の任意の元は $[E] - \mathbf{n}$ の形に書ける．

$$\tilde{K}(X) = \{[E] - \dim E \mid E \in Vect(X)\}$$

とおく．

$$[E_1] - \dim E_1 = [E_2] - \dim E_2 \Leftrightarrow E_1 + \mathbf{n_1} = E_2 + \mathbf{n_2} \in Vect(X)$$

である．このような E_1 と E_2 は**安定同値**であると言われる．$\tilde{K}(X)$ はベクトル束の安定同値類の全体と同一視される．

1 点 x_0 上のベクトル束はベクトル空間であり，$E \mapsto \dim E$ により $K(x_0) \cong \mathbb{Z}$ である．X の基点 x_0 を頂点（0 胞体）にとると，自然な分解 $K(X) = \tilde{K}(X) \oplus K(x_0)$ がある．$K(x_0) \cong \mathbb{Z}$ である．

[*60] 一般の連結なコンパクト空間に対しても同じ事実が成り立つが，種々の命題の証明は胞体複体の仮定のもとに格段に容易になる．

1.5 一般コホモロジー理論

K 理論の中心的位置を占めるのがボットの**周期性定理**である．一つの定式化は次のように書かれる．

定理 1.5.1 クロス積 $K(X) \otimes K(S^2) \to K(X \times S^2)$ は同型である．

$X \times S^2$ の中で $X \vee S^2 = (X \times b) \cup (x_0 \times S^2)$ を 1 点に縮めた空間 $X \wedge S^2 = X \times S^2 / X \vee S^2$ は 2 階の（被約）懸垂 $\tilde{S}^2 X$ と同相であり，

$$\tilde{K}(X \times S^2) \cong \tilde{K}(X \wedge S^2) \oplus \tilde{K}(X) \oplus \tilde{K}(S^2)$$

となる．これと周期性定理からクロス積は同型

$$\tilde{K}(X) \otimes \tilde{K}(S^2) \to \tilde{K}(\tilde{S}^2 X)$$

を導く．

$S^2 = \mathbb{CP}^1$ 上の超平面直線束を H とすると，$\tilde{K}(S^2) \cong \mathbb{Z}$ であり，$\tilde{K}(S^2)$ は $\mathfrak{b} = [H] - 1$ で生成される．$K(S^2)$ は環として $[H]$ で生成され，ただ一つの関係 $([H] - 1)^2 = 0$ で定められる．$\mathfrak{b}$ をボット元という．上の式から

$$\tilde{K}(X) \to \tilde{K}(\tilde{S}^2 X), \quad u \mapsto u \times \mathfrak{b}$$

は同型である．これをボット同型という．

ボット周期性を用いて，コホモロジー理論 $K^*(\ )$ を構成する．そのため，(X, A) を胞体複体の組として，

$$K^{-1}(X, A) = \tilde{K}(\tilde{S}(X/A))$$

とおく．特に，

$$K^{-1}(X) = K^{-1}(X, \emptyset) = \tilde{K}(\tilde{S}(X^+))$$

である．ここで，X^+ は X に新しく基点 x^+ を加えた空間 $X^+ = X \sqcup x^+$ である．さらに，基点付き胞体複体 X に対して $\tilde{K}^{-1}(X) = \tilde{K}(\tilde{S}X)$ とおく．

このとき，基点付き胞体複体の組 (X, A) に対して完全系列

$$\tilde{K}(A) \leftarrow \tilde{K}(X) \leftarrow K(X, A) \xleftarrow{\delta^*} \tilde{K}^{-1}(A) \leftarrow \tilde{K}^{-1}(X) \leftarrow K^{-1}(X, A)$$

が存在する．ここで δ^* は $X/A \simeq X \cup \tilde{C}A \to \tilde{S}A$ から誘導される準同型である．ボット同型 $\tilde{K}(A) \to \tilde{K}(\tilde{S}^2 A)$ と $\delta^* : \tilde{K}(\tilde{S}^2 A) \to \tilde{K}(\tilde{S}X/\tilde{S}A) =$

$\tilde{K}(\tilde{S}(X/A)) = \tilde{K}^{-1}(X,A)$ の合成（これも δ^* と書く）を上の完全系列に組み込むと，循環する完全系列

$$\begin{array}{ccccc} \tilde{K}(A) & \longleftarrow & \tilde{K}(X) & \longleftarrow & K(X,A) \\ {\scriptstyle \delta^*}\downarrow & & & & \uparrow{\scriptstyle \delta^*} \\ K^{-1}(X,A) & \longrightarrow & \tilde{K}^{-1}(X) & \longrightarrow & \tilde{K}^{-1}(A) \end{array}$$

が得られる．基点を伴わない場合には，X, A の代わりに X^+, A^+ をとることにより，完全系列

$$\begin{array}{ccccc} K(A) & \longleftarrow & K(X) & \longleftarrow & K(X,A) \\ {\scriptstyle \delta^*}\downarrow & & & & \uparrow{\scriptstyle \delta^*} \\ K^{-1}(X,A) & \longrightarrow & K^{-1}(X) & \longrightarrow & K^{-1}(A) \end{array} \quad (1.7)$$

が得られる．

そこで，$K^*(X,A) = K^0(X,A) \oplus K^{-1}(X,A)$ とおくことにより，$\mathbb{Z}/2\mathbb{Z}$ で次数付けられたコホモロジー理論が得られる．完全系列公理は式 (1.7) であり，ホモトピー公理，切除公理は簡単に示せる[*61]．通常，記号 K^{-1} の代わりに K^1 を用いる．$K(X)$ の積は $K^*(X)$ に拡張される．

無限次元ユニタリ群 $U = \varinjlim_n U(n)$ を構造群とする主束の分類空間を BU とすると，X 上のベクトル束の安定同値類全体すなわち $\tilde{K}(X)$ は $[X; BU]_0$ と同一視される[*62]．BU は単連結だから，$\tilde{K}(X) = [X; BU]_0 = [X, BU]$. よって，$K^0(X) = [X, \mathbb{Z} \times BU]$ である．

一方，普遍 U 主束 $E \to BU$ において E は可縮であるから，ファイバー U は ΩBU と同じホモトピー型を持つ．これから $\tilde{K}^1(X) = \tilde{K}(\tilde{S}X) \cong [\tilde{S}X; BU]_0 = [X; \Omega BU]_0 \cong [X; U]_0$ となる．$K^1(x_0) = [S^1; BU]_0 = \pi_1(BU) = 0$ であり，$K^1(X) = \tilde{K}^1(X) \oplus K(x_0) = \tilde{K}^1(X) \cong [X; U]_0$ である[*63]．

[*61] $n > 0$ に対して帰納的に $K^n(\ ) = K^{n-2}(\ )$ と定義すれば $\mathbb{Z}$ で次数付けられた周期 2 のコホモロジー理論となる．

[*62] 分類空間については次項で触れる．

[*63] $[X; U]_0 = [X, U]$ が成り立つ．

1.5 一般コホモロジー理論

周期性 $\tilde{K}^{-2k}(x_0) = \tilde{K}^0(x_0) \cong \mathbb{Z}$, $\tilde{K}^{-(2k+1)}(x_0) = \tilde{K}^{-1}(x_0) = 0$ から

$$\pi_{2k-1}(U) \cong \pi_{2k}(BU) \cong \mathbb{Z}, \quad \pi_{2k}(U) \cong \pi_{2k+1}(BU) = 0$$

であり,

$$\Omega U \simeq \mathbb{Z} \times BU, \quad \Omega(\mathbb{Z} \times BU) \simeq U$$

である.周期性のボットの最初の証明はこの形であり,ボット–モース関数を用いている[*64].

$K^*(X)$ は通常のコホモロジー $H^*(X;\mathbb{Q})$ と次数を保つ環準同型

$$\mathrm{ch}: K^*(X) \to H^{\mathrm{ev}}(X;\mathbb{Q}) \oplus H^{\mathrm{odd}}(X;\mathbb{Q})$$

によって結ばれる.

$E \in Vect(X)$ が直線束のホイットニー和 $E = L_1 \oplus \cdots \oplus L_n$ で表されているときには,

$$\mathrm{ch}([E]) = \sum_{i=1}^{n} e^{x_i}$$

である.ここで,$x_i = c_1(L_i) \in H^2(X)$ は L_i のチャーン類である.一般の場合には次のトリックを用いる.

$E \to X$ が $U(n)$ 主束 $P \to X$ に同伴しているとする.$E = P \times \mathbb{C}/U(n)$ である.$T \subset U(n)$ を対角行列からなる部分群とし,ファイバー束 $\pi: B = P/T \to X$ を作る.$\pi: B = P/T \to X$ は次のような特徴を持つ.

$\pi^*: H^*(X) \to H^*(B)$ は単射,
π^*E は直線束のホイットニー和に分解する.

そこで

$$\mathrm{ch}([E]) = (\pi^*)^{-1}(\mathrm{ch}(\pi^*[E]))$$

と定義する.$\pi: B = P/T \to X$ を用いる方法を**分解原理**という.分解原理は通常次のような形で書かれる.$\pi^*c(E) = \prod_i (1+x_i)$ となるコホモロジー

[*64] [10]. また [32] 参照.

類 $c(E) = 1 + c_1(E) + \cdots + c_k(E) + \cdots$ を E の全チャーン類, $c_k(E) \in H^{2k}(X)$ を k 次チャーン類という. これを形式的に $c(E) = \prod_i (1 + x_i)$ と書く. その意味で x_i の対称式はチャーン類の多項式になる[*65].

ch : $K(X) \to H^{\text{ev}}(X; \mathbb{Q})$ を**チャーン指標**という. チャーン指標は ch : $K^*(X) \to H^{\text{ev}}(X; \mathbb{Q}) \oplus H^{\text{odd}}(X, \mathbb{Q})$ に拡張される. $x \in K(X)$ に対して ch$(x) = \sum_{k \geq 0}$ ch$_k(x)$ (ch$_k(x) \in H^{2k}(H; \mathbb{Q})$) と書く.

命題 1.5.2 ch : $K^*(X) \otimes \mathbb{Q} \to H^{\text{ev}}(X; \mathbb{Q}) \oplus H^{\text{odd}}(X, \mathbb{Q})$ は同型である. さらに, $H^*(X)$ が自由加群と仮定すると, すべての $l < k$ に対し ch$_l(x) = 0$ となる $x \in K^0(X)$ に対して, ch$_k(x)$ は $H^{2k}(X; \mathbb{Z})$ に属する. また, 勝手な $u \in H^{2k}(X; \mathbb{Z})$ に対して, ch$_k(x) = u$, $l < k$ ならば ch$_l(x) = 0$ となる $u \in K^0(X)$ が存在する. $K^1(X)$ についても同様の命題が成立する.

M を $2n$ 次元の概複素閉多様体とする. そのとき, K 理論のギシン準同型 $p_! : K(M) \to K(x_0) = \mathbb{Z}$ が定義される. $p_!$ は位相的指数とも呼ばれ, 指数定理により, 解析的指数と一致するものである[*66]. ギシン準同型 $p_! : K(M) \to K(x_0) = \mathbb{Z}$ と通常のコホモロジーのギシン準同型 $p_! : H^q(M) \to H^{q-2n}(x_0)$ は次の関係で結ばれる. まず, $p_! : H^q(M) \to H^{q-2n}(x_0)$ は $q \neq 2n$ のときは 0 で, $q = 2n$ のとき $p : H^{2n}(M) \to \mathbb{Z}$ は $u \mapsto \langle u, [M] \rangle$ と一致することに注意する. $x \in K(M)$ に対し

$$p_!(x) = p_!(\text{ch}(x)\mathcal{T}(M)) = \langle \text{ch}(x)\mathcal{T}(M), [M] \rangle$$

である. ここで, $\mathcal{T}(M)$ は概複素多様体 M の**トッド類**(トッド級数)である[*67].

K 理論にもコホモロジー作用素が定義される. 例えば, ベクトル束の外積, 対称積は K 群のコホモロジー作用素を誘導する. それらの中で, ここでは**アダムス作用素**を取り上げる. $E \in Vect(X)$ が $E = L_1 \oplus \cdots \oplus L_n$ と直線束のホイットニー和で表されているとする. 整数 $k \geq 0$ に対し, $\psi^q : K(X) \to K(X)$ を

[*65] チャーン類については 3.2 節で詳しく扱う.
[*66] [7], [19] 参照.
[*67] [9] 参照.

1.5 一般コホモロジー理論

$$\psi^k([E]) = [L_1^k] + \cdots + [L_n^k]$$

と定義する．一般の場合には K 理論における分解原理による．アダムス作用素の主要な性質を列挙する．いずれも証明は簡単である．$x, y \in K(X)$ に対し，

1) $\psi^k(x+y) = \psi^k(x) + \psi^k(y)$, $\quad \psi^k(xy) = \psi^k(x)\psi^k(y)$,
2) $\psi^k(\psi^l(x)) = \psi^{kl}(x)$,
3) 素数 p に対して，$\psi^p(x) \equiv x^p \mod p$,
4) $u \in \tilde{K}(S^{2n})$ に対して，$\psi^k(u) = k^n u$.

K 理論の使い道は広いが，ここではそれを用いたホプフ不変量 1 の非存在問題の解決の証明を紹介する[*68]．$f : S^{2n-1} \to S^n$ に対して f により $2n$ 次元胞体 e^{2n} を S^n に貼り付けた胞体複体を X とする．$H^n(X)$, $H^{2n}(X)$ はともに $\mathbb{Z}$ と同型である．それぞれの生成元を u_1, u_2 とする．$u_1^2 = H(f)u_2$ の形である．$H(f)$ は符号を除いて f のホプフ不変量と一致する．n が奇数なら $u_1^2 = -u_1^2$ だから $H(f) = 0$ である．$n = 2k$ とおく．

$\mathfrak{b} \in \tilde{K}(S^2)$ の k 階のクロス積として得られる $\tilde{K}(S^{2k})$ の生成元を $\mathfrak{b}_k$ と書く．$i : S^{2k} \to X$ を埋め込みの写像として，$i^*(x_1) = \mathfrak{b}_k$ となる $x_1 \in \tilde{K}(X)$ をとる．$\mathrm{ch}_{2k}(x_1) = u_1$ である．また，$j : X \to X/S^{2k} = S^{4k}$ として，$x_2 = j^*(\mathfrak{b}_{2k}) \in \tilde{K}(X)$ とおく．$\mathrm{ch}(x_2) = u_2$ である．$i^*(x_1^2) = 0$ だから，$x_1^2 = H(f)x_2$ と書ける．

そこで $\psi^2(x_1), \psi^3(x_1)$ を考える．上に挙げたアダムス作用素の性質から

$$\psi^2(x_1) = 2^k x_1 + a x_2, \quad \psi^3(x_1) = 3^k x_1 + b x_2$$

の形である．しかも $\psi^2(x_1) \equiv x_1^2 \mod 2$ だから，$a \equiv H(f) \mod 2$ である．$\psi^l(x_2) = j^*(\psi^l(\mathfrak{b}_{2k})) = l^{2k} x_2$ に注意すると，

$$\psi^6(x_1) = \psi^3(\psi^2(x_1)) = 6^k x_1 + (2^k b + 3^{2k} a)x_2$$
$$\psi^6(x_1) = \psi^2(\psi^3(x_1)) = 6^k x_1 + (2^{2k} b + 3^k a)x_2$$

[*68] [5] 参照．

である．よって，$2^k b + 3^{2k} a = 2^{2k} b + 3^k a$ から $2^k(2^k-1)b = 3^k(3^k-1)a$ となるが，$H(f)$ よって a が奇数だと仮定すると 2^k が $3^k - 1$ を割らねばならない．これから，初等整数論により，$k = 1, 2, 4$ でなければならない．これで証明が終わる．アダムスのもとの証明は高次のコホモロジー作用素を用いる大掛かりなものであった．上の証明は K 理論の強力さを端的に表している．

複素ベクトル束から K 群を定義したのと同様に，実ベクトル束から出発して KO 群が定義され，平行した理論が作られる．複素ベクトル束を実ベクトル束と見ることによって，自然変換 $K(\ ) \to KO(\ )$ が，また，複素化によって自然変換 $KO(\ ) \to K(\ )$ が導かれる．無限次元ユニタリ群に代わるのが無限次元直交群 $O = \varinjlim_n O(n)$ である．$KO(\ )$ の周期性は

$$\Omega^8 O \simeq O, \quad \pi_i(O) \cong \pi_{i+8}(O)$$

の形に書ける．そして，

$$\pi_0(O) \cong \mathbb{Z}/2\mathbb{Z}, \ \pi_1(O) \cong \mathbb{Z}/2\mathbb{Z}, \ \pi_3(O) \cong \mathbb{Z}, \ \pi_7(O) \cong \mathbb{Z},$$
$$\pi_i(O) = 0 \ (i = 2, 4, 5, 6)$$

である．

コンパクト群 G が空間 X に作用しているとする（G 空間という）．G の X の上のベクトル束 $\pi : E \to X$ への作用とは，各 $g \in G$ の作用は π と可換になり，各ファイバー上で線形同型になっているものをいう．そのとき E は G ベクトル束であるという．X 上の複素 G ベクトル束の同値類の全体 $Vect_G(X)$ のグロータンディック群を $K_G(X)$ と書き，X の**同変 K 群**という．$K_G(\ )$ は G の作用する空間の圏から加群の圏への反変関手である．G ベクトル束のテンソル積は $K_G(X)$ に積を誘導する．同変 K 理論でも周期性定理が成り立つ[*69]．実 G ベクトル束から出発すると，KO_G 群が定義される．

[*69] 同変理論での周期性定理の証明は指数定理を用いるものがあり [6]，それ以外は知られていない．同変でない場合との大きな差である．

1.5 一般コホモロジー理論

$K_G(x_0)$ は G 加群（G の表現空間）の同値類の全体である．これを G の指標環 $R(G)$ と同一視する．写像 $p : X \to x_0$ の（単射）誘導準同型 $p^* : R(G) = K_G(x_0) \to K_G(X)$ を通して $K_G(X)$ を $R(G)$ 加群と見る．G の元の共役類 γ は $R(G)$ の素イデアル $\mathfrak{p} = \{\chi \in R(G) \mid \chi(\gamma) = 0\}$ を定める．$\mathfrak{p}$ における $K_G(X)$ の局所化を $K_G(X)_\gamma$ と書く．$K_G(X)_\gamma$ の元は分数 x/s $(x \in K_G(X), s \in R(G), s \notin \mathfrak{p})$ の形に書かれ，$x/s = x'/s' \Leftrightarrow \exists t \in R(G) : ts'x = tsx'$ である．$K_G(X)_\gamma$ は $R(G)_\gamma$ 加群である．次の**局所化定理**は応用が広い定理[*70]である．

定理 1.5.3 $X^\gamma = \bigcup_{g \in \gamma} X^g$ とおく．そのとき，$i : X^\gamma \hookrightarrow X$ は同型

$$K_G(X)_\gamma \to K_G(X^\gamma)_\gamma$$

を誘導する．ここで X^g は g の作用の不動点集合を表す．

実際よく使われるのは，トーラスや有限巡回群のように，$\{g^n \mid n \in \mathbb{Z}\}$ の閉包が G と一致する群（位相的巡回群と呼ばれる）のときである．その場合，X^g は G の不動点集合 X^G と一致する．

概複素閉 G 多様体 M（M に G が概複素構造を保って作用）に対して，同変 K 理論のギシン写像 $p_! : K_G(X) \to K_G(x_0) = R(G)$ が定義される．位相的巡回群 G の作用の場合，局所化定理を用いて $p_!(x)$ を X^G とその X 内での法ベクトル束の情報によって記述することができる[*71]．

例として $S^2 = \mathbb{CP}^1$ に S^1 が $z \cdot [z_0, z_1] = [z_0, zz_1]$ と作用している場合を考える．超平面直線束 H には S^1 が作用し，$K_{S^1}(S^2)$ は $R(S^1) = \mathbb{Z}[t, t^{-1}]$ 上の環として $[H]$ で生成され，ただ一つの関係 $([H] - 1)^2 = 0$ で決定される．これに対し

$$p_!([H]^k) = \frac{1}{1 - t^{-1}} + \frac{t^{-k}}{1 - t} = 1 + t^{-1} + \cdots + t^{-k}$$

である．不動点 $[1, 0]$ と $[0, 1]$ に $\frac{1}{1-t^{-1}}$ と $\frac{t^{-k}}{1-t}$ が対応する．

一般コホモロジーでも同変理論がある．普遍 G 主束 $EG \to BG$ において EG は可縮であった．G 空間 X をファイバーとし，$EG \to BG$ に同伴する

[*70] [8] 参照．
[*71] [8] 参照．

ファイバー束 $\pi : X_G = (EG \times X)/G \to BG$ をとり,$h_G^q(X) = h^q(X_G)$ と定義する[*72].$h_G^*(x_0) = h^*(BG)$ である.チャーン指標は同変理論でも定義される.

1.5.2 スペクトラム

基点付き空間 Y を固定すると,$X \mapsto [X;Y]_0$ は基点付き空間の圏から集合の圏へのホモトピー不変な反変関手となる.一方,胞体複体 X のコホモロジー $H^q(X;G)$ は $K(G,q)$ 空間 Y により,$H^q(X;G) = [X,Y] = [X;Y]_0$ と表せる.このようにホモトピー集合とは異なる形で定義されたホモトピー不変な反変関手が $[X,Y]_0$ の形に表されることがある.定義を先取りしてしまったが,胞体複体 X に対し,$\tilde{K}(X) = [X;BU]_0$, $\widetilde{KO}(X) = [X;BO]_0$ であった.

一般に,基点付きの胞体複体の圏から集合の圏へのホモトピー不変な反変関手 T に対して,$T(X) = [X;Y]_0$ となる CW 複体 Y を T の**分類空間**という.ブラウン(Brown)は分類空間を持つホモトピー不変な関手の特徴付けを与えた(**ブラウンの表現定理**)[*73].分類空間のホモトピー型は一意的に決まる.具体的な分類空間の構成は関手 T に適応する方法で行われるのが普通である.位相群 G を構造群とする主束の同値類の全体はホモトピー不変な関手である.これの分類空間を BG と書く.BG 上には普遍な G 主束 $EG \to BG$ が存在するが,EG は可縮であることによって特徴付けられる.胞体複体 X 上のベクトル束 $E \to X$ に対し,$f^*(EG) = E$ となるような写像 $f : X \to BG$ を E の**分類写像**という.

例として,X 上のファイバー次元 n の複素ベクトル束の同値類の全体 $Vect_n(X)$ を取り上げる.$Vect_n(X)$ は X 上の $U(n)$ 主束の同値類の全体と同一視できる.$\mathbb{C}^{n+k}$ の中の n 次元部分線形空間のなすグラスマン多様体を $G_n(\mathbb{C}^{n+k})$ と書くと,与えられた有限胞体複体 X に対して k を十分大きくとると,$Vect_n(X) = [X, G_n(\mathbb{C}^{n+k})] = [X; G_n(\mathbb{C}^{n+k})]_0$ である[*74].し

[*72] X_G とそれから $h_G^*(X)$ を作るこの操作を**ボレル**(Borel)**構成**という.
[*73] [3] 参照.
[*74] [33] 参照.

1.5 一般コホモロジー理論

がって，$BU(n) = \varinjlim_k G_n(\mathbb{C}^{n+k})$ は $Vect_n(X)$ の分類空間である．U 主束の分類空間は $\varinjlim_n B(n)$ であった．

コホモロジー $H^*(X; G)$ には分類空間の列 $K(G,1), \ldots, K(G,q), \ldots$ が対応する．ここで $K(G,q) = \Omega K(G, q+1)$ であることに注意しよう．また，コホモロジー $K^*(X)$ には分類空間の列 $\ldots, \mathbb{Z} \times BU, U, \mathbb{Z} \times BU, U, \ldots$ が対応する．ここでも $\Omega U = \mathbb{Z} \times BU$, $\Omega(\mathbb{Z} \times BU) = U$ である．

上のように列のメンバーと次のメンバーの間に関係があるのは，空間対のコホモロジーの連結準同型 δ^* が関連していて，以下のように解釈できる．一般コホモロジー理論 $h^*(X)$ において，$\tilde{h}^q(X) = \operatorname{Ker}(h^q(X) \to h^q(x_0))$ とおく．$\tilde{h}^q(X)$ に対応する分類空間の列 $\{E_q\}$ において，懸垂同型（公理系からの帰結）の逆 $\tilde{h}^q(X) \to \tilde{h}^{q+1}(\tilde{S}X)$ に対応して，写像 $E_q \to \Omega E_{q+1}$ あるいは $\tilde{S}E_q \to E_{q+1}$ が得られる．

一般に，各 n に対し基点付き CW 複体 E_n と写像 $\epsilon_n : \tilde{S}E_n \to E_{n+1}$ があるとしよう．組 (E_n, ϵ_n) の列 $\mathbf{E}$ を**スペクトラム**[*75]という．

上に挙げた例 $K(G,1), \ldots, K(G,q), \ldots$ と $\ldots, \mathbb{Z} \times BU, U, \mathbb{Z} \times BU, U, \ldots$ をそれぞれ**アイレンベルグ–マクレーンスペクトラム**，***BU* スペクトラム**という．胞体複体 X に対して，スペクトラム $X, \tilde{S}X, \tilde{S}^2 X, \ldots$ が得られる．特に，$X = S^0$ ととった $\mathbf{S} = S^0, S^1, \ldots, S^n, \ldots$ を**球面スペクトラム**という．

スペクトラム $\mathbf{E}$ に対して，$\pi_{q+n}(E_n) \to \pi_{q+n+1}(\tilde{S}E_n) \to \pi_{q+n+1}(E_{n+1})$ の極限群 $\pi_q(\mathbf{E}) = \varinjlim_n \pi_{q+n}(E_n)$ をスペクトラム $\mathbf{E}$ の q 次ホモトピー群という．

スペクトラム $\mathbf{E}$ が与えられたとき，$\mathbf{E}$ ホモロジー理論と $\mathbf{E}$ コホモロジー理論を次のように定義する．

$$\mathbf{E}_q(X) = \varinjlim_n [S^{q+n}; E_n \wedge X]_0 = \varinjlim_n \pi_{q+n}(E_n \wedge X)$$
$$\mathbf{E}^q(X) = \varinjlim_n [\tilde{S}^n X; E_{q+n}]_0$$

[*75] スペクトラムその他本項の内容については [1], [28] 参照．最近では抽象的によく整理された理論ができているが，素朴な理解のためには本項の説明でも間に合うと思われる．

ここで，一般に基点付き空間 (X, x_0), (Y, y_0) に対して，$X \times Y$ の中で $(X \times y_0) \cup (x_o \times Y)$ を 1 点に縮めた空間を $X \wedge Y$ と書き，X と Y の**スマッシュ積**という．$X \wedge S^n = \tilde{S}^n X$ である．このように，スペクトラムは一般コホモロジーの分類空間と考えることができる．

胞体複体 X 上の実ベクトル束 $\pi: E \to X$ に対し，E の 1 点コンパクト化を E の**トム複体**または**トム空間**といい，X^E と書く．X^E の基点として付け加えた無限遠点 ∞ をとる．自然な同相 $X^{E \oplus \mathbf{n}} = \tilde{S}^n X^E$ がある．ベクトル束 E に内積を入れ，球体束 $D(E)$ と球面束 $\partial D(E)$ をとると，$X^E = D(E)/\partial D(E)$ と同一視することができる．X が有限でない CW 複体のときには，この定義を採用する．

ファイバー次元 n の普遍複素ベクトル束 $V(n) \to BU(n)$ を実ベクトル束と見て，そのトム複体を $MU(n)$ と書く．可換な図式

$$\begin{array}{ccc} V(n) \oplus \mathbf{1} & \longrightarrow & V(n+1) \\ \pi \downarrow & & \downarrow \pi \\ B(n) & \longrightarrow & B(n+1) \end{array}$$

から $\tilde{S}^2 MU(n) = B(n)^{V(n) \oplus \mathbf{1}} \to MU(n+1)$ が得られる．スペクトラム

$$\mathbf{MU} = MU(1), \tilde{S}MU(1), MU(2), \ldots$$

を MU スペクトラムという．実ベクトル束，向き付けられた実ベクトル束から出発して同様に得られるスペクトラムを **MO**, **MSO** と書き，これらを総称してトムスペクトラムという．

MU スペクトラムは普遍的スペクトラムであると考えられる[*76]．それゆえ MU 理論におけるコホモロジー作用素が重要な意味を持つが，これらはランドウェーバー（Landweber）とノヴィコフ（Novikov）によって決定されている．さらに **MU** を素数 p において"局所化"したスペクトラム $\mathbf{MU}_p$ は BP スペクトラムと呼ばれるスペクトラムの和に分解し，BP スペクトラムはそこでのコホモロジー作用素とともに，ホモトピー理論での重要な道

[*76] [37], [38] 参照．形式群と MU 理論の関係を明らかにした重要な文献である．[1] にも解説がある．

具となっている．ついでながら，**空間の局所化**という概念がホモトピー論ではよく用いられる[*77]．

1.6 同境理論

これまでの節で，19世紀のオイラーに始まり，19世紀と20世紀の変わり目のポアンカレによって現代への動きが始められたトポロジーの基礎事項について述べてきた．それらの事項は1950年代の終わりには実質的に完成していたものである．1950年代から1960年代にかけてトポロジーの転機となる大きな研究が次々と現れた．中でもトムの同境理論はトポロジーに新しい風を吹き込むものであった．

以下，滑らかな多様体の範囲で話を進める．向きの付いた境界のないコンパクト q 次元多様体 M_1 と M_2 に対し，$\partial W = M_1 \sqcup (-M_2)$ となる向きの付いた $q+1$ 次元コンパクト多様体 W が存在するとき（$-M$ は逆の向きを与えた M），M_1 と M_2 は（向き付き）**同境（コボルダント）**であるという．同境は同値関係であり，それによる同値類の全体を Ω_q または Ω_q^{SO} と書く．多様体の直和は Ω_q に群の構造を誘導する．さらに，多様体の直積は $\Omega_* = \bigoplus_{q \geq 0} \Omega_q$ に次数付き環の構造を導く．環 Ω_* を（向き付き）**同境環**という．

向きを考えない同境環 $\mathfrak{N}_*$ も同様に定義される．$\partial(M \times [0,1]) = M \sqcup M$ であるから，$2[M] = 0$ であり，$\mathfrak{N}_*$ は F_2 上のベクトル空間である．また，安定概複素多様体（安定接ベクトル束 $TM \oplus \mathbf{n}$ に複素ベクトル束の構造を与えたもの）の同境環 Ω^U も定義される．

コンパクトな多様体は次元の高い球面の中に埋め込める．しかも，二つの埋め込みはさらに高い次元の球面の中で埋め込みのホモトピーで互いに移り合う．

境界のないコンパクト q 次元多様体 M と埋め込み $M \subset S^{q+n}$ に対して，M の閉管状近傍 V をとる．$S^{q+n}/(\overline{S^{q+n} \setminus V}) = V/\partial V$ は M の S^{q+n} 内での法ベクトル束 $E \to X$ のトム複体 X^E にほかならない．$f : X \to BO(n)$

[*77] [49] 参照．

を E の分類写像とすると，f はトム複体の写像 $\hat{f}: X^E \to BO(n)^{V(n)} = MO(n)$ を誘導する．$p: S^{q+n} \to S^{q+n}/(\overline{S^{q+n} \setminus V}) = V/\partial V$ と $\hat{f}: X^E \to MO(n)$ の合成のホモトピー類 $[\hat{f} \circ p] \in \pi_{q+n}(MO(n))$ の安定同値類 $\alpha \in \pi_q(\mathbf{MO}) = \varinjlim_n \pi_{q+n}(MO(n))$ は M の同境類 $[M]$ だけに依存する．これによって定まる写像 $\mathfrak{N}_q \to \pi_q(\mathbf{MO})$ は準同型になる．

M が向き付けられているときは E にも向きが付く．したがって準同型 $\Omega_q \to \pi_q(\mathbf{MSO})$ が得られる．同様に M が安定概複素多様体であるときは安定法ベクトル束 $E \oplus \mathbf{n}$ に複素ベクトル束の構造が入り，準同型 $\Omega_q^U \to \pi_q(\mathbf{MU})$ が得られる．

定理 1.6.1（トム [47]）　$\mathfrak{N}_q \to \pi_q(\mathbf{MO})$ は全単射である．すなわち $\mathfrak{N}_q$ は MO スペクトラムの q 次ホモトピー群 $\pi_q(\mathbf{MO})$ と一致する．

$\mathfrak{N}_*$ は $i \neq 2^s - 1$ の形の i に対して一つの生成元 x_i を持つ F_2 上の多項式環である．

前半部分の証明の鍵は横断正則性定理である．

後半部分の証明の核心は $\bigoplus_q \pi_q(\mathbf{MO})$ の決定である．その要点を箇条書きにする．

1) q を固定すると十分大きい n に対し $\pi_q(\mathbf{MO}) \cong \pi_{q+n}(MO(n))$ である．

2) トム同型 $\Theta: H^q(BO(n); F_2) \to \tilde{H}^{q+n}(MO(n); F_2)$ において，$BO(n)$ は無限次元グラスマン多様体 $G_n = G_n(\mathbb{R}^\infty)$ としてよく，$H^q(BO(n); F_2) \cong F_2[w_1, w_2, \ldots, w_n]$ である．w_i は普遍シュティーフェル–ホイットニー類[*78]と呼ばれ，トム同型を通してスティーンロッド作用素と $Sq^i \Theta(1) = w_i \cup \Theta(1) = \Theta(w_i)$ によって結ばれている．

3) 正の整数 q に対して，$d(q)$ を q の分割 $\lambda = (\lambda_1, \lambda_2, \ldots, \lambda_i, \ldots)$ であって，どの λ_i も $2^s - 1$ の形ではないものの個数とする．2) から，$\bigoplus_{0 \leq q \leq n} \tilde{H}^{q+n}(MO(n); F_2)$ は $d(q)$ 個の $q+n$ 次の生成元を持つス

[*78] 3.2 節参照．

ティーンロッド代数 $\mathcal{S}_2$ 上の自由加群の次数が $2n$ 以下の部分になっていることが示される.

4) 3) から,写像 $MO(n) \to \prod_{0 \leq q \leq n} K(F_2, q+n)^{d(q)}$ であって,次数が $2n$ 以下の範囲で,F_2 係数のコホモロジーの同型を導くものが存在する.

5) 奇素数 p 対して,次数が $2n$ 以下の範囲で,$\tilde{H}^{q+n}(MO(n); F_p) = 0$ である.

6) 4), 5) と拡張したホワイトヘッドの定理から,$0 \leq q < n$ の範囲で,$\pi_{n+q}(MO(n)) \cong \pi_{n+q}(\prod_q K(F_2, q+n)^{d(q)}) \cong F_2^{d(q)}$ である.

7) M を q 次元閉多様体,f を法ベクトル束 E の分類写像とし,シュティーフェル–ホイットニー類 w_i の多項式 $u = u(w_1, \ldots, w_n) \in H^q(BO(n); F_2)$ に対し,$\langle f^*(u), [M] \rangle$ を M の安定法ベクトル束のシュティーフェル–ホイットニー数という.$h : \mathfrak{N}_q = \pi_{q+n}(MO(n)) \to H_{q+n}(MO(n); \mathbb{Z})$ をフレヴィッツ準同型とすると,$\langle f^*(u), [M] \rangle = \langle \Theta(u), h([M]) \rangle$ が成り立つ.これを $u(M)$ と書く.分解原理により $w = 1 + w_1 + \cdots + w_n = \prod_i (1 + x_i)$ と書き,$s_q = \sum_i x_i^q \in H^q(BO(n); F_2)$ とおく.$j \neq 2^s - 1$ のとき,j 次元多様体 M_j で $s_j(M_j) \neq 0$ となるものが存在する.しかも $\{\prod_{j \neq 2^s - 1} M_j^{k_j}\}$ はシュティーフェル–ホイットニー数によって識別される.

8) 7) により $\mathfrak{N}_*$ は M_i の同境類 x_i が生成する F_2 上の多項式環 $F_2[x_i]$ を含むが,その q 次の項は 6) により $\mathfrak{N}_q$ のそれと一致する.よって $\mathfrak{N}_* = F_2[x_i]$ である.

証明の途中で次の系も証明された.

系 1.6.2 閉多様体 M の同境類が 0 になるためには,すべてのシュティーフェル–ホイットニー数 $u(M)$ が 0 であることが必要かつ十分である.

向き付き同境環については次の定理が成り立つ.

定理 1.6.3 (トム [47]) $\Omega_*^{SO} \otimes \mathbb{Q} \cong \mathbb{Q}[\mathbb{CP}^2, \mathbb{CP}^4, \ldots]$[79].

---

[79] Ω^{SO} の完全な構造はウォール (Wall) により決定された [50].

証明は，$n < q$ のとき $\Omega_q^{SO} \cong \pi_{q+n}(MSO(n))$ となり，$\dim \Omega_q^{SO} \leq \dim \tilde{H}^{q+n}(MSO(n))$ であること，一方ポントリャーギン数による識別で $\mathbb{CP}^2, \mathbb{CP}^4, \ldots$ が $\mathbb{Q}$ 上の多項式環を生成することによる．

安定概複素同境環はミルナーにより決定された[*80]．

一般にスペクトラムで定義されたホモロジー理論，コホモロジー理論で同値な別の幾何学的定義を持つものは少ない．K 理論はそのようなコホモロジー理論の例であるが，ホモロジー理論では同境理論がある．向きの付いた境界を持たない q 次元コンパクト多様体 M と M から空間 X への写像の組 (M, f) 全体に次のように同値関係 $\sim$ を入れ，その同値類の集合を $\Omega_q(X)$ と書く．$(M_1, f_1), (M_2, f_2)$ に対して，向きの付いた $q+1$ 次元コンパクト多様体 W で $\partial W = M_1 \sqcup (-M_2)$ となるものと，写像 $F: W \to X$ で境界 M_1, M_2 に制限するとそれぞれ f_1, f_2 に一致するものが存在するとき，$(M_1, f_1) \sim (M_2, f_2)$ と定義するのである．$\Omega_*(X)$ はホモロジー理論であり，$\mathbf{MSO}_*(X)$ と一致する[*81]．$\mathbf{MSO}$ の代わりに $\mathbf{MO}$, $\mathbf{MU}$ をとっても同様である．

****

トムの同境環の研究に触発され，それを用いることにより，ヒルツェブルフ（Hirzebruch）は閉多様体に対する**符号数定理**と非特異射影多様体における**リーマン–ロッホ公式**に到達した[*82]．

M を $4k$ 次元の向き付けられた閉多様体とする．命題 1.3.12 によりカップ積は非退化対称 2 次形式

$$H^{2k}(M; \mathbb{Q}) \times H^{2k}(M; \mathbb{Q}) \to \mathbb{Q}$$

を与える．その正の固有値の個数から負の固有値の個数を引いた数を M の符号数といい，$\mathrm{Sign}(M)$ と書く．接ベクトル束 TM の複素化 $TM \otimes \mathbb{C}$ の

[*80] [31] 参照．
[*81] [14] 参照．
[*82] [24] 参照．

1.6 同境理論

全チャーン類を形式的に $c(TM \otimes \mathbb{C}) = \prod_i (1+x_i)$ と書いたとき,

$$p(M) = 1 + p_1(M) + \cdots + p_j(M) + \cdots = \prod_i (1+x_i^2)$$

により**ポントリャーギン類** $p_j(M) \in H^{4j}(M;\mathbb{Z})$ を定義する.そこで分解原理により $L_j(p_1(M),\ldots,p_k(M)) \in H^{4j}(M;\mathbb{Q})$ を

$$\sum_j L_j(p_1(M),\ldots,p_k(M)) = \prod_i \frac{x_i}{\tanh x_i}$$

として定義する.$\sum_j L_j(p_1(M),\ldots,p_k(M))$ を L 類または L 級数という.

定理 1.6.4(符号数定理) 滑らかな向き付けられた $4k$ 次元閉多様体 M に対し

$$\mathrm{Sign}(M) = \langle L_k(p_1(M),\ldots,p_k(M)), [M] \rangle$$

が成り立つ.

右辺の $\langle L_k(p_1(M),\ldots,p_k(M)), [M] \rangle$ を M の **L 種数**という.

ヒルツェブルフの符号数定理を用い,ミルナーは 7 次元の異種球面を発見した[*83].ヒルツェブルフ,ミルナーの結果はトムの仕事が出てからわずか数年の間の出来事であり,数学界に与えた衝撃は大きかった.ミルナーの仕事は多様体の分類理論の発展を促し,トポロジーの隆盛を招いた.分類理論が一段落したとき,トムは「トポロジーは死んだ」と言ったと言われている.

トムの仕事の流れから生じたもう一つの方向は指数定理であろう.指数定理の最初の証明は同境環を用いるものであった.符号数定理,リーマン–ロッホ公式を含み,調和形式,ホッジ理論を引き継ぐものと考えられ,その与えた影響は大きい.

[*83] [30] 参照.

参考文献

[1] J. F. Adams, Stable Homotopy and Generalised Homology, Univ. Chicago Press, 1974.

[2] P. Alexandroff and H. Hopf, Topologie I, Springer-Verlag, 1935.

[3] 荒木捷朗, 一般コホモロジー, 紀伊國屋書店, 1975.

[4] M. Atiyah and F. Hirzebruch, Riemann–Roch theorems for differentiable manifolds, Bull. Amer. math. Soc., **65**(1959), 276–281.

[5] M. Atiyah, K-Theory, Benjamin, 1967.

[6] M. Atiyah, Bott periodicity and the index of elliptic operators, Quart. J. Math., **19**(1968), 113–140, Oxford.

[7] M. Atiyah and I. Singer, The index of elliptic operators: I, Ann. of math., **87**(1968), 484–530.

[8] M. Atiyah and G. Segal, The index of elliptic operators: II, Ann. of math., **87**(1968), 531–545.

[9] M. Atiyah and I. Singer, The index of elliptic operators: III, Ann. of math., **87**(1968), 546–604.

[10] R. Bott, The stable homotopy of the classical groups, Ann. of math., **70**(1959), 313–337.

[11] R. Bott, Lectures on Morse theory, old and new, Bull. Amer. Math. Soc., **7**(1982), 331–358.

[12] H. Cartan, Séminaire H. Cartan de l'E.N.S., 1956.

[13] H. Cartan and S. Eilenberg, Homological Algebra, Princeton Univ. Press, 1956.

[14] P. E. Conner and E. E. Floyd, Differentiable Periodic Maps, Ergeb. Math., **33**(1964), Springer-Verlag.

[15] J. Dieudonné, A History of Algebraic and Differential Topology, 1900–1960, Birkhäuser, 1989.

[16] S. Eilenberg, Singular homology, Ann. of Math., **45**(1944), 407–

447.

[17] S. Eilenberg and N. Steenrod, Fondations of Algebraic Topology, Princeton University Press, 1955.

[18] 深谷賢治, ゲージ理論とトポロジー, シュプリンガー・フェアラーク東京, 1995.

[19] 古田幹雄, 指数定理, 岩波書店, 2008.

[20] R. Godement, Topologie algébrique et Théorie des Faisceaux, Hermann, 1958.

[21] 服部晶夫, 位相幾何学（岩波基礎数学選書）, 岩波書店, 1991.

[22] 服部晶夫, 多様体のトポロジー, 岩波書店, 2003.

[23] 服部晶夫, 多様体 増補版（岩波全書）, 岩波書店, 2008.

[24] F. Hirzebruch, Topological Methods in Algebraic Geometry, Springer, 1956.

[25] 河田敬義, ホモロジー代数 I（岩波講座 基礎数学）, 岩波書店, 1976.

[26] 河田敬義, ホモロジー代数 II（岩波講座 基礎数学）, 岩波書店, 1977.

[27] 小林昭七, 曲線と曲面の微分幾何学（改訂版）, 裳華房, 1995.

[28] 河野 明・玉木 大, 一般コホモロジー（岩波講座 現代数学の展開）, 岩波書店, 2002.

[29] S. Lefschetz, Algebraic Topology, Amer. Math. Soc. Coll. Publ., **27**(1942).

[30] J. Milnor, On manifolds homeomorphic to the 7-sphere, Ann. of Math., **64**(1956), 399–405.

[31] J. Milnor, On the cobordism ring Ω^* and a complex analogue, Amer. J. Math., **82**(1960), 505–521.

[32] J. Milnor, Morse Theory, Princeton Univ. Press, 1963.

[33] J. Milnor, Characteristic Classes, Princeton Univ. Press, 1974.

[34] 森田茂之, 微分形式の幾何学, 岩波書店, 2005.

[35] M. Morse, The Calculus of Variations in the Large, Amer. Math. Soc. Coll. Publ., **18**(1939).

[36] 中岡 稔, 位相幾何学—ホモロジー論（共立講座 現代の数学）, 共立

出版, 1970.

[37] D. Quillen, On the formal group laws of unoriented and complex cobordism theory, Bull. Amer. Math. Soc., **75**(1969), 1293–1298.

[38] D. Quillen, Elementary proofs of some results of cobordism theory using Steenrod operations, Adv.in Math., **7**(1971), 29–56.

[39] 齋藤利弥, ポアンカレ・トポロジー, 朝倉書店, 1996.

[40] 佐武一郎, 現代数学の源流（下）— 抽象的曲面とリーマン面, 朝倉書店, 2009.

[41] H. Seifert and W. Trelfall, Lehrbuch der Topologie, Teubner, 1934.

[42] J. -P. Serre, Homologie singulière des éspaces fibrés, Ann. of Math., **54**(1951), 425–505.

[43] M. Spivak, A Comprehensive Introduction to Differential Geometry, Vol II, Publish or Perish Inc., 1970.

[44] N. Steenrod, Topology of Fibre Bundles, Princeton Univ. Press, 1951.

[45] N. Steenrod, Cohomology Operations, Princeton Univ. Press, 1962.

[46] 田村一郎, トポロジー（岩波全書）, 岩波書店, 1972.

[47] R. Thom, Quelques propriétés globale des variétés différentiables, Comment. Math. Helv., **28**(1954), 17–86.

[48] H. Toda, Composition Methods in Homotopy Groups of Spheres, Princeton Univ. Press, 1962.

[49] 戸田 宏・三村 護, ホモトピー論, 紀伊國屋書店, 1975.

[50] C. T. C. Wall, Determination of the cobordism ring, Ann. of Math., **72**(1960), 292–311.

第 2 章

微分トポロジー

2.1 はじめに

1970 年代前半までに完成した高次元多様体分類理論の発展をほぼ時代の順に従って解説を行う．

図形を，切ることをしないで，伸ばしたり縮めたりしたものは同じものと考える**位相幾何（トポロジー）**の考え方は，現代数学において最も基本的な概念である．しかしこのような思考法が体系的な学問の対象となり始めたのは，人類の歴史では，そんなに古いことではなくて，18 世紀のオイラーに始まるといえるであろう．オイラーは，1736 年に「ケーニヒスベルグの橋の問題」を考え，七つの橋を 1 回ずつ渡る道の非存在を示し，一般の道に対する一筆書きの問題の解決の論文を発表した．この問題は，道の長さや曲がり方にはよらない，道のつながり方だけによるという典型的なトポロジーの問題である．

さらにオイラーは，どんな凸多面体でも，

$$（頂点の数）-（辺の数）+（面の数）$$

は常に 2 になるというオイラーの公式を示した．この公式も，多面体の大きさや形状にはよらないで，頂点，面，辺のつながり方だけによる性質である．このような明白な定理も，距離によらないという性質ゆえか，多面体に関し

て多くの仕事をした紀元前のプラトンやアルキメデスも見つけられず，その後 2000 年近くの長い間，オイラーが現れるまで誰にも気づかれなかったのである．

その後このような，距離には関係しないで，伸ばしたり縮めたり曲げたりしたものを同じと見なす幾何学は，さしたる発展もないままに 150 年ほどが過ぎた．そのようなとき，忽然とポアンカレが現れ，位相幾何という数学を作り出し，その基礎となる考え方，手段，方法を確立した．3 次元多様体に対するポアンカレ予想は，数学の難問として，多くの数学者の苦闘の対象となり，20 世紀の数学の発展の原動力となった．ポアンカレ予想は，5 次元以上の場合についてまず証明され，4 次元の場合もその後解決し，特に難しかった 3 次元の場合が 21 世紀の初めになって Perelman により証明された．しかし，その後も，残された問題と新しく生まれた問題が山積している．

2.2 ポアンカレの位置解析

現代の位相幾何学（トポロジー）という学問を，ほとんど無の状態から作り上げ確立したのは，**最終の万能人**と呼ばれるポアンカレである．その分野，位相幾何学は，19 世紀末から 100 年と少しの間に数学の中心となり，異常とも言える急激な発展をとげて，現在までに一応の結論まで到達したと言える．

その前後のポアンカレの仕事の対象は，微分方程式の定性的理論，関数論における離散群の理論，保型関数と一意化の問題，三体問題などの天体力学や物理数学など多岐にわたっていた．そのようなすべての分野に共通の数学的基礎概念として，位相幾何学と多様体の概念を創り上げたのである．

リーマンは代数関数の定義される舞台としての曲面を考え，それが，3 次元空間の中に埋め込まれていて距離を持った普通の曲面と同一の概念であることを見抜いた．そしてその高次元への拡張を示唆したが，具体的な定式化には至らなかった．

それに対し，位相幾何的構造のみを抽象して**多様体**を定義したのがポアンカレであり，それは彼の重要な仕事の一つである．

2.2 ポアンカレの位置解析

微分方程式の対称性を考えるためのリーによる連続群の概念が，シュヴァレーによって**リー群**として定式化され，表現論，代数群，有限群などの理論の 20 世紀における大発展の基礎となったのも，ポアンカレによる多様体の概念の存在によるところが大きい．

ポアンカレの位相幾何に関する主な論文は 6 編あり，それらの論文のタイトルには皆 **analysis situs**（位置解析）という言葉が含まれている．そのうちの 4 編については，数理物理学者の故 齋藤利弥の貴重な労作である日本語翻訳 [38] が出版されている．

2.2.1 多様体

多様体の第一の定義

ポアンカレの位置解析の最初の論文の第 1 節は，多様体の定義から始まる．次で表される p 個の等式と q 個の不等式を満たす点の集合（空集合でないものとする）を $(n-p)$ **次元多様体**という．ただし，F_i, φ_j は n 次元空間上の微分可能関数で，$p \times n$ 行列 $\left(\frac{\partial F_i}{\partial x_j}\right)$ の階数 $\mathrm{rank}\left(\frac{\partial F_i}{\partial x_j}\right)$ は p に等しいとする．この条件を非退化条件という．

多様体の定義式

$$\begin{cases} F_1(x_1, x_2, \ldots, x_n) = 0 \\ \quad \cdots\cdots\cdots \\ F_p(x_1, x_2, \ldots, x_n) = 0 \\ \varphi_1(x_1, x_2, \ldots, x_n) > 0 \\ \quad \cdots\cdots\cdots \\ \varphi_q(x_1, x_2, \ldots, x_n) > 0 \end{cases}$$

多様体の位相が，n 次元空間の位相から自然に定まる．$q = 0$ の場合も含めるが，その場合は多様体は閉集合となる．例えば $n = 3$ の場合などは，簡単に理解できる．$n = 3, p = 1, q = 0$ ならば曲面を定め，さらに $F_1(x_1, x_2, x_3) = x_1^2 + x_2^2 + x_3^2 - 1$ ならば，多様体は半径 1 の球面である．$n = 3, p = 0$ ならば，多様体は 3 次元の領域（のいくつかの集まり）となる．

この後，領域を（微分）同相写像による貼り付けで構成する多様体の第二

の定義が与えられる．現代の講義では，第二の定義から出発するのが普通である．第二の定義は，第一の定義より広いものを対象にしているが，直観的にわかりやすい第一の定義で多様体の意味を理解するのが，まず大事である．

同相写像

第二の定義では（微分）同相写像の概念が基本的である．n 次元空間内の二つの多様体 V と V' が，

$$V = \{F_i(x_1, x_2, \ldots, x_n) = 0 \ (1 \leq i \leq p),$$
$$\varphi_j(x_1, x_2, \ldots, x_n) > 0 \ (1 \leq j \leq q)\},$$
$$V' = \{F'_i(x_1, x_2, \ldots, x_n) = 0 \ (1 \leq i \leq p'),$$
$$\varphi'_j(x_1, x_2, \ldots, x_n) > 0 \ (1 \leq j \leq q')\}$$

と与えられているとする．領域

$$D := \{\varepsilon > F_i > -\varepsilon \ (\forall i), \ \varphi_j > 0 \ (\forall j)\}$$

は V を含む開集合である．D で定義された n 変数微分可能関数の n 個の組

$$x'_k = \psi_k(x_1, x_2, \ldots, x_n) \quad (k = 1, 2, \ldots, n)$$

で定義される写像 $(x_1, \ldots, x_n) \mapsto (x'_1, \ldots, x'_n)$ が，1 対 1 写像であり，V を V' に全射に写し，そのヤコビ行列式が決して 0 にならないとき，関数の組 $\psi = (\psi_1, \ldots, \psi_n)$ を V から V' への**同相写像**，正確には**微分同相写像**という．このとき，逆写像の定理により，逆写像

$$x_k = \varphi_k(x'_1, x'_2, \ldots, x'_n) \quad (k = 1, 2, \ldots, n)$$

も V' から V への（微分）同相写像である．位置解析，すなわち今の言葉で**位相幾何学**（topology）は，同相写像で不変な性質を研究する学問である．同相写像は**位相同型写像**とも呼ばれる．この本では，この二つの言葉を混用するが，位相を強調したいかという気分だけの問題で，意味に違いはない．

多様体の第二の定義

第二の定義は,第一の定義を拡張して,第一の定義の多様体を含む,より広いものとして与えられる.第一の定義の多様体は,1 個の n 次元空間の中に含まれて定義されていた.

n 次元空間に含まれている,第一の定義の m 次元多様体 V が与えられたとき,陰関数の定理より V は

$$\begin{cases} x_1 = \theta_1(y_1, y_2, \ldots, y_m) \\ x_2 = \theta_2(y_1, y_2, \ldots, y_m) \\ \cdots\cdots\cdots \\ x_n = \theta_n(y_1, y_2, \ldots, y_m) \end{cases} \tag{2.1}$$

となる,$\mathrm{rank}\,(\partial \theta_i/\partial x_j) = m$ を満たすベクトル関数 $\boldsymbol{\theta} = {}^t(\theta_1, \ldots, \theta_n)$ で表される.

いま,n 次元空間に含まれた,第一の定義の二つの m 次元多様体 V, V' があるとする.もしも,共通部分 $V \cap V'$ が第一の定義の m 次元多様体の形の条件を満たしていれば,その共通部分でつながった $V \cup V'$ を m 次元多様体と考える.このようにして第一の定義のいくつかの m 次元多様体がつながっているものを多様体の第二の定義とする.これは,現代の多様体の定義に同等である.

もちろん,第一の定義の多様体は,第二の多様体である.しかしながら,現代の言葉を使うと,第一の定義の多様体は,$\mathbb{R}^n$ での法束が自明束であるのに対し,接束の安定類が必ずしも自明でない第二の定義での多様体は,$\mathbb{R}^n$ での法束が自明束とは限らず,第一の定義の多様体ではない.実際,ポアンカレは,第二の定義での多様体が向き付け可能ではない場合には第一の定義の多様体にはならないことを注意している.

2.2.2 ホモロジーとベッチ数

多様体を位相的に分類するための手段として,第一の論文でホモロジーが導入された.

それまでの関連する数学的量は，オイラーの導入した，頂点，辺，面の個数の関係だけであったのに，このようなホモロジーという思考への飛躍は，まったく信じがたい思いがする．微分方程式への応用を目的の一つとした理論構成と言われるが，ポアンカレの頭の中で，どのような実体が見えていたのだろうか．主に考えていたのは，3次元多様体かもしれない．

ポアンカレの最初の定義では，p 次元の多様体の中で，q 次元のいくつかの多様体 v_i の「和」が $q+1$ 次元の多様体の境界であるとき，

$$v_1 + v_2 + \cdots + v_k \sim 0$$

として，ホモロジーの関係を定め，自由な（ねじれ元でない）独立な元の個数を q 次元の**ベッチ数**と呼んだ．これは，今でいうコボルディズム（同境類）に近いものである．

その後，Poul Heegaard による自由でないねじれ元のホモロジーの元の取り扱いに対する批判などを受けて，第二の「位置解析への補足」を書いて三角形分割による単体的複体としての定義を採用するようになった．ここで，分割を与える**三角形**は，一般次元の三角形を考える．例えば，3次元の三角形とは，四面体のことである．一般次元の三角形を**単体**と呼び，**単体的複体**とは，一般次元の三角形が集まって，どの三角形の辺も，どの二つの三角形の共通部分もその集合に含まれている集合体と定義する [39]．

ポアンカレ自身の書き方は，はっきりとはしないが，三角形とは限らないセルを考えてもいるようであるが，本質的には同じである．**セル**とは，一般次元の三角形と位相同型な単体的複体のことである．

オイラーの扱った頂点，辺，面の個数の交代和を，任意の次元の多様体の三角形分割の，各次元の三角形の個数の交代和に拡張して考え，それが，ベッチ数の交代和と等しいことを示すことによって，位相不変であることを示した．今では，これは**オイラー–ポアンカレ標数**と呼ばれている．

このようにして，交代和をとり，不変量を得るという考え方が，20世紀の数学の底を流れる基調であったのではないかと考えられる．これに対して，21世紀の最初は，各次元のベッチ数を多項式の係数として定義する（これも**ポアンカレ多項式**と名前が付いているが）級数およびその拡張の研究が主流になるかもしれない．

2.2 ポアンカレの位置解析

オイラー–ポアンカレ標数の定義は，暗黙のうちに**三角形分割の存在**と，2通りの三角形分割も共通細分すれば同型となるという，**三角形分割の一意性**を仮定していた．

（ポアンカレの扱った）微分可能多様体の微分構造に合った三角形分割の存在と一意性は，後にホワイトヘッドらにより示されたが，ポアンカレはそれは当たり前と思っていたのだろう．ホモロジー群は，一般的な空間でホモトピー型にしかよらない定義も後に与えられたから，オイラー–ポアンカレ標数の位相不変の定理は，三角形分割の存在と一意性を用いないでも示すことができる．

2.2.3 交叉数

第一の論文で，多様体の定義のあと，それが連結か非連結かを区別し，さらに，任意の二つの貼り合わせ部分での座標変換のヤコビアンが正であるような座標をとることができる**両面的（向き付け可能）**多様体と，そうではない**一面的（向き付け不可能）**多様体の定義を与えた．両面的な例として，多様体の第一の定義において $p=1$ の場合，すなわち n 次元空間内で 1 本の方程式で定まる $n-1$ 次元の多様体を挙げている．また，一面的な例としてメビウスの帯を挙げている．

ある m 次元多様体 W の中の i 次元多様体 V と $m-i$ 次元多様体 V' に対しその各交点での符号 ± 1 を定義して，その和 $N(V, V')$ を**交叉数**と呼んだ．この交叉数は，W, V, V' がすべて両面的ならば，位相不変な量であることを示した．さらにそれは，V や V' をそれぞれホモロジーの関係で取り換えても，値が変わらないことを示した．これから次も従う．

定理 2.2.1 両面的な閉多様体 W の中で，両面的な閉多様体の和 $\sum_j V_j$ に対し，両面的な閉多様体 V で交叉数 $N(V, \sum_j V_j)$ が正となるものが存在するためには，$\sum_j V_j$ が ~ 0 であってはならない．

この交叉数の考え方は，後にコホモロジーのカップ積として整備され，代数的位相幾何の主要技法となった．

2.2.4 双対性

交叉数の考えを発展させ,多様体のベッチ数に関し,ポアンカレは次を得て,基本定理と呼んだ.

定理 2.2.2 両面的な m 次元閉多様体の i 次元ベッチ数と $m-i$ 次元ベッチ数は等しい.

証明には,**双対多面体**と呼ばれるものを幾何学的に構成すると明解である. m 次元の多様体を三角形分割して,この多様体と位相同型な多面体を考える.そのすべての次元の三角形(単体)の重心を頂点とする三角形たちは細分された三角形分割を与える.これを重心細分という.さらに重心細分をする.そのとき,最初の重心たちを頂点とする三角形を寄せ集めると,セルとなり,これらのセルは多様体のセル分割を与える.これを双対多面体による双対分割と呼ぶ.

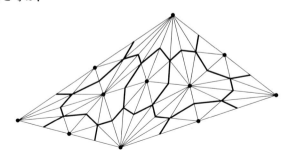

双対分割の図

そのとき,それぞれの i 次元の三角形に対し,その重心を含む $m-i$ 次元の横断的なセルがただ一つ存在する.この三角形と横断的なセルの対応は,ホモロジーの情報を対応させるから, i 次元と $m-i$ 次元ベッチ数が同じ数であることがわかり,定理が証明される.

実際は,双対セルは,コホモロジーを定義する(ポアンカレはコホモロジーを明確には定義しなかった).この定理は,(ベッチ数のみならずねじれ元の情報を含めた) i 次元のホモロジーと $m-i$ 次元のコホモロジーの同型

を与えている定理と見なすことができて，向き付け可能閉多様体に関する**ポアンカレの双対定理**と呼ばれている．

2.2.5 基本群

微分方程式の解が，空間のある道を通って戻ってくると，異なった関数になることを知っていたポアンカレは，それが空間の位相幾何的量に依存していることに気づいた．"閉路の集合にホモトピーによる同値関係を入れると，その同値類全体は，位相不変な量になる"という今では当たり前のことも，このような概念を初めて導入することは革新的なことであった．保型関数に親しんでいたことがこの発見の助けにもなったのではないかと推察される．この同値類は，関数の空間などに変換群として実現されることから，群と考えられ（この時代は，群は作用される対象との組で理解されるのが常であった），**基本群**と名付けられた．基本群が単位群と同型となる場合，その空間を**単連結**と名付けた．これは 1 次元ベッチ数が 0 に等しいことより強い条件であることを注意している．

2 次元閉多様体の位相は，基本群またはホモロジー群で決定されることを知っていたポアンカレは，最初の位置解析の論文では，3 次元閉多様体の位相も，このどちらかで決定されるのか，いろいろ思い悩んでいる様子が感じられる書き方をしている．

2.2.6 ポアンカレ球面

基本群が，位相不変の必要条件であることを知っていたにもかかわらず，ポアンカレは，第三の論文（位置解析への第二の補足）の末尾に，次の定理をアナウンスした．それは

> 球面とホモロジー群が等しい両面的な閉多様体は球面と同相である

というものである．証明は，議論を展開する必要があり，この論文が長くなりすぎないようにするため，後の論文になるとのことであった．

しかし，4年後に出版された「位置解析への第五の補足」の論文で，逆の結果を示した．すなわち，球面とホモロジー群が等しい両面的な3次元閉多様体で，単連結でない，したがって球面とは同相でないものを作ってみせたのである．

この3次元多様体は，**ポアンカレホモロジー球面**と呼ばれ，特異点論，離散群論などと関係して，本質的に重要なものであることがその後判明した．この多様体の基本群はリー群 $SU(2)$ の位数 120 の離散部分群であり，**二重正二十面体群**と呼ばれる．$SU(2)$ は 3 次元球面と同相で，$SO(3)$ の二重被覆群であるが，この被覆射影により，二重正二十面体群は，5 次の交代群 A_5 と同型の位数 60 の正二十面体群に写る．ホモロジー球面は，標準球面を，この二重正二十面体群で割った商空間で，正の定曲率を持つ計量が入る．商をとると，一般にはホモロジー群は変化するが，この場合には，商空間のホモロジー群が，球面とまったく同じになっているという珍しいものである．

この多様体の構成は，その後いろいろな方法が与えられたが [18]，ポアンカレの奇跡的とも思える作り方は次のようにして与えられた．

普通の 3 次元球面 S^3 は次のように作ることができる．フルトーラス（ドーナツまたは中の詰まった浮き袋）の表面はトーラスと呼ばれ，1 次元球面 S^1 の二つの積と位相同型である．この二つの S^1 を取り換える位相同型 φ で，二つのフルトーラスの表面を貼り合わせると S^3 ができる．このとき，フルトーラスの表面 W 上に円周 C を，フルトーラス内では円板を張っていて，しかも C に沿って W を切ると円筒（一つ穴あき円板）ができるようにとると，二つの円周 C と $\varphi(C)$ は W の 1 次元ホモロジー群 $\mathbb{Z} \oplus \mathbb{Z}$ を生成していることに注意する．

ポアンカレはフルダブルトーラス（中の詰まった 2 人乗りの浮き袋）2 個を用意し，その表面（境界）を微分同相 φ で同一視して多様体（M とする）を作った．フルダブルトーラスの表面 W は 2 人乗りの浮き袋であり，その 1 次元ホモロジー群は $\mathbb{Z} \oplus \mathbb{Z} \oplus \mathbb{Z} \oplus \mathbb{Z}$ である．W 上に二つの互いに交わらない円周 C_1, C_2 を，フルトーラス内ではそれぞれ円板を張っていて，しかもこれらに沿って W を切ると，三つ穴あき円板（D とする）ができるようにとる．このとき，四つの円周 $C_1, C_2, \varphi(C_1), \varphi(C_2)$ が W の 1 次元ホモ

ロジー群を生成していれば, φ で貼り合わせて作った多様体 M の 1 次元ホモロジー群は 0 になることがわかる. ポアンカレは, D 上で $\varphi(C_1)$, $\varphi(C_2)$ の様子を具体的に図示して考えることで, 上の条件を満たすような φ を作り, ホモロジー群が S^3 とは同じであっても, 基本群が自明でない 3 次元閉多様体を構成した.

2.2.7 ポアンカレ予想

上のようなホモロジー球面の存在に気づいたポアンカレは, 結局

「閉じた単連結な 3 次元多様体で, 球面に同相でないものが存在するであろうか?」

という問題にたどり着いた. 論文の最後は,

「この問題は, われわれをあまりにも遠くへ連れ去ることであろう」

という文章で, その問題の広大さ, 奥行の深さを予言した.

ポアンカレは, 予想の形では述べなかったが, 単連結なら同相になるという形で**ポアンカレ予想**と呼ばれるようになり, 非常にたくさんの数学者の苦闘の対象となった.

2.2.8 モース理論

3 次元ホモロジー球面の存在を与えた位置解析の第五の補足の論文では, 多様体の上での関数の臨界点の存在で, 位相が変化し, それを調べることが多様体の位相を決定することを明確に述べている. 臨界点の各レベル以下を**モース骨格**と呼び, 臨界点での指数 (いわゆるモース指数) を定義し, モース骨格の変化が, その指数に従って記述されることを示している.

その意味で, 今日モース理論と呼ばれるものの原型は, 完全にこの論文の中で与えられている.

2.2.9 その後

ポアンカレは多様体を微分可能構造を持つものとして定義したが，微分可能性を仮定しない位相同型写像のみを用いて定義することも可能であり，それは**位相多様体**と呼ばれる．

「すべての位相多様体は三角形分割可能か」

という**三角形分割問題**と，

「二つの三角形分割は共通の細分を持つだろう」

という**位相幾何の基本予想**の証明が残され，20 世紀後半の位相幾何の中心問題となり，美しい形の解決（成立する場合と不成立の場合の決定）で終わった．これについては，文献 [38] の付録の松本幸夫の解説「基本予想・三角形分割問題・ポアンカレ予想」，または文献 [34] などを参照されたい．

ポアンカレ予想はさまざまなドラマの後に結局 Perelman により肯定的に解決されたことは，テレビ番組で紹介されたこともありご存じの方も多いと思う．

ポアンカレが自分自身の仕事を解説した文章に次がある [38, p.vi]．
「幾何学は下手に描かれた図形について正しい推論を行うための技術であるが，ただし一つの条件のもとにおいてである．図形の各部分の比率は大雑把に変えられてもかまわない．しかし，図形の構成要素の位置がいれかえられてはならず，それの相対的位置は保たれていなければいけない．言い換えると，定量的な特性は問題にされていないが，定性的な特性は尊重されなければいけない．位置解析が問題にするのはまさにそのことなのである．…… しかしながら科学のこの分野は今までほとんど研究されていなかった」

まさしくそのとおりで，この文章は簡潔に位置解析（位相幾何）の内容とその時代の状況を的確に述べている．学問の創造者はその先までも見ていた．

この節では，ポアンカレの論文の訳は，齋藤利弥の文献 [38] のものをそのまま使わせていただいた．

2.3 さまざまな多様体

ポアンカレは，それまでになかった概念として，抽象的な位相空間として多様体を定義した．出発点は，ユークリッド空間の中で，局所的に滑らかな関数または，解析的な関数で定義されていたもので，今でいう微分可能多様体または複素解析的多様体と呼ばれるものである．しかし，そのホモロジーの計算には，結局三角形分割を用いることになり，多面体としての多様体の定義も必要になった．

ポアンカレ以後現代までの発達を踏まえて，今確定しているさまざまな種類の定義を与え，それらの間の関係についての問題を，この節で提示しよう．次節以降ではそれぞれを詳しく説明する．

多様体の種別として，

- 位相多様体
- 微分可能多様体
- PL 多様体（組合せ多様体）
- ホモロジー多様体

などがある．

2.3.1 位相多様体と微分可能多様体

定義 2.3.1 連結なハウスドルフ位相空間 X が n 次元位相多様体であるとは，各点 $x \in X$ が $\mathbb{R}^n$ の開集合に同相な近傍を持つことである．

例えば n 次元球面 $S^n = \{(x_1,\ldots,x_{n+1}) \in \mathbb{R}^{n+1} \mid \sum_{i=1}^{n+1} x_i{}^2 = 1\}$ は位相多様体であるが，それに赤道面で仕切りを入れた空間

$$X = S^n \cup Y, \quad Y = \left\{(x_1,\ldots,x_n,0) \in \mathbb{R}^{n+1} \,\bigg|\, \sum_{i=1}^n x_i{}^2 \leq 1\right\}$$

は位相多様体ではない．交わり $S^{n-1} = S^n \cap Y \subset X$ 内の点 $y = (y_1,\ldots,y_n,0) \in X$ $\left(\sum_{i=1}^n y_i{}^2 = 1\right)$ のどの近傍も $\mathbb{R}^n$ の開集合と同相にはならない

からである.

n 次元位相多様体 M は，ある集合 I でしるし付けられた $\mathbb{R}^n$ の開集合と同相な空間たち $U_i, i \in I$ で覆われている．すなわち

$$M = \bigcup_{i \in I} U_i , \qquad h_i : U_i \to h_i(U_i) \subset \mathbb{R}^n \qquad (2.2)$$

$U_i \subset M$, $h_i(U_i) \subset \mathbb{R}^n$ は開集合で，h_i は同相写像

と表される．

定義 2.3.2 連結なハウスドルフ位相空間 M が **n 次元微分可能多様体**であるとは，M がある集合 I でしるし付けられた $\mathbb{R}^n$ の開集合と同相な空間たち $U_i, i \in I$ で覆われていて，

$$M = \bigcup_{i \in I} U_i , \qquad h_i : U_i \to h_i(U_i) \subset \mathbb{R}^n \qquad (2.3)$$

$U_i \subset M$, $h_i(U_i) \subset \mathbb{R}^n$ は開集合で，h_i は同相写像,

$U_{ij} := U_i \cap U_j \neq \emptyset$ となるすべての i,j に対して

$$h_j \circ h_i^{-1} : h_i(U_{ij}) \to h_j(U_{ij})$$

は微分同相

となっていることである．

もちろん，微分可能多様体は位相多様体である．$\{(U_i, h_i), i \in I\}$ を位相多様体 X の**微分可能多様体構造** (differentiable manifold structure)，または短く**微分可能構造** (differentiable structure) と呼ぶ．

定義 2.3.3 位相多様体 X の二つの微分可能多様体構造 $\{(U_i, h_i), i \in I\}$ と $\{(U_i', h_i'), i \in I'\}$ が同値であるとは，$U_{ij} := U_i \cap U_j' \neq \emptyset$ となるすべての i, j に対して $h_j' \circ h_i^{-1} : h_i(U_{ij}) \to h_j'(U_{ij})$ が微分同相となっていることである．

一つの多様体にはいくらでも同値でない微分可能多様体構造が入る．

2.3 さまざまな多様体 115

例 2.3.1 $h : \mathbb{R} \to \mathbb{R}$ を $h(x) = x^3$ と定義すると，h は同相写像である．よって，組 $(\mathbb{R}, h)$ は，位相多様体 $\mathbb{R}$ の微分可能多様体構造を定める．これは恒等写像 $\mathrm{id}(x) = x$ で定義される $\mathbb{R}$ の自然な微分可能多様体構造 $(\mathbb{R}, \mathrm{id})$ とは同値でない．なぜなら，$\mathrm{id} \circ h^{-1}(x) = x^{1/3}$ は，原点で微分不可能であるため，微分同相ではないからである．

定義 2.3.4 二つの（次元が異なってもよい）微分可能多様体 $(M, (U_i, h_i))$ と $(N, (V_i, k_i))$ の間の連続写像 $f : M \to N$ が微分可能写像であるとは，$W_{ij} := f(U_i) \cap V_j \neq \emptyset$ となるすべての i, j に対して $k_j \circ f \circ h_i^{-1} : h_i(U_i \cap f^{-1}(W_{ij})) \to k_j(W_{ij})$ が微分可能写像となることである．

微分可能多様体 $(M, (U_i, h_i))$ は単に M で表現することもある．

定義 2.3.5 二つの n 次元微分可能多様体 M と N の間の写像 $f : M \to N$ が**微分同相写像**（diffeomorphism）であるとは，f が微分可能写像である位相同型写像で，f の逆写像 f^{-1} も微分可能写像になっていることである．M と N の間に微分同相写像が存在するとき，M と N は**微分同相**（diffeomorphic）であるという．

M の二つの微分可能多様体構造が同値であることは，M の恒等写像が微分同相写像になっていることに等しい．

2.4 節で，7 次元球面上に，自然な微分可能多様体構造とは決して微分同相写像が存在しない異種の構造が存在するという，当時の世界中の数学者を驚嘆させたミルナーの結果を紹介する．

2.3.2 PL 多様体とホモロジー多様体

単体的複体 K は単体の集まりであり，その集まりは自然に位相空間となる．K の定める位相空間を $|K|$ で表す．

K の単体 σ が単体 τ の**面**（face）であるとは，σ の頂点の集合が τ の頂点の集合の部分集合であることで，そのとき $\sigma \prec \tau$ と書く．$\sigma \prec \sigma$ である．

単体的複体 K の二つの単体 σ, τ の**結**（join）$\sigma * \tau$ とは σ の頂点と τ の頂点で張られる単体とする．K の単体 σ に対し，σ の**星状複体**（star complex）$\mathrm{st}(\sigma, K)$ を

$$\mathrm{st}(\sigma, K) = \{\tau \in K \mid \exists \mu \in K \quad \text{s.t.} \quad \sigma \prec \mu, \ \tau \prec \mu\} \tag{2.4}$$

により定義する．また σ の**からみ複体**（link complex）$\mathrm{lk}(\sigma, K)$ を

$$\mathrm{lk}(\sigma, K) = \{\tau \in K \mid \sigma * \tau \in K, \ \sigma \cap \tau = \emptyset\} \tag{2.5}$$

により定義する．

$\mathrm{st}(\sigma, K), \mathrm{lk}(\sigma, K)$ はともに K の部分複体で

$$\mathrm{st}(\sigma, K) = \{\sigma * \tau \mid \tau \in \mathrm{lk}(\sigma, K)\} \tag{2.6}$$

という関係がある．

単体的複体 $\hat{K}$ が単体的複体 K の**細分**（subdivision）であるとは，$|\hat{K}| = |K|$ であって，K の各頂点（0 単体）は，K' の頂点であることである．

K, L を単体的複体とする．写像 $f : |K| \to |L|$ が**単体写像**（simplicial map）であるとは，すべての単体 σ に対し，$f(\sigma)$ は L の単体であり，$f|_\sigma$ は線形写像になっているものをいう．

全単射な単体写像 $f : |K| \to |L|$ が逆も単体写像であるとき，**組合せ同型写像**であるという．

同相写像 $f : |K| \to |L|$ が**区分的線形同相写像**（piecewise-linear homeomorphism），あるいは簡単に，**PL 同相写像**であるとは，K, L の細分 $\hat{K}$ と $\hat{L}$ が存在して，$f : |\hat{K}| = |K| \to |\hat{L}| = |L|$ が組合せ同型写像となることである．このとき，K と L は PL 同相であるという．

単体的複体の PL 同相類を**多面体**（polyhedron）という．単体的複体 K は，位相空間 $|K|$ を定めたが，その PL 同相類を考えて（PL 同相なもののみを同じものと考えて），多面体 $|K|$ と考える．多面体は，三角形分割された（単体的複体の構造を与えられた）位相空間で，その細分も同じ多面体と見ているといってよい．多面体の中では単体は，その境界である面を含めた部分多面体と見なされる．

K の重心細分を K' で表す．K' の 0 次元単体は K の単体 σ の重心 b_σ たちである．

2.3 さまざまな多様体

定義 2.3.6 多面体 M が n 次元 **PL 多様体**または**組合せ多様体**であるとは，単体的複体 M の 1 回重心細分 M' のすべての 0 単体 a に対し，$|\mathrm{st}(a, M')|$ が n 次元球体 $|D^n|$ と PL 同相となることである．

次の証明はさほど難しくはないが省略する．

定理 2.3.1 多面体 M が n 次元 PL 多様体である必要十分条件は，M のすべての単体 σ に対し，$\dim \sigma = q$ とするとき，$|\mathrm{lk}(\sigma, M)|$ が $n-q-1$ 次元球面 S^{n-q-1} と PL 同相となることである．

ホモロジー多様体の定義

定義 2.3.7 多面体 M が n 次元**ホモロジー多様体**であるとは，M のすべての単体 $\sigma, q = \dim \sigma$ に対し，$|\mathrm{lk}(\sigma, M)|$ が $n-q-1$ 次元球面 S^{n-q-1} とホモロジー的に同じ，すなわち

$$H_i\big(|\mathrm{lk}(\sigma, M)|, \mathbb{Z}\big) \cong \begin{cases} \mathbb{Z} & i = 0,\ n-q-1 \\ 0 & \text{その他} \end{cases}$$

となることである．

ホモロジー多様体 M の任意の単体 σ の $\mathrm{lk}(\sigma, M)$ はホモロジー多様体である．

M が PL 多様体（組合せ多様体）ならば，M は位相多様体でもある．

微分可能多様体ならば，三角形分割されて PL 多様体になるということをポアンカレは，当然成り立つと考えていたと推測されるが，実際 1930 年代以降に Cairns，ホワイトヘッドなどにより次が得られた．

M が微分可能多様体ならば，M と区分的に微分同相 (piecewise diffeomorphic) である（したがって位相同型でもある）ような PL 多様体は存在して，PL 同相の意味でただ一つである．

しかし位相多様体は PL 多様体と位相同型となるかどうか，すなわち **PL 多様体による三角形分割問題**は簡単には解決できなかった．次元 n が 3 以下ならば常に成立していることが示されるが，20 世紀のトポロジー理論の成果，特に後に説明する手術理論の応用として，多様体の次元が 5 以上の場合には，次の二つの問題 1, 2 は完全に解決し，どちらにも反例が存在するこ

とも，また，成立する条件も明確になっている．

これらについては後の 2.9 節で詳しく述べることにする．

問題 1（組合せ多様体による三角形分割問題）　位相多様体 X はある組合せ多様体 K の定める位相空間と同相か？

問題 2（位相幾何学の基本問題）　位相多様体 X が二つの組合せ多様体 K_1, K_2 の定める位相空間 $|K_1|$, $|K_2|$ と同相ならば K_1 と K_2 は組合せ的に同相か？

しかし，このような手術の方法の拡張だけでは，位相多様体の三角形分割であって，組合せ多様体ではないものの存在の成否について確定できなかった．しかし，そのようなものが存在すること，すなわち次が示された．

> $n \geq 5$ ならば，n 次元位相多様体で決して単体的複体とは位相同型にならないものが存在する

ことが，Floer などによるゲージ理論を用いたモース理論を適用することにより，Manolescu [22], [23] によって 2010 年代に示された．

これらについては後の 2.10 節で説明する．

多様体とは限らない一般の単体的複体が，位相空間として位相同型ならば，PL 同相かという問題も，「基本問題」と呼ばれた．

問題 3（（単体的複体の）基本問題）　二つの単体的複体 K_1, K_2 の定める位相空間 $|K_1|$, $|K_2|$ が同相ならば K_1 と K_2 は組合せ的に同相か？

この問題は，多様体に対する基本問題より先に，ミルナーにより代数的 K 理論の先駆けとなるホワイトヘッドねじれの理論を用いて，6 次元以上で反例が構成された．これについては，論文 [28] を参照されたい．

2.4　異種球面の出現

1951 年に出版された Steenrod のファイバー束の本には，直交群 $O(n)$ の n が小さい場合のホモトピー群の計算結果が示されている．それらのホモトピー群の元を与える写像を特性写像とし，基底空間とファイバーがともに球

2.4 異種球面の出現

面であるファイバー束の全空間の位相を決定することが問題として示されている.

1956 年に若い数学者ミルナーは S^4 上の S^3 束として表される微分可能多様体の中に, 7 次元球面 S^7 と位相同型ではあるが, 決して微分同相にはなり得ないものが存在することを示した. そのニュースが数学者に与えた衝撃はただならぬものであった. それは, 長らく解けなかった有名な予想が解けたという場合とは違って, 誰もが考えもしなかった事実と方法が, 忽然と美しい数学的調和のもとに出現したからである.

2.4.1 球面上の円板束

m 次元球面 S^m 上で n 次元の単位円板 (n 次元**球体**と呼ぶ)

$$D^n = \left\{ \mathbf{x} = (x_1,\ldots,x_n) \in \mathbb{R}^n \,\middle|\, \|\mathbf{x}\| = \sum_{i=1}^n {x_i}^2 \leq 1 \right\}$$

をファイバーとし, 構造群を $O(n)$ とするファイバー束 E はすべて次のように構成される. S^m を

$$S^m = D_+^m \cup D_-^m$$

と, 上半球面 D_+^m と下半球面 D_-^m に分割する. ファイバー束は, 可縮な空間上では常に積束だから, E の底空間を $D_\pm^m$ に制限すると, それらは $D_\pm^m \times D^n$ と同型になる. 上(下)半球面 $D_\pm^m$ の境界 $\partial D_\pm^m$ は, どちらも S^{m-1} である.

したがって, ある写像

$$f : S^{m-1} \to O(n)$$

が存在して, E は和集合

$$(D_+^m \times D^n) \cup (D_-^m \times D^n)$$

に, 同値関係

$$(x,y) \in \partial D_+^m \times D^n \;\sim\; (x, f(x)(y)) \in \partial D_-^m \times D^n$$

を入れた空間と同相になる．

束としての同型類は，写像 f のホモトピー類

$$[f] \in \pi_{m-1}(O(n))$$

により定まる．f をファイバー束の特性写像という．

S^m 上で D^n をファイバーとするファイバー束の同型類全体は，特性写像のホモトピー類への対応により，ホモトピー群 $\pi_{m-1}(O(n))$ と 1 対 1 に対応する．

ファイバー束 E の境界 ∂E は $(m+n-1)$ 次元多様体であり，その中で $D_+^m \times \partial D^n$ と $D_-^m \times \partial D^n$ が，写像 $(x,y) \mapsto (x, f(x)(y))$ で貼り付けられている．特性写像 f を滑らかな写像として（ホモトピー類として一意的に）とれるから，∂E は $(m+n-1)$ 次元の滑らかな多様体の構造を一意的に持つ．

ファイバー束として同型ならば，境界 ∂E は滑らかな多様体として，微分同相となるが，ファイバー束として同型でなくても，∂E が微分同相となることもある．

2.4.2　$m=1$, $n=1$

1 次元球面 S^1 上の D^1 束として，積束 $S^1 \times D^1$ と**メビウスの帯**を知っている．$O(1)$ は 2 点からなる空間で，$\pi_0(O(1)) \cong \mathbb{Z}_2 \equiv \mathbb{Z}/2\mathbb{Z}$ だから，この二つのファイバー束がすべてである．境界 ∂E はそれぞれ，$S^1 \times S^0 (= S^1 \amalg S^1)$，または S^1 となる．

2.4.3　$m \geq 2$, $n=1$

同様に $m (\geq 2)$ 次元球面 S^m 上の D^1 束は，

$$\pi_{m-1}(O(1)) \cong 1$$

であるから，常に積束 $S^m \times D^1$ と同型となる．境界 ∂E は $S^{m-1} \times S^0 (= S^{m-1} \amalg S^{m-1})$ である．

2.4.4 $m=2$, $n=2$

2次元球面 S^2 上の D^2 束は

$$\pi_1(O(2)) \cong \pi_1(S^1 \times S^0) \cong \pi_1(S^1) \cong \mathbb{Z}$$

より，$\#\mathbb{Z}$（＝可算無限）個ある．境界 ∂E は S^2 上の S^1 束であるが，それらは $S^2 \times S^1$，またはレンズ空間 $S^3/\mathbb{Z}_k$ $(k \in \mathbb{N})$ と微分同相である．

例 2.4.1 特に $k=1$ の場合は，∂E は S^3 と微分同相である．このことを説明しよう．

$$D^2 = \{z \in \mathbb{C} \mid |z| \le 1\}, \quad S^1 = \{z \in \mathbb{C} \mid |z| = 1\}$$

とし，$SO(2)$ を S^1 と同一視する．$k=1$ のときの特性写像 $f: S^1 \to SO(2)$ は恒等写像 $f(x) = x$ である．この S^1 束 ∂E は

$$\partial E = \left(D_+^2 \times S^1 \cup D_-^2 \times S^1\right)/\sim,$$
$$(x,y) \in \partial D_+^2 \times S^1 \sim (x, xy) \in \partial D_-^2 \times S^1$$

と表される．xy は複素数としての積で，積は可換である．いま $D_\pm^2 \times S^1$ の座標 (x,y) のとり方を，$D_\pm^2 \times S^1$ のそれぞれの微分同相

$$\varphi_\pm : D_\pm^2 \times S^1 \to D_\pm^2 \times S^1; \quad \varphi_\pm(x,y) = (y^{\pm 1}x, y)$$

により変えてみる．そのとき特性写像 f の定める接着写像

$$\widetilde{f} : (x,y) \mapsto (x, xy) : D_+^2 \times S^1 \to D_-^2 \times S^1$$

は

$$\varphi_- \circ \widetilde{f} \circ \varphi_+^{-1} : (x,y) \mapsto \left(x^{-1}y^{-1}x, y^{-1}xy\right) = (y^{-1}, x)$$

である．これは $S^3 = \partial(D^2 \times D^2) = (\partial D^2 \times D^2) \cup (D^2 \times \partial D^2)$ と見なしたときの接着写像と等しいから，$\partial E = S^3$ となる．

2.4.5 $m = 4$, $n = 4$

リー群 $O(4)$ の単位元を含む連結成分 $SO(4)$ の普遍被覆空間は $Spin(3) \cong S^3 \times S^3$ である．4 次元球面 S^4 上の D^4 束は

$$\pi_3(O(4)) \cong \pi_3(S^3 \times S^3) \cong \mathbb{Z} \oplus \mathbb{Z}$$

より，$\#(\mathbb{Z} \oplus \mathbb{Z})\,(= \#\mathbb{Z})$ 個ある．この D^4 束 E の境界 ∂E として，7 次元球面 S^7 のほかに，いくつかの 7 次元異種球面（エキゾティック球面）が存在することをミルナーは発見したのである．これを説明しよう．

2.4.6 8 次元位相多様体

$(i,j) \in \mathbb{Z} \oplus \mathbb{Z} \cong \pi_3(O(4))$ を表す写像 $f: S^3 \to O(4)$ として，D^4 を長さ 1 以下，S^3 を長さ 1 の四元数全体として，四元数の積により，

$$f(x)y = x^i y x^j \quad x \in S^3, y \in D^4$$

と定義されるものをとることができる．f を特性写像とする S^4 上の D^4 束 E は 8 次元多様体であり，S^4 とホモトピー同値である．E の第 1 ポントリャーギン類は $H^4(E) \cong \mathbb{Z}$ の元として，$2(i-j)$ と数えられる．

境界である 7 次元多様体 ∂E は単連結で，

$$H^k(\partial E) \cong \begin{cases} \mathbb{Z} & (k = 0, 7) \\ 0 & (k \neq 0, 4, 7) \\ \mathbb{Z}/\,(|i+j|)\mathbb{Z} & (k = 4) \end{cases}$$

となる．よって，$i + j = 1$ の場合，∂E は S^7 とホモトピー同値になり，実は ∂E 上に臨界点が 2 個だけのモース関数の存在がわかるので，S^7 と同相である（最初ミルナーは S^7 とホモトピー同値で位相同型でない例かと思ったそうである）．$i + j = 1$ とすると，E の境界 ∂E に 8 次元球体 D^8 を同相写像で貼り付けることにより，位相多様体 $M = E \cup D^8$ を得る．$H^4(M) \cong \mathbb{Z}$ であり，M の第 1 ポントリャーギン類は $H^4(M) \cong \mathbb{Z}$ の元として，$2(i-j) = 2(2i-1)$ と数えられる．

2.4 異種球面の出現

一般に位相空間のコホモロジーにはカップ積 $H^p(M) \times H^q(M) \to H^{p+q}(M)$ が定義され,偶数 $2n$ 次元の向き付けられた多様体の $2n$ 次元コホモロジーは $\mathbb{Z}$ と同型であるから,n 次元コホモロジーの二つの組から $\mathbb{Z}$ への双線形写像を定める.特に $4m$ 次元の多様体の場合,この双線形写像は対称である.この指数(正の固有値の数 $-$ 負の固有値の数)を $4m$ 次元多様体の M の指数といい,$I(M)$ と書く.

ミルナーが研究を進めていた 1950 年代の中頃は,トムの同境理論が完成し,それを用いてヒルツェブルフが,$4m$ 次元微分可能多様体の指数を,ポントリャーギン類で表す公式を示したときであった.ちなみに,4 次元および 8 次元の公式は次のとおりである:

$$I(M^4) = \frac{1}{3}p_1[M^4], \quad I(M^8) = \frac{1}{45}(7p_2 - (p_1)^2)[M^8].$$

さて $i+j=1$ の場合の 8 次元位相多様体 $M = E \cup D^8$ を調べよう.この多様体の指数は,$H^4(M) \cong \mathbb{Z}$ より,$I(M) = \pm 1$ となるが,向き付けをうまくとり,1 としてよい.$p_1(M) = 2(2i-1)$ を上の公式に代入すると,M が微分可能多様体ならば,

$$p_2[M] = \frac{4(2i-1)^2 + 45}{7}$$

となる.したがって,$i \not\equiv 0, 1 \pmod 7$ ならば,$p_2[M]$ は整数にはならない.ところが微分可能多様体の $p_2[M]$ は整数として定義される.∂E が通常の球面と微分同相ならば,M に微分可能多様体の構造が入る.結局 $i \not\equiv 0, 1 \pmod 7$ ならば,微分可能多様体 ∂E は通常の球面と同相であるが,微分同相ではないことが結論される.これがエキゾティック球面である.

2.4.7 エキゾティック球面の正統性

このようにして作られた 7 次元異種球面は,当初は普通ではないものと思われた.しかしミルナーは,$i = 2$ の異種球面は,S^4 の接球束 8 個を,例外リー群 E_8 のディンキン図形に沿って貼り合わせたものの境界としても実現できることを示した.同じ構成を,S^2 の接球束で行うと,境界に,ポアンカレの作った 3 次元ホモロジー球面(2.2.6 項で説明したもので,S^3 とホモ

ロジー群の等しい3次元多様体は S^3 と同相かというポアンカレの予想を，本人が単連結でないホモロジー球面を見つけて，予想を S^3 とホモトピー群の等しい3次元多様体は S^3 と同相かと修正したいわくつきのもの）と等しくなる．

また Brieskorn 型の多様体として，

$$\{(z_1, z_2, z_3) \in \mathbb{C}^3 \mid z_1{}^2 + z_2{}^3 + z_3{}^5 = 0\} \cap S^5 \subset \mathbb{C}^3$$

を考えると，これはポアンカレホモロジー3次元球面となる．ところが

$$\{(z_1, z_2, z_3, z_4, z_5) \in \mathbb{C}^5 \mid z_1{}^2 + z_2{}^3 + z_3{}^5 + z_4{}^2 + z_5{}^2 = 0\} \cap S^9 \subset \mathbb{C}^5$$

は，この7次元異種球面となることも後に示された．

このようにして，エキゾティックな7次元球面は，ポアンカレの仕事を直接引き継いだまったく正統的なものであると理解されたのである．

2.5　h 同境の定理

多様体の同境類による分類という考え方は，部分多様体の場合，ポアンカレのホモロジーの定義の源であった．ホモロジー群の定義は，独自に大きく発展したが，一方の抽象的な多様体を同境類によって分類し，その不変量を計算するという考え方は，1950年代のポントリャーギン，ロホリン，トムまで待たねばならなかった．

同境関係を与える1次元高い多様体の形を最も簡単なものにするために，余分なハンドルを消去していくという方法によりその究極の形を求める努力から，スメールの h 同境の定理が生まれた．これは，5次元以上で，球面とホモトピー同値な微分可能多様体が実際球面と位相同型になるというポアンカレの予想の肯定的な解決をも与えた．

ポアンカレは多様体の位相を調べるのに，その上の関数の臨界点の様子を調べるという，後にモース理論と呼ばれる方法を考えていた．スメールはその考えを発展させ，さらに多様体のハンドル分解のハンドルの消去により，高次元ポアンカレの予想の証明を与えた．しかし，その後，モース，ミルナーはより直接的にモース関数を取り換えるという方法を追求し，その

2.5 h 同境の定理

方法は後の Floer ホモロジーなどの無限次元多様体の位相の研究に有効となった．

2.5.1 同境，h 同境

次元の等しい二つの境界のない閉多様体 V_1, V_2 が同境（cobordant）であるとは，1 次元高い多様体 W が存在して，

$$\partial W = V_1 \cup V_2 \tag{2.7}$$

となっていることである．このとき 3 対 (W, V_1, V_2) を同境体（cobordism）という．

多様体 V に対し $W = V \times [0, 1]$ とすると，$\partial W = V \cup V$ となるから，V は自分自身と同境である．

n 次元の多様体の同境類全体は，非交和（disjoint union）を和と定めると，次元が 1 高い多様体の境界となっている多様体の同境類を零元として可換群の構造を持つ．その群を $\mathcal{N}_n$ と書く．多様体 V の同境類 $[V]$ の逆元は $[V]$ 自身であり，$\mathcal{N}_n$ は 2 元からなる体 $\mathbb{Z}_2$ 上のベクトル空間となる．

二つの次元の等しい境界のない向き付けられた閉多様体 V_1, V_2 が向き付け同境であるとは，1 次元高い向き付けられた多様体 W が存在して，

$$\partial W = V_1 \cup (-V_2) \tag{2.8}$$

となっていることである．このとき 3 対 (W, V_1, V_2) を向き付け同境体という．

向き付けられた多様体 V に対し $W = V \times [0, 1]$ とすると，$\partial W = V \cup (-V)$ となるから，V は自分自身と向き付け同境である．

n 次元の多様体の向き付け同境類全体は，非交和（disjoint union）を和として，次元が 1 高い向き付けられた多様体の境界となっている向き付けられた多様体を零元として，可換群の構造を持つ．その群を Ω_n と書く．向き付けられた多様体 V の向き付け同境類 $[V]$ の逆元は，向きを逆にした $-V$ の同境類 $[-V]$ である．

同境体 (W, V_1, V_2) が h 同境体であるとは，包含写像 $V_i \to W$ $(i = 1, 2)$

がともにホモトピー同値写像であることとする．このとき V_1, V_2 は h 同境であるという．

h 同境である条件は，V_i が W の閉部分多様体であるから，V_i がともに W の変位レトラクトであるという条件（包含写像の逆ホモトピー同値写像 $W \to V_i$ が，$V_i(\subset W)$ に制限すると恒等写像であるものをとれること）と同値である．

ホモトピーとホモロジーの関係を与えるフレヴィッツの定理を用いると，次は容易である．

命題 2.5.1 (W, V_1, V_2) を同境体とする．W, V_1, V_2 すべてが連結で単連結とする．このとき，(W, V_1, V_2) が h 同境体となる必要十分条件は

$$H_i(W, V_1; \mathbb{Z}) = 0, \qquad i \geq 0 \tag{2.9}$$

である．

2.5.2 h 同境の定理

次がスメールにより示された高次元のポアンカレ予想の証明を含む重要な結果である．スメールは主に多様体のハンドル分解を用いて証明したが，そのアイデアのもとはモースによる関数の臨界点と関数の定義域の多様体の位相を関係付ける理論であった．ミルナー，モースはその後ハンドル分解を使わないモース理論を直接応用した h 同境の定理を与えた．

無限次元の多様体などを研究するには，この直接的にモース理論を用いる方法が有用で，Floer ホモロジー理論などに用いられた．

定理 2.5.1（h **同境の定理**） h 同境体 (W, V_1, V_2) が，W は（よって V_1，V_2 も）連結かつ単連結で，$n = \dim W \geq 6$ を満たしているとする．そのとき W は直積 $V_1 \times I$ および $V_2 \times I$ と微分同相となる．特に，V_1 と V_2 は微分同相である．

スメールによって示された次の衝撃的な定理は，h 同境の定理の直接の応用として示される．

定理 2.5.2（**高次元ポアンカレ予想**） M を n 次元球面 S^n とホモトピー同

2.5　h 同境の定理

値な滑らかな閉多様体とする．$n \geq 5$ ならば，M は n 次元球面 S^n と位相同型である．

証明．　$n \geq 6$ の場合は，h 同境の定理を用いて，次のように簡単に示すことができる．M の中に二つの n 次元球体 D_i^n $(i = 1, 2)$ を離して埋め込む．D_i^n の内点全体を $\mathrm{Int}\, D_i^n$ とし，

$$W := M - \mathrm{Int}\, D_1^n - \mathrm{Int}\, D_2^n \tag{2.10}$$

とおく．$i = 1, 2$ に対し，$V_i := \partial D_i^n$ とすると，V_i $(i = 1, 2)$ はともに S^{n-1} と微分同相であり，$\partial W = \partial D_1^n \cup \partial D_2^n = V_1 \cup V_2$ である．M が S^n とホモトピー同値であることから，$H_i(W, V_1; \mathbb{Z}) = 0$, $\forall i \geq 0$ が成立し，命題 2.5.1 より，(W, V_1, V_2) が h 同境体となる．よって，h 同境の定理より W は $V_1 \times [0, 1]$ と微分同相である．したがって，$D_1^n \cup W = M - \mathrm{Int}\, D_2^n$ は D^n と微分同相となる．M はこの D^n と D_2^n を境界 S^{n-1} のある微分同相 f で貼り付けたものに微分同相となる．f は必ずしも，D^n の微分同相に拡張するとは限らない（実際 $n = 7$ の場合にそのような微分同相により，7 次元の異種球面が存在することを示したのが，あとで説明するミルナーの仕事である）．しかし，すべての S^{n-1} の（微分同相とは限らない）位相同型写像は，容易に D^n の位相同型写像に拡張されるので，M は球面 S^n と位相同型となる．

$n = 5$ の場合は，球面の 5 次安定ホモトピー群が消えていることなどを用いて，2.6 節で示す手術の方法で，M は 6 次元可縮微分可能多様体 N の境界になっていることを示すことができる；$M = \partial N$．そこで N の内部に 6 次元球体 D^6 を埋め込むと，M と $\partial D^6 = S^5$ は h 同境となり，h 同境の定理より，M と S^5 が微分同相となる．□

2.5.3　モース理論

h 同境の定理は，多様体のホモトピーの条件や次元などの条件のもとで，微分同相を具体的に構成することで証明される．

最初にこの定理を証明したスメールは，多様体の把手（ハンドル）分解をより簡単なものに取り換えるという方法を用いた．これは，ミルナーの講義録 [30] にあるように，モース理論を中心として説明することができる．

多様体 W 上の関数 f に対し，$x \in W$ が f の臨界点とは，外微分
$$df = \frac{\partial f}{\partial x_1} dx_1 + \cdots + \frac{\partial f}{\partial x_n} dx_n$$
が 0 となる点 x のことである．臨界点が**非退化**であるとは，臨界点が孤立していて，その周りで，原点 O を臨界点として
$$f(x) = f(O) - \sum_{i=1}^{\lambda} {x_i}^2 + \sum_{i=\lambda+1}^{n} {x_i}^2$$
となるような座標系 $(x_1, \ldots, x_n)$ をとることができるものである．このとき，臨界点の**指数**は λ であるという $(0 \leq \lambda \leq n)$．

すべての臨界点が，非退化であるとき，関数 f は**モース関数**であるという．

例 2.5.1 $\mathbb{R}$ 上での関数 $f(x) = -x^2$ は原点 0 を指数 1 の非退化な臨界点とするモース関数である．$f(x) = x^2$ は原点 0 を指数 0 の非退化な臨界点とするモース関数であり，$f(x) = \pm x^3$ は原点 0 が退化臨界点なのでモース関数ではない．

関数 f が臨界点で非退化的であることは，2 次の微分により定まる n 次対称行列である**ヘッセ行列** $\left(\frac{\partial^2 f}{\partial x_i \partial x_j} \right)$ がその点で正則であることと同値である．指数は負の固有値の数に等しい．

以後，簡単のため，多様体 W はコンパクトなものに限ることにしよう．このとき，W 上のモース関数の臨界点は有限個となる．

かってな関数は，少し変化させることにより，臨界点も変化するが，モース関数とすることができる．すなわちすべての関数は，モース関数で近似できる．また，モース関数 f をさらに取り換えて，異なる臨界点 p, q に対して，常に
$$f(p) \neq f(q)$$
となるようにすることができる．

2.5 h 同境の定理

p が臨界点のとき，値 $f(p)$ をモース関数 f の**臨界値**（critical value）といい，$f^{-1}(c)$ が臨界点を含まないとき，c を f の**正則値**（regular value）という．

c が正則値ならば，$W_c := f^{-1}((-\infty, c]) \subset W$ は $(n-1)$ 次元多様体 $f^{-1}(c)$ を境界とする n 次元多様体である．

リーマン計量 g を持った多様体 W の上の関数 f に対し，勾配ベクトル場 $\mathrm{grad}\, f$ は，すべての W 上のベクトル場 Y に対し

$$g(\mathrm{grad}\, f, Y) = df(Y)$$

を満たすただ一つのベクトル場として定義される．局所的には，リーマン計量テンソル (g_{ij}) の逆行列 (g^{ij}) により

$$\mathrm{grad}\, f = \sum_i \sum_j g^{ij} \frac{\partial f}{\partial x_j} \frac{\partial}{\partial x_i}$$

と表される．

f が（ユークリッド空間に埋め込まれた）多様体の高さ関数の場合には $\mathrm{grad}\, f$ は多様体の上で，上りの方向を示すベクトル場であり，$-\mathrm{grad}\, f$ は多様体の上で，下りの方向を示すベクトル場である．水は下に流れるから，感覚的に $-\mathrm{grad}\, f$ を用いることが多い．

いま，連結な二つの境界 V, V' を持つコンパクトな多様体の上に，臨界点が一つもない関数 f が存在したとしよう．W にリーマン距離を与えて勾配ベクトル場 $\mathrm{grad}\, f$ を考えると，$\mathrm{grad}\, f$ は W 上で 0 とならない．このとき $-\mathrm{grad}\, f$ の定めるベクトル場は，一方の境界 V から V' までの流れを与え，W は $V \times I$ と微分同相である．すなわち次の命題が成立する．

命題 2.5.2 W を連結な二つの境界 V, V' を持つコンパクトな多様体とし，$f: W \to [a,b]$ を $f^{-1}(a) = V, f^{-1}(b) = V'$ を満たす臨界点のない（したがってモース）関数とする．そのとき，W は $V \times I$ と，よって $V' \times I$ と微分同相である．したがって，V と V' も微分同相である．

言い換えると，W がある多様体 V と I の積 $V \times I$ と微分同相でなければ，W 上のモース関数は必ず臨界点を持つ．多様体の幾何学的構造をその上の関数の臨界点の様子から調べるのがモース理論である．

モース関数の臨界点の周りの多様体の構造を調べよう．

$p \in W$ をモース関数 f の孤立臨界点とし，φ_t を $-\mathrm{grad}\, f$ の定める流れとする（ベクトル場はその定義されている多様体に流れ＝一径数変換群を定める）．このとき，W の部分集合である p の**安定多様体** S_p，および**不安定多様体** U_p を次の式で定義する．

$$S_p = \{x \in W \mid \lim_{t \to \infty} \varphi_t(x) = p\},$$
$$U_p = \{x \in W \mid \lim_{t \to -\infty} \varphi_t(x) = p\} \qquad (2.11)$$

臨界点 p でのモース指数を λ とすると，臨界点の近傍では局所的にはモース関数 f は定まった形をしていて，非臨界点では，流れは淀まないので，次の定理が成立する．

定理 2.5.3（安定（不安定）多様体定理） 境界のない多様体上のモース関数に対して，安定多様体 S_p は $n - \lambda$ 次元の開球体 $\overset{\circ}{D}{}^{n-\lambda}$ と微分同相である．不安定多様体 U_p は λ 次元の開球体 $\overset{\circ}{D}{}^{\lambda}$ と微分同相である．

いま，W の上のモース関数 f の二つの正則値 $c_1 < c_2$ に対し，多様体 $f^{-1}([c_1, c_2])$ は臨界点を一つだけ含むとする．その臨界点を p とし，指数を λ とする．

二つの多様体 $W_{c_1} := f^{-1}((-\infty, c_1])$，$W_{c_2} := f^{-1}((-\infty, c_2])$ には次の関係式がある．

$$W_{c_2} = W_{c_1} \cup f^{-1}([c_1, c_2]), \quad W_{c_1} \cap f^{-1}([c_1, c_2]) = f^{-1}(c_1) \quad (2.12)$$

ここで，多様体のハンドル（把手）の定義を与えよう．

n 次元球体 D^n は積 $D^{\lambda} \times D^{n-\lambda}$ と同相である．境界

$$\partial D^n = (S^{\lambda-1} \times D^{n-\lambda}) \cup (D^{\lambda} \times S^{n-\lambda-1})$$

は積 $S^{\lambda-1} \times D^{n-\lambda}$ を含んでいる．

定義 2.5.1 n 次元多様体 Y が n 次元多様体 X に **λ ハンドル**を付けたものであるとは，X の境界 ∂X が $S^{\lambda-1} \times D^{n-\lambda}$ と微分同相な部分多様体を含んでいて

$$Y = X \bigcup_{S^{\lambda-1} \times D^{n-\lambda}} (D^{\lambda} \times D^{n-\lambda}) \qquad (2.13)$$

2.5 h 同境の定理

と表されることである．このとき $D^\lambda \times D^{n-\lambda}$ を **λ ハンドル**といい，0 を $D^{n-\lambda}$ の中心としたとき $D^\lambda \times \{0\}$ をハンドルの**芯** (core) という．

例 2.5.2 3 次元多様体 $M = \{(x,y,z) \mid z \leq 0\}$ に 1 ハンドルを付けた多様体の例は，円柱 $D^2 \times [0,1]$ の両端の円板 $D^2 \times \{0\} \cup D^2 \times \{1\}$ を $\partial M = \{(x,y,z) \mid z = 0\}$ に埋め込み，そこだけを接着した

$$M_1 = M \bigcup_{(D^2 \times \{0\}) \cup (D^2 \times \{1\})} (D^2 \times [0,1]) \tag{2.14}$$

のようなものである．芯は円柱の中心 $\{0\} \times [0,1]$ である．

例 2.5.3 3 次元多様体 $M = \{(x,y,z) \mid z \leq 0\}$ に 2 ハンドルを付けた多様体の例は，厚みの付いた円板 $[0,1] \times D^2$ の端 $[0,1] \times S^1$ を $\partial M = \{(x,y,z) \mid z = 0\}$ に埋め込み，そこだけを接着した

$$M_2 = M \bigcup_{[0,1] \times S^1} ([0,1] \times D^2) \tag{2.15}$$

のようなものである．厚さのあるお椀が伏せて置かれている形である．芯は厚みの中心の円板 $\{\frac{1}{2}\} \times D^2$ である．

M_1, M_2 には自然に滑らかな多様体の構造が入る．

次がモース理論の基本命題である．

定理 2.5.4 W の上のモース関数 f の二つの正則値 $c_1 < c_2$ に対し，多様体 $f^{-1}([c_1, c_2])$ は指数 λ のただ一つの臨界点 p を持つとする．そのとき $W_{c_2} = f^{-1}((-\infty, c_2])$ は $W_{c_1} = f^{-1}((-\infty, c_1])$ にただ一つの λ ハンドルを付けたものと微分同相である．

証明は次のように行う．

非退化な臨界点の定義より，p の近傍 U の座標を $f(x) = f(p) - \sum_{i=1}^{\lambda} x_i^2 + \sum_{i=\lambda+1}^{n} x_i^2$ となるようにとることができる．このとき，U 内で f を新しいモース関数 F に取り換えて，F は次の性質を満たすようにすることが可能である．臨界点は，f と同じ p のみで，$F(p) < c_1$, $F^{-1}((-\infty, c_2]) = W_{c_2}$, かつ $F^{-1}((-\infty, c_1])$ が W_{c_1} にただ一つの λ ハンドルをつけた多様体に微

分同相になっている．このとき，$F^{-1}(c_1, c_2)$ では F は臨界点を持たないので，命題 2.5.2 により W_{c_2} は $F^{-1}((-\infty, c_1])$ と微分同相となる．

注意 ミルナー [28] では，定理 2.5.4 の結論が，ホモトピー同値までしか述べていないように見えるが，Kosinski [20]，松本 [25] では，微分同相を結論付けている．

すべての n 次元多様体は，n 次元球体 D^n からたくさんのさまざまな λ に対する λ ハンドルを付けたものに等しい．しかしもちろんこのハンドルの付け方は一意的ではなく，一つの多様体でもさまざまな構成法がある．

上の定理より，一つのモース関数が与えられると，その臨界点の数だけのハンドルを付けて多様体は作られることになるが，適当な条件下では，モース関数を取り換えて臨界点の数を減らすことができる．h 同境の定理の証明では，与えられた条件のもとでモース関数を取り換えて完全に臨界点をなくすことが必要となる．

2.5.4 h 同境の定理の証明の核心

h 同境の定理の証明の核心は，次の二つの定理である．

状況 $*$) 向き付けられた n 次元コンパクト多様体 $W, \partial W = V_0 \cup V_1$ の上のモース関数 $f: W \to [a, b]$ は，a, b が正則値で，$f^{-1}(a) = V_0$，$f^{-1}(b) = V_1$ であって，f は W 内に二つの臨界点 p, p' を持ち，それぞれ指数 $\lambda, \lambda + 1$ を持つとする．$f(p) < c < f(p')$ とし，水平面 $V_c = f^{-1}(c)$ と，p の安定多様体との交わりが $n - \lambda - 1$ 次元球面 $S^{n-\lambda-1}$ であり，p' の不安定多様体との交わりが λ 次元球面 S^λ であるとする．

次の定理が，基本的である．

定理 2.5.5 状況 $*$) において，$S^{n-\lambda-1}$ と S^λ が 1 点で交わっているとする．モース関数 f を取り換えて，ほかには臨界点を増やさず，指数 λ と指数 $\lambda + 1$ の二つの臨界点を消すことができる．よって，命題 2.5.2 より，V_0 と V_1 は微分同相である．

2.5 h 同境の定理

この定理の場合 V_1 は，V_0 に λ ハンドルと $\lambda+1$ ハンドルを付けたものに微分同相であるが，この二つのハンドルの和は球体と微分同相であり，V_0 と V_1 は微分同相となっている．

次元の低いやさしい場合の図を描くことができれば，証明は自然に推察できるであろう．

凱旋門

$n=3$，$\lambda=1$ の場合に模式的には，次のようなものを考えればよい．

凱旋門を，門の内側と大きさがまったく同じである図体の大きい直方体の戦車が通り過ぎようとすると，摩擦で途中で止まってしまう．結果は，門の中がピッタリ埋まって，凱旋門が直方体の塊になってしまうというものである．

xyz 空間で，$M = \{(x,y,z) \mid z \leq 0\}$ が大地で，$z=0$ の地面に立っている凱旋門 AT を

$$W := \{\,(x,y,z) \mid 0 \leq x \leq 4,\ 0 \leq y \leq 2,\ 0 \leq z \leq 4\,\} \quad (2.16)$$
$$U := \{\,(x,y,z) \mid 1 < x < 3,\ 0 \leq y \leq 2,\ 0 < z < 2\,\} \quad (2.17)$$
$$\mathrm{AT} := W - U \quad (2.18)$$

と定義し，$V := \overline{U} \subset W$ とする．V は止まった戦車である．

モース関数 $f : W \to \mathbb{R}$ は，二つの臨界点 $p = (2,1,3) \in \mathrm{AT}$，$p' = (2,1,1) \in V$ を持ち，$f(p) = c_1 < f(p') = c_2$ であり，c_1 と c_2 の間に臨界点はなく，$c_1 < c < c_2$ に対しての水平面 $V_c = f^{-1}(c)$ は，$\mathrm{AT} \cap V$ と同相であるとする．

AT は M に付けられた 1 ハンドルであり，V は $M \cup \mathrm{AT}$ に付けられた 2 ハンドルである．AT に含まれる p の安定多様体 S_p は，$\{x=2\} \cap \mathrm{AT}$ となり，V に含まれる p' の不安定多様体 $U_{p'}$ は，$\{y=1\} \cap V$ となる．

したがって，V_c と S_p および $U_{p'}$ の共通部分は，それぞれ S^1 と同相になり，この二つの S^1 の共通部分は 1 点 $(2,1,2)$ となり，定理 2.5.5 の条件を満たしている．

$\mathrm{AT} \cup V$ は，3 次元球体 D^3 と同相であり，したがって $M \cup \mathrm{AT} \cup V$ は M と同相である．実際，モース関数 f を $\mathrm{grad}(f)$ の向きをずらすことによ

り，変形していって，AT∪V で，臨界点のないモース関数 $\tilde{f}$ を得ることができる．$\tilde{f}$ は，AT∪V の境界から，$z = 0$ の平面を除いた部分（の閉包）において最大値をとり，そこで $\mathrm{grad}(\tilde{f})$ は外向きのベクトル場となっている．

向きの付いた n 次元多様体 M の中の向き付けられて埋め込まれた二つの部分多様体 N_1, N_2 のそれぞれの次元 r, s が $r+s = n$ となっているとする．N_1, N_2 の**代数的交叉数**とは，それぞれを少しずらして交わりが孤立した点の集まりであるようにして，それぞれの点の交わりを符号付きで，± 1 と数えて，それらを足し合わせたものである．

次が，次元や単連結性を使う技術的に難しい部分であり，ホイットニーの手品と呼ばれたりする．

定理 2.5.6 状況 ∗) において，$S^{n-\lambda-1}$ と S^λ の代数的交叉数が ± 1 であるとする．$\pi_1(W) = \pi_1(V_0) = \pi_1(V_1) = 0$ であり，$2 \leq \lambda$, $\lambda + 1 \leq n - 3$ とする（$n \geq 6$ であることが必要である）．このとき，モース関数 f を取り換えて，$S^{n-\lambda-1}$ と S^λ が 1 点で交わっているようにできる．よってこのとき，定理 2.5.5 より，V_0 と V_1 は微分同相である．

証明の方法は，次のように述べることができる．

$S^{n-\lambda-1}$ と S^λ の交点で，その交わりの符号が逆になっている点 q, q' をとる．q, q' を $S^{n-\lambda-1}$ 内で曲線 L_1 で，S^λ 内で曲線 L_2 で結ぶ．問題は，2 次元球体 (= 2 次元円板) D^2 を $\partial D^2 = L_1 \cup L_2$, $(D^2 - \partial D^2) \cap (S^{n-\lambda-1} \cup S^{\lambda-1}) = \emptyset$ となるように W の中に埋め込むことである．定理の仮定のもとで，これが可能になる．この埋め込まれた D^2 を用いて，モース関数 f を取り換えて，q, q' を交点の集合から消すことができる．

2.6　ホモトピー球面の分類

ミルナーはケルベールとともに球面とホモトピー同値な閉微分可能多様体の，向きを保つ微分同相による分類を，次元が 5 以上の場合に完成させた．これらの次元では，スメールの h 同境の定理と，球面の微分同相は球面を境界とする球体の「区分的」微分同相に拡張されるという事実を使うと，球面とホモトピー同値な微分可能多様体は，球面と PL 同相，したがって位相同

型であることが示される．よって，ホモトピー球面の分類は，PL 球面（球面と PL 同相）の微分可能構造の分類ということもできる．

この球面に対する結果は，次元が 5 以上のすべての多様体に関しての手術理論を用いた美しい分類理論として後に Browder, Novikov, Wall, Sullivan らにより完成された．

2.6.1 ホモトピー球面のなす群

Θ_n で，S^n とホモトピー同値な微分可能多様体全体の集合に，恒等写像とホモトピックな微分同相が存在するときに同じものと見なす同値関係を入れた同値類の集合を表す．

言い換えると Θ_n は，向き付けられたホモトピー球面全体に，向きを保つ微分同相による同値関係を与えたものである．

Θ_n の二つの元には連結和（connected sum）が定まり，それにより，Θ_n は可換群となる．

$n = 1, 2$ の場合は，Θ_n はただ 1 個の元のみよりなる．Perelman の 3 次元ポアンカレ予想の解決は，3 次元の位相多様体には，単一の微分可能構造が入ることに注意すると，Θ_3 も自明群であることを示している．しかし，いまだに Θ_4 の構造は不明である．

以後 $n \geq 5$ として，Θ_n の構造を，ケルベールとミルナー [17] に従って解説する．

二つの向き付けられた n 次元多様体 M_1, M_2 に対し，n 次元円板 D^n の正の向きの埋め込み $\iota_1 : D^n \to M_1$ と負の向きの埋め込み $\iota_2 : D^n \to M_2$ をとる．それぞれ埋め込まれた円板の内部を取り除き，境界で貼り合わせることにより，**連結和**と呼ばれる向き付けられた n 次元多様体 $M_1 \# M_2$ を得る．これは，埋め込みのとり方を変えても，向きを保つ微分同相の意味で同じ多様体である．また，$M_1 \# M_2$ と $M_2 \# M_1$ には，向きを保つ微分同相が存在する．連結和をとる操作は**手術**の簡単な例である．

命題 2.6.1 $n \geq 5$ ならば，Θ_n は連結和による演算で，可換群となる．

$\Sigma \in \Theta_n$ に対して，$S^n \# \Sigma = \Sigma$ より，標準球面 S^n が零元である．$\Sigma \in \Theta_n$

の逆元は，向き付けを逆にした $-\Sigma$ である．実際 $(\Sigma - D^n) \times [0,1] - D^{n+1}$ を考えると，h 同境定理により，$\Sigma + (-\Sigma) = 0$ が示される．

注意 Θ_n の定義における同値関係を，向きを保つ微分同相ではなく，h コボルディズムに変えると，すべての次元で Θ_n は可換群となる．

2.6.2 概平行化可能多様体

n 次元球面 S^n は $\mathbb{R}^{n+1}$ に自然に埋め込まれ，自明な（積束と同型な）1 次元法（ベクトル）束を持つ．$\mathbb{R}^{n+1}$ は次元の高いユークリッド空間 $\mathbb{R}^N$ の中で，自明な法束を持つから，S^n は $\mathbb{R}^N$ の中で自明な法束を持つことになる．

一般に多様体 M は，次元の高いユークリッド空間 $\mathbb{R}^N$ の中に埋め込まれ，その法束は自明束とのホイットニー和（各ファイバーの直和をとる和）も同じと見なす同型類の中で単一に決まり，その同型類を M の**安定法束類**といい，$\nu(M)$ で表す．

空間 X 上の実ベクトル束全体を，自明束をホイットニー和したもの同士が同型となるときに同じとして分類した同型類の集合は可換群となり，グロタンディック群の一種で，$KO(X) = [X, BO]$ と同型となる．ここで，BO は直交群 O_n ($\equiv O(n)$) の**分類空間** BO_n の極限 $BO = \lim_{n \to \infty} BO_n$ であり，分類空間 BO_n は $\lim_{q \to \infty} \frac{O_{n+q}}{O_n \times O_q}$ と定義される．

多様体 M を次元の高いユークリッド空間 $\mathbb{R}^N$ の中に埋め込み，その法束を $\nu(M)$ とする．自明な接束 $T\mathbb{R}^N$ の M への制限は，$TM + \nu(M)$ と同型である．接束 TM の定める $KO(M)$ の元を M の安定接束類といい，$\tau(M) \in KO(M)$ と書く．上より，$\tau(M) + \nu(M) = 0 \in KO(M)$ である．

M が平行化可能であるとは，M の接束が自明束と同型のことである．$\tau(M) = 0 \in KO(M)$ のとき，M は**安定平行化可能** (stably parallelizable) と呼ばれる．安定平行化可能の条件は $\nu(M) = 0 \in KO(M)$ と同値である．

n 次元球面 S^n は安定平行化可能である．一般のホモトピー球面はどうだろうか？

n 次元ホモトピー球面 Σ 上の安定束（自明束をホイットニー和したもの）

2.6 ホモトピー球面の分類

の同型類は,$\Sigma = D^n \cup D^n$ として,$\partial D^n = S^{n-1}$ での貼り合わせ変換のホモトピーの元 $\sigma \in \pi_{n-1}(O)$ で定まる.ただし $O = \lim_{k \to \infty} O_k$ とする.

群 $\pi_{n-1}(O)$ は n に関して次数 8 の周期性がある,すなわち $\pi_{n-1}(O) \cong \pi_{(n+8)-1}(O)$ というのが Bott の結果である.結果は $n \equiv 0, 1, 2, 3, 4, 5, 6, 7$ (mod 8) に応じて

$$\pi_{n-1}(O) \cong \mathbb{Z}, \mathbb{Z}_2, \mathbb{Z}_2, 0, \mathbb{Z}, 0, 0, 0 \tag{2.19}$$

となる.

命題 2.6.2 すべてのホモトピー球面は安定平行化可能である.

証明. $n \equiv 3, 5, 6, 7$ (mod 8) の場合は,上の計算結果より安定平行化可能である.$n \equiv 0, 4$ (mod 8) のときは,ホモトピー群が $\mathbb{Z}$ に同型で,束のポントリャーギン類に対応する.ヒルツェブルフの指数定理 [13] より,接束のポントリャーギン類は,多様体の指数で計算される.ホモトピー球面 Σ のホモロジー群の中間次元は消えているから,接束のポントリャーギン類は消える.よって Σ は安定平行化可能である.残りの $n \equiv 1, 2$ (mod 8) の場合は,より微妙で,ミルナーの最初のプレプリントでは決定されていなかった.この場合ホモトピー群 $\pi_{n-1}(O)$ は $\mathbb{Z}_2$ と同型である.安定接束 $\tau(\Sigma)$ はベクトル束であるが,さらにそのファイバー $\mathbb{R}^k$ から原点を除き,$(\mathbb{R}^k)^\times = \mathbb{R}^k - \{0\}$ をファイバーとする,ファイバー束 $\mu(\Sigma)$ を考える.ファイバーは,$k-1$ 次元球面と S^{k-1} とホモトピー同値であり,$\mu(\Sigma)$ の構造群は,S^{k-1} の向きを保つ自己ホモトピー同値全体の集合 G_k と考える.G_k は実は群ではなく,(ホモトピー的な群構造を持つ) H 空間である.$\mu(\Sigma)$ は球面ファイバー束であり,このファイバー束の話は,2.7.2 項で詳述する.Σ はホモトピー的には S^n と同じであり,$\mu(\Sigma)$ は S^n 上の球面ファイバー束として自明な束と同型である.自然な準同型 $\pi_{n-1}(O_k) \to \pi_{n-1}(G_k)$ は J 準同型写像と呼ばれるものに,実質的には等しく,$k > n$ の場合には安定 J 準同型写像と呼ばれる.アダムス [1] は,$n \equiv 1, 2$ (mod 8) の場合には,安定 J 準同型は単射であることを示した.したがって,安定接束 $\tau(\Sigma)$ はベクトル束として自明となり,Σ は安定平行化可能である. □

連結微分可能多様体 M の接束 TM を M から 1 点 $x_0 \in M$ を除いた部分空間 $M^\times = M - \{x_0\}$ に制限すると自明な束に同型となるとき，M は**概平行化可能**（almost parallelizable）という．M 上の k 次元ベクトル束の自明化の障害は $H^i(M, \pi_{i-1}(O_k))$, $i \leq n = \dim M$ で与えられるから，概平行化可能の条件は，M の接束を $n-1$ 骨格に制限したものが自明であることである．ただし，多様体 M の k 骨格とは，区分的滑らかな三角形分割を与えて，その k 次元以下の単体のなす M の部分集合のことである．境界 ∂M が空集合でない連結コンパクト多様体 M は，その $n-1$ 骨格とホモトピー同値であるから，平行化可能であることと概平行化可能であることは同値である．

命題 2.6.3 連結閉微分可能多様体 M が安定平行化可能ならば概平行化可能である．

証明． M の次元を n とするとき，$M^\times$ は M の $n-1$ 骨格とホモトピー同値だから，$n-1$ 次元のホモトピー型を持つ．n 次元接束 TM の同型類は，M から分類空間 BO_n への分類写像のホモトピー類に対応し，安定接束 $\tau(\Sigma)$ の同型類は，M から分類空間 BO への分類写像のホモトピー類に対応する．自然な準同型 $\pi_j(BO_n) \to \pi_j(BO)$ は，$j \leq n-1$ に対して同型であるから，M の接束の $M^\times$ 上への制限の平行化可能性と安定平行化可能性は同値である． □

2.6.3 平行化可能多様体の境界

Σ を n 次元ホモトピー球面とする．そのとき，命題 2.6.2 より，Σ の安定法束はベクトル束として自明であった．しかし，その自明化写像は，Σ の直積束の自然な（Σ を境界とする PL 球体 D^{n+1} に拡張するような）自明化とホモトピーでつながるとは限らない．そのための障害元は具体的に次の**ポントリャーギン–トム構成**により与えられる．

Σ を次元の高い球面 S^N, $N = n + k$ に埋め込む．そのとき命題 2.6.2 により，Σ の S^N での法束 $\nu(\Sigma)$ は自明となる．その自明化を与えると，自明化写像 $t : \nu(\Sigma) \to \mathbb{R}^k$ が定まる．法束に自明化写像を定めた部分多様体

2.6 ホモトピー球面の分類

は**枠付き部分多様体** [29] と呼ばれる．ベクトル束 $\nu(\Sigma)$ にファイバー距離を入れ，長さが 1 以上のベクトル束の点すべてを同一視した空間 $T_{\nu(\Sigma)}$ を $\nu(\Sigma)$ の**トム空間**と呼ぶ．$\mathbb{R}^k$ の長さが 1 以上の点すべてを同一視した空間は，球面 S^k と同位相であるから，$t : \nu(\Sigma) \to \mathbb{R}^k$ は，写像 $\widetilde{t} : T_{\nu(\Sigma)} \to S^k$ を導く．一方，法束 $\nu(\Sigma)$ は，Σ の S^N でのチューブ近傍 $N(\sigma, S^N)$ と同相で同一視できる．写像 $p : S^N \to T_{\nu(\Sigma)}$ を，$N(\sigma, S^N)$ では恒等写像で，S^N 内の $T_{\nu(\Sigma)}$ の外のすべての点を，トム空間の同一視した 1 点に写すことにより定義する．合成写像

$$\rho = \widetilde{t} \circ p : S^N \to S^k \tag{2.20}$$

を **ポントリャーギン–トム構成**と呼ぶ．同一視した空間に微分可能構造を入れて，微分可能多様体とし，ρ は微分可能写像であると考える．ρ は，S^N 内の Σ を 1 点 $0 \in \mathbb{R}^k \subset S^k$ に写しており，0 は写像の臨界値ではない．

もし ρ が定値写像とホモトピックなら，ミルナー [29, chapter 7] にあるように，Σ は D^{N+1} に埋め込まれている枠付き多様体 M の S^N への制限と枠付き同境である．すなわち，次が成り立つ．

命題 2.6.4 $\rho : S^N \to S^k$ が定値写像とホモトピックならば，$\Sigma = \partial M$ である枠付き部分多様体 $M \subset D^{N+1}$ が存在し，M の法束の自明化の Σ 上への制限は，ポントリャーギン–トム構成 ρ を与える Σ の法束の自明化に一致する．

このとき，M は安定平行化可能であり，M の境界 ∂M は空集合でないから，命題 2.6.3 により，M は平行化可能である．

ポントリャーギン–トム構成においては，Σ の法束の自明化写像 $t : \nu(\Sigma) \to \mathbb{R}^k$ を固定した．この自明化は取り換えることもできて，そのホモトピー類全体は，$[\Sigma, O_k] \cong \pi_n(O_k)$ と同型である．この取り換えにより，ポントリャーギン–トム構成の $\pi_N(S^k)$ におけるホモトピー類は変化し，準同型

$$J : \pi_n(O_k) \to \pi_{n+k}(S^k) \tag{2.21}$$

が定まる．この準同型はホップ–ホワイトヘッド **J** 準同型という名前が付いている．

$k > n+1$ ならば,$\pi_{n+k}(S^k) \cong \pi_{n+k+1}(S^{k+1}) \cong \cdots$ であり,球面の n 次安定ホモトピー群と呼ばれ,$\pi_n(\mathbf{S})$ と書かれる.

$n \geq 1$ ならば,球面の n 次安定ホモトピー群 $\pi_n(\mathbf{S})$ は有限可換群であることが知られている.

よって,ρ は,類 $\{\rho\} \in \pi_n(\mathbf{S})/\operatorname{Im} J$ を定める.

$$\eta : \Theta_n \to \pi_n(\mathbf{S})/\operatorname{Im} J \tag{2.22}$$

を,$\eta(\Sigma) = \{\rho\}$ により定めると,η は可換群の間の準同型写像となる.

結局次を得る.

命題 2.6.5 $\eta(\Sigma) = 0 \in \pi_n(\mathbf{S})/\operatorname{Im} J$ ならば,ホモトピー球面 Σ は平行化可能多様体 M の境界である.

bP_{n+1} で,$(n+1)$ 次元平行化可能多様体の境界となっている n 次元ホモトピー球面の h 同境類の作る Θ_n の部分集合を表す.容易にわかるように,bP_{n+1} は可換群 Θ_n の部分群である.上の議論より次が成立する.

定理 2.6.1 商群 Θ_n/bP_{n+1} は商群 $\pi_n(\mathbf{S})/\operatorname{Im} J$ の部分群で有限可換群である.

一方,これから n の偶奇などで場合に分けて示すが,bP_{n+1} は常に有限巡回群となる.したがって,Θ_n は $n \geq 5$ の場合には,常に有限可換群となることが結論される.

群 $\pi_n(\mathbf{S})/\operatorname{Im} J$ については,後の 2.8 節で示すように次のように捉えられる.球面 S^{k-1} の自己ホモトピー同値全体のなす H 空間 G_k の極限 $G = \lim\limits_{k \to \infty} G_k$ を考えると,球面の n 次安定ホモトピー群 $\pi_n(\mathbf{S})$ は $\pi_n(G)$ と同型である.ホップ–ホワイトヘッドの J 準同型は,自然な準同型 $\pi_n(O_k) \to \pi_n(G_k)$ の $k \to \infty$ の極限 $\pi_n(O) \to \pi_n(G)$ と一致する.したがって,商群 $\pi_n(\mathbf{S})/\operatorname{Im} J$ は,商空間 G/O の n 次元ホモトピー群 $\pi_n(G/O)$ と同型である.

n 次元ホモトピー球面 Σ が $(n+1)$ 次元平行化可能多様体 M の境界であるとする:$\partial M = \Sigma$.もし,M を取り換えて,M を可縮な多様体とできれば,M の中に埋め込んだ D^{n+1} の境界 $\partial D^{n+1} = S^n$ と Σ は h 同境と

2.6 ホモトピー球面の分類

なるから，Σ は Θ_n の零元となる．境界がホモトピー球面である $(n+1)$ 次元多様体は，$\left[\frac{(n+1)}{2}\right]$ 連結ならば，ポアンカレ双対定理より可縮となる．

境界 ∂M を変えないで M を変えるのには，M に何度かの**手術**を行う．ここでの手術の方法は次のようなものである．$S^p \times D^{n+1-p}$ の M への埋め込み写像 $\varphi: S^p \times D^{n+1-p} \to M$ を作り，$M_0 = M - \varphi(S^p \times \mathrm{Int}\, D^{n+1-p})$ とする．ただし，$\mathrm{Int}\, D^{n+1-p}$ は球体 D^{n+1-p} の内部を表した：$\mathrm{Int}\, D^{n+1-p} = D^{n+1-p} - \partial D^{n+1-p}$．そのとき M_0 の境界の一つの成分は $S^p \times S^{n-p}$ であるから，M_0 に $D^{p+1} \times S^{n-p}$ を貼り付けて

$$M' = M_0 \cup \left(D^{p+1} \times S^{n-p}\right) \tag{2.23}$$

が，平行化可能になるようにすることができる．$\varphi(S^p \times \{0\})$ が表す p 次元ホモトピー群 $\pi_p(M)$ の元は，M' では D^{p+1} が張られているから零になる．

次の命題より，中間次元より一つ少ない次元の連結性を持つような M に取り換えることは可能である．

命題 2.6.6 n 次元ホモトピー球面 Σ が $(n+1)$ 次元平行化可能多様体 M の境界であるとする．$n \geq 2k$ とする．そのとき，M に手術を繰り返して，Σ が N の境界となるような $(k-1)$ 連結 $(n+1)$ 次元平行化可能多様体 N を作ることができる．

証明． M のホモトピー群 $\pi_i(M)$ を，i が 1 から始めて，順に大きい次元を，最後に $\pi_{k-1}(M)$ を手術して消していくことで示される．まず，$\pi_1(M)$ の有限個（m_1 個とする）の生成元を，それぞれ円周 S^1 の埋め込みで，互いに交わらないように実現する．M が平行化可能だから，それぞれ埋め込まれた S^1 の M での法束は自明である．管状近傍は直積束と同相で，埋め込み $\varphi_j: S^1 \times D^n \to M$ $(1 \leq j \leq m_1)$ に拡張される．これらの埋め込みに対してそれぞれ手術を行うと，境界は変わらない，単連結な平行化可能な多様体 M' を得る．次に同様な操作を $\pi_2(M')$ の生成元に対して行う．$2 < n/2$ だから，Haefliger の埋め込み定理 [34] より，生成元は 2 次元球面 S^2 の埋め込みで実現することができる．その法束の同型類は $\pi_1(SO(n-2))$ の元に対応するが，自然な準同型 $\pi_1(SO(n-2)) \to \pi_1(SO(n+1))$ は単射である．M' は平行化可能だから，S^2 たちの法束は自明である．管状近傍は直

積束と同相で,手術を行うことができて,2連結な平行化可能な多様体 M'' を得る.これを繰り返して Σ を境界とする $\pi_j(N) = 0$ $(1 \leq j \leq k-1)$ である $(n+1)$ 次元平行化可能多様体 N を得ることができる. □

n が偶数($n = 2k$)の場合 $n+1 = 2k+1$ 次元平行化可能多様体 N が,$\pi_j(N) = 0$ $(1 \leq j \leq k)$ ならば,フレヴィッツの定理より,$H_i(N; \mathbb{Z}) = 0$ $(1 \leq j \leq k)$ となり,ポアンカレの双対定理より,$H^j(N; \mathbb{Z}) = 0$ $(k+1 \leq j \leq 2k)$ となる.N は単連結,境界付きの多様体であり,普遍係数定理よりすべてのホモロジー群が消えて,可縮な多様体であることがわかる.したがって,h 同境定理より D^{2k+1} と微分同相が結論される.よって,Σ^{2k} は S^{2k} と微分同相となり,次を得る.

系 2.6.1 偶数次元球面のなす群 Θ_{2k} の中で,平行化可能多様体の境界となるもの全体のなす部分群を bP_{2k+1} と定めると

$$bP_{2k+1} = 0 \tag{2.24}$$

である.

例 2.6.1 この操作を単純な例で説明しよう.S^2 とは微分同相であるかどうか判別できない 2 次元閉微分可能多様体 Σ^2 が,$S^2 \times S^1$ から D^3 を除いた多様体 $Y = S^1 \times S^2 - \text{Int } D^3$ の境界 ∂Y になっているとする.このとき,もちろん $\Sigma^2 = \partial D^3$ であるから S^2 と微分同相であるが,Y のみの情報からも Σ^2 が S^2 と微分同相であることがわかる.実際 Y の内部に $S^1 \times D^2$ を,Y の 1 次元ホモロジーを実現するように埋め込み,そこで手術を行う.すなわち Y から $S^1 \times \text{Int } D^2$ を取り除き代わりに $D^2 \times S^1$ を埋め込む.そのとき Y は 3 次元球体 D^3 と同相な $\widetilde{Y}$ に変わり,境界 Σ^2 はそのままであるから S^2 と微分同相であることがわかる.

2.6.4 bP_{4k} の計算

n が奇数の場合は,bP_{n+1} の構造は複雑になり,$n = 4k - 1$ の場合の bP_{4k} は以下のように計算されて,有限巡回群であることが示される.

2.6 ホモトピー球面の分類

位相空間 X が k-連結とは,その空間の k-次元以下のホモトピー群がすべて消えていること,すなわち $\pi_i(X) = 0, 0 \leq i \leq k$ である.次の命題が,中間次元の手術を可能にする条件を与える.

命題 2.6.7 境界 ∂Y がホモトピー球面である $(2k-1)$-連結な $4k$ 次元平行化可能多様体 Y が,可縮な多様体 Y' に手術できるための条件は,Y の指数 $\sigma(Y) \in \mathbb{Z}$ が 0 に等しいことである.

平行化可能の条件を保つ手術では,指数は変化しない.この $4k$ 次元多様体の手術の障害を与える指数は,整数群 $\mathbb{Z}$ の元である.この群は 2.8 節で,単連結な場合の手術群 $L_{4k}(e)$ と定式化される.

証明は,指数が消えている場合には,$H_{2k}(Y;\mathbb{Z})$ を手術で消すと,$H_{2k+1}(Y;\mathbb{Z})$ も同時に消えるような $H_{2k}(Y;\mathbb{Z})$ の基底が存在することを示すことにより与えられる [17]. このようなホモトピー球面 ∂Y が可縮な多様体 Y の境界になっていれば,Y の内部に埋めた円板 D^{4k} の境界 $S^{4k-1} = \partial D^{4k}$ と ∂Y は h 同境となり,h 同境定理より ∂Y は S^{4k-1} と微分同相となる.

しかしながら,$(4k-1)$ 次元ホモトピー球面 Σ に対し,それを境界とする $4k$ 次元平行化可能多様体 Y のとり方は単一ではなく,別な $\widetilde{Y}$ をとることができる.Y を手術して可縮にならなくても,別な $\widetilde{Y}$ を手術して可縮にできるかもしれない.

このような $\widetilde{Y}$ の構成は,Y に境界が球面 S^{4k-1} と微分同相である(真球面である)$4k$ 次元平行化可能多様体 Z を(境界付き多様体同士で)境界連結和すること,すなわち $\widetilde{Y} = Y \# Z$ により得られる.$\partial \widetilde{Y}$ は $\partial Y \# \partial Z$ だから,∂Y と微分同相である.$\widetilde{Y}$ の指数は Y の指数と Z の指数の和となる.

このような境界が真球面 S^{4k-1} と等しい $4k$ 次元平行化可能多様体 Z はどのくらい存在するであろうか.その指数のとりうる値を決定したい.

対称な 2 次形式の理論より,境界 ∂Y がホモトピー球面である $(2k-1)$ 連結な $4k$ 次元平行化可能多様体 Y の指数は,常に 8 の整数倍になっている.多様体 Z の境界に D^{4k} を貼り付けることにより 1 点を除いて接束が自明な閉 $4k$ 次元微分可能多様体 $\widetilde{Z}$ を得る.Z の指数と $\widetilde{Z}$ の指数は等しい.

1 点を除いて接束が自明な多様体を概平行化可能多様体といった．結局，境界が真球面 S^{4k-1} と等しい $4k$ 次元平行化可能多様体の指数全体は，概平行化可能な閉 $4k$ 次元多様体の指数全体に等しくなる．

自然数 σ_k を閉 $4k$ 次元概平行化可能微分可能多様体の指数全体のなす $\mathbb{Z}$ の部分群が $\sigma_k \mathbb{Z}$ に等しいものと定義する．指数として現れる手術の障害を概平行化可能微分可能多様体の連結和によって変化できることにより，次の定理が成り立つことが結論される．

定理 2.6.2 $k > 1$ ならば，bP_{4k} は位数が $\frac{\sigma_k}{8}$ の有限巡回群となる．

$\mathcal{B}_n$ で n 次ベルヌーイ数を表す．すなわち $\mathcal{B}_n$ は展開式

$$\frac{x}{e^x - 1} = \sum_{n=0}^{\infty} \frac{\mathcal{B}_n}{n!} x^n \tag{2.25}$$

で定義される．

$$a_k = \begin{cases} 1 & k \equiv 0 \pmod{2} \\ 2 & k \equiv 1 \pmod{2} \end{cases}$$

とおき，既約分数 A の分子を num(A) と書く．

アダムスの J 準同型写像の研究など，複雑な研究の積み重ねで，$n+1 = 4k$ のときは，次の最終結果が得られた．

定理 2.6.3 $k > 1$ ならば，bP_{4k} は位数が

$$\frac{\sigma_k}{8} = a_k 2^{2k-2} (2^{2k-1} - 1) \mathrm{num}\left(\frac{\mathcal{B}_k}{4k}\right)$$

の有限巡回群となる．

具体的には $\frac{\sigma_k}{8}$ の値は，$k = 2, 3, 4$ の場合に，それぞれ，28, 992, 8128 となる．

2.6.5 bP_{4k+2} の計算

$n = 4k + 1$ の場合の bP_{4k+2} は次のように計算されて，元の個数が 1 または 2 の有限群であることが示される．

2.6 ホモトピー球面の分類

中間次元のコホモロジーのカップ積 $H^{2k+1}(Y;\mathbb{Z}) \times H^{2k+1}(Y;\mathbb{Z}) \to H^{4k+2}(Y;\mathbb{Z}) \cong \mathbb{Z}$ は，交代的な2次形式である．これから，$H^{2k+1}(Y;\mathbb{Z}_2)$ 上で $\mathbb{Z}_2$ に値を持つ対称2次形式 Φ と2次関数 $Q(x) = \Phi(x,x)$ が定義される．$H^{2k+1}(Y;\mathbb{Z}_2)$ のシンプレクティック基底 $((\lambda_i,\mu_j), \Phi(\lambda_i,\lambda_j) = \Phi(\mu_i,\mu_j) = 0, \Phi(\lambda_i,\mu_j) = \delta_i^j)$ をとると，$\mathbb{Z}_2$ に値を持つ**アルフ–ケルベール不変量** $A(Y) \in \mathbb{Z}_2$ が $A(Y) = \sum Q(\lambda_i)Q(\mu_i) \in \mathbb{Z}_2$ と定義される．これは手術不変量 $L_{4k+2}(e)$ として2.8節で再登場する．

次の命題が，中間次元の手術を可能にする条件を与える．

命題 2.6.8 境界 ∂Y がホモトピー球面である $2k$ 連結な $(4k+1)$ 次元平行化可能多様体 Y $(k \geq 1)$ のアルフ–ケルベール不変量 $A(Y) \in \mathbb{Z}_2$ が 0 に等しいならば，Y を可縮な多様体 Y' に手術できる．そのとき h 同境の定理より境界 ∂Y は真球面 S^{4k+1} と微分同相である．

bP_{4k} の計算の場合と同じように，境界が真球面 S^{4k+1} と等しい $4k+2$ 次元平行化可能多様体 Z を（境界付き多様体同士で）連結和して $Y\#Z$ を作ると，ホモトピー球面 $\partial(Y\#Z)$ は $\partial(Y)$ と微分同相である．しかし，アルフ–ケルベール不変量 $A(Y\#Z)$ は，$A(Y) + A(Z)$ に変わる．

逆に，$A(Y) = 1$ で，境界が真球面 S^{4k+1} と微分同相になるならば，Y に D^{4k+2} を貼り付けた閉微分可能多様体 $\widetilde{Y}$ は，この次元では安定平行化可能が示され，$A(\widetilde{Y}) = 1$ となる．

よって，平行化可能多様体の境界となる $(4k+1)$ 次元ホモトピー球面で S^{4k+1} と微分同相でないものが存在するための必要十分条件は，$4k+2$ 次元安定平行化可能閉微分可能多様体 $\widetilde{Y}$ が常に $A(\widetilde{Y}) = 0$ を満たすことである．

$4k+2$ 次元平行化可能閉微分可能多様体 M の $A(M)$ に関して，$A(M) = 1$ となるものは $k = 0, 1, 3$ の場合には構成できるが，$k = 2$ の場合には常に $A(M) = 0$ となる．これについて，

> どのような k に対し $4k+2$ 次元平行化可能閉微分可能多様体 M で $A(M) = 1$ となるものが存在するか

は，**ケルベール不変量1の存在問題**と名付けられた．

この問題が提出されてから 50 年近くが過ぎたが，2009 年に，ほぼ完全な解決を得たというアナウンスがあり，Hill, Hopkins, Ravenel の 3 人の共著のプレプリントが発表され，2016 年の Annals of Math. に掲載された．

それによると，$A(M) = 1$ となる $4k+2$ 次元平行化可能閉微分可能多様体 M が存在する可能性があるのは，$k = 0, 1, 3, 7, 15, 31$ の場合に限られ，それ以外の k に対して，常に $A(M) = 0$ であり，$k = 0, 1, 3, 7, 15$ に対して $A(M) = 1$ となるものが存在する．$k = 31$ の場合が未解決である．

bP_{4k+2} は $\mathbb{Z}_2$ の商群で，自明群 0 か $\mathbb{Z}_2$ のどちらかであるが，$4k+2$ 次元のケルベール不変量 1 の非存在が，S^{4k+1} と微分同相でない球面の存在に対応していたから，次が得られる．

定理 2.6.4 $k \geq 1$ に対し，

$$bP_{4k+2} = \begin{cases} 0 & k = 1, 3, 7, 15, \\ \mathbb{Z}_2 & k = 1, 3, 7, 15, 31 \text{ 以外}, \\ \text{不明} & k = 31. \end{cases} \quad (2.26)$$

2.7 PL 構造を固定した微分可能多様体の分類理論

PL 多様体 X が与えられたとき，滑らかな三角形分割が X と組合せ的に同値となる微分可能多様体は存在するか（平滑化の問題），および，一つの微分可能多様体 M が与えられたとき，M と組合せ的に同値な微分可能多様体はどれだけあるか（分類問題）を考えよう．

2.7.1 微分構造空間

次の定義が有用である．

M, X を n 次元のそれぞれ微分可能および PL 多様体とする．

定義 2.7.1 同相写像 $f : M \to X$ が **PD** 同相（piecewise-differentiable homeomorphism）であるとは，X の任意の単体 σ に対して，細分 $\sigma = \cup_j \tau_j$ が存在して，すべての j に対して

$$f|_{f^{-1}(\tau_j)} : f^{-1}(\tau_j) \to \tau_j$$

2.7 PL 構造を固定した微分可能多様体の分類理論

が微分同相(全単射で各点でヤコビアンが最大階数)となっているものである.このとき,組 (M,f) を PL 多様体 X の **PD 平滑化** (piecewise-differentiable smoothing),あるいは単に M は X の平滑化であるという. X の二つの PD 平滑化 (M,f), (M',f') が**等しい**とは,微分同相写像 $\varphi: M \to M'$ が存在して,

$$f' \circ \varphi = f : M \to X$$

となることである.等しいときに,$(M,f) = (M',f')$ と書く.

微分可能多様体 M に対して $f: M \to X$ で (M,f) が PD 平滑化を与えるような PL 多様体 X が PL 同相を除いてただ一つ存在することが1930年代などに,Cairns などにより知られている.この X を M の**滑らかな三角形分割** (smooth triangulation) という.

$M \times I$, $X \times I$ にはそれぞれ $n+1$ 次元の微分可能および PL 多様体の構造が入る.

定義 2.7.2 X の二つの PD 平滑化 (M_0, f_0), (M_1, f_1) が**コンコーダント** (concordant) であるとは,PD 同相写像 $F: M \times I \to X \times I$ が存在して

$$F(x,0) = (f_0(x), 0), \quad F(x,1) = (f_1(x), 1)$$

となることである.

次は,Munkres, Hirsch, Mazur によって示された.証明は,基本的な,しかし微妙な,同相写像の微分同相写像の近似による [12].コンコーダントの条件は,h 同境より強い条件であり,次元の制限などは必要ない.

定理 2.7.1 X の二つの PD 平滑化 (M_0, f_0), (M_1, f_1) がコンコーダントならば,M_0, M_1 は微分同相である.

注意 逆に,二つの PD 平滑化 (M_0, f_0), (M_1, f_1) で M_0 と M_1 が微分同相であっても,コンコーダントとは限らない.実際,Σ^p を p 次元異種球面とし,S^q を q 次元標準球面とする.$p < q$ ならば,積 $\Sigma^p \times S^q$ は積 $S^p \times S^q$ と微分同相であるが,PL 多様体 $S^p \times S^q$ の PD 平滑化として $S^p \times S^q$ とコンコーダントでないことが,これから述べる命題 2.7.3 から導かれるこの節の最後の等式 (2.34) である.

定義 2.7.3　PL 多様体 X の PD 平滑化のコンコーダンス類 $[(M,f)]$ 全体のなす集合を $\mathscr{S}_{PD}(X)$ で表し X の **PD 平滑化集合**または単に**平滑化集合**という.

注意　PL 多様体 X で平滑化不可能なものが，ミルナー，ケルベール，田村一郎などにより知られている (8 次元, 10 次元あるいは高次元) から，そのような場合 $\mathscr{S}_{PD}(X)$ は空集合である.

M を n 次元閉微分可能多様体とすると，M は単一の滑らかな三角形分割を持つから，$\mathscr{S}_{PD}(M)$ が定義され，空集合ではない．M から M への恒等写像を id と書くと，$\mathscr{S}_{PD}(M)$ は (M, id) を基点とする基点付き空間と考えられる.

注意　$\mathscr{S}_{PD}(S^n)$ は，連結和により可換群となる．$n \geq 5$ ならば，h 同境定理より，n 次元ホモトピー球面は，S^n と PL 同相である．よって，これらの次元では，$\mathscr{S}_{PD}(S^n)$ は，ホモトピー球面のなす群 Θ_n と等しい.

PL 多様体 X の平滑化に関しては，次の Cairns–Hirsch の定理が基本的である.

定理 2.7.2　X を PL 多様体とする．$p > 0$ に対し $X \times \mathbb{R}^p$ が平滑化可能であれば X が平滑化可能である.

実際，この証明は，p に関しての下向きの帰納法で示す．$p = 1$ の場合に $X \times \mathbb{R}$ の平滑化 M の中に $X \times D^1$ の平滑化が存在して，その境界 $X \times S^0$ の一つの成分が，実際 X の平滑化を与えていることをいう．それには PL 部分多様体の正則近傍の一意性の証明などの基本的な議論を積み重ねる.

$\mathscr{S}_{PD}(M)$ は可換群の構造を持つだろうという Mazur の予想の解決を含む，$\mathscr{S}_{PD}(M)$ の構造の決定について述べよう.

2.7.2　マイクロ束，ファイバー束

PL 多様体 X の平滑化問題や微分可能多様体 M の PD 平滑化集合 $\mathscr{S}_{PD}(M)$ の構造を調べるのには，PL 多様体の接束や法束などの，束の理論が必要であった．それには部分 PL 多様体の正則近傍を束構造として見る

2.7 PL 構造を固定した微分可能多様体の分類理論

ことが要求される．ここで正則近傍とは（2.9 節で正確に定義するが），1 回重心細分したところでの最小の多面体近傍である．

まず，ミルナーにより，**マイクロ束**が定義された．マイクロ束は，近傍を，(関数に対しての芽（germ）の理論のように）近傍の大きさを小さくする同値関係で割った構造として定義したものである．

マイクロ束にも普通のファイバー束と同じ操作が，例えば，誘導束，ホイットニー和などが定義される．自明束をホイットニー和したもの同士が同型のとき同値であるという同値関係により，マイクロ束の安定同値類も定義される．

PL 多様体 M を直積 $M \times M$ に対角型に埋め込み，その正則近傍の定めるマイクロ束を $\tau(M)$ と書く．$\tau(M)$ は PL 多様体 M の接マイクロ束と呼ばれる．

M を次元の高いユークリッド空間 $\mathbb{R}^n$ に埋め込んだ正則近傍の定めるマイクロ束 $\nu(M)$ は，安定同値類としてホイットニー和に関して $\tau(M)$ の逆束となる．PL 多様体 M の**安定法束**と呼ばれる．

しかしマイクロ束に対し，その後，より構造が幾何学的な**ブロック束**が定義された．ブロック束は，PL 多様体対 $M \subset W$ に対して常に法ブロック束が定義されるので，ブロック束がもっぱら使われるようになった（マイクロ束は一般の PL 多様体対 $M \subset W$ に対し，法マイクロ束が存在するとは限らない）．

ブロック束については，後の 2.9.1 項で詳しく述べる．

束のファイバーの次元が底空間より大きい場合には，マイクロ束もブロック束も同じものと考えられ，さらに，それらは普通のファイバー束で，ファイバー束の構造群が，$\mathbb{R}^n$ の PL 同相全体となっているものと同じであることが Kister らにより示された．このようなファイバー束を **PL ファイバー束**という．

したがってファイバーの次元が大きい場合は，マイクロ束，ブロック束を考えないで済み，ただ PL ファイバー束を使えばよいことになった．

PL 多様体 M の接マイクロ束 $\tau(M)$ の安定類と安定法束 $\nu(M)$ は，ファイバーの次元が底空間より大きい場合であるから，それぞれ PL ファイバー

束としての $T(M)$ と $N(M)$ が定まる．PL 多様体 M の安定接 PL ファイバー束と安定法 PL ファイバー束と呼ばれる．

$\mathscr{S}_{PD}(M)$ の構造の決定などは，このファイバーの次元が大きいものだけが現れるので，この節では，そのような普通のファイバー束である PL 束（あるいは PD 束）だけを扱う．PD 束とは，構造群が $\mathbb{R}^n$ の PD（区分的微分同相）全体のなす群となっているものである．

$\mathbb{R}^q$ をファイバーとする PL 束の構造群は，$(\mathbb{R}^q, 0)$ の自己 PL 同相群であり，PL_q と書く．この i 次元ホモトピー群

$$\pi_i(PL_q)$$

は S^i 上の直積束 $\epsilon^q = (S^i \times \mathbb{R}^q)$ の各ファイバーを保つ PL 束同相全体のイソトピー類全体のなす可換群と同型である．$PL = \lim_{q \to \infty} PL_q$ と定義する．

同様に PD 束の構造群として $(\mathbb{R}^q, 0)$ の自己 PD 同相群 PD_q を考える．$PD = \lim_{q \to \infty} PD_q$ と定義する．PL 同相は PD 同相だから自然な包含写像 $\iota : PL_q \to PD_q$ と $\iota : PL \to PD$ が定まる．ホワイトヘッドの近似定理より次が成立する．

命題 2.7.1 包含写像 $\iota : PL_q \to PD_q$ はホモトピー同値である．よって $\iota : PL \to PD$ もホモトピー同値である．

O_q で，q 次元直交行列全体のなすリー群を表す．$\mathbb{R}^q$ の直交変換は，もちろん $\mathbb{R}^q$ の PD 同相であるから自然な包含写像 $\gamma : O_q \to PD_q$ と $\gamma : O \to PD$ が定義される．これから示すように $\gamma : O \to PD$ はホモトピー同値写像ではない．

商空間 PD_q/O_q および PD/O が定義される．PD_q, PD は，それぞれ PL_q, PL とホモトピー同値であったから，これらの商空間は（ホモトピー型の意味で）PL_q/O_q および PL/O と書かれることも多い．

2.7.3 分類

$\mathbb{R}^q$ をファイバーとして，構造群を O_q, PL_q, PD_q とするファイバー束の分類空間をそれぞれ BO_q, BPL_q, BPD_q と書く．分類空間とは，CW 複

2.7 PL 構造を固定した微分可能多様体の分類理論

体 X 上のファイバー束の同値類が，X から分類空間への写像のホモトピー類と 1 対 1 に対応するというものである．各構造群に対して，それぞれホモトピー型の意味で単一に定まる．

$$BO = \lim_{q \to \infty} BO_q, \ BPL = \lim_{q \to \infty} BPL_q, \ BPD = \lim_{q \to \infty} BPD_q \quad (2.27)$$

とおく．

写像 $\gamma : BO_q \to BPD_q$ は，ホモトピー論的にファイバー束の射影写像と見ることができ，そのファイバーは PD_q/O_q である．その極限として，PD/O をファイバーとするファイバー束

$$\gamma : BO \to BPD \quad (2.28)$$

を得る．

空間 X 上のベクトル束，あるいは PD 束は，自明な束をホイットニー和したものを同値と考えることにより，束全体の集合に可換群の構造を入れることができる．これが**グロタンディック k 群**と呼ばれるもので，それぞれ $k_O(X), k_{PD}(X)$ と書く．

次が成立する．

$$k_O(X) \cong [X, BO], \quad k_{PD}(X) \cong [X, BPD] \quad (2.29)$$

束を k 群の元と見るときは，その束の**安定類**という．

PL 多様体 M は次元の高いユークリッド空間 $\mathbb{R}^N$ の中に埋め込まれ，その法ブロック束 $\nu(M, \mathbb{R}^N)$ が存在する．ブロック束 $\nu(M, \mathbb{R}^N)$ の安定類は M に対して単一に定まる．これを PL 多様体 M の**安定法束**といい，$\nu(M)$ で表す．

M の接束 TM の安定類を $\tau(M)$ と書く．そのとき

$$\tau(M) = -\nu(M) \ \in \ k_{PD}(M) \quad (2.30)$$

である．

PL 多様体 M が平滑化可能ならば，法束の単一性より，$\nu(M)$ はあるベクトル束とブロック束として安定同型である．すなわち，$\nu(M)$ を分類

する分類空間への写像 $\nu : M \to BPD$ の持ち上げ $\widetilde{\nu}$ ($\gamma \circ \widetilde{\nu} = \nu$ となる $\widetilde{\nu} : M \to BO$) が存在する.

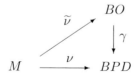

この逆が Cairns–Hirsch の定理 2.7.2 を用いることにより証明された.

定理 2.7.3 PL 多様体 M の法束の分類写像 $\nu : M \to BPD$ の持ち上げすなわち $\gamma \circ \widetilde{\nu} = \nu$ となる $\widetilde{\nu} : M \to BO$ が存在するならば, M は平滑化可能である.

空間 X から BPD への写像の BO への持ち上げが存在するとき, その持ち上げのホモトピー類は, γ のファイバー PD/O への写像のホモトピー類のなす集合 $[X, PD/O]$ で分類される. PD/O はホイットニー和によりホモトピー可換な H 空間の構造が入るから, $[X, PD/O]$ は可換群の構造を持つ.

ホモトピックな持ち上げは, コンコーダントな平滑化を定めることが示され, 次の定理が示された.

定理 2.7.4 PL 多様体 M が一つの平滑化 M_0 を持つとする. M の PD 平滑化のコンコーダンス類全体のなす集合 $\mathscr{S}_{PD}(M)$ は可換群 $[M, PD/O]$ と 1 対 1 に対応する. このとき M_0 は単位元に対応する.

これより, $\mathscr{S}_{PD}(M)$ が可換群の構造を持つという Mazur の予想が従う.

定義 2.7.4 微分可能多様体 M の自己微分同相 f_0, f_1 が**コンコーダント**であるとは, $M \times I$ の微分同相 F が存在して, F の境界 $M \times i$ ($i = 0, 1$) への制限がそれぞれ f_i になることである. $n \geq 1$ に対し, 可換群 Γ_n を S^{n-1} の微分同相全体にコンコーダンスによる同値関係を入れた同値類全体と定義する. 擬イソトピー群の記号 $\widetilde{\pi}_i$ (後の 2.11.1 項参照) を用いると

$$\Gamma_n = \widetilde{\pi}_0(\mathit{Diff}\, S^{n-1}) \tag{2.31}$$

と表される.

2.7 PL 構造を固定した微分可能多様体の分類理論

Munkres の PL 写像の平滑化のための $H^i(X, \Gamma_{i-1})$ に値を持つ障害理論 [31] などを用いると次を得る．

命題 2.7.2 $n \geq 1$ に対して，
$$\mathscr{S}_{PD}(S^n) \cong \pi_n(PD/O) \cong \Gamma_n \tag{2.32}$$
となる．

$n \leq 3$ に対し $\Gamma_n = 0$ を示すのは，それほど難しくはない．写像の臨界点を消去する複雑な方法で，Cerf [5] により次が示された．

定理 2.7.5 $\Gamma_4 = 0$.

2.7.1 項の注意より，$n \geq 5$ ならば，$\Theta_n \cong \mathscr{S}_{PD}(S^n)$ であった．2.6 節から $\Theta_5 = \Theta_6 = 0$ を得るから，$\Gamma_5 = \Gamma_6 = 0$ である．$n \geq 5$ ならば Θ_n は有限可換群であるから，次が成立する．

定理 2.7.6 すべての $n \geq 1$ に対し，$\mathscr{S}_{PD}(S^n)$ は，有限可換群である．

命題 2.7.2 と PL 多様体の平滑化のための $H^i(M, \Gamma_{i-1})$ に値を持つ障害理論により，次が結論される．

定理 2.7.7 n 次元 PL 多様体 M は，$n \leq 7$ ならば常に平滑化可能である．また $n \leq 6$ ならば平滑化は微分同相の意味で単一である．

ファイバー束 $\gamma: BO \to BPD$ の長いホモトピー系列は，異種球面の計算において示されたことにより，$n \geq 1$ に対し次の短い完全系列を与える．

命題 2.7.3
$$0 \to \pi_n(O) \to \pi_n(PD) \to \pi_n(PD/O) \to 0 \tag{2.33}$$

PD/O が H 空間であることを使うと
$$\mathscr{S}_{PD}(S^p \times S^q) \cong \Gamma_p \oplus \Gamma_q \oplus \Gamma_{p+q} \tag{2.34}$$
となる．よって p 次元異種球面 Σ^p と S^q の積 $\Sigma^p \times S^q$ は $S^p \times S^q$ とコンコーダントではないことが結論される．

これらは次より，微分同相であるが，コンコーダントではない例を与えている．

命題 2.7.4　$7 \leq p < q$ として Σ^p を p 次元異種球面とする．そのとき，$\Sigma^p \times S^q$ と $S^p \times S^q$ は微分同相である．

証明．　Σ^p を S^{p+q+1} に埋め込むと，安定平行化可能性より，法束は自明束となるから，管状近傍の閉包 $N\Sigma$ は $\Sigma^p \times D^{p+q+1}$ と微分同相である．$N\Sigma$ の中に Σ^p とホモトピックに S^p を埋め込むと，その管状近傍の閉包 NS は $S^p \times D^{p+q+1}$ と微分同相である．それらの境界 $\partial(N\Sigma)$ と $\partial(NS)$ は h 同境となり，命題が結論される．　□

2.8　手術理論と多様体の分類理論

2.7 節は，PL 構造を固定したときの微分可能多様体構造が存在するか，存在するとしたらどれだけあるかを調べるものであった．それは，空間 $PD/O (\simeq PL/O)$ への写像のホモトピー類と対応する．PD/O の n 次元ホモトピー群 $\pi_n(PD/O)$ は，n 次元ホモトピー球面のなす群 Θ_n と同型になるが，それは球面の安定ホモトピー群にも関係する複雑なものになった．

その後，多様体全体の構造を調べるには，まずホモトピー型を固定し，そのとき，PL 多様体あるいは微分可能構造が存在するか，存在するとしたらどれだけあるかという問題がより基本的であり，手術理論と関連して美しい世界を作っていることがわかった．

すなわち多様体論で基本的な問題が，次のように設定された．

与えられた位相空間 X は，ある PL または微分可能多様体とホモトピー同値か．また，PL または微分可能多様体とホモトピー同値だとしたら，そのようなホモトピー同値な多様体はどれだけあるか？

この問題を具体的に解決する手段が手術理論である．手術は，次のような考察に基づいた準備のもとでとり行われる．この節では断りのない限り，多様体は**向き付けられた閉多様体**のみを考えるが，そのようなものに理論の本質は十分に現れている．

2.8.1 手術理論のあらまし

多様体のホモロジー群とコホモロジー群は,ポアンカレ双対定理を満たす.これらの群はホモトピー不変であるから,位相空間 X が閉多様体とホモトピー同値になるための必要条件として,X のホモロジー群とコホモロジー群は,ポアンカレ双対定理を満たさなければならない.すなわち,X が (2.8.3 項で定義する) **ポアンカレ複体**であることが,ホモトピー同値の多様体の存在のための最初の必要条件である.

多様体は次元の高い球面に埋め込むと,その管状近傍は,そのトム空間が球状 (2.8.3 項で定義する) の (spherical な) ベクトル束となる.実際,球面からこのベクトル束のトム空間への写像 ρ を,管状近傍内では恒等写像で,管状近傍の外側の点をすべて 1 点につぶす写像として定義することができるから,この管状近傍であるベクトル束の単位円板束は,トム空間が球状となる.これをスピバック (Spivak) 法ファイバー空間という (2.8.3 項で正確に定義する).逆に見ると,多様体のスピバック法ファイバー空間は,ベクトル束への還元を持つ.ホモトピー同値なポアンカレ複体のスピバック法ファイバー空間は,安定ファイバーホモトピー同値の意味で一意的である.したがって,もしポアンカレ複体がある多様体とホモトピー同値ならば,そのスピバック法ファイバー空間はベクトル束への還元を持つ.これが第二の必要条件である.

X を n 次元ポアンカレ複体,$\mu \in H_n(X; \mathbb{Z})$ を基本類,$\pi : E \to X$ をその k 次元スピバック法ファイバー空間とする.π の還元である X 上のベクトル束 ξ が与えられているとする.$T(\pi)$ を π のトム空間とすると球状の条件より,$N = n + k$ として,球面 S^N から $T(\pi)$ への写像 ρ が存在する.X は $T(\pi)$ の部分空間で,X の近傍としてベクトル束の構造を持つものがとれる.

写像 ρ によってポントリャーギン–トム構成を行う.すなわち ρ を連続的に変形して 0 切断 X と横断的にする.そのとき,変形した写像も同じ記号 ρ を用い,$M = \rho^{-1}(X)$ とおくと M は n 次元向き付け可能な多様体で,

その S^N への埋め込みは法束として，k 次元ベクトル束 ν_M を持ち，ベクトル束写像 $f : \nu_M \to \xi$ の組 (M, f, b) で
$$b_*[M] = \mu$$
を満たすものが存在する．このような写像の変形を可能にするのは，X が多様体ではないことは何の障害でもないが，X の近傍がベクトル束であることが重要である．π が構造を持たない単なるファイバー空間であったならば，この変形は可能ではない．

ここで次の定義を導入する．

定義 2.8.1　n 次元ポアンカレ複体 (X, μ) への次数 1 の法写像とは，n 次元向き付け可能な多様体 N とその安定法ベクトル束 ν_N，および底空間の写像 $b: N \to X$ を与えるベクトル束写像 $f: \nu_N \to \xi$ の組 (N, f, b) で
$$b_*[N] = \mu$$
を満たすものである．

$X \times [0,1]$ 上への ξ の引き戻し束も同じ記号 ξ で表す．

定義 2.8.2　二つのポアンカレ複体 (X, μ) への次数 1 の法写像 $(N_0, f_0, b_0), (N_1, f_1, b_1)$ が**法同境**であるとは，$\partial W = N_0 - N_1$ である $(n+1)$ 次元向き付け可能な多様体 W，$\nu_W|_{N_i} = \nu_{N_i}$ ($i = 0, 1$) を満たす W の安定法ベクトル束 ν_W，および $B|_{N_i} = b_i$ を満たす底空間の次数 1 の写像（すなわち $B_*[W] = [X \times I]$ を満たす）$B: W \to X \times I$ と，B を底写像とするベクトル束写像 $F: \nu_W \to \xi$ で $F|_{W_{N_i}} = f_i$ を満たすものの組 (W, F, B) が存在することとする ($i = 0, 1$)．

ここで出てくる底空間の写像は一般にはホモトピー同値写像ではない．手術 (surgery) とは，法同境の範囲で (N, f, b) を取り換えて，b が N の低い次元の部分ではホモトピー同値になるようにし，その同値となる次元を順に上げていく操作をいう．

2.8.2 球面ファイバー空間

定義 2.8.3 位相空間 E から X への連続写像 $\pi: E \to X$ が X 上の**ファイバー空間**であるとは,任意の位相空間 Y から X への連続写像が**被覆ホモトピー性質**を持つことと定める.すなわち,任意のホモトピー $f: Y \times [0,1] \to X$ と $f_0 = f|_{Y \times \{0\}}$ の持ち上げ $\tilde{f}_0: Y \to E$ ($f_0 = \pi \tilde{f}_0$) に対し,f の持ち上げであるホモトピー $\tilde{f}: Y \times [0,1] \to E$ ($f = \pi \tilde{f}$) が存在することである.

定義 2.8.4 位相空間 E から X への連続写像 $\pi: E \to X$ が X 上の**球面ファイバー空間**であるとは,X 上のファイバー空間であって,すべてのファイバー $\pi^{-1}(x)$, $x \in X$ がある次元の球面 S^{k-1} とホモトピー同値であることとする.このとき $\pi: E \to X$ を**ファイバー次元が k の**(($k-1$) でないことに注意)X 上の球面ファイバー空間,あるいは単に k 次元球面ファイバー空間と呼ばれる.

例 2.8.1 直積 $E = S^{k-1} \times X$ と射影 $\pi: E \to X$ は X 上の k 次元球面ファイバー空間を定め,**自明な球面ファイバー空間**と呼ばれ,ε^k と表記される.

定義 2.8.5 X 上のファイバー次元が k の二つの球面ファイバー空間 $\pi: E \to X$ と $\pi': E' \to X$ が,**ファイバーホモトピー同値**であるとは,$\pi' f \sim \pi: E \to X$ であるホモトピー同値写像 $f: E \xrightarrow{\sim} E'$ が存在することである.この $f: E \xrightarrow{\sim} E'$ を**ファイバーホモトピー同値写像**という.

二つの空間 A, B に対し**結**(join) $A * B$ を,積 $A \times [0,1] \times B$ に次で生成される同値関係を入れた商空間として定義する.

$$(a, 0, b) \sim (a', 0, b), \quad (a, 1, b) \sim (a, 1, b') \quad (a, a' \in A,\ b, b' \in B)$$

したがって,$S^{k-1} * S^{\ell-1} = S^{k+\ell-1}$ となる.

1点のなす空間 $\{\infty\}$ と A との結 $\{\infty\} * A$ を A の**錐**(cone)といい,CA と書く.CS^{k-1} は k 次元円板 D^k である.

2点のなす空間 S^0 と A との結 $S^0 * A$ を A の**懸垂**(suspension)とい

い, $\Sigma(A)$ と書く. $\Sigma(S^{k-1})$ は k 次元球面 S^k である.

定義 2.8.6 ファイバー次元が k の X 上の球面ファイバー空間 $\pi: E \to X$ と, ファイバー次元が k' の球面ファイバー空間 $\pi': E' \to X$ という二つの球面ファイバー空間に対し, ファイバーの結 $\pi^{-1}(x) * \pi'^{-1}(x)$ をとることにより, ファイバー次元が $k + k'$ の X 上の球面ファイバー空間 $\pi \oplus \pi': E \oplus E' \to X$ が定まり, π と π' の**ホイットニー結合**と呼ばれる.

定義 2.8.7 X 上のファイバー次元が k の球面ファイバー空間 $\pi: E \to X$ と, ファイバー次元が k' の球面ファイバー空間 $\pi': E' \to X$ が**安定ファイバーホモトピー同値**であるとは, $m - n = k' - k$ を満たす自然数 m, n と, ファイバーホモトピー同値写像 $f: E \oplus \varepsilon^m \xrightarrow{\sim} E' \oplus \varepsilon^n$ が存在することである.

$\dim X = n$ とするとき, $k > n + 1$ ならば, k 次元球面ファイバー空間のファイバーホモトピー同値類は, 安定ファイバーホモトピー同値類と一致する.

写像 $f: X \to Y$ の**写像柱** (mapping cylinder) $\mathscr{M}(f)$ は商空間

$$\mathscr{M}(f) = (X \times [0,1]) \cup Y / \{(x,1) \sim f(x) \mid x \in X\} \tag{2.35}$$

と定義された. f が全射ならば, $Y \subset \mathscr{M}(f)$ は $\mathscr{M}(f)$ の変形レトラクトである.

写像錐 (mapping cone) $\mathcal{C}(f)$ は商空間

$$\mathcal{C}(f) = \mathscr{M}(f)/(x,0) \sim (x',0), \quad x, x' \in X \tag{2.36}$$

と定義される.

例 2.8.2 k 次元球面ファイバー空間 $\pi: E \to X$ の写像柱 $\mathscr{M}(\pi)$ は, 円板 $\mathcal{C}(S^{k-1}) = D^k$ とホモトピー同値な空間をファイバーとする X 上のファイバー空間である.

定義 2.8.8 k 次元球面ファイバー空間 $\pi: E \to X$ に対し, **トム空間** $T(\pi)$ を写像錐 $\mathcal{C}(\pi)$ と定義する.

次は, ベクトル束のトム空間に対する結果とまったく同様である.

2.8 手術理論と多様体の分類理論

命題 2.8.1 k 次元球面ファイバー空間 $\pi : E \to X$ のトム空間 $T(\pi)$ に対し

$$H^k(T(\pi); \mathbb{Z}) \cong \mathbb{Z} \tag{2.37}$$

が成立する．生成元 $U_\pi \in H^k(T(\pi); \mathbb{Z})$ を π の**トム類**と呼ぶ．そのキャップ積写像およびカップ積写像

$$U_\pi \cap : \widetilde{H}_*(T(\pi); \mathbb{Z}) \to H_{*-k}(X; \mathbb{Z}) \tag{2.38}$$
$$U_\pi \cup : H^*(X; \mathbb{Z}) \to \widetilde{H}^{*+k}(T(\pi); \mathbb{Z}) \tag{2.39}$$

は同型となり，いずれも**トム同型**と呼ばれる．

2.8.3 ポアンカレ複体

向き付けられた n 次元閉多様体では，ポアンカレが示したように，その i 次元ホモロジー群と $(n-i)$ 次元コホモロジー群は同型である．

このような多様体と，ホモトピー同値である空間の最小限の条件として有限次元セル複体で，ポアンカレの同型条件を満足するものを考える．

定義 2.8.9 （連結）有限次元単連結セル複体 X が**ポアンカレ複体** (Poincaré complex) であるとは，ある元 $\mu \in H_n(X; \mathbb{Z})$ が存在して，キャップ積写像

$$\mu \cap : H^r(X; \mathbb{Z}) \to H_{n-r}(X; \mathbb{Z}) \tag{2.40}$$

が，すべての $r \geq 0$ に対して同型となるものと定義する．このときポアンカレ複体 X は n **次元**であるといい，μ を X の**基本類**という．

$H^0(X; \mathbb{Z}) \cong \mathbb{Z}$ だから，ポアンカレ複体 X に対し，定義 2.8.9 より $H_n(X; \mathbb{Z})$ は $\mathbb{Z}$ と同型となり，μ で生成されることがわかる．

ホモトピー同値写像は，空間のホモロジー群やコホモロジー群の同型写像を導く．したがってセル複体 X がポアンカレ複体であるかどうかは，X のホモトピー型にのみ依る条件である．

例 2.8.3 アルファベットの各文字に自然な位相を入れてセル複体と考えると, A, D は 1 次元ポアンカレ複体, C, E は 0 次元ポアンカレ複体であるが, B はポアンカレ複体ではない.

n 次元ポアンカレ複体 X 上の k 次元球面ファイバー空間 $\pi : E \to X$ に対し, $H_{n+k}(T(\pi))$ は命題 2.8.1 より $\mathbb{Z}$ と同型で, $(U_\pi \cap)^{-1}(\mu)$ で生成されることがわかる.

一般に空間 A のホモロジー群の元 $a \in H_q(A;\mathbb{Z})$ が**球状** (spherical) であるとは, ある写像 $\rho : S^q \to A$ が存在して, $a = \rho_*([S^q])$ と表されることとする. ただし $[S^q] \in H_q(S^q;\mathbb{Z})$ は S^q の基本類である.

次が, スピバックがミルナーのもとで書いた学位論文の主要結果である.

定理 2.8.1 n 次元ポアンカレ複体 X に対し, $H_{n+k}(T(\pi))$ の生成元 $(U_\pi \cap)^{-1}(\mu)$ が球状となる X 上の k 次元球面ファイバー空間 $\pi : E \to X$ が, 安定ファイバーホモトピー同値なものを同じと見なすと, ただ一つ, 必ず存在する.

この球面ファイバー空間を, ポアンカレ複体 X の**スピバック法ファイバー空間**と呼ぶ.

例 2.8.4 $\mathbb{R}^N$ に埋め込まれた滑らかな n 次元多様体 M の管状近傍 V は M 上のある $(N-n)$ 次元ベクトル束（法ベクトル束）と同相である. 境界 ∂V は $(N-n-1)$ 次元球面束であるから, X 上の $(N-n)$ 次元球面ファイバー空間を定める. これは, X のスピバック法ファイバー空間である. $\mathbb{R}^N$ の 1 点コンパクト化 $\mathbb{R}^N \cup \{\infty\}$ は球面 S^N に同相である. $H_N(\mathbb{R}^N, \mathbb{R}^N - V) = H_N(S^N, S^N - V) \cong \mathbb{Z}$ の生成元が $H_N(T(\pi);\mathbb{Z})$ の球状生成元を与える.

2.8.4 構造群

ユークリッド空間 $\mathbb{R}^{n+k}$ に埋め込まれた n 次元微分可能多様体 M の法束 $\nu(M)$ には k 次元ベクトル束の構造が入る. ベクトル束には, ファイバー距離が入り, $\nu(M)$ の構造群は k 次元直交群 O_k に還元される. 自然に

2.8 手術理論と多様体の分類理論

$O_k \subset O_{k+1}$ と考えられ,その帰納的極限

$$O = \lim_{k\to\infty} O_k$$

が定義される.

Bott の周期性定理より $i \geq 1$ に対し次が成立する.

$$\pi_i(O) \cong \begin{cases} \mathbb{Z}_2 & i \equiv 0 \pmod 8), \quad \mathbb{Z}_2 \quad i \equiv 1 \pmod 8) \\ 0 & i \equiv 2 \pmod 8), \quad \mathbb{Z} \quad i \equiv 3 \pmod 8) \\ 0 & i \equiv 4 \pmod 8), \quad 0 \quad i \equiv 5 \pmod 8) \\ 0 & i \equiv 6 \pmod 8), \quad \mathbb{Z} \quad i \equiv 7 \pmod 8) \end{cases} \quad (2.41)$$

空間 X 上のベクトル束の同型類全体は,分類空間 BO_k への写像のホモトピー類全体 $[X, BO_k]$ と 1 対 1 に対応する.$\pi_i(BO_k) \cong \pi_{i-1}(O_k), i \geq 1$ が成り立つ.

$$BO = \lim_{k\to\infty} BO_k \quad (2.42)$$

とおく.X 上のベクトル束の安定同型類全体は,分類空間 BO への写像のホモトピー類全体 $[X, BO]$ と 1 対 1 に対応する.

k 次元球面ファイバー空間で構造群に対応するものは,球面 S^{k-1} から自分自身への次数 1 の写像全体のなす位相モノイド(結合的な積と単位元の存在)G_k である.G_k は,(ホモトピー的な群構造を持つ) H 空間であり,S^{k-1} の向きを保つ自己ホモトピー同値全体の集合にも等しい.

G_k の元は,自然に懸垂 $\Sigma(S^{k-1}) = S^k$ の向きを保つ自己ホモトピーに拡張されるから,$G_k \subset G_{k+1}$ と考える.帰納的極限

$$G = \lim_{k\to\infty} G_k$$

が定義される.

S^k の基点 x_0 を固定する.F_k を,G_{k+1} の元で x_0 を動かさない元全体のなす部分モノイドと定義する.ループ空間の言葉を使えば,F_k は S^k の次数が 1 の k 次の **ループ空間** $(\Omega^k S^k)_1$ ということもできる.

k 次のループ空間のホモトピー群が，k 次元高いホモトピー群と同型になるというフレヴィッツの同型定理より，次が成立する．

$$\pi_i(F_k) \cong \pi_{i+k}(S^k) \tag{2.43}$$

$F = \lim_{k \to \infty} F_k$ とおく．$G_k \subset F_k$ であり，次の包含関係がある．

$$\cdots \subset F_{k-1} \subset G_k \subset F_k \subset G_{k+1} \subset \cdots \tag{2.44}$$

G_k の元に対し S^{k-1} の基点の行先を対応させることにより，全射の写像 $p: G_k \to S^{k-1}$ が定義されるが，これは，F_{k-1} をファイバーとするファイバー空間となる．よって，完全系列

$$\cdots \to \pi_{i+1}(S^{k-1}) \to \pi_i(F_{k-1}) \to \pi_i(G_k) \to \pi_i(S^{k-1}) \to \cdots \tag{2.45}$$

が成立している．

位相モノイド G_k, F_k には分類空間 BG_k, BF_k が存在し，

$$\pi_i(BG_k) \cong \pi_{i-1}(G_k), \quad \pi_i(BF_k) \cong \pi_{i-1}(F_k) \quad (i \geq 1) \tag{2.46}$$

が成立する．

空間 X 上の k 次元球面ファイバー空間の同型類は，分類空間 BG_k へのホモトピー類 $[X, BG_k]$ と 1 対 1 に対応する．

$$\lim_{k \to \infty} BG_k = BG, \quad \lim_{k \to \infty} BF_k = BF \tag{2.47}$$

とおく．式 (2.45) より，$BG \simeq BF$ が結論される．

X 上の k 次元球面ファイバー空間の安定同型類は，分類空間 BG へのホモトピー類 $[X, BG]$ と 1 対 1 に対応する．

式 (2.43) の同型写像 $\pi_i(F_k) \cong \pi_{i+k}(S^k)$ は，次のように捉えることもできる．S^i を S^{i+n} に埋め込むと，その法束は，$n \geq 1$ ならば球面ホモトピー束として自明である．その法束の自明化を $\pi_i(F_n)$ の元により変え，それに対応して ポントリャーギン–トム構成を行うと $\pi_{i+n}(S^n)$ の元を得る．この準同型写像

$$PT: \pi_i(F_n) \to \pi_{i+n}(S^n)$$

2.8 手術理論と多様体の分類理論

が同型写像となり,式 (2.43) と一致する.

特に $O_n \subset G_n \subset F_n$ だから,包含写像 $i: O_n \to F_n$ により,準同型写像

$$J = i_* \circ PT : \pi_i(O_n) \to \pi_{i+n}(S^n) \tag{2.48}$$

が定義される.これがホップ–ホワイトヘッドの **J 準同型写像**である.

$n \geq i+2$ ならば,$\pi_{i+n}(S^n)$ は n によらず一定となり,球面の i 次の**安定ホモトピー群**と呼ばれる.この群 $\Pi_i = \lim_n \pi_{i+n}(S^n)$ は $\pi_i(F) \cong \pi_i(G)$ と同型になる.したがって安定 J 準同型写像

$$J : \pi_i(O) \to \Pi_i \tag{2.49}$$

が定まる.安定 J 準同型の像はアダムスにより決定されたが,$\operatorname{Coker} J = \Pi_i/\operatorname{Im} J$ は i に対して変化し,この完全な決定はホモトピー群論における重要な問題である.

H 空間 O_n, G_n, F_n にはそれらを構造モノイドとするファイバー束の分類空間 BO_n, BG_n, BF_n が定まり,ファイバー束

$$BO_n \to BG_n, \ BO_n \to BF_n, \ BG_n \to BF_n \tag{2.50}$$

のファイバーは,それぞれ商空間

$$G_n/O_n, \qquad F_n/O_n, \qquad F_n/G_n \tag{2.51}$$

となる.この商空間の $\lim_{n \to \infty}$ の極限は

$$G/O = F/O, \qquad F/G = \{0\} \tag{2.52}$$

となる.

X が多様体 M の場合,スピバック法ファイバー束は M の安定法ベクトルの定める球面ファイバー空間とファイバーホモトピー同値である.

ベクトル束になっている X 上のスピバック法ファイバー空間 $\tilde{\pi}$ を与えることをスピバック法ファイバー空間のベクトル束への還元といった.安定ベクトル束(ファイバー次元が底空間の次元より十分大きい)は,分類空間

BO への写像による普遍ベクトル束の引き戻しによって定まるから,ホモトピーの意味で一意の写像

$$\nu : X \to BO$$

を定める.スピバック法ファイバー空間のベクトル束への還元全体の集合は X から商空間 G/O への写像のホモトピー類全体のなす集合

$$[X, G/O]$$

と一致する.

$$G/O \to BO \to BG$$

は,G/O をファイバーとするファイバー空間である.

低い次元の G/O, BG のホモトピー群は次のようになる.

i	1	2	3	4	5	6	7	8	9	10
$\pi_i(G/O)$	0	$\mathbb{Z}_2$	0	$\mathbb{Z}$	0	$\mathbb{Z}_2$	0	$\mathbb{Z} \oplus \mathbb{Z}_2$	$2\mathbb{Z}_2$	$\mathbb{Z}_6$
$\pi_i(BG)$	$\mathbb{Z}_2$	$\mathbb{Z}_2$	$\mathbb{Z}_2$	$\mathbb{Z}_{24}$	0	0	$\mathbb{Z}_2$	$\mathbb{Z}_{240}$	$2\mathbb{Z}_2$	$3\mathbb{Z}_2$

11	12	13	14	15	16	17	18	19
0	$\mathbb{Z}$	$\mathbb{Z}_3$	$2\mathbb{Z}_2$	$\mathbb{Z}_2$	$\mathbb{Z} \oplus \mathbb{Z}_2$	$3\mathbb{Z}_2$	$\mathbb{Z}_2 \oplus \mathbb{Z}_8$	$\mathbb{Z}_2$
$\mathbb{Z}_6$	$\mathbb{Z}_{504}$	0	$\mathbb{Z}_3$	$2\mathbb{Z}_2$	$\mathbb{Z}_2 \oplus \mathbb{Z}_{480}$	$2\mathbb{Z}_2$	$4\mathbb{Z}_2$	$\mathbb{Z}_2 \oplus \mathbb{Z}_8$

2.8.5 手術の方法

ポアンカレ複体 X に対し,$[X, G/O]$ の元 g が与えられているとする.$[X, G/O]$ は,X 上のスピバック法ファイバー束の安定ベクトル束への還元全体であった.また,スピバック法ファイバー束は,球状のトム類を持つもので,ポントリャーギン–トム構成を適用できた.よって,2.8.1 項で説明したように,g を与える安定ベクトル束 ξ に対して,高次元球面 S^k の部分多様体である n 次元向き付け可能な多様体 N とその安定法ベクトル束 ν_N および底空間への写像 $b : N \to X$ を引き起こすベクトル束写像 $f : \nu_N \to \xi$ の組 (N, f, b) が構成される.$g \in [X, G/O]$ は X への次数 1 の法写像 (N, f, b) として表される.

2.8 手術理論と多様体の分類理論

$g \in [X, G/O]$ を実現する (N, f, b) に対して法同境な (N', f', b') で，$b': N' \to X$ がホモトピー同値になるものを構成することを考える．このようなホモトピー同値を与える (N', f', b') の構成には，順に (N_i', f_i', b_i') ($i = 1, 2, \ldots, k$) を法同境の中で少しずつ変えていく方法を使う．この 1 回ごとの構成が手術と呼ばれるものである．

1 回ごとの手術では，写像 $b_i': N_i' \to X$ が低い次元でのホモトピー群が同型を与えるように N_i' を変えていく．これを繰り返し，この同型を与える次元がすべてになるように繰り返す．

写像がホモトピー同値となるための条件について，次のホワイトヘッドの定理が知られている．

定理 2.8.2 X, Y を連結な CW 複体（多様体は CW 複体）とする．$\varphi: X \to Y$ がホモトピー同値となる条件は

$$\varphi_*: \pi_i(X) \to \pi_i(Y) \tag{2.53}$$

がすべての $i \geq 1$ に対して同型となることである．

写像 φ の写像柱 $\mathscr{M}(\varphi)$ は式 (2.35) で定義され，

$$\mathscr{M}(\varphi) = (X \times [0, 1]) \cup Y / \{(x, 1) \sim \varphi(x) \mid x \in X\}$$

である．写像 φ の i 次元ホモトピー群，ホモロジー群，コホモロジー群を対 $(\mathscr{M}(\varphi), Y)$ により定義する．すなわち

$$\begin{aligned} \pi_i(\varphi) &= \pi_i(\mathscr{M}(\varphi), Y), \quad H_i(\varphi) = H_i(\mathscr{M}(\varphi), Y), \\ H^i(\varphi) &= H^i(\mathscr{M}(\varphi), Y) \end{aligned} \tag{2.54}$$

により定める．そのとき，次の長い系列が完全となる．

$$\to \pi_{i+1}(Y) \xrightarrow{\varphi_*} \pi_{i+1}(X) \to \pi_i(\varphi) \to \pi_i(Y) \xrightarrow{\varphi_*} \pi_i(X) \to \tag{2.55}$$

ある自然数 k に対し $\pi_i(\varphi) = 0$, $i \leq k$ となるとき，写像 φ は k 連結であるという．すべての i について $\varphi_*: \pi_i(X) \to \pi_i(Y)$ が同型となることと，すべての i について φ が i 連結となることとは同値となる．

二つの同じ次元のポアンカレ複体（特に向き付けられた閉多様体）X, Y の間の写像 $\varphi: X \to Y$ が，次数 1 の写像 であるとは，$[X], [Y]$ をそれぞれの基本類としたとき，$\varphi_*[X] = [Y]$ が成り立つこととする．

X, Y がともに n 次元のポアンカレ複体の場合に，ポアンカレ双対定理により，次を証明できる [4, p.49, Lemma1.11]．

$n \geq 2$ に対して，$\lfloor \frac{n}{2} \rfloor$ で $\frac{n}{2}$ 以下の最大の整数を表す．n が偶数 $2k$ ならば $\lfloor \frac{n}{2} \rfloor = k$ であり，n が奇数 $2k+1$ ならば $\lfloor \frac{n}{2} \rfloor = k$ である．

命題 2.8.2 X, Y をともに n 次元のポアンカレ複体とし，$\varphi: X \to Y$ を次数 1 の写像とする．もし φ が $\lfloor \frac{n}{2} \rfloor + 1$ 連結ならば，φ はホモトピー同値写像である．

よって，$b: N \to X$ に対して，b をホモトピー同値にするためには，i について下から順に $\lfloor \frac{n}{2} \rfloor + 1$ まで $\pi_i(b) = 0$ となるように手術を行う．

命題 2.6.6 と同様に，中間次元より下の次元では，常に手術が可能である．

命題 2.8.3 X を n 次元ポアンカレ複体とし，$n \geq 5$，(N, f, b) を X への次数 1 の法写像とする．そのとき，N に手術を繰り返して，(N, f, b) と法同境な (N', f', b') で，$f': N' \to X$ が $\lfloor \frac{n}{2} \rfloor$-連結なものを構成できる．

$\lfloor \frac{n}{2} \rfloor$-連結なものの構成は，$i \leq \lfloor \frac{n}{2} \rfloor$ に対して，$\pi_i(b)$ の元を手術で消すことにより示される．証明の方法は，2.6 節のホモトピー球面の分類で説明した $X = S^n$ の場合とまったく同様である．ホモトピー群の元 $x \in \pi_i(b)$ は，次の可換図式のホモトピー類として表される；

$$\begin{array}{ccc} S^{i-1} & \xrightarrow{g} & N^n \\ \downarrow & & \downarrow b \\ D^i & \xrightarrow{h} & X \end{array} \qquad (2.56)$$

$x \in \pi_i(b)$ を (N, f, b) の同境類の中で手術によって消すことができるのは，$g: S^{i-1} \to N$ を埋め込みでとり，その g の法束 ν_g の D^i への拡張から定まる自明化写像 $S^{i-1} \to O_{n-i+1}$ が，$f: \nu_N \to \xi$ から定まる自明化写像の制限となっているときである．この埋め込みは，ホイットニーの結果 [44]，[45] により，この次元では可能である．また，自明化写像の問題は，ホモト

ピー群の簡単な結果 $\pi_{i-1}(O, O_{n-i+1}) \cong 0$ $(n \geq 2i-1)$ より解決される.

2.8.6 中間次元の手術と手術群

5 次元以上の (単連結) ポアンカレ複体 X への次数 1 の法写像 (N, f, b) は命題 2.8.3 より,中間次元より下の次元まで手術できて,法同境な (N', f', b') で f' が $\lfloor \frac{n}{2} \rfloor$-連結となった. f' がホモトピー同値になるためには,さらに中間次元の手術を行い,$\lfloor \frac{n}{2} \rfloor + 1$-連結にする必要がある. より低い次元の場合と違って,中間次元の手術は常に可能ではなく,その障害元が,次元 n に mod 4 で依存する $L_n(e)$ という可換群の元として定まる. この障害元が 0 になることが法同境の中で手術が可能となる必要十分条件となる. Wall [41] は,単連結とは限らない場合も含めて,基本群 π を持つ n 次元ポアンカレ複体の障害元の値が入る可換群 $L_n(\pi)$ を代数的に定義できることを示した(ホモロジー群と K 理論で,H, K が使われていたので,L を使ったものと思われる). この手術障害群あるいは Wall 群と呼ばれる可換群 $L_n(\pi)$ は次数 4 の周期性を持つ:

$$L_{n+4}(\pi) \cong L_n(\pi) \quad (n \geq 5). \tag{2.57}$$

一般の群 π に対しての $L_n(\pi)$ の計算はまだ未解明の部分が多い.

群 π が自明群 ($\pi = e$) の場合,$L_n(e)$ は次のようになる.

$$L_n(e) = \begin{cases} \mathbb{Z} & n \equiv 0 \pmod{4} \\ 0 & n \equiv 1 \pmod{4} \\ \mathbb{Z}/2\mathbb{Z} & n \equiv 2 \pmod{4} \\ 0 & n \equiv 3 \pmod{4} \end{cases} \tag{2.58}$$

(単連結) 手術理論の基本定理は次である.

定理 2.8.3 (手術基本定理) X を n 次元 (単連結) ポアンカレ複体とし,(N, f, b) を X への次数 1 の法写像,$n \geq 5$ とする. そのとき,手術障害元 $\sigma(f) \in L_n(e)$ が定義され,$\sigma(f) = 0$ が b がホモトピー同値写像と法同境になるための必要十分条件となる. n が奇数ならば $L_n(e) \cong 0$ だから,b は常にホモトピー同値写像と法同境である.

次数 1 の法写像 (N, f, b) の中間次元の手術をするためには，$i = \lfloor \frac{n}{2} \rfloor + 1$ に対して，図式 (2.56) で表される $\pi_i(b)$ の元の，法束の自明化写像の条件を満たす埋め込み写像による実現が問題となる．埋め込みは，前と同じように中間次元の場合でもホイットニーの定理より可能であるが，自明化写像の問題は，ホモトピー群 $\pi_{i-1}(\mathrm{O}, \mathrm{O}_{n-i+1})$ に障害が現れる．

次が直交群のホモトピー群の計算から得られる結果である．

命題 2.8.4　$i = \lfloor \frac{n}{2} \rfloor + 1$ に対して

$$\pi_{i-1}(\mathrm{O}, \mathrm{O}_{n-i+1}) \cong \begin{cases} 0 & n : \text{odd} \\ \mathbb{Z} & n = 4k \\ \mathbb{Z}_2 & n = 4k+2 \end{cases} \tag{2.59}$$

である．

この群が，そのまま手術障害群 $L_n(e)$ と対応するが，命題 2.8.4 の群は，それぞれの次元で，2 次形式の同型類のなす群として表現されている [4, IV]．それぞれの場合を調べよう．

$n = 4k$ の場合

V を有限生成の可換群（$\mathbb{Z}$ 加群）とする．可換群の基本定理より，

$$V \cong \mathbb{Z}^r + \mathbb{Z}/d_1\mathbb{Z} + \mathbb{Z}/d_2\mathbb{Z} + \cdots + \mathbb{Z}/d_t\mathbb{Z} \tag{2.60}$$

であり，$d_1|d_2|\cdots|d_t$ と表すことができる．r を有限生成の可換群 V の階数（rank）という．有限生成の可換群 V が自由（free）であるとは，V のねじれ群 $\mathbb{Z}/d_1\mathbb{Z} + \mathbb{Z}/d_2\mathbb{Z} + \cdots + \mathbb{Z}/d_t\mathbb{Z}$ が消えていること，すなわち $d_1(= d_2 = \cdots = d_t) = 1$ のことである．いま V を自由な有限生成の可換群とし，

$$\lambda : V \times V \to \mathbb{Z} \tag{2.61}$$

を対称な双線形形式とする．このとき，V の基底をとり，$x, y \in V$ を縦ベクトルで表すと，

$$\lambda(x, y) = {}^t x A y \tag{2.62}$$

2.8 手術理論と多様体の分類理論

となる $\mathbb{Z}$ の元を成分とする r 次対称行列 A が存在する．$V' = V \otimes \mathbb{R}$ とし，λ を V' での対称な双線形形式に拡張したものを $\lambda_\mathbb{Q} : V' \times V' \to \mathbb{R}$ で表すと，$\lambda_\mathbb{Q}$ は，行列 A の成分を $\mathbb{R}$ の元と見なしたもので表現される．対称行列 A は，基底の取り換えにより，$\mathbb{R}$ の元を成分とする対角行列 A' に変換される．この A' の対角成分に現れる（正の固有値の数）$= p$，（負の固有値の数）$= q$ とするとき，$p - q$ を対称な双線形形式 λ の指数 (index) といい，$\mathrm{ind}(\lambda)$ で表す．$\mathrm{ind}(\lambda) \in \mathbb{Z}$ は V の基底のとり方によらないので，対称な双線形形式 λ の不変量となる．零固有値がない場合，すなわち $r = p + q$ の場合，対称な双線形形式 λ は**非特異**（non-singular）であるという．

$n = 4k + 2$ の場合

V を $\mathbb{Z}_2 (= \mathbb{Z}/2\mathbb{Z})$ 加群とする．V 上の **2 次形式**（quadratic form）q とは，写像 $q : V \to \mathbb{Z}_2$ であって，$q(ax) = a^2 q(x)$, $a \in \mathbb{Z}_2$ を満たし，$\lambda_q : V \times V \to \mathbb{Z}_2$ を

$$\lambda_q(x, y) = q(x + y) - q(x) - q(y) \tag{2.63}$$

により定義すると，λ_q が双線形形式となるものとする．このとき，λ_q は対称双線形形式となり，2 次形式 q の同伴双線形形式という．$\mathbb{Z}$ 加群に対して，同じように 2 次形式を定義すると，同伴を対応させることで，2 次形式と対称双線形形式は 1 対 1 に対応するが，$\mathbb{Z}_2$ 加群の場合にはそうではない．例えば $\lambda_q(x, x) = 0$ である．

$\mathbb{Z}_2$ 加群 V に対し，対称双線形形式 $\lambda : V \times V \to \mathbb{Z}_2$ は，V の基底をとり，$x, y \in V$ を縦ベクトルで表すと，

$$\lambda(x, y) = {}^t x A y \tag{2.64}$$

となる $\mathbb{Z}_2$ の元を成分とする r 次対称行列 A が存在する．この行列 A が非特異すなわち，$A \in \mathrm{GL}(r, \mathbb{Z}_2)$ のとき，対称双線形形式 λ は非特異であるという．同伴双線形形式が非特異なとき，2 次形式を非特異という．

いま，V 上の 2 次形式 q の同伴双線形形式 λ_q が非特異であるとする．こ

のとき，V の基底をうまくとることにより，r 次対称行列 A が

$$A = \begin{bmatrix} O & I \\ I & O \end{bmatrix} \qquad (2.65)$$

となるようにとることができる．ただし，I, O は同じ次元の単位および零行列である．このことにより，非特異になる場合は，r は偶数 ($= 2s$) でなければならない．このような A を定める V の基底 $(a_1, \ldots, a_s, b_1, \ldots, b_s)$ を**シンプレクティック基底**という．

非特異な同伴双線形形式 λ_q を与える V 上の 2 次形式 q に対し，その**アルフ（Arf）不変量** $c(q) \in \mathbb{Z}_2$ を

$$c(q) = \sum_{i=1}^{s} q(a_i) q(b_i) \qquad (2.66)$$

により定義する．この $c(q)$ はシンプレクティック基底 $(a_1, \ldots, a_s, b_1, \ldots, b_s)$ のとり方によらないことが示される．

次が成立する．

命題 2.8.5 偶数次元の $\mathbb{Z}_2$ 加群上の非特異な 2 次形式の同型類は二つだけあり，アルフ不変量で類別される．この群 $\mathbb{Z}_2$ が $n \equiv 2 \pmod 4$ の場合の手術障害群 $L_n(e)$ を表す．

2.8.7 微分構造空間

X を n 次元ポアンカレ複体とし，$n \geq 5$ と仮定する．

定義 2.8.10 X の**微分構造**とは，閉微分可能多様体 N とホモトピー同値写像 $f: N \to X$ の組 (N, f) と定義する．二つの微分構造 (N_0, f_0), (N_1, f_1) が同型であるとは，微分同相写像 $\varphi: N_0 \to N_1$ が存在して

$$f_1 \circ \varphi \sim f_0 : N_0 \to X$$

が成立することとする．**微分構造空間** $\mathscr{S}(X)$ で，X の微分構造の同型類 $[(N, f)]$ 全体のなす集合とする．

2.8 手術理論と多様体の分類理論

例 2.8.5 $\mathscr{S}(X)$ は空集合の場合もある.M を n 次元閉微分可能多様体 ($n \geq 5$) とすると,M はポアンカレ複体と見なせるから,$\mathscr{S}(M)$ が定義され,空集合ではない.M から M への恒等写像を id と書くと,$\mathscr{S}(M)$ は (M, id) を基点とする基点付き空間である.

注意 X が閉じた PL 多様体ならば自然にポアンカレ複体と見なせるから,$\mathscr{S}(X)$ が定義される.この場合,f がホモトピー同値写像であるから,そのことを強調して,(N, f) を**ホモトピー平滑化** (homotopy smoothing) といい,$\mathscr{S}(X)$ を $\mathscr{S}_H(X)$ と書くこともある.

一方,X が PL 多様体ならば,定義 2.7.2 で X の (PD) 平滑化 $\mathscr{S}_{\mathrm{PD}}(X)$ を定義した.この定義は,定理 2.7.1 より,次のように言い換えることもできる.

定義 2.8.11 PL 多様体 X の (PD) 平滑化を,閉微分可能多様体 N と PD 同相写像 $f : N \to X$ の組 (N, f) と定める.二つの平滑化 (N_0, f_0),(N_1, f_1) が同型であるとは,微分同相写像 $\varphi : N_0 \to N_1$ が存在して

$$f_1 \circ \varphi = f_0 : N_0 \to X$$

が成立することとする.$\mathscr{S}_{PD}(X)$ で X の平滑化の同型類全体を表す.

もちろん,PD 同相写像はホモトピー同値写像であるから,PL 多様体 X に対して,自然な写像

$$\alpha : \mathscr{S}_{PD}(X) \to \mathscr{S}(X) \equiv \mathscr{S}_H(X) \tag{2.67}$$

が定まるが,写像 α は一般には全射でも単射でもない.

閉微分可能多様体 M に対して $\mathscr{S}(M)$ は空でない基点付き集合である.基点付きの集合の間の写像

$$\eta : \mathscr{S}(M) \to [M, G/O] \tag{2.68}$$

が次のように定義される.

$\mathscr{S}(M)$ の元は,閉微分可能多様体 N とホモトピー同値写像 $f : N \to M$ の組 (N, f) の同型類として与えられた.N を次元の高いユークリッド空

間 $\mathbb{R}^k$ に埋め込むことは，ホイットニーが証明した古典的結果である．またこのような埋め込みは，微分イソトピーの意味で一意であることまでも示されている．そのとき，$\mathbb{R}^k$ の中の N の法束 ν を考えると，それは，ベクトル束である．埋め込みが一意であるから，ν のベクトル束の構造は一意に定まっている．f のホモトピー逆写像 $g : M \to N$ をとると，$g^*\nu$ は M 上のベクトル束である．ホモトピー型に対しての一意性より，$g^*\nu$ は，M をポアンカレ複体と考えたときの M の安定スピバック法ファイバー空間のベクトル束への還元である．構成から，写像 f を底写像とする束同型写像 $\widetilde{f} : \nu \to g^*\nu = \widetilde{f}(\nu)$ を作ることができる．集合 $[M, G/O]$ は M のスピバック法ファイバー空間のベクトル束への還元全体の集合であった．よって，$\eta((N, f)) = \widetilde{f}(\nu) \in [M, G/O]$ を，η の定義とする．

$\eta : \mathscr{S}(M) \to [M, G/O]$ は，M の微分構造集合 $\mathscr{S}(M)$ にその法束によるベクトル束還元を対応させるものであるから，**束化写像**と呼ばれる．

2.8.8 手術完全系列

M を 5 次元以上の単連結閉微分可能多様体とする．

基点付きの集合の間の写像

$$\sigma : [M, G/O] \to L_n(e) \tag{2.69}$$
$$\partial : L_{n+1}(e) \to \mathscr{S}(M) \tag{2.70}$$
$$\eta : \mathscr{S}(M) \to [M, G/O] \tag{2.71}$$

は次のように定義される．

$[M, G/O]$ は M への次数 1 の法写像 (N, f, b) で表された．σ は (N, f, b) の手術障害元として定義される．

$\Sigma(M)$ を M の懸垂 $M \times I / (M \times \{0\} \cup M \times \{1\})$ とする．$[\Sigma(M), G/O]$ は，$M \times I$ への次数 1 の法写像で，$M \times \{0\}$ および $M \times \{1\}$ で恒等法写像であるもので代表されるから，手術障害元が定まり，写像

$$\sigma : [\Sigma(M), G/O] \to L_{n+1}(e)$$

も定まる．

2.8 手術理論と多様体の分類理論　　　　　　　　　　　　　　　　**173**

∂ は次で定義される．$x \in L_{n+1}(e)$ が与えられたときに，$M \times I$ のホモトピー平滑化で，$M \times \{0\}$ は同じままで，その手術障害がちょうど x になるものを構成し，そのホモトピー平滑化の $M \times \{1\}$ への制限を $\partial(x)$ とする．

写像 η は式 (2.68) で定義された．ホモトピー球面の分類で行った方法は，一般の多様体の分類の場合に拡張され，Novikov–Browder–Sullivan–Wall による次が成立する．

定理 2.8.4 (手術完全系列)　　M を n 次元単連結閉微分可能多様体 $(n \geq 5)$ とするとき，次の基点付きの集合の間の完全系列が存在する．

$$\cdots \to [\Sigma M, G/O] \stackrel{\sigma}{\to} L_{n+1}(e) \stackrel{\partial}{\to} \mathscr{S}(M) \stackrel{\eta}{\to} [M, G/O] \stackrel{\sigma}{\to} L_n(e) \quad (2.72)$$

この系列が完全であることは，今までの定義と説明でだいたい理解できるであろうが，少し説明を加えておこう．

$L_{n+1}(e)$ においての完全性は次の理由による．$\partial(x)$ は，$M \times I$ のホモトピー平滑化で，その手術障害が，ちょうど x になるものの $M \times \{1\}$ への制限であった．よって $\partial(x) = 0$ とは，f が $M \times \{1\}$ 上で微分同相写像を表すことで，それは x が (N, f, b) が $[\Sigma M, G/O]$ から定まる次数 1 の法写像であることに等しい．

$\mathscr{S}(M)$ においての完全性は手術元の定義そのものである．M のホモトピー平滑化が η で 0 に写されることは，その平滑化が定める次数 1 の法写像が，M 自身の次数 1 の法写像と同境であることである．そのとき，法写像を同境類の中で手術の方法で変化させていく．中間次元以下のホモトピー群は同型になるようにできるが，中間次元では手術群の元が障害として現れる．その元は，∂ の像に等しい．

$[M, G/O]$ においての完全性は手術理論の結果そのものである．次数 1 の法写像 (N, f, b) の手術障害元 $\sigma(N, f, b)$ が消えていることが，b がホモトピー同値で，M のホモトピー平滑化を定めていることと同値である．

注意 1　　基点付きの集合 $[M, G/O], L_n(e)$ はともに可換群の構造を持つ．しかし，手術障害元を与える写像 $\sigma : [M, G/O] \to L_n(e)$ は群の準同型写像

であるとは限らない．手術障害は，$n = 4k$ 次元の場合，多様体の指数として計算され，ヒルツェブルフの指数定理を用いてポントリャーギン類の計算より求められる．$M = \mathbb{C}P^{2k}$ の場合にも σ が準同型写像でないことも計算される [35, Example 13.3]．

注意 2 完全系列 (2.72) は，一般に対 $(M, \partial M)$ に対しての $\mathscr{S}(M, \partial M)$ などを定義することにより，

$$\cdots \to L_{n+2}(e) \to \mathscr{S}(M \times I, M \times 0 \cup M \times 1) \to [\Sigma M, G/O] \stackrel{\sigma}{\to} L_{n+1}(e) \to \cdots$$

として，左側に完全系列として拡張する．

注意 3 完全系列 (2.72) は，M が組合せ多様体あるいは，位相多様体の場合にも，次節以下で説明するように O を PL または TOP と置き換えることでそのまま成立する．手術群 $L_n(e)$ はどの多様体のカテゴリでも変わらない．

$M = S^n$ の場合には，完全系列 (2.72) は 2.6 節で調べたホモトピー球面の分類結果に等しい．

命題 2.8.6 $n \geq 5$ のとき，次の系列は完全である．

$$\cdots \to \pi_{n+1}(G/O) \stackrel{\sigma}{\to} L_{n+1}(e) \stackrel{\partial}{\to} \Theta_n \stackrel{\eta}{\to} \pi_n(G/O) \stackrel{\sigma}{\to} L_n(e) \quad (2.73)$$

ここで $\partial(L_{n+1}(e)) = bP_{n+1} \subset \Theta_n$ である．

2.9 組合せ多様体

多面体の間の PL 同相写像，PL 多様体，ホモロジー多様体の定義などは，2.3 節で与えた．多面体の対の間の PL 同相写像も自然に定義される．

PL 多様体 M の部分多面体 N が PL 多様体のとき，N を M の PL 部分多様体という．N の重心細分 N' の各点 a はそれぞれ M と N での星状近傍の対 $(\mathrm{st}(a, M''), \mathrm{st}(a, N''))$ を定める．M, N が m, n 次元多様体とするとき，$(\mathrm{st}(a, M''), \mathrm{st}(a, N''))$ は，D^m と D^n に同相な多面体の対である．これが，標準対 (D^m, D^n) と対として PL 同相のとき，N は M の局所平坦部分多様体という．

次は Zeeman の非結び目定理 [46] である.

定理 2.9.1 PL 多様体の対 (M, N), $M \supset N$ が $\partial M \supset \partial N$ を満たしていて, M, N がそれぞれ, m 次元球体 D^m, n 次元球体 D^n と PL 同相であり, $m - n \geq 3$ とする. そのとき, (M, N) は標準対 (D^m, D^n) と対として PL 同相である.

この定理より, 余次元 $m - n$ が 3 以上ならば, m 次元 PL 多様体 M の n 次元 PL 部分多様体 N は, 局所平坦部分多様体である.

K を単体的複体とし, $L \subset K$ を部分複体とする. K の重心細分を K' とすると, L の重心細分 L' は K' の部分複体である.

K の部分複体 L が**充満** (full) 部分複体であるとは, K の単体の頂点がすべて L に含まれている単体 σ は, L に含まれることである. 重心細分 $K' \supset L'$ をとれば, 常に L' は K' の充満部分複体となるから, 多面体として考えるとき, 部分複体は充満部分複体のみを考えればよい.

(充満) 部分複体 L の K 内での**正則近傍** (regular neighborhood) $rn(L, K)$ は次で定義される K' の部分複体である;

$$rn(L, K) = \{\tau \in K' \mid \tau \prec \mu, \mu \cap L' \neq \emptyset, \mu \in K'\}. \tag{2.74}$$

L が一つの 0 単体 a のみからなる場合, $a' = a$ であり, $rn(a, K)$ は a の星状体 $\text{st}(a, K')$ に等しい.

いま, L が PL 多様体 M の局所平坦部分多様体ならば, $rn(L, K)$ はこれから定義される L' を底空間とするブロック束の全空間と考えられる.

2.9.1 ブロック束

微分可能多様体の接空間や, 部分多様体の近傍である管状近傍は, ベクトル束の構造を持つ. その変換群は $GL(n, \mathbb{R})$ であり, リーマン距離を導入するとさらに直交群 $O(n)$ に還元された.

それでは, PL 多様体や位相多様体の接束や法束はどのような構造を持った束と考えられ, その構造群はどのようなものであろうか.

この問題に関してミルナーは**マイクロ束**という概念を導入した. これは,

本質的には，変換群を $(\mathbb{R}^n, 0)$ の同相群としたファイバー束と同値なものであることがわかった．ファイバーの次元が基底空間の次元より大きい場合には有用であったが，そうでない場合には，正則近傍にマイクロ束の構造が入らない PL 部分多様体の例などがあり，束としてファイバー束より広い他の構造が要求された．

その問題に完全な解答を与えたのが，ブロック束の理論である．この理論は主に Rourke–Sanderson により完成されたが，加藤十吉 [16]，C. Morlet も同じものをほぼ同時に考えて発表している．

ブロック束の定義は，部分多様体の正則近傍（細分した中での最小の単体的複体である近傍）の様子を定式化したものである．

K を単体的複体とすると，多面体 $|K|$ は閉単体 σ_i の和集合であり，$|K|$ の二つの閉単体の交わりは，閉単体の和集合である．

K 上の **q ブロック束** ξ^q とは，$|K|$ を部分多面体として含む全空間 $E(\xi)$ と呼ばれる多面体で，次の条件を満たすものである；

i) すべての n 閉単体 $\sigma_i \in K$ に対し，$n+q$ 次元の球体 D^{n+q} と PL 同相な σ_i を含む多面体 $\beta_i \subset E(\xi)$ が存在して (β_i, σ_i) は標準の対 (D^{n+q}, D^n) と PL 同相（非結び目球体対）である．この β_i を σ_i 上の**ブロック**という．

ii) $E(\xi)$ はブロック β_i の集まりである．

iii) $E(\xi)$ の二つの異なるブロックの内点同士の共通点はない．

iv) K の二つの単体 σ_i, σ_j に対し，$L = \sigma_i \cap \sigma_j$ とする．そのとき，σ_i, σ_j 上のブロック β_i, β_j の共通部分 $\beta_i \cap \beta_j$ は，多面体 L の閉単体上のブロックの集まりである．

K 上の q ブロック束 ξ^q, η^q が同型であるとは，PL 同相 $h : E(\xi) \to E(\eta)$ が存在して，

$$h|_K = \mathrm{id}, \quad h(\beta_i(\xi)) = \beta_i(\eta), \quad \sigma_i \in K \tag{2.75}$$

を満たすことである．このとき，h をブロック束同型写像という．

K 上の q ブロック束 ξ^q が**自明**であるとは，ξ^q が K 上の自明束 ϵ^q と同

2.9 組合せ多様体 **177**

型な束のことである.ただし,自明束 ϵ^q は,$E(\epsilon^q) = K \times D^q$,$\beta_i = \sigma_i \times D^q$ と定義される.

ベクトル束の構造群は $GL(q,\mathbb{R})$ というリー群である.ブロック束の構造群も,単体群という単体的集合であって群になっているものにしたい.しかし全空間から底空間への射影写像が存在しないブロック束では,単体的集合より広い概念が必要となる.

2.9.2 準単体的集合

単体的集合(simplicial set)とは,0 以上の自然数を階数とする階数付き集合 $K = \bigcup_{q \geq 0} K_q$(非交和)に,面作用素 $\partial_i : K_q \to K_{q-1}$ と,退化作用素 $s_i : K_q \to K_{q+1}$ と呼ばれる写像が,すべての $q \geq 0$ と $0 \leq i \leq q$ に対して定まっていて(K_{-1} は空集合と考える),

i) $\partial_i \partial_j = \partial_{j-1} \partial_i \ (i < j)$
ii) $s_i s_j = s_{j+1} s_i \ (i \leq j)$
iii) $\partial_i s_j = s_{j-1} \partial_i \ (i < j)$
$\partial_j s_j = \mathrm{id} = \partial_{j+1} s_j$
$\partial_i s_j = s_j \partial_{i-1} \ (i > j+1)$

を満たしているものである.単体的集合は初期には半単体的集合(semi-simplicial set)と呼ばれたが,現在は「半」を付けないのが普通である.

単体的複体は,

$$\partial_i(a_0, \ldots, a_n) = (a_0, \ldots, a_{i-1}, a_{i+1}, \ldots, a_n)$$
$$s_i(a_0, \ldots, a_n) = (a_0, \ldots, a_{i-1}, a_i, a_i, a_{i+1}, \ldots, a_n)$$

と定義することにより,自然に単体的集合となる.

上の単体的集合の定義で,退化作用素を考えずに,i) の条件を満たす面作用素だけが定まっているものを,**準単体的集合**という.

これら,単体的集合,準単体的集合は次のように考えることもできる.
$\widehat{\Delta}$ を,標準単体の族 $\{\Delta^n = \{a_0, \ldots, a_n\},\ n = 0, 1, \ldots\}$ を対象として,

頂点の順序を保つ単体的写像を射とするカテゴリ（圏）とする．こうすることによって，単体的集合は，$\widehat{\Delta}$ から集合のカテゴリへの反変関手と見なすこともできる．

一方 Δ を，$\widehat{\Delta}$ と対象は同じで，頂点の順を保つ単体的埋め込み写像だけが射であるとした $\widehat{\Delta}$ の部分圏とする．準単体的集合は，Δ から集合のカテゴリへの反変関手と見なすこともできる．

準単体的集合の言葉は一般的ではないので，以後準単体的集合を **Δ 集合**と呼ぶ．

Δ 群を Δ から，群のカテゴリへの反変関手と定義する．Δ 群は準単体的集合である．

2.9.3 $\widetilde{PL}_q$

ブロック束の構造群 $\widetilde{PL}_q$ は，次のように定義される Δ 群である．

$\widetilde{PL}_q$ の k 単体の元は，標準 k 単体 $\Delta^k = \{a_0, \ldots, a_k\}$ 上の自明束 $\epsilon^q = \Delta \times D^q$ のブロック束自己同型写像

$$h : \Delta^k \times D^q \to \Delta^k \times D^q \tag{2.76}$$

とする．$\widetilde{PL}_q$ の面作用素は，Δ^k の面の上への制限として与えられる．よって，具体的には，$\widetilde{PL}_q$ の k 単体の元は，$\Delta^k \times D^q$ の PL 同相写像であって，$\Delta^k \times \{0\}$ で恒等写像で，Δ^k のすべての面 Δ^j に対して，その制限が $\Delta^j \times (D^q, 0)$ の PL 自己同相写像になっているものである．

$\widetilde{PL}_q$ での退化作用素は Δ^k 上の自明束 ϵ^q の自己同型写像に対し，Δ^{k+1} 上自明束 ϵ^{q+1} の自己同型写像の拡張を与えるものである．それを自然に定義する方法は，ϵ^{q+1} を ϵ^q と 1 点の結（join）と考えて，写像の結（join）拡張を行うことである．このとき元の写像が PL 同型写像であっても，結（join）拡張は PL 写像ではない（これを PL 写像と間違えることを PL 位相幾何で standard mistake という）．これを無理に PL 写像にずらすと，退化作用素が群の結合に関して準同型という条件が崩れてしまう．これが，単体的集合ではない，準単体的集合の概念の必要性である．

$\widetilde{PL}_q$ の部分 Δ 群を定義しよう．PL 写像 $p : \Delta^k \times D^q \to \Delta^k$ を射影写像

2.9 組合せ多様体

とする. PL_q を, その k 単体は, $\widetilde{PL_q}$ の k 単体の元 $h : \Delta^k \times D^q \to \Delta^k \times D^q$ であって, ファイバーを保つ, すなわち, $ph = p$ を満たす PL 同相全体と定義する. したがって PL_q の k 単体は, $\Delta^k \times D^q$ の自己 PL 同相写像 h で $h(x, y) = (x, h_x(y))$, ただし $x \in \Delta^k$ に対し, h_x は $(D^q, 0)$ の自己 PL 同相写像と表される. そのとき, PL_q は $\widetilde{PL_q}$ の部分 Δ 群である. この準単体的集合 PL_q は自然な定義が退化作用素を定めるので, 単体的集合でもある.

$$\lim_{q\to\infty} \widetilde{PL_q} = \widetilde{PL}, \quad \lim_{q\to\infty} PL_q = PL \tag{2.77}$$

とおくと, $\widetilde{PL}$ と PL はホモトピー同値である. しかし q を固定したときの対のホモトピー群 $\pi_i(\widetilde{PL_q}, PL_q)$ は一般に消えていない.

直交群 O_q の極限 $\lim_{q\to\infty} O_q = O$ は, PL の部分群と見ることができるが, 対のホモトピー群 $\pi_i(PL, O)$ は i 次元ホモトピー球面のなす群 Θ_i と同型になることが, Hirsch などの結果である.

さらに次のような Δ 群 $\widetilde{TOP_q}$, TOP_q および Δ モノイド $\widetilde{G_q}$, G_q を考える. モノイドとは, 群の定義から逆元の存在を外したものである.

$\widetilde{TOP_q}$:

$\widetilde{TOP_q}$ の k 単体の元は, 標準 k 単体 Δ^k 上の自明束 $\epsilon^q = \Delta^k \times D^q$ のブロック束自己同相写像である. ここでブロック束同相写像とは, ブロック束同型写像の定義における PL 同相を単に (位相的) 同相写像に変えたものである.

TOP_q :

TOP_q の k 単体の元は, $\widetilde{TOP_q}$ の元で, ファイバーを保つブロック束自己同相写像と定義する.

$\widetilde{G_q}$:

$\widetilde{G_q}$ の k 単体の元は, 標準 k 単体 Δ^k 上の自明束 $\epsilon^q = \Delta^k \times D^q$ のブロック束写像 h で, 対としての写像

$$(h, \mathrm{id}) : (\Delta^k \times D^q, \Delta^k \times 0) \to (\Delta^k \times D^q, \Delta^k \times 0)$$

がホモトピー同値になっているものである.

G_q:

G_q の k 単体の元は,ファイバーを保つ $\widetilde{G}_q$ の元で,対としての写像

$$(h, \mathrm{id}) : (\Delta^k \times D^q, \Delta^k \times 0) \to (\Delta^k \times D^q, \Delta^k \times 0)$$

がホモトピー同値になっているものである.

$$\lim_{q \to \infty} \widetilde{TOP}_q = \widetilde{TOP}, \ \lim_{q \to \infty} TOP_q = TOP, \ \lim_{q \to \infty} \widetilde{G}_q = \widetilde{G}, \ \lim_{q \to \infty} G_q = G$$

とおく.

命題 2.9.1 次が成立する.

(1) $G_q \subset \widetilde{G}_q$ はすべての q に対しホモトピー同値である.
(2) $PL \subset \widetilde{PL}$ はホモトピー同値である.
(3) 包含写像 $PL_q \subset \widetilde{PL}_q$, $PL_q \subset PL$, $\widetilde{PL}_q \subset \widetilde{PL}$, $G_q \subset G$ はすべて $(q-1)$ 連結,すなわち j $(j \leq q-1)$ 次元ホモトピー群の同型を導く.

2.9.4 PL 多様体構造

定義 2.9.1 n 次元ポアンカレ複体 X の **PL 多様体構造**とは,閉 PL 多様体 N とホモトピー同値写像 $f : N \to X$ の組 (N, f) と定義する.二つの PL 多様体構造 (N_0, f_0), (N_1, f_1) が同型であるとは,PL 同相写像 $\varphi : N_0 \to N_1$ が存在して

$$f_1 \cdot \varphi \sim f_0 : N_0 \to X$$

が成立することとする.**PL 多様体構造集合** $\mathscr{S}_{PL}(X)$ で,X の PL 多様体構造の同型類 $[(N, f)]$ 全体のなす集合とする.

微分可能多様体の場合と同様に次が成立する.

定理 2.9.2 M を n 次元閉 PL 多様体 $(n \geq 5)$ とするとき,次の基点付きの集合の間の完全系列が存在する.

$$\longrightarrow L_{n+1}(e) \xrightarrow{\partial} \mathscr{S}_{PL}(M) \xrightarrow{\eta} [M, G/PL] \xrightarrow{\sigma} L_n(e) \quad (2.78)$$

$M = S^n$ の場合 h 同境定理より，$\mathscr{S}_{PL}(M) = \{0\}$ である．群 $L_n(e)$ は n が mod 4 で 0, 1, 2, 3 の場合に，それぞれ $\mathbb{Z}$, 0, $\mathbb{Z}_2$, 0 と同型であった．完全系列 (2.78) における写像 $\sigma : [S^n, G/PL] \to L_n(e)$ の像は，それぞれ $8\mathbb{Z}$, 0, $\mathbb{Z}_2$, 0 であることが計算される．次が成立する．

定理 2.9.3

$$\pi_n(G/PL) \cong L_n(e) = \begin{cases} \mathbb{Z} & n \equiv 0 \pmod{4} \\ 0 & n \equiv 1 \pmod{4} \\ \mathbb{Z}_2 & n \equiv 2 \pmod{4} \\ 0 & n \equiv 3 \pmod{4} \end{cases} \quad (2.79)$$

完全系列からは，$n \geq 5$ までしか計算できないが，より低い次元でも計算できて，上の定理はすべての $n \geq 1$ で成立する．しかし，ロホリンの定理 [36] より，$\sigma : [S^4, G/PL] \to L_4(e)$ の像は $n \geq 5$ の場合の $8\mathbb{Z}$ と違って $16\mathbb{Z}$ である．

このことは，次の議論に発展し，位相多様体の三角形分割の存在問題とその一意性の主予想（Hauptvermutung）のそれぞれに対しての反例の存在という Kirby–Siebenmann [19] の衝撃的な結果をもたらした．

2.9.5 三角形分割と主予想

位相多様体にも，手術の方法が適用できる．それによって G/TOP のホモトピー群も計算できて，

$$\pi_n(G/TOP) \cong L_n(e) = \begin{cases} \mathbb{Z} & n \equiv 0 \pmod{4} \\ 0 & n \equiv 1 \pmod{4} \\ \mathbb{Z}_2 & n \equiv 2 \pmod{4} \\ 0 & n \equiv 3 \pmod{4} \end{cases} \quad (2.80)$$

となる．G/TOP の各次元のホモトピー群は G/PL のホモトピー群と，まったく同じ形となっている（式 (2.79)）．しかし，TOP/PL をファイバーとする自然なファイバー束の射影写像 $G/PL \to G/TOP$ がホモトピー群に引き起こす準同型写像がすべての次元で同型となるわけではない．

さまざまな研究の成果で，位相多様体に対してはロホリンの結果は，成立しない，すなわち $\sigma:[S^4,G/TOP]\to L_4(e)$ の像は G/TOP の場合の $16\mathbb{Z}$ と違って，$n\geq 5$ の場合と同じように $8\mathbb{Z}$ であることがわかった．

これらを総合して，結局 TOP/PL のホモトピー群は 3 次元だけが非零で，$\mathbb{Z}_2$ と同型，すなわち

$$TOP/PL \cong K(\mathbb{Z}_2,3) \tag{2.81}$$

となることがわかった．ここで，$K(\mathbb{Z}_2,3)$ は，3 次元のホモトピー群が $\mathbb{Z}_2$ と同型で，他の次元のホモトピー群はすべて自明な Eilenberg–Maclane 空間を表す．

PL 三角形分割問題と単体三角形分割問題

PL 三角形分割問題とは，すべての位相多様体に対して，同相な PL 多様体を構成することができるかという問題である．一方，単体三角形分割問題とは，すべての位相多様体に対して，同相な単体的複体を構成することができるかという問題である．

多面体 M が n 次元ホモロジー多様体であるとは，すべての $0\leq q\leq n$ と M のすべての q 次元単体 σ に対し，$H_*(\mathrm{lk}(\sigma,M);\mathbb{Z})\cong H_*(S^{n-q-1};\mathbb{Z})$ が成り立つことであった．位相多様体と同相な単体的複体は，ホモロジー群の位相不変性より，必ずホモロジー多様体である．さらに，3 次元以上の位相多様体と同相な単体的複体 M のすべての 0 次元単体 σ^0 に対し $\mathrm{lk}(\sigma^0,M)$ は単連結すなわち $\pi_1(\mathrm{lk}(\sigma^0,M))=0$ が成立する．

単体的複体 K と 0 次元球面 S^0 (2 点) の結 $K*S^0$ を K の懸垂といい ΣK と書いた．3 次元の PL 多様体で非単連結なホモロジー球面 N に対し懸垂 ΣN はホモロジー多様体ではあるが，PL 多様体ではない．

さらに 2 重懸垂 $\Sigma^2 N=\Sigma(\Sigma N)$ を考える．多面体 $\Sigma^2 N$ はホモロジー多様体であり，PL 多様体ではない．1970 年代に Edwards により N を 3 次元ホモロジー球面とするとき，$\Sigma^2 N$ は S^5 と同相であることが示された ([7] 参照)．よって S^5 は，PL 多様体ではないホモロジー多様体による単体分割（位相同型な単体的複体）を持つ．

2.9 組合せ多様体

位相同型は，無限回の操作の極限としても得ることができて，PL 構造の場合との大きな違いが現れる．この単体三角形分割問題は次の節で議論する．

位相多様体 M の PL 三角形分割問題は，Casson–Sullivan の結果に進展し，さらに Kirby–Siebenmann [19] により，$\pi_3(TOP/PL) \cong \mathbb{Z}_2$ のみに障害元が存在することが示された．肯定的な場合と否定的な場合があることが，$m=4$ の場合には Freedman [8] による結果も加えて，次のように解決された．

定理 2.9.4

(1) $m \geq 5$ で，$H^4(M;\mathbb{Z}_2) = 0$ である m 次元閉位相多様体 M は，PL 多様体 N と位相同型である．

(2) すべての $m \geq 4$ に対し m 次元多様体 M で，$H^4(M;\mathbb{Z}_2) \neq 0$ になっていて，決して PL 三角形分割が存在しないようなものが構成できる．

$T^k = S^1 \times \cdots \times S^1$ を k 次元トーラスとする．$m \geq 6$ の場合，$T^4 \times S^{m-4}$ とホモトピー同値な位相多様体で PL 三角形分割が存在しないものが作れる．

$m = 5$ の場合，$T^5, T^2 \times S^3$ とホモトピー同値な位相多様体，$m = 4$ の場合，$(S^3 \times S^1)\#(S^2 \times S^2)$ とホモトピー同値な位相多様体などで，PL 三角形分割が存在しないものが作られる．

高次元の場合には，S^4 上の S^k ($k \geq 5$) 位相束で，ファイバー球面束としてホモトピー的には自明なもので，PL 三角形分割が存在しないものが存在する．

PL 多様体の主予想

一つの PL 多様体 M が他の PL 多様体 N と位相同型であったら，必ず PL 同相になるかという PL 多様体に対する主予想は，Casson–Sullivan [34]，Kirby–Siebenmann [19] らにより次のように解決された．

定理 2.9.5

(1) $m \geq 5$ で，$H^3(M;\mathbb{Z}_2) = 0$ である m 次元 PL 多様体 M と位相同型な PL 多様体 N は M と PL 位相同型である．

(2) $m \geq 5$ とする．m 次元閉 PL 多様体 M のコホモロジーの元 $\kappa \in H^3(M;\mathbb{Z}_2) \neq 0$ に対し PL 多様体 N と同相写像 $h: N \to M$ で，h のホモトピー類の中で PL 位相同型が存在するための障害がちょうど κ に一致するものが存在する．$\kappa \neq 0 \in H^3(M;\mathbb{Z}_2)$ ならば，h のホモトピー類の中に PL 位相同型は存在しない．

上の定理 (2) で作った N は，M との同相写像 h のホモトピー類の中には，PL 同相写像が存在しないことまでしか示していない．位相同型な N と M で PL 位相同型ではないという主予想の反例を与えるには，位相同型を与える h を変えてみなければならない．

M として m 次元射影空間 $\mathbb{R}P^m$ をとり，$h: N \to \mathbb{R}P^m$ が $0 \neq \kappa \in H^3(\mathbb{R}P^m;\mathbb{Z}_2) \cong \mathbb{Z}_2$ に対して (2) で得られた位相同型とする．$h': N \to \mathbb{R}P^m$ が PL 位相同型であると仮定しよう．このとき，h' は h とはホモトピックではない．$\mathbb{R}P^m$ から自分自身へのホモトピー同値写像のホモトピー類全体のなす群 $\mathcal{E}q(\mathbb{R}P^m)$ は $\mathbb{Z}_2$ と同型である．この非自明元は PL 位相同型 $f: \mathbb{R}P^m \to \mathbb{R}P^m$ で実現できる．よって，$f \circ h': N \to \mathbb{R}P^m$ は，PL 位相同型である．ところが，h と $f \circ h'$ は（ともに h' とはホモトピックではないから）ホモトピックである．これは，(2) の h の条件と矛盾するので，PL 位相同型 h' の存在の仮定が正しくない．

以上より，次を得る．

命題 2.9.2 $m \geq 5$ のとき，m 次元射影空間 $\mathbb{R}P^m$ と位相同型ではあるが，PL 位相同型には決してならない PL 多様体 N が存在する．

2.10 ホモロジー多様体

ホモロジー多様体の定義は 2.3 節で与えた．すなわち，多面体 M が n 次元ホモロジー多様体であるとは，任意の $0 \leq q \leq n$ と M のすべての q 単体 σ に対し，$\mathrm{lk}(\sigma, M)$ が $n-q-1$ 次元球面 S^{n-q-1} とホモロジー的に同じであることであった．

ホモロジー多様体 M が，そのホモトピー同値類の中にいつ PL 多様体を

2.10 ホモロジー多様体

作れるかという問題に取り組もう．

2.10.1 ホモロジー多様体から PL 多様体

1 回重心細分したホモロジー多様体 $M^{(1)}$ の各点の星状近傍を D^n とホモトピー同値な（可縮な）PL 多様体で貼り替えていくことを考える．M の q 次元単体 σ の重心として定まる $M^{(1)}$ の頂点 x_σ の星状近傍は，$(\mathrm{lk}(\sigma, M) * x_\sigma) \times D^q$ と PL 同相である．σ の次元 q が n から始めて，q を小さくなる順に $\mathrm{lk}(\sigma, M) * x_\sigma$ を PL 多様体で貼り替えていこう．

次の手術理論を用いて証明される命題が有用である．

命題 2.10.1　$n \neq 3$ とする．n 次元 PL 多様体 N がホモロジー球面，すなわち $H_*(N; \mathbb{Z}) \cong H_*(S^n; \mathbb{Z})$ ならば，N は $(n+1)$ 次元可縮な多様体 W ($\pi_1(W) = 0$, $H_*(W; \mathbb{Z}) \cong H_*(\mathrm{pt}; \mathbb{Z})$) の境界となる：$N = \partial W$.

PL 多様体の構成の障害となる 3 次元輪体を定義しよう．

2.10.2　3 次元ホモロジー球面のなす群

向き付けられた PL 多様体で 3 次元ホモロジー球面 M ($H_*(M; \mathbb{Z}) \cong H_*(S^3; \mathbb{Z})$) であるもの全体の集合 Θ_3^H に次の同値関係を入れる．

$$M_1 \sim M_2$$
$$\iff {}^\exists W : \text{PL 多様体 s.t. } \partial W = M_1 \cup M_2, \ H_*(W, M_i; \mathbb{Z}) = 0 \ (i = 1, 2)$$

Θ_3^H の同値類全体 $\theta_3^H = \Theta_3^H / \sim$ は連結和により可換群となる．

3 次元ホモロジー球面 $M \in \Theta_3^H$ に対して**ロホリンの不変量** $\alpha(M) \in \mathbb{Z}_2$ は次のように定義される．

3 次元ホモロジー球面 M は 1, 2 次元シュティーフェル-ホイットニー類が消えているからスピン多様体である．また 3 次元スピン同境群は消えていることから $M = \partial Y$ となるスピン多様体 Y が存在する．Y の 2 次元コホモロジー群は，カップ積が $\mathbb{Z}$ 上の非退化でユニモジュラー（行列式が ± 1 の整数行列で表現される）2 次形式 $q : H^2(Y; \mathbb{Z}) \times H^2(Y; \mathbb{Z}) \to \mathbb{Z}$ を定める．Y がスピン多様体であるから，$q(x, x)$ はすべての $x \in H^2(Y; \mathbb{Z})$ に対

して偶数となり，2次形式 q は II 型と呼ばれるものである．一般に II 型の $\mathbb{Z}$ 上の2次形式の指数 sig（正の固有値の数 − 負の固有値の数）は 8 の倍数であることが知られている [28]．

ロホリンの不変量 $\alpha(M) \in \mathbb{Z}_2$ は，

$$\alpha(M) \equiv \frac{\text{sig}(q)}{8} \pmod{2} \tag{2.82}$$

により定義される．

この定義が，スピン多様体 Y のとり方によらない "良い定義" であることは，次の不思議なロホリンの定理による．

定理 2.10.1（ロホリン） M を4次元の向き付け可能スピン PL 閉多様体とすると $\text{sign}(M) \equiv 0 \pmod{16}$ である．

$k \geq 2$ ならば $4k$ 次元向き付け可能スピン PL 閉多様体で $\text{sign}(M) = 8$ のものが存在するから，これは4次元だけの不変量である．証明は，ロホリン自身により苦労して得られた球面のホモトピー群の計算結果 $\pi_{m+3}(S^m) \cong \mathbb{Z}_{24}$ $(m \geq 5)$ などを用いて示された [36], [27]．この結果が多面体三角形分割や多様体主予想などの反例の存在の鍵となった．

$\alpha(M_1 \# M_2) = \alpha(M_1) + \alpha(M_2)$ であるから，準同型写像 $\alpha : \theta_3^H \to \mathbb{Z}_2$ を定める．ポアンカレのホモロジー球面 $P = S^3/I$ は S^2 の接球体束を例外リー代数 E_8 のディンキン図形に従って配管したものの境界であるから，$\alpha(P) = 1 \in \mathbb{Z}_2$ である．したがって α は全射であり，次の短い完全系列を得る．

$$0 \to \ker(\alpha) \to \theta_3^H \xrightarrow{\alpha} \mathbb{Z}_2 \to 0 \tag{2.83}$$

3次元ホモロジー球面の例として次がある．

例 2.10.1（Brieskorn 多様体） a_1, a_2, a_3 を自然数（≥ 2）として複素3変数の次の形の多項式を考える．

$$f(z_1, z_2, z_3) = z_1^{a_1} + z_2^{a_2} + z_3^{a_3} \tag{2.84}$$

$S^5 = \{(z_1, z_2, z_3) \in \mathbb{C}^3 \mid |z_1|^2 + |z_2|^2 + |z_3|^2 = 1\}$ とし，

$$K_f := \{f(z_1, z_2, z_3) = 0\} \cap S^5$$

2.10 ホモロジー多様体

とおく.

このとき, K_f は 3 次元微分可能多様体となり, Brieskorn 多様体またはリンク多様体と呼ばれる. a_i が互いに素な自然数ならば, K_f はホモロジー球面となり, Θ_3^H の元を定める. K_f は単連結で, 2 次元のベッチ数が $\mu(f) := (a_1-1)(a_2-1)(a_3-1)$ の平行化可能な多様体 $M(a_1,a_2,a_3)$ の境界となる. $\mu(f)$ はミルナー数, $M(a_1,a_2,a_3)$ はミルナーファイバーと呼ばれる.

指数 $\mathrm{sig}(M(a_1,a_2,a_3))$ は次のように計算される [40]. $\mathbb{R}^3$ で, 四つの頂点を $(0,0,0), (0,a_2,a_3), (a_1,0,a_3), (a_1,a_2,0)$ とする四面体を考え, その内部に含まれる整数格子の個数を $\tau(a_1,a_2,a_3)$ とする. そのとき,

$$\mathrm{sig}(M(a_1,a_2,a_3)) = -\tau(a_1,a_2,a_3) \tag{2.85}$$

となる. これから, K_f のロホリン不変量 $\alpha(K_f)$ が $\frac{\tau(a_1,a_2,a_3)}{8} \bmod 2$ と計算される.

Casson 不変量は, $\mathbb{Z}$ に値を持ち, その $\mathbb{Z}_2$ 還元がロホリン不変量となるような, 向き付けられた 3 次元ホモロジー多様体の不変量として, ホモロジー多様体の基本群の表現空間を用いて定義された. K_f の Casson 不変量は $-\frac{\tau(a_1,a_2,a_3)}{8}$ となる.

$(a_1,a_2,a_3) = (2,3,5)$ のとき K_f はポアンカレホモロジー球面となり, $\tau(a_1,a_2,a_3) = 8$ である.

2.10.3 PL 多様体の構成のための障害元

M を $n \,(\geq 5)$ 次元ホモロジー多様体とする. その $(n-4)$ 次元単体 σ のリンク $\mathrm{lk}(\sigma,M)$ は, 3 次元ホモロジー多様体で, ホモロジー球面である. 3 次元ホモロジー多様体の単体のリンクは 2 次元以下のホモロジー多様体でホモロジー球面であるが, そのようなものは, 球面と PL 同相である. よって, 3 次元ホモロジー多様体は常に PL 多様体である. 以上のことに注意すると, $\mathrm{lk}(\sigma,M)$ は, 3 次元 PL 多様体で, ホモロジー球面であり, Θ_3^H の元である. M が連結ならば, $\mathrm{lk}(\sigma,M)$ に自然に向き付けが入る. $\lambda(\sigma) = \{\mathrm{lk}(\sigma,M)\} \in \theta_3^H$ とおく. M の θ_3^H を係数とする $(n-4)$-鎖

$c^H(M) \in C_{n-4}(M, \theta_3^H)$ を

$$c^H(M) = \sum_{\sigma : (n-4)\text{-単体} \subset M} \lambda(\sigma)\,\sigma \qquad (2.86)$$

と定義する．M が向き付け可能でない場合には，係数はねじれていると考える．

$(n-4)$-鎖 $c^H(M)$ は輪体となることが，作り方から示され，ホモロジー群の元

$$c^H(M) \in H_{n-4}(M, \theta_3^H) \qquad (2.87)$$

が定まる．自然な対応で，$H_{n-4}(M, \theta_3^H) = H^4(M, \theta_3^H)$ となるから，$c^H(M) \in H^4(M, \theta_3^H)$ と考えることもできる．この $c^H(M)$ を（PL 多様体の構成のための）障害元という．

次の定理が成立する．

定理 2.10.2 M を $n\,(\geq 5)$ 次元ホモロジー多様体とする．もし $c^H(M) = 0 \in H_{n-4}(M, \theta_3^H)$ ならば，M とホモトピー同値な PL 多様体 N が存在する．

2.10.4 束理論

ホモロジー多様体の研究にも束理論が有効であった．ホモロジーブロック束が PL と同じように定義され [24]，その構造群として Δ 群 $\widetilde{H}_q$ が定まる．$\widetilde{H}_q$ の k 単体は，標準 k 単体 $\Delta^k = \{a_0, \ldots, a_k\}$ 上の自明束 $\epsilon^q = \Delta \times D^q$ のホモロジーブロック束自己同型写像である．

$\widetilde{H}_q$ の部分 Δ 群 H_q が，ファイバーを保つ $\Delta^k \times D^q$ のブロック自己同型写像全体として定義される．

それぞれの分類空間を，$B\widetilde{H}_q, BH_q$ とする．

$$\widetilde{H} = \lim_{q \to \infty} \widetilde{H}_q,\ H = \lim_{q \to \infty} H_q,\ B\widetilde{H} = \lim_{q \to \infty} B\widetilde{H}_q,\ BH = \lim_{q \to \infty} BH_q \qquad (2.88)$$

とおくと，$\widetilde{H}$ と H，$B\widetilde{H}$ と BH はそれぞれホモトピー同値である．BH は安定（ファイバーの次元が高い）ホモロジー束の分類空間である．安定

2.10 ホモロジー多様体

PL 束および安定位相束の分類空間 BPL, $BTOP$ との間には次の（ホモトピー）ファイバー束が定まる．

$$\begin{aligned} TOP/PL &\to BPL \to BTOP \\ H/PL &\to BPL \to BH \\ TOP/H &\to BH \to BTOP \end{aligned}$$

定理 2.10.3 これらのファイバーはいずれも 3 次元のホモトピーだけが消えていない Eilenberg–Maclane 空間 $K(*, 3)$ である：

$$TOP/PL \simeq K(\mathbb{Z}_2, 3), \quad H/PL \simeq K(\theta_3^H, 3), \quad TOP/H \simeq K(\ker(\alpha), 3).$$

これらの結果を用いて，松本堯生，Galewski–Stern により次の定理が示された．

定理 2.10.4 M が $n\ (\geq 6)$ 次元ホモロジー多様体ならば，M とホモトピー同値な位相多様体 N が存在する．

位相多様体が（PL 多様体ではないかもしれないが）単体的複体と位相同型になる単体分割可能性については，次の予想として述べることができる．

三角形分割予想 5 次元以上のすべてのコンパクト位相多様体は単体的複体と位相同型になる．

定理 2.10.4 と関連して，松本堯生 [26] および Galewski–Stern [9] により，次が知られていた [34]．

定理 2.10.5 三角形分割予想が肯定的になる必要十分条件は短い完全系列 (2.83) が分裂することである．

完全系列 (2.83) が分裂することは言い換えると，3 次元の PL ホモロジー球面 H^3 が存在して，H^3 は，指数が $8(2k-1), k \in \mathbb{N}$ となるスピン PL 多様体 Y の境界であり，$H^3 \# H^3$ が $\widetilde{H}_*(W; \mathbb{Z}) = 0$ となる 4 次元 PL 多様体 W の境界となっていることである．

これについて，Manolescu [23] は，ゲージ理論から来る無限次元モース理論を用いて次を示した．

定理 2.10.6 短い完全系列 (2.83) は分裂しない．$n \geq 5$ ならば，n-次元位相多様体で決して単体的複体とは位相同型にならないものが存在する．

2.11 自己同相群

数学的構造が与えられたとき，自然に派生する問題は，その自己同型群の特徴を調べることである．多様体に構造が入れば，その構造を保つ自己同相群が定まり，自己同相群全体に然るべき位相を入れると，その構造はどうなるであろうか？ リーマン多様体の自己等距離同相群は Meyer–Steenrod [32] により有限次元のリー群であることが示されており，したがって有限次元の多様体である．それでは，微分可能多様体の自己微分同相のなす群，PL 多様体の自己 PL 同相のなす群，位相多様体の自己同相のなす群などに自然に位相を入れると，それらは有限次元の多様体のような形をしているだろうか？ この節では，それらに共通の方法で位相を入れ，それらの群の形を明らかにする．

また，球面の微分同相群に関係する代数的双線形写像の非自明性を，ヒルツェブルフの指数定理から導き，これを用いて，7 次元以上の球面の自己微分同相のなす群は，有限次元空間とはホモトピー同値とはならない，無限次元の空間であることを示す．

2.11.1 $\mathit{Diff}(M)$, $\mathit{PL}(M)$, $\mathit{TOP}(M)$, $G(M)$

$\mathcal{A}, \mathcal{B}$ を $\mathit{Diff}, \mathit{PL}, \mathit{TOP}, G$ のどれかとする．

M を $\mathcal{A}$ 多様体とするとき，$\mathcal{A}(M)$ で M の $\mathcal{A}$ 同型全体のなす Δ 群とし，$\widetilde{\mathcal{A}}(M)$ で M のブロック $\mathcal{A}$ 同型全体のなす Δ 群とする．$G(M)$ は $\widetilde{G}(M)$ とホモトピー同値となる．

$\mathcal{A}(M)$ の i 次元ホモトピー群 $\pi_i(\mathcal{A}(M))$ は，$S^i \times M$ の S^i 座標を動かさない $\mathcal{A}$ 同型全体を，$D^{i+1} \times M$ の D^{i+1} 座標を動かさない $\mathcal{A}$ 同型に拡張されるもので割った商 Δ 群として定まる．

一方，$\widetilde{\mathcal{A}}(M)$ の i 次元ホモトピー群 $\pi_i(\widetilde{\mathcal{A}}(M))$ は，$S^i \times M$ の $\mathcal{A}$ 同型全

2.11 自己同相群

体を, $D^{i+1} \times M$ の $\mathcal{A}$ 同型に拡張されるもので割った商群として定まる. $\pi_i(\widetilde{\mathcal{A}}(M))$ は $\mathcal{A}(M)$ の i 次元**コンコーダンスホモトピー群**と呼ばれることもある.

M が境界 ∂M を持つ場合, $\mathcal{A}(M), \widetilde{\mathcal{A}}(M)$ の元として ∂M で恒等写像であるもののみを考える. また M がコンパクトでない場合, $\mathcal{A}(M), \widetilde{\mathcal{A}}(M)$ の元は, 台がコンパクトな $\mathcal{A}$ 同型のみを考える.

M の二つの微分同相 f_0, f_1 がイソトピックであるとは $M \times I$ の微分同相 $F : M \times I \to M \times I$ で次を満たすものが存在することである.

$$F(x,t) = (F_t(x),t),\ x \in M,\ t \in I, \\ F_0(x) = f_0(x),\ F_1(x) = f_1(x) \tag{2.89}$$

M の微分同相全体にイソトピーによる同値関係を入れた群は, $\pi_0(Diff(M))$ と同型になる.

M の二つの微分同相 f_0, f_1 が擬イソトピックであるとは $M \times I$ の微分同相 $F : M \times I \to M \times I$ で $F_0(x) = f_0(x)$, $F_1(x) = f_1(x)$ を満たすものが存在することである. F は $F(x,t) = (F_t(x),t),\ x \in M,\ t \in I$ というレベルを保つ型である必要はない. M の微分同相全体に擬イソトピーによる同値関係を入れた群は, $\widetilde{\pi}_0(Diff(M))$ と表すのが普通である. $\widetilde{\pi}_0(Diff(M))$ は $\pi_0(\widetilde{Diff}(M))$ と同型になる.

自然な埋め込み $\mathcal{A}(M) \subset \widetilde{\mathcal{A}}(M)$ は, 次の長い完全系列を与える.

$$\to \pi_{i+1}(\mathcal{A}(M)) \to \pi_{i+1}(\widetilde{\mathcal{A}}(M)) \to \pi_{i+1}(\widetilde{\mathcal{A}}(M), \mathcal{A}(M)) \\ \to \pi_i(\mathcal{A}(M)) \to \pi_i(\widetilde{\mathcal{A}}(M)) \to \tag{2.90}$$

$M = *$ (一点) の場合,

$$\pi_i(\widetilde{PL}(*)) = \pi_i(PL(*)) = \pi_i(Diff(*)) = 0\ (^\forall i \geq 0)$$

であるが,

$$\pi_i(\widetilde{Diff}(*)) \cong \pi_0(\widetilde{Diff}(S^n)) \cong \Gamma_{i+1}\ (定義 2.7.4)$$

である. よって, $\widetilde{Diff}(M)/Diff(M)$ は L 理論とも関係している.

2.11.2　コンコーダンス群

二つの構造 $\mathcal{A} \subset \mathcal{B}$ を考える．M を $\mathcal{A}$ 多様体とし，その $\mathcal{B}$ 同値 $\mathcal{A}$ コンコーダンス構造集合 $\mathscr{S}^{\mathcal{B}/\mathcal{A}}(M)$ を次で定義される Δ 集合とする [34, p.82], [41, p.109, p.251], [43, p.167].

$\mathscr{S}^{\mathcal{B}/\mathcal{A}}(M)$ の k 単体は，$\mathcal{A}$ 多様体 $M \times \Delta^k$ から，$M \times \Delta^k$ への $\mathcal{B}$ 同値全体とする．ただし，$\mathscr{S}^{\mathcal{B}/\mathcal{A}}(M)$ は連結とは限らないが，恒等写像 id: $M \times \Delta^k \to M \times \Delta^k$ を含む連結成分の元のみを考えることとする．

$\widetilde{\mathcal{B}}(M)$ は単体的に $\mathscr{S}^{\mathcal{B}/\mathcal{A}}(M)$ に作用し，ホモトピーファイバー束

$$\widetilde{\mathcal{A}}(M) \to \widetilde{\mathcal{B}}(M) \to \mathscr{S}^{\mathcal{B}/\mathcal{A}}(M) \tag{2.91}$$

を与える．次のホモトピー同値写像が存在する．

$$\widetilde{\mathcal{B}}(M)/\widetilde{\mathcal{A}}(M) \simeq \mathscr{S}^{\mathcal{B}/\mathcal{A}}(M) \tag{2.92}$$

$\mathcal{A} \subset \mathcal{B}$ とし，$\mathcal{B} \neq G$ とする．$n = \dim M$ とするとき $n + i \geq 6$ ならば，次の同型が成立する．

$$\pi_i(\widetilde{\mathcal{B}}(M), \widetilde{\mathcal{A}}(M)) \cong [\Sigma^i(M), \mathcal{B}/\mathcal{A}] \tag{2.93}$$

$\mathcal{B} = G$ で $\mathcal{A} \subsetneq G$ とする．$n + i \geq 6$ ならば，手術理論より，次の完全系列を得る．

$$\begin{aligned} &\to [\Sigma^{i+1}(M), G/\mathcal{A}] \to L_{n+i+1}(\pi_i(M)) \to \\ &\pi_i(\widetilde{G}(M), \widetilde{\mathcal{A}}(M)) \to [\Sigma^i(M), G/\mathcal{A}] \to L_{n+i}(\pi_i(M)) \end{aligned} \tag{2.94}$$

実際，$\mathscr{S}^{\mathcal{A}}(M \times D^i, \partial)$ を境界を固定するホモトピー $\mathcal{A}$ 構造全体のなす空間とすると，同型

$$\mathscr{S}^{\mathcal{A}}(M \times D^i, \partial) \cong \pi_i(\widetilde{G}(M), \widetilde{\mathcal{A}}(M)) \tag{2.95}$$

が成立し，手術完全系列を適用できる．

2.11 自己同相群

$\mathcal{A}$ を Diff, PL, TOP のいずれかとする．M のコンコーダンス空間 $\mathcal{C}_{\mathcal{A}}(M)$ を $M \times I$ の $\mathcal{A}$ 同型で，$M \times 0$ を固定するもの全体のなす Δ 群とする．

$\mathcal{C}_{\mathcal{A}}(M)$ は $\mathit{Diff}(M)$ に自然に作用する，すなわち，$f \in \mathit{Diff}(M)$ に対し，f を $\mathit{Diff}(M \times I)$ に持ち上げて $\mathcal{C}_{\mathcal{A}}(M)$ の元と結合し，$M \times 1$ に制限すればよい．$f_0, f_1 \in \mathit{Diff}(M)$ が擬イソトピックであることと，f_0, f_1 が $\mathcal{C}_{\mathcal{A}}(M)$ の作用で同じ軌道に入っていることとは同値である．f_0, f_1 が $\mathcal{C}_{\mathcal{A}}(M)$ の中で，同じ連結成分に含まれるならば，それらはイソトピックとなる．

PL の場合はよりやさしいが，Diff でも，$\dim M \geq 5$ で $\pi_1(M) = 0$ の場合には

$$\pi_0\left(\mathcal{C}_{\mathit{Diff}}(M)\right) = 0 \tag{2.96}$$

が Cerf の有名な結果 [6] である．したがって式 (2.96) の場合には，

$$\widetilde{\pi}_0(\mathit{Diff}(M)) \cong \pi_0(\mathit{Diff}(M)) \tag{2.97}$$

が成り立つ．

$\pi_1(M) \neq 0$ の場合には，この群は消えるとは限らず，Hatcher–Wagoner により，$\pi_1(M)$ のホワイトヘッド群と関連して計算された．詳しい説明なしに，結果 [10], [11, Th. 3.1] だけを書いておこう．

定理 2.11.1 $\mathcal{A}$ が Diff, PL, TOP のすべての場合，$\dim M \geq 0$ ならば，次は完全系列である．

$$\begin{aligned}H_0\left(\pi_1(M); (\pi_2(M))[\pi_1(M)]/(\pi_2(M))[1]\right) &\to \pi_0 \mathcal{C}_{\mathcal{A}}(M) \\ \to Wh_2(\pi_1(M)) \oplus H_0(\pi_1(M); \mathbb{Z}_2[\pi_1 M]/\mathbb{Z}_2[1]) &\to 0 \end{aligned} \tag{2.98}$$

ただし，$Wh_2(\pi_1(M))$ は $K_2\mathbb{Z}[\pi_1(M)]$ のある商群，$H_0(\pi, W)$ は modulo π 作用での π-module W を表す．

井草 [15] は $\pi_1(M) \neq 0$ の場合も含めて $\pi_1\mathcal{C}_{\mathit{Diff}}(M)$ も調べ $Wh_3(\pi_1(M))$ と関連する結果を得ている．

$\widetilde{\mathcal{A}}(M)/\mathcal{A}(M)$ と $\mathcal{C}_{\mathcal{A}}(M)$ の関係は次のように考えられる．自然な包含写像の列

$$\mathcal{C}_A(M) \to \mathcal{C}_A(M \times D^1) \to \mathcal{C}_A(M \times D^2) \to \cdots \tag{2.99}$$

が存在する．Hatcher は次の定理を示した [11]．

定理 2.11.2 $\mathcal{A}$ を Diff, PL, TOP のいずれかとすると，$E^1_{pq} = \pi_p \mathcal{C}_A(M \times D^p)$ で，$\pi_{p+q+1}(\widetilde{\mathcal{A}}(M)/\mathcal{A}(M))$ に収束するスペクトル系列が存在する．

式 (2.99) の包含写像がすべて k 連結のとき，k を M の $\mathcal{A}$ コンコーダント安定域数という．

井草 [15] により，$k < \dim M/3$ ならば，ほぼ $\mathcal{A} = \mathit{Diff}, PL$ の M の $\mathcal{A}$ コンコーダント安定域となる．

Weiss–Williams [43] などは $\mathcal{A} = \mathit{Diff}, PL$ に対して，M における $\mathcal{A}$ コンコーダント安定域数に対しての $\widetilde{\mathcal{A}}(M)/\mathcal{A}(M)$ のホモトピー型について，代数的 K 理論，代数的位相幾何学ホモトピー論などを用いて深い結果を示した．

2.11.3 微分同相群のホモトピー型の非有限性

Antonelli–Burghelea–Kahn による次の定理が成立する [2], [3]．

定理 2.11.3 $n \geq 7$ ならば，$\mathit{Diff}(S^n)$ は有限 CW 複体とホモトピー同値ではない．

証明の方針は以下のようである．

$\mathit{Diff}(S^n, D^n)$ で，S^n 微分同相で南半球 D^n のすべての点を固定するもの全体とし，その中で，恒等写像と同じ連結成分に含まれる元全体を $\mathit{Diff}_0(S^n, D^n)$ とする．

次のホモトピー同値が存在する．

$$\mathit{Diff}(S^n) \simeq SO(n+1) \times \mathit{Diff}_0(S^n, D^n) \tag{2.100}$$

命題 2.11.1 $\mathit{Diff}_0(S^n, D^n)$ はホモトピー可換な H 空間の構造を持つ．

証明. $\mu : G \times G \to G$ を結合写像,$T : G \times G \to G \times G$ を $T(g_1, g_2) = (g_2, g_1)$ で定義される交換写像とするとき,$\mu \circ T \simeq \mu$ がホモトピー可換の条件である.$G := \mathit{Diff}_0(S^n, D^n)$ は固定する D^n を大きくしてもホモトピー同値となる.$G_i := \mathit{Diff}_0(S^n, D_i^n)$ $(i = 1, 2)$ を D_i の補集合が D_j $(j \neq i)$ に含まれているような大きい D_i により定義すると,自然な埋め込み $\iota_i : G_i \to G$ はホモトピー同値である.$G_1 \times G_2$ 上で $\mu \circ T = \mu$ であるから,命題が従う. □

Browder の結果などを用いて Hubbuck [14] により,次の定理が示された.

定理 2.11.4 連結な有限 CW 複体で,ホモトピー可換な H 空間の構造を持つものは,トーラス $T = S^1 \times \cdots \times S^1$ とホモトピー同値である.

$\mathit{Diff}(S^n)$ が有限 CW 複体とホモトピー同値でないことを示すには,$\mathit{Diff}_0(S^n, D^n)$ の基本群がねじれ群を含むか,2 次元以上のホモトピー群が消えていないことを示せばよい.

実際,次のような組 (i, n)

$$(1, 7), \ (1, 8),$$
$$(i, 2p - i + 4) \quad (p \text{ odd} \geq 5, \ 0 \leq i \leq p) \quad (2.101)$$

に対して,$\pi_i(\mathit{Diff}_0(S^n, D^n))$ すなわち;

$$\pi_1(\mathit{Diff}_0(S^7, D^7)), \ \pi_1(\mathit{Diff}_0(S^8, D^8)),$$
$$\pi_i(\mathit{Diff}_0(S^{2p-i+4}, D^{2p-i+4})) \quad (p \text{ odd} \geq 5, \ 0 \leq i \leq p) \quad (2.102)$$

の部分群の中に,$\pi_0(\mathit{Diff}(S^{n+i}))$ の部分群と同型な有限位数の (非自明) 群が見つかる.

$2p - i + 4 = n$ を満たす奇数の p は,$p = 2q + 1$ と表すと,$4q + 6 - i = n$ を解いて $i = 4q + 6 - n$ であり,条件 $i \leq p$ は $2q \leq n - 5$ となる.よって,$n \geq 9$ ならば,$q = \lceil \frac{n-6}{4} \rceil + 1$,$p = 2q + 1$ とおけば,p odd $\geq 5, 2 \leq i \leq p$ の条件は満足される.これより,定理の結論「$n \geq 7$ ならば,$\mathit{Diff}(S^n)$ は有限 CW 複体とホモトピー同値ではない」を得る.

この非自明な群を得るのは次の構成を基本とする.

$$\tau_{p,q} : \pi_0(\mathit{Diff} S^q) \times \pi_q(SO_p) \to \pi_0(\mathit{Diff} S^{p+q}) \quad (2.103)$$

$$\sigma_{p,q} : \pi_p(SO_q) \times \pi_q(SO_p) \to \pi_0(\mathit{Diff}\, S^{p+q}) \qquad (2.104)$$

双線形写像 (2.103), (2.104) は次のように構成される．$\alpha \in \pi_p(SO_q)$, $\beta \in \pi_q(SO_p)$, $\gamma \in \pi_0(\mathit{Diff}\, S^q)$ をそれぞれ，滑らかな

$$f : (D^p, \partial D^p) \to (SO_q, *), \quad g : (D^q, \partial D^q) \to (SO_p, *),$$
$$h \in \mathit{Diff}(D^q, \partial D^q) \qquad (2.105)$$

で表し，$\mathit{Diff}(D^p \times D^q, \partial(D^p \times D^q))$ の元たちを，$(x,y) \in D^p \times D^q$ に対し

$$F(x,y) = (x, f(x)y),\ G(x,y) = (g(y)x, y),$$
$$(1 \times h)(x,y) = (x, h(y)) \qquad (2.106)$$

と定義する．そのとき，次の結合で定義される $\mathit{Diff}(D^p \times D^q, \partial(D^p \times D^q))$ の元

$$F \circ (1 \times h) \circ F^{-1} \circ (1 \times h)^{-1} \qquad (2.107)$$
$$F \circ G \circ F^{-1} \circ G^{-1} \qquad (2.108)$$

が，それぞれ双線形写像 (2.103), (2.104) の

$$\tau_{p,q}(\gamma, \beta), \quad \sigma_{p,q}(\alpha, \beta) \qquad (2.109)$$

の定義である．

これら双線形写像 (2.103), (2.104) はまとめて Milnor–Munkres–Novikov と呼ばれたりするが，写像 (2.104) はミルナー，写像 (2.103) は Novikov が最初に考えたと言えるであろう．

写像 (2.104) の非自明性は，ホモトピー球面を境界とする多様体の指数が計算できて，ヒルツェブルフの指数定理から $(p+q+2)$ 次元の滑らかな多様体の非存在から，$(p+q+1)$ 次元球面が異種であることが結論されて示される．

一方，写像 (2.103) の非自明性は，ポントリャーギン–トム構成で球面のホモトピー群の Coker J の元に写し，その結合を考えると，球面のホモトピー論により，非自明な場合を探すことができる．

Gromoll filtration（グロモールフィルトレーション）

$n \geq 6$ ならば $\Gamma^n \cong \pi_0(\mathit{Diff}(S^{n-1}))$ であるが次の filtration が定義される.

$$0 = \Gamma^n_{n-1} \subset \cdots \subset \Gamma^n_k \subset \cdots \subset \Gamma^n_1 = \Gamma^n \tag{2.110}$$

ただし Γ^n_k は, $S^{n-1} = \{\boldsymbol{x} \in \mathbb{R}^n \mid \sum x_i^2 = 1\}$ としたとき，最後の $k-1$ 個の座標を固定するもので表される微分同相の Γ^n の元全体と定義する．よって，Γ^n_k の変数の個数は $n-k$ である.

Weiss [42] は Γ^n_k の元であるホモトピー球面を Gromoll filtration 数 $> k - 1$ と呼んだ．Gromoll filtration 数 $= n$ ならば，S^n と微分同相である．Cerf の結果は，$\Gamma^n_2 = \Gamma^n$, すなわち，すべてのホモトピー球面の Gromoll filtration 数 > 1 であることを示している.

球面のホモトピー群の計算などを用いると，次が計算される.

定理 2.11.5

(a) $q > 2$ を素数とする．u, v を $0 \leq v < u \leq q-1, u-v+1 \neq q$ を満たす整数とする．$n = 2(uq+v+1)(q-1) - 2(u-v) - 1$ とおくと

$$\Gamma^n_{2q-2} \supseteq \mathbb{Z}_q. \tag{2.111}$$

(b) $\Gamma^9_2 \neq 0$, $\Gamma^{10}_2 \neq 0$.

上に述べたホモトピー可換な H 空間に対する定理より，定理 2.11.3 が従う.

2.12 おわりに

20 世紀の位相幾何は，多様体の分類という問題については，ほぼ完全に解答を与えたということができるであろう．多様体は，局所的には，すべて同型であるという著しい特徴を持っている．したがって問題は，ひとえに大局的なものである．しかしながら，局所的にも一様ではなく，種々の形を持つ状況が出現するのが世の中では普通である．例えば多様体に距離を導入すれば，局所的にも曲率が現れさまざまな形が現れる．より一般に，多様体に

テンソル形式や微分形式を付加すれば，また状況は複雑になる．微分方程式により定まる力学系は，微分形式が付いた多様体論として捉えられる．

部分多様体，あるいは葉層構造，さらに一般的に織物（ウェブ）構造を与えることにより，数理経済学や，熱力学の問題などを接触幾何学のもとで統一的に理解することが可能であると思われる．

今後は，そのような構造を付加した多様体の，局所と大局の関わり合いが研究の主要課題になるのではないかと思われる．

謝辞：忙しい仕事のかたわら原稿を通読して，たくさんの間違いや不明瞭な表現を指摘してくれた水谷忠良さん，多くの誤りを指摘してくれた稲葉尚志さん，高橋雅朋さん，宮崎直哉さん，一樂重雄さん，待田芳徳さん，鈴木浩志さん，小沢哲也さん，また質問に答えてくれた山崎正之さん，Andrew Ranicki さんに深く感謝を致します．

参考文献

[1] J. F. Adams, On the groups J(X) IV, Topology, **5**(1966), 21–71.
[2] P. L. Antonelli, D. Burghelea, and P. J. Kahn, The concordance-homotopy groups of geometric automorphism groups, Lecture Notes in Mathematics, **215**(1971), x+140, Springer-Verlag.
[3] P. L. Antonelli, D. Burghelea, and P. J. Kahn, The non-finite homotopy type of some diffeomorphism groups, Topology **11**(1972), 1–49.
[4] W. Browder, Surgery on Simply-Connected Manifolds, Springer-Verlag, New York, 1972. Ergebnisse der Mathematik und ihrer Grenzgebiete, Band 65.
[5] J. Cerf, Sur les difféomorphismes de la sphère de dimension trois ($\Gamma_4 = O$), Lecture Notes in Math., **53**(1968), Springer.
[6] J. Cerf, La stratification naturelle des espaces de fonctions différentiables réeles et le théorème de la pseudo-isotopie., Inst. Hautes Etudes Sci. Publ. Math., **39**(1970), 5–173.

- [7] R. D. Edwards, Suspensions of homology spheres, written in 1970's, arXiv:math/0610573v1.
- [8] M. Freedman and F. Quinn, The topology of 4-manifolds, Princeton Math. Series 39, Princeton NJ, 1990.
- [9] D. E. Galewski and R. J. Stern, Classification of simplicial triangulations of topological manifolds, Ann. of Math. (2), **111**(1980), no. 1, 1–34.
- [10] A. E. Hatcher and J. Wagoner, Pseudo-isotopies of compact manifolds, Asterisque, 6, Soc. Math., de France, 1973.
- [11] A. Hatcher, Concordance spaces, higher simple homotopy theory, and applications, Proc. Sympos. Pure Math., **32**, Amer. Math. Soc, Providence, RI, 1978, 3–21.
- [12] M. Hirsch and B. Mazur, Smoothings of piecewiselinear manifolds, Annals of Math. Studies 80, Princeton Univ. Press, 1974.
- [13] F. Hirzebruch, Topological Methods in Algebraic Geometry, Translated from the 2nd German edition by R. L. E. Schwarzenberger, Springer-Verlag, Berlin-Heidelberg-New York, 1966.
  【邦訳】竹内 勝 訳, 代数幾何における位相的方法, POD 版, 吉岡書店, 2002.
- [14] J. R. Hubbuck, On homotopy commutative H-spaces, Topology **8**(1969), 119–126.
- [15] K. Igusa, The stability theorem for smooth pseudoisotopies, K-Theory, **2**(1988), 1–355.
- [16] M. Kato, Combinatorial Prebundles, Part I, Osaka J. of Math., **4**(1967), 289–303, Part II, ibid, 305–311.
- [17] M. A. Kervaire and J. W. Milnor, Groups of homotopy spheres, I, Ann. of Math., **77** (1963), 504–537.
- [18] R. C. Kirby and M. G. Scharlemann, Eight faces of the Poincaré homology 3-sphere, Geometric topology, (Proc. Georgia Topology Conf., Athens, Ga., 1977), 113–146, Academic Press, New York-

London, 1979.

[19] R. C. Kirby and L. C. Siebenmann, Foundational Essays on Topological Manifolds, Smoothings, and Triangulations. Princeton NJ, Princeton University Press, 1977.

[20] A. A. Kosinski, Differential Manifolds, Dover Publications, New York, 1993.

[21] W. Lück, A Basic Introduction to Surgery Theory, ICTP Lecture Notes Series, Volume 9 - Parts 1, available on web.

[22] C. Manolescu, Floer theory and its topological applications, Japan. J. Math., **10**(2015), 105–133.

[23] C. Manolescu, Pin(2)-equivariant Seiberg-Witten Floer homology and the Triangulation conjecture, Journal of American Mathematical Society, electronically published on April 22, 2015.

[24] N. Martin and C. R. F. Maunder, Homology cobordism bundles, Topology **10**(1971), 93–110.

[25] 松本幸夫, Morse 理論の基礎, 岩波書店, 2005.

[26] T. Matumoto, Triangulation of manifolds, Algebraic and geometric topology (Proc. Sympos. Pure Math., Stanford Univ., Stanford, Calif., 1976), Proc. Sympos. Pure Math., XXXII, Amer. Math. Soc., Providence, R.I., 1978, 3–6.

[27] J. Milnor and M. Kervaire, Bernoulli numbers, homotopy groups, and a Theorem of Rohlin, Proc. Internat. Congress Math. 1958, 454–458, Cambridge Univ. Press, 1960.

[28] J. Milnor, Two complexes which are homeomorphic but combinatorially distinct, Ann. Math., **74**(1961), 575–590.

[29] J. Milnor, Topology from the Differentiable Viewpoint (Princeton Landmarks in Mathematics), 1965.
【邦訳】蟹江幸博 訳, 微分トポロジー講義 (シュプリンガー数学クラシックス), 2012.

[30] J. Milnor, Lectures on the h-cobordism theorem, notes by L. Sieben-

mann and J. Sondow, Princeton University Press, Princeton, 1968.
[31] J. Munkres, Obstructions to the smoothing of piecewise-differentiable homeomorphisms, Ann. of Math., **72**(1960), 521–554.
[32] S. B. Myers and N. E. Steenrod, The group of isometries of a Riemannian manifold, Ann. of Math. (2), **40**(1939), 400–416.
[33] H. Poincaré, Analysis Situs (Topologie) Collected Vol VI, Editions Jacques Gabay, 1996.
[34] A. A. Ranicki, A. J. Casson, D.P. Sullivan, M. A. Armstrong, C. P. Rourke, and G. E. Cooke, The Hauptvermutung Book: A Collection of Papers on the Topology of Manifolds, Kluwer Academic Publishers, 1996, available on web.
[35] A. Ranicki, Algebraic and Geometric Surgery, Oxford Mathematical Monographs, Oxford Univ. Press, 2002.
[36] V. A. Rohlin, New results in the theory of four dimensional manifolds, Dok. Akad. Nauk. USSR, **84**(1952), 221–224.
[37] C. P. Rourke and B. J. Sanderson, Block bundles I, Ann. of Math., **87**(1968), 1–28, II, ibid., **87**(1968), 256–278, III, ibid., **87**(1968), 431–483.
[38] ポアンカレ 著, 齋藤利弥 訳, ポアンカレ トポロジー (数学史叢書), 朝倉書店, 1996.
[39] 佐藤 肇, 位相幾何, 岩波書店, 2006.
【英訳】K. Hudson, Algebraic Topology: An Intuitive Approach, American Math. Soc., 1999.
[40] N. Saveliev, Invariants for homology 3-spheres, Encyclopaedia of mathematical sciences, v. 140, Springer, 2002.
[41] C. T. C. Wall, Surgery on Compact Manifolds, Academic Press, London, 1970. London Mathematical Society Monographs, No. 1.
[42] M. Weiss, Pinching and concordance theory, J. Differential Geom., **38**(1993), 387–416.
[43] M. Weiss and B. Williams, Automorphisms of manifolds, in Surveys

on surgery theory: papers dedicated to C.T.C. Wall, **2**(2001), 165–220. Edited by S. Cappell, A. Ranicki, and J. Rosenberg, Princeton University Press.

[44] H. Whitney, Differentiable manifolds, Ann. of Maths., **37**(1936), 647–680.

[45] H. Whitney, The self-intersections of a smooth n-manifold in 2n-space, Ann. of Maths., **45**(1944), 220–246.

[46] E. C. Zeeman, Unknotting combinatorial balls, Ann. Math., (2), **78**(1963), 501–526.

第3章

特性類

3.1 序論

3.1.1 はじめに

　大雑把に言えば，「**特性類**」（characteristic class）とはベクトルバンドルやファイバーバンドルの曲がり具合を，底空間のコホモロジーの言葉によって表したもの，と言える．場合によっては，もう少し詳しくコホモロジー類を表す閉微分形式を指すこともある．特に重要なのは，微分可能多様体の接バンドルに適用した場合で，多様体の曲がり具合がコホモロジーにより表される．具体的には

   シュティーフェル–ホイットニー類（Stiefel–Whitney class）
   オイラー類（Euler class）
   チャーン類（Chern class）
   ポントリャーギン類（Pontrjagin class）

と呼ばれる特性類があり，それぞれ

$$w_i \in H^i(M; \mathbb{Z}/2)$$
$$e \text{ あるいは } \chi \in H^{2n}(M; \mathbb{Z})$$
$$c_i \in H^{2i}(M; \mathbb{Z})$$
$$p_i \in H^{4i}(M; \mathbb{Z})$$

と表される．これらの特性類はすべて，1930年代の中頃から10年間ほどの間に定義あるいは発見された．このように特性類に名の残った数学者のうち，オイラー（Euler, 1707〜1783）は18世紀の人だが，その他の数学者はすべて20世紀に活躍した偉大な幾何学者たちである．

1950年代そして60年代は，位相幾何学あるいはトポロジー（topology）と呼ばれる分野の黄金時代であったと言われることが多い．この分野の源流は，オイラー，ガウス（Gauss, 1777〜1855），リーマン（Riemann, 1826〜1866）らの先駆的な仕事にまで遡ることができるが，20世紀初頭のポアンカレ（Poincaré, 1854〜1912）による一連の仕事により創始されたと言われている．1950年代前半に，トム（Thom）は**同境理論**（cobordism theory）と呼ばれる多様体の分類理論を建設した．この理論は半世紀を経過した現代に至るまで，トポロジーの最も基本的な概念としての地位を保ち続けている．この理論においては，シュティーフェル–ホイットニー類とポントリャーギン類が決定的な役割を果たした．トムの理論が発表された直後に，それを使ってヒルツェブルフ（Hirzebruch）は，**符号数定理**（signature theorem）を証明した．そして1950年代後半に入って，ミルナー（Milnor）は符号数定理を巧みに使って**異種球面**（exotic sphere）の存在を証明した．こうして**微分トポロジー**（differential topology）と呼ばれる分野が確立し，1960年代終了までの十数年間，隆盛を極めた．ここでは多様体の特性類が基本的な役割を演じた．一方，複素数体上の非特異射影多様体をはじめとする複素多様体の研究においては，チャーン類の考えが不可欠である．

1960年代の終わりから，1970年代の初めにかけて，特性類に関わる二つの新しい理論が創始された．**ゲルファント–フックス理論**（Gel'fand–Fuks theory）と**チャーン–サイモンズ理論**（Chern–Simons theory）である．前者はソ連において，後者はアメリカにおいて，それぞれ完全に独立に生まれた理論である．しかし，生まれてすぐに互いに極めて密接な関係にあることが認識された．そして**葉層構造**（foliation）と呼ばれる多様体上の幾何的な構造の特性類の理論に応用された．この理論は1970年代を通して活発に研究され，多くの著しい成果が得られた．葉層構造の特性類の代表は**ゴッドビヨン–ヴェイ類**（Godbillon–Vey class）と呼ばれるもので，余次元qの葉

3.1 序論

層構造に対して定義される $2q+1$ 次の実コホモロジー類である．サーストン（Thurston）は3次元球面 S^3 上に余次元1の葉層構造の1径数族を構成し，それらのゴッドビヨン–ヴェイ類が連続に変化することを示した．これは，上記ミルナーによる異種球面の構成と並ぶ大きな成果である．

これらの理論は，**2次特性類**（secondary characteristic class）と呼ばれることがある．これに対して，上記のシュティーフェル–ホイットニー類やポントリャーギン類などの特性類は**1次特性類**（primary characteristic class）と呼ばれる．その理由は，前者が後者の理論のある種の精密化と考えることができるためである．

1983年のドナルドソン（Donaldson）によるゲージ理論を用いた4次元多様体に関する画期的な仕事以降，特性類の理論は新しい展開を見せるようになる．特に，接続および曲率の考えに基づく，微分幾何的な手法の重要性がさらに大きくなった．そして，代数幾何あるいは整数論などの分野との関連も深まってきている．この流れの中で，有限次元のリー群ではなく無限次元の群を構造群とする一般のファイバーバンドルの特性類の理論もいくつか建設されてきている．

この章では，上記のように発展してきた特性類の理論を，概観してみたい．

3.1.2　ガウス曲面論 〜特性類の理論の源流〜

特性類の歴史を遡れば，**オイラー数**（Euler characteristic）の起源となったオイラーの考えを別格とすれば，少なくともガウスにまで行き着く．すなわちガウスの曲面論である．これは1827年に発表されており，ガウスが50歳のときである．この理論はトポロジーに限らず，現代幾何学全般にわたる源泉ということができよう．もう一つの源泉は有名なリーマンの就職講演（1854年）である．これは「幾何学の基礎をなす仮説について」と題された講演で，よく知られているように，ここでリーマンは一般の次元の多様体の考えと，今日リーマン幾何学あるいは**微分幾何学**（differential geometry）と呼ばれる分野において基本的な**リーマン計量**（Riemannian metric）を導入した．

ガウス曲面論の中から，特に特性類のその後の発展に本質的な影響を与え

た，**ガウス曲率**（Gaussian curvature）と**ガウス写像**（Gauss map）について復習しておく．

3次元ユークリッド空間の中の曲面

$$S \subset \mathbb{R}^3$$

を考える．S には向きが与えられているものとする．このとき，各点 $x \in S$ における接平面 T_xS 上に二つの対称な双 1 次形式（= 2 次形式）

$$F_I^x : \quad T_xS \otimes T_xS \to \mathbb{R}$$
$$F_{II}^x : \quad T_xS \otimes T_xS \to \mathbb{R}$$

が，二つの接ベクトル $u, v \in T_xS$ に対して

$F_I^x(u,v) = g(u,v)$ （二つのベクトル u, v の内積，すなわちリーマン計量）
$F_{II}^x(u,v) = \dfrac{\partial^2 h}{\partial u \partial v}(x)$

とおくことにより定義される．ただし

$$h : T_xS \text{ の原点（すなわち点 } x\text{）の近傍} \longrightarrow \mathbb{R}$$

は，T_xS から S への高さ関数であり，

$$\frac{\partial}{\partial u}, \quad \frac{\partial}{\partial v}$$

は，u および v 方向の方向微分を表す．これらは，それぞれ第一基本形式および第二基本形式と呼ばれる．さてガウス曲率 $K : S \to \mathbb{R}$ は

$$K(x) = \frac{\det F_{II}^x}{\det F_I^x} \quad (x \in S)$$

により定義される．この量は曲面の各点における曲がり具合を，実数により定量的に表すものであり，曲面の合同変換で不変であることがわかる．ところで，K の値は定性的には $K > 0$, $K = 0$, $K < 0$ の3種類に大別される．それぞれ楕円的（elliptic），放物的（parabolic），双曲的（hyperbolic）な曲がり具合と称され，球面上の点，平面上の点，鞍点（あるいは峠点）がそれぞれの曲がり具合を持つ代表的な点である．

さてガウス自身が発見してびっくりしたという定理は次のものである．

3.1 序論

定理 3.1.1（ガウス，**Theorema Egregium**） ガウス曲率 K は第一基本形式のみによって定まる．より詳しくは，F_I^x（の各成分）とその 2 階までの偏導関数により具体的に記述できる．

こうして現代の言葉で言えば，曲率が内在的（intrinsic）な量であることが示され，いわば曲面の幾何学がユークリッド空間 $\mathbb{R}^3$ から"自立"したのである．そして次の有名なガウス–ボンネ（Gauss–Bonnet）の定理が証明された．

定理 3.1.2（ガウス–ボンネの定理） 任意の閉曲面 $S \subset \mathbb{R}^3$ に対して，等式
$$\int_S K d\sigma = 2\pi\chi(S)$$
が成立する．ただし $d\sigma$ は S の面積要素，$\chi(S)$ はオイラー数とする．

これを現代の観点から言えば，"曲がり具合の総和"という微分幾何的な量がオイラー数という位相幾何的な量に等しい，という極めて美しい定理が発見された，ということができる．いずれにしても，ガウス–ボンネの定理は，リーマンによる微分幾何学の創始（1854 年），ポアンカレによるトポロジーの幕開け（1900 年を挟む 10 年間）そしてずっと時代は下ってアティヤ–シンガー（Atiyah–Singer）による大域解析学（global analysis）と呼ばれる分野の始まり（1963 年）につながる，すべての現代幾何学の源泉であるということができよう．

次にガウス写像を考える．それは向き付けられた曲面 S から単位球面 $S^2 \subset \mathbb{R}^3$ への写像
$$\gamma : S \longrightarrow S^2 \subset \mathbb{R}^3$$
で
$$\gamma(x) = \text{点 } x \text{ における外向きの単位法線ベクトル } \mathbf{n}_x \text{ の始点を} $$
$$\text{原点に平行移動したものの終点}$$

と定義される．法線ベクトルの方向に反映される曲面の曲がり具合を，忠実にたどる写像と言える．この写像がガウス曲率と密接に関係することは容易に想像されるが，実際ガウスは次の事実を証明した．

定理 3.1.3（ガウス）
$$K(x) = \lim_{|\sigma| \to 0} \frac{\operatorname{Area} \gamma(\sigma)}{\operatorname{Area} \sigma}$$

ここで σ は，点 $x \in S$ を内点に含む S 上の小区域を動き，$|\sigma|$ はその直径を表す．また $\operatorname{Area} \gamma(\sigma)$ は，$\gamma(\sigma)$ の符号付き面積を表す．ただし，符号付き面積とは，ガウス写像が向きを保つ場合には通常のように正の値をとるが，向きを逆にする場合には通常の面積に -1 を掛けた値をとらせるのである．

ここでポアンカレの創始したホモロジー論（homology theory）の考え，その後 20 世紀前半に生まれたホモロジー論の双対としてのコホモロジー論（cohomology theory），そしてホプフ（Hopf）の**写像度**（mapping degree）の考えを使えば，現代のわれわれは次のことを知っている．

S が種数 g の閉曲面のとき，ガウス写像 γ の写像度は $1-g$

であり，したがって

$$\gamma^* : H^2(S^2; \mathbb{Z}) \cong \mathbb{Z} \ni 1 \longmapsto 1 - g \in H^2(S; \mathbb{Z}) \cong \mathbb{Z}$$

となる．ここで

$$\chi(S) = 2(1-g),\ \chi(S^2) = 2$$

であり，また単位球面 S^2 は

"$\mathbb{R}^3$ の向きの付いた方向全体のなす空間"

と見なすことができることに注意すれば，ガウスが曲面に関して発見した数々の素晴らしい定理が，高次元多様体に対して一般化されるだろうと想像するのは自然であろう．

これまでの記述を，もう一歩現代流に近付ければ次のようになる．S, S^2 の接バンドルを TS, TS^2 とすれば，S^2 は向き付けられた曲面の接バンドルの "分類空間" であり，ガウス写像 γ はその "分類写像" である．すなわち

$$\gamma^*(TS^2) = TS$$

3.1 序論

となる.さらにそれらの接バンドルのねじれ具合を計るオイラー類

$$\chi(TS) \in H^2(S;\mathbb{Z}),\ \chi(TS^2) \in H^2(S^2;\mathbb{Z})$$

なるものが2次元コホモロジー群の元として定義され,それはオイラー数と

$$\chi(TS)[S] = \chi(S) = 2-2g, \quad \chi(TS^2)[S^2] = \chi(S^2) = 2$$

という密接な関係にあることになる.

3.1.3 ガウスの考えの一般化 〜グラスマン多様体〜

前項のガウスの曲面論,特にガウス写像の考えは,自然に一般の次元の多様体に拡張することができる.そして,ガウス写像のターゲットであった2次元の単位球面 S^2 の一般化として**グラスマン多様体**(Grassmann manifold)が登場する.このことを見る前に,ベクトルバンドルの定義を述べておこう.

本章では,ベクトルバンドルやそれを一般化したファイバーバンドルはすべて C^∞ 級のカテゴリーで考えることにする.ベクトルバンドルの最も重要な例は,C^∞ 多様体 M の接バンドル TM である.この例を念頭に次のように定義する.

定義 3.1.4 E, B を C^∞ 級の微分可能多様体,$\pi : E \longrightarrow B$ を C^∞ 写像とする.π は全射と仮定し,各点 $b \in B$ に対して $E_b = \pi^{-1}(b)$ とおく.各 E_b が $\mathbb{R}$ 上の n 次元ベクトル空間の構造を持ち,局所自明性の条件

> 任意の点 $b \in B$ に対して,そのある開近傍 $U \ni b$ と
> 微分同相写像 $\varphi : \pi^{-1}(U) \cong U \times \mathbb{R}^n$ が存在して,
> E_c $(c \in U)$ は φ により $\{c\} \times \mathbb{R}^n$ に線形同型写像として写される

を満たすとき,n 次元**ベクトルバンドル**(vector bundle)という.

上記のベクトルバンドルの定義において,E, π, B はそれぞれ**全空間**(total space),**射影**(projection),**底空間**(base space)と呼ばれる.また E_b は b 上の**ファイバー**(fiber)という.ベクトルバンドルを表す場合,これらすべてをまとめて $\xi = (E, \pi, B)$ と表示し,ベクトルバンドル ξ と呼ぶ

場合がある．また，簡単に全空間で代表させて，ベクトルバンドル E という場合もある．さらに，底空間 B から見たときには，B 上の n 次元ベクトルバンドル E という．$n = 1$ のとき，すなわち1次元ベクトルバンドルは特に**直線バンドル**（line bundle）と呼ばれる．

また，上記の定義において実数体 $\mathbb{R}$ の代わりに複素数体 $\mathbb{C}$ を使えば，**複素ベクトルバンドル**（complex vector bundle）の定義が得られる．1次元複素ベクトルバンドルを**複素直線バンドル**（complex line bundle）という．

ベクトルバンドルに関するいくつかの基本的な定義を述べる．まず二つのベクトルバンドルの間の写像に関するものから始める．

定義 3.1.5（バンドル写像） $\xi_i = (E_i, \pi_i, B_i)$ $(i = 1, 2)$ を二つの n 次元ベクトルバンドルとする．次の図式

$$\begin{array}{ccc} E_1 & \xrightarrow{\tilde{f}} & E_2 \\ \pi_1 \downarrow & & \downarrow \pi_2 \\ B_1 & \xrightarrow{f} & B_2 \end{array}$$

が可換になるような C^∞ 写像の対 $(\tilde{f}, f)$ で，任意の $b \in B_1$ に対して $\tilde{f}$ の $(E_1)_b$ への制限

$$\tilde{f}|_{(E_1)_b} : (E_1)_b \longrightarrow (E_2)_{f(b)}$$

が線形同型であるようなものを，ξ_1 から ξ_2 への**バンドル写像** (bundle map) という．あるいは $f : B_1 \longrightarrow B_2$ をカバーするバンドル写像 $\tilde{f} : E_1 \longrightarrow E_2$ という場合もある．

次にベクトルバンドルの分類の基準となる同型の定義を述べる．

定義 3.1.6 微分可能多様体 B 上の二つの n 次元ベクトルバンドル ξ_i $(i = 1, 2)$ に対し，ξ_1 から ξ_2 への B の恒等写像をカバーするバンドル写像 $(\tilde{f}, \mathrm{id}_B)$ が存在するとき，ξ_1 と ξ_2 は互いに同型であるといい，$\xi_1 \cong \xi_2$ と書く．簡単にわかるように，この場合 $\tilde{f}$ は全空間の間の微分同相写像であり，その逆写像は ξ_2 から ξ_1 への B の恒等写像をカバーするバンドル写像となる．

3.1 序論

一般に，与えられた微分可能多様体 B と自然数 n に対して，B 上の n 次元ベクトルバンドルの同型類全体のなす集合を $\mathrm{Vect}_n(B)$ と表すことにする．与えられた微分可能多様体 B に対して，この集合 $\mathrm{Vect}_n(B)$ を決定するのは極めて重要な問題である．

定義 3.1.7（引き戻し） $\xi = (E, \pi, B)$ を n 次元ベクトルバンドルとし，$f : B' \longrightarrow B$ を C^∞ 写像とする．このとき

$$E' = \{(b, u) \in B' \times E; f(b) = \pi(u)\} \subset B' \times E$$

とおけば，これは C^∞ 多様体となることがわかる．さらに，$\pi' : E' \longrightarrow B'$ を $\pi'(b, u) = b$ とおけば

$$f^*(\xi) = (E', \pi', B')$$

は B' 上の n 次元ベクトルバンドルとなる．これを ξ の f による**引き戻し** (pull-back) という．f による**誘導バンドル** (induced bundle) という場合もある．

B' が底空間 B の部分多様体であり，$f : B' \longrightarrow B$ が包含写像である場合には，引き戻し $f^*(\xi)$ は ξ の B' への**制限** (restriction) と呼ばれ，$\xi|_{B'}$ と書く．

次の命題は，ベクトルバンドルのバンドル写像と引き戻しの関係を表す基本的なものである．

命題 3.1.8 二つの n 次元ベクトルバンドル $\xi_i = (E_i, \pi_i, B_i)$ $(i = 1, 2)$ の間にバンドル写像 $(\tilde{f}, f)$ が存在するための必要十分条件は，ξ_1 と $f : B_1 \longrightarrow B_2$ による ξ_2 の引き戻し $f^*(\xi_2)$ が互いに同型 $\xi_1 \cong f^*(\xi_2)$ となることである．

証明はそれほど難しくないので，読者に委ねることにする．あと三つ定義を述べておく．

定義 3.1.9（部分バンドル） $\xi = (E, \pi, B)$ をベクトルバンドルとし，$F \subset E$ を部分多様体とする．もし π の F への制限 $\pi|_F : F \longrightarrow B$ がベクトルバン

ドルの構造を持ち，その各ファイバー F_b $(b \in B)$ が E_b の線形部分空間となっているとき，$(F, \pi|_F, B)$ を ξ の**部分バンドル**（subbundle）という．

定義 3.1.10（商バンドル） (E, π, B) をベクトルバンドルとし，$(F, \pi|_F, B)$ をその部分バンドルとする．このとき，各点 $b \in B$ に対し，商ベクトル空間 E_b/F_b をファイバーとするベクトルバンドル
$$E/F = \bigcup_{b \in B} E_b/F_b$$
が定まることがわかる．これを E の F による**商バンドル**（quotient bundle）という．

定義 3.1.11（切断） $\xi = (E, \pi, B)$ をベクトルバンドルとする．C^∞ 写像 $s : B \longrightarrow E$ で $\pi \circ s = \mathrm{id}_B$ となるものを，C^∞ 級の**切断**（section）という．

以上の準備のもとにベクトルバンドルの特性類の定義を述べる．

定義 3.1.12 A をアーベル群，k を負でない整数とする．任意の n 次元ベクトルバンドル $\xi = (E, \pi, B)$ に対し，底空間 B の A を係数とする k 次元コホモロジー群の元
$$\alpha(\xi) \in H^k(B; A)$$
が定まり，次の**自然性**（naturality）の条件が満たされるとき，α を n 次元ベクトルバンドルの A を係数とする次数 k の**特性類**という．

自然性の条件：二つの n 次元ベクトルバンドル $\xi_i = (E_i, \pi_i, B_i)$ $(i = 1, 2)$ の間の，バンドル写像 $(\tilde{f}, f)$ が任意に与えられたとき，等式
$$\alpha(\xi_1) = f^*(\alpha(\xi_2)) \in H^k(B_1; A)$$
が成立する．

バンドル写像と引き戻しの間の関係（命題 3.1.8 参照）から，自然性の条件は次のように言い換えることもできる：
$$\alpha(f^*(\xi)) = f^*(\alpha(\xi)).$$

さて，以上で述べてきたベクトルバンドルの概念を使って，ガウス曲面論，特にガウス写像の高次元への一般化を考えよう．

3.1 序論

十分高い次元のユークリッド空間 $\mathbb{R}^N$ の中に埋め込まれた,n 次元の C^∞ 級の微分可能多様体

$$M^n \subset \mathbb{R}^N$$

を考える.各点 $x \in M$ における接空間 $T_x M$ を $\mathbb{R}^N$ の原点に平行移動したものを $T'_x M$ と記せば,これは $\mathbb{R}^N$ の n 次元線形部分空間となる.点 x が M 上を動けば線形部分空間 $T'_x M$ も

"$\mathbb{R}^N$ の n 次元線形部分空間全体のなす空間"

の中を動く.そして多様体 M の x の近くにおける曲がり具合は,接空間 $T_x M$ の動きに反映される.このようにして自然に現れる空間

$$G_{N,n} = \{V^n \subset \mathbb{R}^N ; n \text{ 次元線形部分空間}\}$$

は**グラスマン多様体**と呼ばれる重要な空間である.この空間は,その名が示すように実際 C^∞ 多様体の構造を持つことが次のようにしてわかる.ただし,リー群の理論で知られている基本的な結果を使う.

直交群 $\mathrm{O}(N)$ は上記の集合 $G_{N,n}$ に自然に作用する.この作用は推移的である.すなわち,任意の二つの元 $V, W \in G_{N,n}$ に対して,$T(V) = W$ となる直交行列 $T \in \mathrm{O}(N)$ が存在する.一方 $V_0 = \mathbb{R}^n \subset \mathbb{R}^N$ を $G_{N,n}$ の 1 点と考えたとき,V_0 の固定部分群(isotropy group)すなわち $T(V_0) = V_0$ となるような元 $T \in \mathrm{O}(N)$ 全体のなす部分群は

$$\mathrm{O}(n) \times \mathrm{O}'(N-n) \subset \mathrm{O}(N)$$

となることがわかる.ここで $\mathrm{O}'(N-n)$ は $\mathrm{O}(N-n)$ と同型な群であるが,$\mathbb{R}^N$ の後ろの $N-n$ 個の座標に作用することにより $\mathrm{O}(N)$ の部分群と見なしたものである.こうして,同一視

$$G_{N,n} = \mathrm{O}(N)/\mathrm{O}(n) \times \mathrm{O}'(N-n)$$

が得られる.ここで右辺は,リー群 G の閉部分群 H による商空間 G/H の形をしている.一般にこのような空間は**等質空間**(homogeneous space)と

呼ばれ，自然な C^∞ 多様体の構造を持つことが知られている．実はより強く，自然な実解析的な多様体の構造を持つことが知られている．

M が向き付け可能であり，一つ向きが指定されている場合には，**向き付けられたグラスマン多様体**（oriented Grassmann manifold）

$$\widetilde{G}_{N,n} = \{V^n \subset \mathbb{R}^N ; 向き付けられた\ n\ 次元線形部分空間\ \}$$

が考えられる．この場合には直交群の代わりに特殊直交群 $\mathrm{SO}(n)$ を考えることにより，同一視

$$\widetilde{G}_{N,n} = \mathrm{SO}(N)/\mathrm{SO}(n) \times \mathrm{SO}'(N-n)$$

が得られ，これも自然な C^∞ 多様体の構造を持つことが示される．

$n=1$ の場合には，グラスマン多様体はよく知られた多様体，すなわち実射影空間あるいは球面と自然に同一視することができる：

$$G_{N,1} = \mathbb{R}P^{N-1}, \quad \widetilde{G}_{N,1} = S^{N-1}.$$

線形部分空間 $V^n \subset \mathbb{R}^N$ にその直交補空間 $(V^n)^\perp \subset \mathbb{R}^N$ を対応させることにより，自然な微分同相写像

$$G_{N,n} \cong G_{N,N-n}, \quad \widetilde{G}_{N,n} \cong \widetilde{G}_{N,N-n}$$

が得られる．この微分同相写像の存在は，上記のグラスマン多様体の等質空間としての表示からも簡単にわかる事実である．

さてガウス写像のターゲットであった S^2 は，向き付けられたグラスマン多様体 $\widetilde{G}_{3,1}$ と理解するのがよい．実際，各点 $x \in M$ に対して，その点における接空間 T_xM を平行移動して得られる線形部分空間 $T'_xM \in G_{N,n}$ を対応させる写像

$$\gamma : M \longrightarrow G_{N,n}$$

は，ガウス写像の一般化と考えられる．M が向き付けられている場合には，写像

$$\gamma : M \longrightarrow \widetilde{G}_{N,n}$$

3.1 序論

が得られる．$N=3, n=2$ の場合には，合成写像

$$M^2 \longrightarrow \widetilde{G}_{3,2} \cong \widetilde{G}_{3,1} = S^2$$

が，もともとのガウス写像にほかならない．そしてこの写像が M の大域的な曲がり具合を反映することが期待される．

$M \subset \mathbb{R}^N$ の接バンドル TM は，$\mathbb{R}^N$ の接バンドル $T\mathbb{R}^N$ の M への制限 $T\mathbb{R}^N|_M$ の部分バンドルである．その商バンドル $NM = T\mathbb{R}^N|_M/TM$ を，M の $\mathbb{R}^N$ における**法バンドル** (normal bundle) という．各点 $x \in M$ に対して，その点における法空間 $N_x M = T_x \mathbb{R}^N / T_x M$ を平行移動して得られる線形部分空間 $N'_x M \in G_{N,N-n}$ を対応させる写像

$$\gamma^\perp : M \longrightarrow G_{N,N-n}$$

が，ガウス写像の直接の一般化である．しかし，γ と $\gamma^\perp$ は微分同相写像

$$G_{N,n} \cong G_{N,N-n}, \quad \widetilde{G}_{N,n} \cong \widetilde{G}_{N,N-n}$$

を通して互いに対応しており，まったく等価な情報を持っている．

さて n 次元微分可能多様体 M の接バンドル

$$\pi : TM = \bigcup_{x \in M} T_x M \longrightarrow M$$

は，n 次元ベクトルバンドルである．一方，グラスマン多様体 $G_{N,n}$ 上の自明な N 次元ベクトルバンドル $G_{N,n} \times \mathbb{R}^N$ を考え

$$E_{N,n} = \{(V,v) \in G_{N,n} \times \mathbb{R}^N ; v \in V\}$$

とおけば，自然な射影

$$E_{N,n} \ni (V,v) \longmapsto V \in G_{N,n}$$

は $G_{N,n}$ 上の n 次元ベクトルバンドルを定めることがわかる．これをグラスマン多様体上の**標準バンドル** (tautological bundle) という．以後，このベクトルバンドルを $\xi_{N,n}$ と記す．このとき，上記の一般化されたガウス写

像 $\gamma: M \to G_{N,n}$ は，接バンドル TM を $\xi_{N,n}$ に写すバンドル写像によりカバーされる．すなわち可換な図式

$$\begin{array}{ccc} TM & \xrightarrow{\tilde{\gamma}} & E_{N,n} \\ \downarrow & & \downarrow \\ M & \xrightarrow{\gamma} & G_{N,n} \end{array}$$

が成立し，

$$TM = \gamma^*(\xi_{N,n})$$

となる．こうして M の曲がり具合を反映する接バンドルが，グラスマン多様体上の標準バンドルの引き戻しとして得られることがわかった．向き付けられたグラスマン多様体 $\widetilde{G}_{N,n}$ の場合にも同様に，標準バンドルと呼ばれる向き付けられた n 次元ベクトルバンドル $\tilde{\xi}_{N,n}$ が定義され，一般化されたガウス写像 $\gamma: M \to \widetilde{G}_{N,n}$ に対して $TM = \gamma^*(\tilde{\xi}_{N,n})$ となる．こうして M の曲がり具合を反映する接バンドルが，グラスマン多様体上の標準バンドルの引き戻しとして得られることがわかった．

ここで多様体のユークリッド空間への埋め込みに関するホイットニーの定理を思い出そう．

定理 3.1.13（ホイットニーの定理） 任意の n 次元 C^∞ 多様体は，十分大きな次元のユークリッド空間 $\mathbb{R}^N$ に埋め込むことができる（$N \geq 2n+1$ でよい）．さらに，二つの埋め込み $f_i: M \to \mathbb{R}^N$ $(i=1,2)$ は，N が十分大きい（$N \geq 2n+3$ でよい）とき互いにイソトープ，すなわち埋め込みの族で結ぶことができる．

この定理を使えば，任意の n 次元 C^∞ 多様体 M に対して，その接バンドルから標準バンドルへのバンドル写像

$$\begin{array}{ccc} TM & \xrightarrow{\tilde{\gamma}} & E_{N,n} \\ \downarrow & & \downarrow \\ M & \xrightarrow{\gamma} & G_{N,n} \end{array}$$

3.1 序論

は，$N \geq 2n+3$ の範囲でホモトピーの意味で一意的に存在することがわかる．そこで底空間の写像

$$\gamma : M \longrightarrow G_{N,n} \quad (N \geq 2n+3)$$

を M の接バンドルの**分類写像**（classifying map）という．

さらに，自然な包含写像 $G_{N,n} \subset G_{N+1,n}$ に関して帰納極限をとり

$$G_n = G_{\infty,n} = \lim_{N \to \infty} G_{N,n}$$

とおく．これを**無限グラスマン多様体**（infinite Grassmann manifold）という．各 $G_{N,n+1}$ 上の標準バンドル $\xi_{N,n+1}$ の $G_{N,n+1}$ への制限は，自然に $\xi_{N,n}$ と同一視することができる．したがって，G_n 上の n 次元ベクトルバンドル ξ_n が定義される．これを G_n 上の標準バンドルという．そして，任意の n 次元 C^∞ 多様体 M に対し，その接バンドル TM を分類する分類写像 $\gamma : M \to G_n$ と，それをカバーするバンドル写像 $\tilde{\gamma} : TM \to \xi_n$ がホモトピーの意味で一意的に存在することがわかる．

G_n は通常 $\mathrm{BGL}(n, \mathbb{R})$ と書かれ，n 次元ベクトルバンドルの**分類空間**（classifying space）と称される．この名称の理由は次のとおりである．上記では微分可能多様体 M の接バンドルのみを考えた．しかし，より一般に，与えられた多様体 B（次元は任意とする）上の任意の n 次元ベクトルバンドル ξ に対して，ある連続写像 $f : B \longrightarrow \mathrm{BGL}(n, \mathbb{R})$ がホモトピーの意味で一意的に定まり

$$\xi \cong f^*(\xi_n)$$

となることが知られているのである．このことから，次の定理が得られる．

定理 3.1.14　与えられた微分可能多様体 B に対し，自然な同一視

$$\mathrm{Vect}_n(B) \cong [B, \mathrm{BGL}(n, \mathbb{R})]$$

が存在する．ただし，右辺は B から $\mathrm{BGL}(n, \mathbb{R})$ への連続写像のホモトピー類全体のなす集合を表す．

同様にして，向き付けられた無限グラスマン多様体 (oriented infinite Grassmann manifold)

$$\widetilde{G}_n = \widetilde{G}_{\infty,n} = \lim_{N\to\infty} \widetilde{G}_{N,n}$$

とその上の標準バンドル $\widetilde{\xi}_n$ が定義される．そして向き付けられた多様体 M に対して，その接バンドル TM の分類写像 $\gamma : M \to \widetilde{G}_n$ とそれをカバーするバンドル写像 $\widetilde{\gamma} : TM \to \widetilde{\xi}_n$ が得られる．$\widetilde{G}_n$ は通常 $\mathrm{BGL}_+(n,\mathbb{R})$ と書かれ，向き付けられた n 次元ベクトルバンドルの分類空間と称される．ここで念のために，実ベクトルバンドルの向きの定義を述べておく．

定義 3.1.15（ベクトルバンドルの向き） $\xi = (E, \pi, B)$ をベクトルバンドルとする．各ファイバー E_b ($b \in B$) に向きを与え，任意の自明化 $\varphi : \pi^{-1}(U) \cong U \times \mathbb{R}^n$ に対して，E_b ($b \in U$) の向きを φ で写した $\{b\} \times \mathbb{R}^n$ の向きが b によらず一定となるようにできるとき，ξ は**向き付け可能** (orientable) という．さらに，各ファイバーにそのような向きを指定したとき，ξ の**向き** (orientation) という．向きが一つ指定されたベクトルバンドルを，向き付けられたベクトルバンドルという．

複素ベクトルバンドルは常に自然に向き付けられていることがわかる．読者はその証明を考えてほしい．

この項の最後に，複素ベクトルバンドルの分類空間について述べておく．まず，**複素グラスマン多様体** (complex Grassmann manifold) と呼ばれる空間

$$\mathbb{C}G_{N,n} = \{V^n \subset \mathbb{C}^N ; n \text{ 次元複素線形部分空間}\}$$

を考える．この空間の等質空間としての表示は次のようになる．ユニタリ群 $\mathrm{U}(N)$ は上記の集合 $\mathbb{C}G_{N,n}$ に自然に作用する．この作用は推移的である．一方 $\mathbb{C}V_0 = \mathbb{C}^n \subset \mathbb{C}^N$ を $\mathbb{C}G_{N,n}$ の 1 点と考えたとき，$\mathbb{C}V_0$ の固定部分群は

$$\mathrm{U}(n) \times \mathrm{U}'(N-n) \subset \mathrm{U}(N)$$

となる．こうして，同一視

$$\mathbb{C}G_{N,n} = \mathrm{U}(N)/\mathrm{U}(n) \times \mathrm{U}'(N-n)$$

3.1 序論

が得られる．複素グラスマン多様体は複素多様体となることが知られている．この多様体上の自明な N 次元複素ベクトルバンドル $\mathbb{C}G_{N,n} \times \mathbb{C}^N$ を考え

$$\mathbb{C}E_{N,n} = \{(V,v) \in \mathbb{C}G_{N,n} \times \mathbb{C}^N; v \in V\}$$

とおけば，自然な射影

$$\mathbb{C}E_{N,n} \ni (V,v) \longmapsto V \in \mathbb{C}G_{N,n}$$

は $\mathbb{C}G_{N,n}$ 上の n 次元複素ベクトルバンドルを定める．これを複素グラスマン多様体上の**標準バンドル**といい，$\eta_{N,n}$ と記す．自然な包含写像 $\mathbb{C}G_{N,n} \subset \mathbb{C}G_{N+1,n}$ に関して帰納極限をとり

$$\mathbb{C}G_n = \mathbb{C}G_{\infty,n} = \lim_{N \to \infty} \mathbb{C}G_{N,n}$$

とおく．これを**無限複素グラスマン多様体** (infinite complex Grassmann manifold) という．各 $\mathbb{C}G_{N,n+1}$ 上の標準バンドル $\eta_{N,n+1}$ の $\mathbb{C}G_{N,n+1}$ への制限は自然に $\eta_{N,n}$ と同一視することができる．したがって，$\mathbb{C}G_n$ 上の n 次元複素ベクトルバンドル η_n が定義される．これを標準バンドルという．$\mathbb{C}G_n$ は通常 $\mathrm{BGL}(n,\mathbb{C})$ と書かれ，n 次元複素ベクトルバンドルの分類空間と称される．

そして，任意の n 次元 C^∞ 多様体 B 上の任意の n 次元複素ベクトルバンドル η に対して，ある連続写像 $f : B \longrightarrow \mathrm{BGL}(n,\mathbb{C})$ がホモトピーの意味で一意的に定まり

$$\eta \cong f^*(\eta_n)$$

となることが知られているのである．このことから，次の定理が得られる．

定理 3.1.16　与えられた微分可能多様体 B に対し，自然な同一視

$$\mathbb{C}\mathrm{Vect}_n(B) \cong [B, \mathrm{BGL}(n,\mathbb{C})]$$

が存在する．ただし，左辺は B 上の n 次元複素ベクトルバンドルの同型類全体のなす集合を表す．

3.1.4　ファイバーバンドルと特性類

特性類の考えは，前項で述べた，多様体の接バンドルあるいはもっと一般にベクトルバンドルの場合に限らず，一般のファイバーバンドルに対しても定義される．この項では，このことを簡単に解説する．

まず C^∞ 級のファイバーバンドルの定義から始める．ファイバーの働きをする C^∞ 多様体 M が与えられたとする．

定義 3.1.17（ファイバーバンドル）　E, B を C^∞ 多様体とし，$\pi : E \longrightarrow B$ を C^∞ 写像とする．$E_b = \pi^{-1}(b)$ $(b \in B)$ とおくとき，局所自明性の条件

> 任意の点 $b \in B$ に対して，そのある開近傍 $U \ni b$ と
> 微分同相写像 $\varphi : \pi^{-1}(U) \cong U \times M$ が存在して
> 各点 $b \in B$ に対して E_b は φ により $\{b\} \times M$ に写される

が満たされているとする．このとき，$\xi = (E, \pi, B)$（あるいは，単に π または E）を，M をファイバーとする**微分可能ファイバーバンドル** (differentiable fiber bundle) という．簡単に**微分可能 M バンドル** (differentiable M-bundle) という場合もある．

ベクトルバンドルの場合と同様に，上記の定義において E, π, B をそれぞれ**全空間** (total space)，**射影** (projection)，**底空間** (base space) と呼ぶ．また，E_b を b 上の**ファイバー** (fiber)，φ を U 上の**自明化** (trivialization) という．

定義 3.1.18（切断）　$\pi : E \longrightarrow B$ を微分可能 M バンドルとする．C^∞ 写像 $s : B \longrightarrow E$ で $\pi \circ s = \mathrm{id}_B$ となるものを，C^∞ 級の**切断** (section) という．

定義 3.1.19　$\xi = (E, \pi, B)$ をベクトルバンドルとする．各点 $b \in B$ に対し，E_b のゼロベクトルを対応させる写像 $s : B \longrightarrow E$ は ξ の切断である．これを**ゼロ切断** (zero-section) という．

定義 3.1.20　$\xi = (E, \pi, B)$ を微分可能 M バンドルとし，$M^0 \subset M$ を部分

3.1 序論

多様体とする．E の部分多様体 F が与えられ，π の F への制限 $\pi: F \longrightarrow B$ が自然に微分可能 M^0 バンドルの構造を定めるとする．このとき，(F, π, B) を ξ の部分 M^0 バンドルという．

例 3.1.1 $\xi = (E, \pi, B)$ を n 次元ベクトルバンドルとする．E からゼロ切断の像を除いた空間を E^0 と書く．このとき，E^0 は ξ の部分 $\mathbb{R}^n - \{o\}$ バンドルである．ただし $o \in \mathbb{R}^n$ は原点を表す．また，ξ にリーマン計量が与えられている場合は，$E_1 = \{u \in E; |u| = 1\}$ とおけば，(E_1, π, B) は ξ の部分 S^{n-1} バンドルとなる．これを ξ に同伴する球面バンドルという．

次に構造群の考えを述べる．底空間 B の二つの開集合 U, V 上の自明化

$$\varphi: \pi^{-1}(U) \cong U \times M, \quad \psi: \pi^{-1}(V) \cong V \times M$$

が与えられたとする．もし，この二つの開集合が交わる，すなわち $U \cap V \neq \phi$ とすれば，合成写像

$$\varphi \circ \psi^{-1}: (U \cap V) \times M \cong (U \cap V) \times M$$

は

$$(U \cap V) \times M \ni (b, x) \longmapsto (b, g_{UV}(b)x) \in (U \cap V) \times M$$

の形に書ける．ここで

$$g_{UV}: U \cap V \longrightarrow \operatorname{Diff} M \quad (\operatorname{Diff} M \text{ は } M \text{ の微分同相群})$$

は，$U \times M$ と $V \times M$ の $U \cap V$ 上での貼り合わせ具合を記述するもので，**変換関数**（transition function）と呼ばれる．第三の開集合 W 上の自明化が与えられれば，三つの変換関数の間に

（コサイクル条件） $\quad g_{UV}(b) g_{VW}(b) g_{WU}(b) = \operatorname{id}_M \quad (b \in U \cap V \cap W)$

と呼ばれる等式が成立することがわかる．

定義 3.1.21（構造群） $\xi = (E, \pi, B)$ を微分可能な M バンドルとし，$G \subset \operatorname{Diff} M$ を部分群とする．もし底空間の開被覆 $B = \cup_\alpha U_\alpha$ と，局所自明化 $\varphi_\alpha: \pi^{-1}(U_\alpha) \cong U_\alpha \times M$ が与えられ，すべての変換関数

$$g_{\alpha\beta}: U_\alpha \cap U_\beta \longrightarrow \operatorname{Diff} M$$

の像が G に属するものとする．このような M バンドルを，G を**構造群** (structure group) とする M バンドルという．

また，B の開集合 V 上の自明化 $\psi: \pi^{-1}(V) \cong V \times M$ は，すべての α に対して写像

$$\varphi_\alpha \circ \psi^{-1} : (U_\alpha \cap V) \times M \longrightarrow (U_\alpha \cap V) \times M$$

を

$$(U_\alpha \cap V) \times M \ni (b,x) \longmapsto (b, h_{\alpha V}(b)x) \in (U_\alpha \cap V) \times M$$

の形に書いたとき，$h_{\alpha V} : U_\alpha \cap V \longrightarrow \text{Diff } M$ の像が常に G に属するとき，**許容的**（admissible）な自明化という．

例 3.1.2 n 次元実ベクトルバンドルは，$\mathbb{R}^n$ をファイバーとし一般線形群 $\text{GL}(n;\mathbb{R})$ を構造群とするファイバーバンドルにほかならない．同様に，n 次元複素ベクトルバンドルは，$\mathbb{C}^n$ をファイバーとし複素の一般線形群 $\text{GL}(n;\mathbb{C})$ を構造群とするファイバーバンドルにほかならない．

前に述べたベクトルバンドルに関するいくつかの基本的な定義を，G を構造群とする M バンドルに対して一般化した定義を述べる．

定義 3.1.22 $\xi_i = (E_i, \pi_i, B_i)$ $(i=1,2)$ を G を構造群とする二つの微分可能 M バンドルとする．次の図式

$$\begin{array}{ccc} E_1 & \xrightarrow{\tilde{f}} & E_2 \\ \pi_1 \downarrow & & \downarrow \pi_2 \\ B_1 & \xrightarrow{f} & B_2 \end{array}$$

が可換になるような C^∞ 写像の対 $(\tilde{f}, f)$ で，任意の $b \in B_1$ に対して $\tilde{f}$ の $(E_1)_b$ への制限

$$\tilde{f}|_{(E_1)_b} : (E_1)_b \longrightarrow (E_2)_{f(b)}$$

が微分同相写像であり，さらに b の近傍で定義された ξ_1 の許容的な自明化 φ と，$f(b)$ の近傍で定義された ξ_2 の許容的な自明化 ψ を通して得られる微

3.1 序論

分同相写像

$$\{b\} \times M \stackrel{\varphi^{-1}}{\cong} (E_1)_b \stackrel{\tilde{f}}{\cong} (E_2)_{f(b)} \stackrel{\psi}{\cong} \{f(b)\} \times M$$

が,常に G に属しているようなものを,ξ_1 から ξ_2 への G を構造群とする**バンドル写像**という.あるいは $f : B_1 \longrightarrow B_2$ をカバーするバンドル写像 $\tilde{f} : E_1 \longrightarrow E_2$ という場合もある.

次に G を構造群とする M バンドルの分類の基準となる同型の定義を述べる.

定義 3.1.23 微分可能多様体 B 上の G を構造群とする二つの M バンドル ξ_i $(i = 1, 2)$ に対し,ξ_1 から ξ_2 への B の恒等写像をカバーするバンドル写像 $(\tilde{f}, \mathrm{id}_B)$ が存在するとき,ξ_1 と ξ_2 は互いに同型であるといい,$\xi_1 \cong \xi_2$ と書く.簡単にわかるように,この場合 $\tilde{f}$ は全空間の間の微分同相写像であり,その逆写像は ξ_2 から ξ_1 への B の恒等写像をカバーするバンドル写像となる.

一般に,与えられた微分可能多様体 B に対して,B 上の G を構造群とする M バンドルの同型類全体のなす集合を決定するのは極めて重要な問題である.

定義 3.1.24 $\xi = (E, \pi, B)$ を G を構造群とする M バンドルとし,$f : B' \longrightarrow B$ を C^∞ 写像とする.このとき

$$E' = \{(b, u) \in B' \times E ; f(b) = \pi(u)\} \subset B' \times E$$

とおけば,これは C^∞ 多様体となることがわかる.さらに,$\pi' : E' \longrightarrow B'$ を $\pi'(b, u) = b$ とおけば $f^*(\xi) = (E', \pi', B')$ は B' 上の G を構造群とする M バンドルとなる.これを ξ の f による**引き戻し**という.

命題 3.1.25 G を構造群とする二つの M バンドル $\xi_i = (E_i, \pi_i, B_i)$ $(i = 1, 2)$ の間にバンドル写像 $(\tilde{f}, f)$ が存在するための必要十分条件は,ξ_1 と $f : B_1 \longrightarrow B_2$ による ξ_2 の引き戻し $f^*(\xi_2)$ が互いに同型 $\xi_1 \cong f^*(\xi_2)$ となることである.

以上の準備のもとに，G を構造群とするファイバーバンドルの特性類の定義を述べる．

定義 3.1.26 A をアーベル群，k を負でない整数とする．G を構造群とする任意の M バンドル $\xi = (E, \pi, B)$ に対し，底空間 B の A を係数とする k 次元コホモロジー群の元

$$\alpha(\xi) \in H^k(B; A)$$

が定まり，次の自然性の条件が満たされるとき，α を G を構造群とする M バンドルの A 係数で次数 k の**特性類**という．

自然性の条件：G を構造群とする任意の二つの M バンドル $\xi_i = (E_i, \pi_i, B_i)$ ($i=1,2$) の間の，G を構造群とする任意のバンドル写像 $(\tilde{f}, f)$ に対し，等式

$$\alpha(\xi_1) = f^*(\alpha(\xi_2)) \in H^k(B_1; A)$$

が成立する．

バンドル写像と引き戻しの間の関係から，自然性の条件は次のように言い換えることもできる：

$$\alpha(f^*(\xi)) = f^*(\alpha(\xi)).$$

最後に同伴バンドルの定義を述べる．これは，構造群は同じであるが，ファイバーの異なる二つのファイバーバンドルの間の，ある密接な関係を表す言葉である．M, M' を二つの C^∞ 多様体とし，ある群 G がそれぞれの微分同相群に共通の部分群として含まれていると仮定する．すなわち

$$\operatorname{Diff} M \supset G \subset \operatorname{Diff} M'$$

とする．言い換えれば，G が M, M' の双方に微分可能変換群として作用しているとする．

定義 3.1.27 $\xi = (E, \pi, B)$, $\xi' = (E', \pi', B)$ をそれぞれ，同じ底空間 B 上の G を構造群とする微分可能 M バンドル，M' バンドルとする．もし，B の開被覆 $B = \cup_\alpha U_\alpha$ と，各 U_α 上の ξ, ξ' の許容される自明化

$$\varphi_\alpha : \pi^{-1}(U_\alpha) \cong U_\alpha \times M, \quad \varphi'_\alpha : \pi'^{-1}(U_\alpha) \cong U_\alpha \times M'$$

が存在して，対応する変換関数

$$g_{\alpha\beta}: U_\alpha \cap U_\beta \longrightarrow G \subset \mathrm{Diff}\, M, \quad g'_{\alpha\beta}: U_\alpha \cap U_\beta \longrightarrow G \subset \mathrm{Diff}\, M'$$

が完全に一致しているとする．このとき，ξ と ξ' は互いに他の**同伴バンドル** (associated bundle) であるという．

例 3.1.3 $\xi = (E, \pi, B)$ を n 次元ベクトルバンドルとし，リーマン計量が与えられているとする．このとき ξ の構造群は $\mathrm{O}(n)$ となる．各ファイバー E_b $(b \in B)$ のベクトルで長さが 1 のもの全体を $(E_b)_1$ と書けば，自然な射影

$$E_1 = \bigcup_{b \in B} (E_b)_1 \longrightarrow B$$

は，$\mathrm{O}(n)$ を構造群とする B 上の S^{n-1} バンドルとなることがわかる．このとき，E, E_1 は互いに他の同伴バンドルとなることがわかる．ベクトルバンドルから，このようにして得られる球面バンドルを，**同伴球面バンドル** (associated sphere bundle) という．

3.2 ベクトルバンドルの特性類

ここでは，ベクトルバンドルの特性類の種々の定義と諸性質を述べる．それぞれの定義について詳しくは，[26], [5], [21], [23], [29], [27] などを参照してほしい．

3.2.1 分類空間のコホモロジー

この項では，分類空間のコホモロジー群の元としてのベクトルバンドルの特性類の捉え方を述べる．

まず簡単な場合を考える．$n = 1$ の場合，すなわち 1 次元の実ベクトルバンドルの分類空間は

$$\mathrm{BGL}(1, \mathbb{R}) = \lim_{N \to \infty} G_{N,1} = \lim_{N \to \infty} \mathbb{R}P^{N-1} = \mathbb{R}P^\infty$$

より，無限実射影空間となる．したがって

$$H^*(\mathrm{BGL}(1,\mathbb{R});\mathbb{Z}/2) \cong \mathbb{Z}/2[w_1]$$

となる．ただし

$$w_1 \in H^1(\mathbb{R}P^\infty;\mathbb{Z}/2) \cong \mathbb{Z}/2$$

は生成元である．ここで $G_{N,1} = \mathbb{R}P^{N-1}$ は，各 $k = 0, 1, \ldots, N-1$ に対し，それぞれ一個の k 次元胞体（略して k-胞体）からなる CW 複体の構造を持ち

$$H^*(G_{N,1};\mathbb{Z}/2) \cong \mathbb{Z}/2[w_1]/(w_1^N)$$

となること，したがって $\mathbb{R}P^\infty$ は各 k 次元に一個の k-胞体からなる CW 複体の構造を持つことを思い出そう．w_1 は

第一シュティーフェル–ホイットニー類（first Stiefel–Whitney class）

と呼ばれる．1 次元の実ベクトルバンドル ξ に対して $w_1(\xi)$ は次のような簡明な意味を持っている．まず S^1 上の 1 次元の実ベクトルバンドルは，自明なものと全空間が開いたメビウスの帯となるもの（自明でないもの）の 2 種類であることがわかる．次に ξ を一般の多様体 B 上の 1 次元の実ベクトルバンドルとしよう．このとき，写像

$$\mathfrak{o} : \pi_1 B \longrightarrow \mathbb{Z}/2$$

が

$$\pi_1 B \ni [f : S^1 \to B] \longmapsto \begin{cases} 0 & (f^*(\xi) \text{ が自明のとき}) \\ 1 & (f^*(\xi) \text{ が非自明のとき}) \end{cases}$$

により定義される．この写像は準同型写像となることがわかる．同型対応

$$\mathrm{Hom}(\pi_1 B, \mathbb{Z}/2) \cong H^1(B;\mathbb{Z}/2)$$

により $\mathfrak{o}$ が定める元を，ξ の第一シュティーフェル–ホイットニー類 $w_1(\xi)$ と定義する．

3.2 ベクトルバンドルの特性類

このとき,実射影空間 $\mathbb{R}P^n$ ($n=1,2,\ldots,\infty$)(無限の場合も含む)上の標準バンドル $\xi_{n,1}$ ($n=\infty$ の場合は ξ_1)の第一シュティーフェル–ホイットニー類は $w_1 \in H^1(\mathbb{R}P^n;\mathbb{Z}/2)$ にほかならない.

一般の N,n に対してグラスマン多様体 $G_{N,n}$ は,**シューベルト胞体** (Schubert cell) と呼ばれる胞体による CW 複体の構造を持つことが知られている.この複体の構造を調べることにより,シュティーフェル–ホイットニー類と呼ばれるコホモロジー類

$$w_i \in H^i(G_{N,n};\mathbb{Z}/2) \quad (i=1,\ldots,n)$$

および,ポントリャーギン類と呼ばれるコホモロジー類

$$p_i \in H^{4i}(G_{N,n};\mathbb{Z}) \quad (i=1,\ldots,[n/2])$$

が定義される.ここで $[n/2]$ は $n/2$ を超えない最大の整数である.これらのコホモロジー類は自然な包含写像 $G_{N,n} \subset G_{N+1,n}$ の誘導する準同型写像で保たれ,したがって N によらずに定まる.実際 w_i, p_i は無限グラスマン多様体 $G_{\infty,n}$,すなわち n 次元実ベクトルバンドルの分類空間 $\mathrm{BGL}(n,\mathbb{R})$ のコホモロジー類として定義される:

$$w_i \in H^i(\mathrm{BGL}(n,\mathbb{R});\mathbb{Z}/2) \quad (i=1,\ldots,n),$$
$$p_i \in H^{4i}(\mathrm{BGL}(n,\mathbb{R});\mathbb{Z}) \quad (i=1,\ldots,[n/2]).$$

そして次の定理が成立する.

定理 3.2.1 n 次元実ベクトルバンドルの分類空間のコホモロジー代数は,次のようになる.

$$H^*(\mathrm{BGL}(n,\mathbb{R});\mathbb{Z}/2) \cong \mathbb{Z}/2[w_1,\ldots,w_n]$$
$$H^*(\mathrm{BGL}(n,\mathbb{R});\mathbb{Z}) \cong \mathbb{Z}[p_1,p_2,\ldots,p_{[n/2]}] + 2\text{-torsion}$$

次に向き付けられたグラスマン多様体を考える.この場合には n が偶数の場合に**オイラー類**と呼ばれるコホモロジー類

$$\chi \in H^{2m}(\mathrm{BGL}_+(2m,\mathbb{R});\mathbb{Z})$$

が定義されて,次の定理が成立する.

定理 3.2.2 向き付けられた n 次元実ベクトルバンドルの分類空間のコホモロジー代数は，次のようになる．

$$H^*(\mathrm{BGL}_+(n,\mathbb{R});\mathbb{Z}/2) \cong \mathbb{Z}/2[w_2,\ldots,w_n]$$
$$H^*(\mathrm{BGL}_+(2m,\mathbb{R});\mathbb{Z}) \cong \mathbb{Z}[p_1,p_2,\ldots,p_{m-1},\chi] + \text{2-torsion}$$
$$H^*(\mathrm{BGL}_+(2m+1,\mathbb{R});\mathbb{Z}) \cong \mathbb{Z}[p_1,p_2,\ldots,p_m] + \text{2-torsion}$$

次に複素ベクトルバンドルについて考える．この場合は複素グラスマン多様体 $\mathbb{C}G_{N,n}$ を考える．$n=1$ の場合には，複素グラスマン多様体はよく知られた多様体すなわち複素射影空間となる：

$$\mathbb{C}G_{N,1} = \mathbb{C}P^{N-1}.$$

この空間のコホモロジーは，よく知られているように

$$H^*(\mathbb{C}P^{N-1};\mathbb{Z}) \cong \mathbb{Z}[c_1]/(c_1^N)$$

となる．ここで $c_1 \in H^2(\mathbb{C}P^{N-1};\mathbb{Z}) \cong \mathbb{Z}$ は負の生成元，すなわちリーマン球面 $\mathbb{C}P^1$ の自然な向きの定める基本類 $[\mathbb{C}P^1] \in H_2(\mathbb{C}P^{N-1};\mathbb{Z})$ の上で値 -1 をとるコホモロジー類である．そして，複素射影空間 $\mathbb{C}P^n$ ($n=1,2,\ldots,\infty$)（無限の場合も含む）上の標準バンドル $\eta_{n,1}$ ($n=\infty$ の場合は η_1) の第一チャーン類を $c_1 \in H^1(\mathbb{C}P^n;\mathbb{Z})$ と定義する．

実の場合と同様に，複素の場合も無限グラスマン多様体

$$\mathbb{C}G_n = \lim_{N\to\infty} \mathbb{C}G_{N,n} = \mathrm{BGL}(n,\mathbb{C})$$

と，その上の普遍複素ベクトルバンドル η_n を考えることができる．これは複素ベクトルバンドルの分類空間の役割を果たす．

$n=1$ の場合，$\mathrm{BGL}(1,\mathbb{C}) = \mathbb{C}P^\infty$ は無限複素射影空間であり，各偶数次元に一個の胞体からなる CW 複体の構造を持つ．一般の n についてもシューベルト胞体と呼ばれる胞体からなる CW 複体の構造を持つ．それらの構造を調べることにより，チャーン類と呼ばれるコホモロジー類

$$c_i \in H^{2i}(\mathrm{BGL}(n,\mathbb{C});\mathbb{Z}) \quad (i=1,\ldots,n)$$

が定義される．そして次の定理が成立する．

3.2 ベクトルバンドルの特性類

定理 3.2.3 n 次元複素ベクトルバンドルの分類空間のコホモロジー代数は，次のようになる．

$$H^*(\mathrm{BGL}(n,\mathbb{C});\mathbb{Z}) \cong \mathbb{Z}[c_1, c_2, \ldots, c_n]$$

このようにして，ベクトルバンドルの分類空間すなわち無限グラスマン多様体を直接胞体分割することにより，コホモロジー群が決定されることを見た．ここでは，これらのコホモロジー群の元が，実際ベクトルバンドルの特性類となることを確かめよう．そのためには，与えられたベクトルバンドルに対して，その底空間のコホモロジー群のある元を対応させ，それがバンドル写像に関する自然性の条件を満たすことを見ればよい．

議論は実ベクトルバンドル，向き付けられた実ベクトルバンドル，あるいは複素ベクトルバンドルの各場合で共通にできる．そこで，$G = \mathrm{GL}(n,\mathbb{R}), \mathrm{GL}_+(n,\mathbb{R}), \mathrm{GL}(n,\mathbb{C})$ とし，その任意のコホモロジー類

$$\alpha \in H^k(\mathrm{BG}; A)$$

を考える．さて，二つのベクトルバンドル $\xi = (E_i, \pi_i, B_i)$ $(i=1,2)$ の間に，底空間の写像 $f: B_1 \longrightarrow B_2$ をカバーするバンドル写像 $E_1 \longrightarrow E_2$ があったとする．ξ_i の分類写像を $f_i : B_i \longrightarrow \mathrm{BG}$ とし，分類空間 BG 上の普遍バンドルを ξ とすれば

$$\xi_1 \cong f_1^*(\xi), \ \xi_1 \cong f^*(\xi_2) \cong f^*(f_2^*(\xi)) \cong (f_2 \circ f)^*(\xi)$$

となる．したがって，分類写像のホモトピーの意味での一意性により

$$f_1 \sim f_2 \circ f$$

となる．したがって

$$\alpha(f^*(\xi_2)) = \alpha(\xi_1) = f_1^*(\alpha) = (f_2 \circ f)^*(\alpha) = f^*(f_2^*(\alpha)) = f^*(\alpha(\xi_2))$$

となり，自然性が証明された．

この項の最後に，実ベクトルバンドルと複素ベクトルバンドルの特性類の間の関係を考える．まず $\xi = (E, \pi, B)$ を n 次元の実ベクトルバンドルとすれば，各ファイバー E_b を複素化 $(E_b) \otimes \mathbb{C}$ することにより，複素ベクトル

$\xi \otimes \mathbb{C}$ が得られる．これを ξ の**複素化**（complexification）という．このとき，ξ のポントリャーギン類と $\xi \otimes \mathbb{C}$ のチャーン類の間には，次のような密接な関係がある．

構造群および分類空間の言葉で言えば，次のようになる．自然な包含写像

$$\mathrm{GL}(n, \mathbb{R}) \subset \mathrm{GL}(n, \mathbb{C})$$

は連続写像

$$\mathrm{BGL}(n, \mathbb{R}) \longrightarrow \mathrm{BGL}(n, \mathbb{C})$$

を誘導する．この連続写像の誘導するコホモロジー群の準同型写像は，次により与えられる．

定理 **3.2.4**　準同型写像

$$H^*(\mathrm{BGL}(n, \mathbb{C}); \mathbb{Z}) \longrightarrow H^*(\mathrm{BGL}(n, \mathbb{R}); \mathbb{Z})$$

は，対応

$$c_{2i} \mapsto (-1)^i p_i, \quad c_{2i+1} \mapsto \text{2-torsion}$$

により与えられる．

この定理により，実ベクトルバンドルの第 i ポントリャーギン類 p_i は，その複素化の第 $2i$ チャーン類 c_{2i} の $(-1)^i$ 倍に等しいことになる．これをポントリャーギン類の定義とする場合もある．

次に，η を n 次元複素ベクトルバンドルとする．各ファイバーの複素ベクトル空間としての構造を忘れ，単に実ベクトル空間と思えば η は $2n$ 次元の実ベクトルバンドルとなる．さらに，一般に複素ベクトルバンドルは向き付け可能であるから，η は $2n$ 次元の向き付けられた実ベクトルバンドルとなる．

構造群および分類空間の言葉で言えば次のようになる．自然な包含写像

$$\mathrm{GL}(n, \mathbb{C}) \subset \mathrm{GL}_+(2n, \mathbb{R})$$

は連続写像

$$\mathrm{BGL}(n, \mathbb{C}) \longrightarrow \mathrm{BGL}_+(2n, \mathbb{R})$$

3.2 ベクトルバンドルの特性類

を誘導する.ただし,$\mathrm{GL}_+(2n,\mathbb{R})$ は行列式が正の行列全体からなる $\mathrm{GL}(2n,\mathbb{R})$ の部分群を表す.この連続写像の誘導するコホモロジー群の準同型写像は,次により与えられる.

定理 3.2.5 準同型写像

$$H^*(\mathrm{BGL}_+(2n,\mathbb{R});\mathbb{Z}) \longrightarrow H^*(\mathrm{BGL}(n,\mathbb{C});\mathbb{Z})$$

は,対応

$$1-p_1+p_2-\cdots+(-1)^n p_n \mapsto (1+c_1+\cdots+c_n)(1-c_1+\cdots+(-1)^n c_n)$$
$$\chi \mapsto c_n$$

により与えられる.

3.2.2 切断の存在に関する障害類

この項では,切断の存在に関する障害類と呼ばれる考えに基づいた,特性類の定義を述べる.

まず特性類の中でも最も重要な,向き付けられた S^1 バンドルのオイラー類について考える.この場合構造群は $\mathrm{Diff}_+ S^1$ であるが,回転全体のなす部分群として $\mathrm{SO}(2)$ を含む.一方,$\mathrm{SO}(2)$ は $\mathrm{GL}_+(2,\mathbb{R})$ の極大コンパクト群であり,さらには $\mathrm{U}(1)$ と同一視して $\mathrm{GL}(1,\mathbb{C})$ の極大コンパクト群でもある.こうして,すべてがホモトピー同値である群の対

$$\mathrm{SO}(2) \stackrel{h.e.}{\subset} \mathrm{Diff}_+ S^1,\ \mathrm{SO}(2) \stackrel{h.e.}{\subset} \mathrm{GL}_+(2,\mathbb{R}),\ \mathrm{SO}(2) \stackrel{h.e.}{\subset} \mathrm{GL}(1,\mathbb{C})$$

が得られる.ここで $h.e.$ はホモトピー同値の略記である.このことから,向き付けられた S^1 バンドルに対して定義されるオイラー類

$$\chi \in H^2(\mathrm{BDiff}_+ S^1; \mathbb{Z}),$$

向き付けられた 2 次元実ベクトルバンドルに対して定義されるオイラー類

$$\chi \in H^2(\mathrm{BGL}_+(2,\mathbb{R}); \mathbb{Z}),$$

さらには1次元複素ベクトルバンドルに対して定義される第一チャーン類

$$c_1 \in H^2(\mathrm{BGL}(1,\mathbb{C});\mathbb{Z})$$

の三つの特性類はすべて同等なものであることがわかる．

以下に，向き付けられた S^1 バンドルのオイラー類について，その切断への障害類としての解釈を与える．そのために

$$\pi : E \longrightarrow B$$

を C^∞ 多様体 B 上の向き付けられた S^1 バンドルとする．π の切断とは，写像 $s : B \to E$ で $\pi \circ s = \mathrm{id}_M$ となるもののことであった．

命題 3.2.6 向き付けられた S^1 バンドルが自明となる（すなわち積バンドルと同型となる）ための必要十分条件は，それが切断を持つことである．

証明は概略次のようにする．自明ならば切断を持つことは明らかである．逆を示すために，$s : B \to E$ を切断とする．まず E にリーマン計量を入れる．このとき各ファイバー $E_b = \pi^{-1}(b)$ $(b \in B)$ にもリーマン計量が誘導され，したがって長さが定義される．そこで E_b の長さを ℓ_b とする．各点 $u \in E$ に対し

$$b_u = \pi(u)$$
$$\ell(u) = s(b_u) \text{ からプラスの方向に計った } u \text{ までの距離}$$

とおく．このとき，$S^1 = \mathbb{R}/\mathbb{Z}$ と同一視し，対応

$$E \ni u \longmapsto \left(b_u, \frac{\ell(u)}{\ell_{b_u}}\right)$$

を考えれば，これが同型対応を与えることがわかる．

さて，上記の命題から与えられた向き付けられた S^1 バンドルのねじれ具合を計る方法として，切断が存在するかどうかを調べるというのは妥当であろう．そのために，B の三角形分割

$$t : |K| \longrightarrow B \quad (K \text{ は単体複体})$$

3.2 ベクトルバンドルの特性類

を選ぶ．まず K の 0-切片 (skeleton) $K^{(0)}$, すなわち各頂点において切断を作るのは容易である．単に各頂点上のファイバーから 1 点を選べばよい．こうして $K^{(0)}$ 上の切断

$$s : K^{(0)} \longrightarrow E$$

が構成された．

次に K の 1-切片 $K^{(1)}$ を考える．K の各 1-胞体において，その両端上にはすでに切断が与えられている．1-胞体上バンドルは自明であるから，自明化を一つ固定すれば，1-胞体の境界から S^1 への写像が与えられていると思ってよい．そして問題はこの写像が 1-胞体全体に拡張できるか，ということになる．しかし S^1 の連結性から，容易に拡張することがわかる．こうして $K^{(1)}$ 上の切断

$$s : K^{(1)} \longrightarrow E$$

が構成された．

次に K の 2-切片 $K^{(2)}$ を考える．K の各 2-胞体 σ において，その境界上にはすでに切断が与えられている．2-胞体上バンドルは自明であるから，自明化を一つ固定すれば，2-胞体の境界 $\partial\sigma$ から S^1 への写像が与えられていると思ってよい．そして問題はこの写像が σ 全体に拡張できるか，ということになる．σ に向きを与えれば $\partial\sigma$ は S^1 と同一視され，上記の写像

$$s_\sigma : \partial\sigma \cong S^1 \longrightarrow S^1$$

の写像度 $\deg s_\sigma$ が定まる．この対応により定まる 2-コチェイン

$$f_s \in C^2(K; \mathbb{Z}) \quad (f_s(\sigma) = \deg s_\sigma)$$

はコサイクルであること，すなわち任意の 3-胞体の境界（それは 4 個の向き付けられた 2-胞体である）上の値が 0 になることがわかる．この 2-コサイクル f_s は，$K^{(1)}$ 上の切断 s のとり方によって変わるが，そのコホモロジー類は変わらないことが検証できる（さらに強く，f_s とコホモロガスな任意の 2-コサイクルが $f_{s'}$ となるような切断 s' が存在することもわかる）．したがってコホモロジー類

$$\chi(\pi) = [f_s] \in H^2(K, \mathbb{Z}) \cong H^2(B; \mathbb{Z})$$

が定義される．これを向き付けられた S^1 バンドル π の**オイラー類**という．向き付けられた 2 次元実ベクトルバンドル，あるいは 1 次元複素ベクトルバンドルの場合は，それらに計量を入れ，長さ 1 のベクトル全体からなる，同伴する向き付けられた S^1 バンドルに対して上記の構成を適用すればよい．

次の定理は，特性類の理論で最も基本的な結果である．

定理 3.2.7　向き付けられた S^1 バンドル（あるいは，向き付けられた 2 次元実ベクトルバンドル，または 1 次元複素ベクトルバンドル）が自明となるための必要十分条件は，そのオイラー類が消えることである．

証明の概略を与える．自明ならばオイラー類が消えることは定義から明らかである．逆を示すために，向き付けられた S^1 バンドル $\pi: E \to B$ のオイラー類が消えることを仮定する．このとき定義と上記の議論により K の 2-切片 $K^{(2)}$ 上の切断が存在する．この切断を $K^{(3)}$ 上に拡張することを考えれば，各 3-胞体 τ の境界から S^1 への写像

$$\partial \tau \cong S^2 \longrightarrow S^1$$

を τ 全体に拡張する問題が出てくる．しかし S^1 の 2 次のホモトピー群が消える（$\pi_2 S^1 = 0$）ことから，$K^{(3)}$ への拡張は常に存在することがわかる．さらに S^1 の高次ホモトピー群 $\pi_i S^1$ ($i \geq 2$) はすべて自明であることを使えば，結局 K 全体に切断が延びることがわかる．したがって，上記の命題により π は自明となり証明が終わる．

上記の議論はファイバーが S^1 であるファイバーバンドルに対するものであるため，特別な場合と思われるかもしれない．しかし，実は議論の核心はずっと一般のファイバーバンドルに対して通用するものである．実際 "障害理論" と呼ばれる理論があり，それを適用することにより次の一般的な定理が成立することが知られている．

定理 3.2.8（切断の存在への第一障害類）　M を多様体とし，$\pi: E \to B$ を M をファイバーとする主ファイバーバンドルとする．ここで主ファイバーバンドルとは，底空間の基本群の局所系 H^*(ファイバー) への作用が自明であることを表す．また M は $(k-1)$-連結とする．このとき，まず B の k-切片上の π の切断が常に存在する．さらに，**第一障害類**（primary obstruction）と呼ばれるコホモロジー類

$$\mathfrak{o}(\pi) \in H^{k+1}(B; \pi_k M)$$

が定義され，π が $(k+1)$-切片上の切断を持つための必要十分条件は，この障害類が消えることである．

向き付けられた S^1 バンドルに対して，上記定理を適用して得られる第一障害類がオイラー類にほかならない．この場合 $k=1$ であり，主ファイバーバンドルの条件は，"向き付け可能"という条件と同等となる．

さて，上述のオイラー類だけではなく，シュティーフェル–ホイットニー類，チャーン類，ポントリャーギン類はいずれも，与えられたベクトルバンドルに同伴する適当なファイバーバンドルの，切断の存在への第一障害類と見なすことができる．あるいは，これをそれらの特性類の定義とすることもできる．実際シュティーフェルとホイットニーの仕事をはじめ，特性類の初期の仕事はまずこの線に沿ってなされたものであった．

まずシュティーフェル–ホイットニー類について考える．$\xi = (E, \pi, B)$ を n 次元ベクトルバンドルとする．このときファイバーは $\mathbb{R}^n$ である．さて $\mathbb{R}^n$ の k-枠 (k-frame) とは，順序付けられた1次独立な k 個のベクトルの組

$$(v_1, \ldots, v_k) \quad (1 \leq k \leq n)$$

のことである．$\mathbb{R}^n$ の k-枠全体のなす空間

$$V_{n,k} = \{\mathbb{R}^n \text{ の } k\text{-枠}\}$$

は C^∞ 多様体の構造を持つことがわかるが，これを**シュティーフェル多様体** (Stiefel manifold) という．k-枠に対してそれに属するベクトルたちの張る部分空間を対応させることにより，グラスマン多様体 $G_{n,k}$ への射影

$$V_{n,k} \longrightarrow G_{n,k}$$

が定義されるが，これは $\mathrm{GL}(k, \mathbb{R})$ を構造群とする主バンドルと呼ばれるものになる．さてこの多様体の（低次元の）ホモトピー群は

$$\pi_i V_{n,k} = \begin{cases} 0 & (0 \leq i \leq n-k-1) \\ \mathbb{Z} & (i = n-k, \ i \text{ は偶数，または } k=1) \\ \mathbb{Z}/2 & (i = n-k \neq n-1, \ i \text{ は奇数}) \end{cases}$$

となることが知られている．

定理 3.2.9　$\xi = (E, \pi, B)$ を n 次元ベクトルバンドル，$V_k(\xi)$ を同伴シュティーフェルバンドル，すなわち ξ の各ファイバーの k-枠をファイバーとするバンドルとする．このとき，第一障害類（を $\mathbb{Z}/2$ 係数に射影したもの）

$$\mathfrak{o}(V_k(\xi)) \in H^{n-k+1}(B; \mathbb{Z}/2)$$

は ξ のシュティーフェル–ホイットニー類

$$w_{n-k+1}(\xi)$$

に等しい．

ここで $k = n$ の場合を考えれば，同伴する n-枠バンドルが 1-切片上の切断を持つ必要十分条件は，ξ が向き付け可能であることであるが，それはまた第一シュティーフェル–ホイットニー類 $w_1(\xi)$ が消えることと同等となり，理論がうまくいっていることがわかる．

次にチャーン類を考える．ξ を B 上の n 次元複素ベクトルバンドルとする．このときファイバーは $\mathbb{C}^n$ である．さて $\mathbb{C}^n$ の k-枠とは，順序付けられた 1 次独立な k 個の複素ベクトルの組

$$(v_1, \ldots, v_k) \quad (1 \leq k \leq n)$$

のことである．$\mathbb{C}^n$ の k-枠全体のなす空間

$$\mathbb{C}V_{n,k} = \{\mathbb{C}^n \text{ の } k\text{-枠}\}$$

は複素多様体の構造を持つことがわかるが，これを**複素シュティーフェル多様体** (complex Stiefel manifold) という．k-枠に対して，それに属するベクトルたちの張る部分空間を対応させることにより，グラスマン多様体 $\mathbb{C}G_{n,k}$ への射影

$$\mathbb{C}V_{n,k} \longrightarrow \mathbb{C}G_{n,k}$$

が定義されるが，これは $\mathrm{GL}(k, \mathbb{C})$ を構造群とする主バンドルと呼ばれるものになる．さてこの多様体の（低次元の）ホモトピー群は

$$\pi_i \mathbb{C}V_{n,k} = \begin{cases} 0 & (0 \leq i \leq 2n - 2k) \\ \mathbb{Z} & (i = 2n - 2k + 1) \end{cases}$$

となることが知られている．

定理 3.2.10 ξ を B 上の n 次元複素ベクトルバンドル，$V_k(\xi)$ を同伴複素シュティーフェルバンドルとする．このとき，第一障害類

$$\mathfrak{o}(\mathbb{C}V_k(\xi)) \in H^{2n-2k+2}(B;\mathbb{Z})$$

は ξ のチャーン類

$$c_{n-k+1}(\xi)$$

に等しい．

ここで $k=1$ の場合を考えれば，同伴する 1-枠バンドルが B の $2n$ 切片上の切断を持つ必要十分条件は，第 n チャーン類 $c_n(\xi)$ が消えることとなる．実はこの場合 c_n は向き付けられた実 $2n$ 次元バンドルとしての ξ のオイラー類であることが知られている．

3.2.3 接続と曲率（ベクトルバンドルの場合）

前項までで特性類の理論への位相幾何的なアプローチの記述を終えた．次に，微分幾何的なアプローチを述べる．ゲージ理論などの登場に伴う，近年の幾何学のほとんど革命的な変動により，この側面の重要性は相対的にますます大きくなっている．この項では，まずベクトルバンドルの接続と曲率について述べる．一般の主バンドルについては，次節「チャーン–ヴェイユ理論」で詳しく述べる．

実ベクトルバンドル $\pi: E \longrightarrow B$ に対して，B 上の C^∞ 級のベクトル場全体のなすリー代数を $\mathfrak{X}(B)$，π の C^∞ 級の切断全体のなすベクトル空間を $\Gamma(E)$ と記す．$\mathfrak{X}(B), \Gamma(E)$ はいずれも，B 上の C^∞ 級の関数全体のなす代数 $C^\infty(B)$ 上の加群である．

定義 3.2.11（接続） $\pi: E \longrightarrow B$ を C^∞ 級の実ベクトルバンドルとする．双線形写像

$$\nabla: \mathfrak{X}(B) \times \Gamma(E) \longrightarrow \Gamma(E)$$

であって，$\nabla(X,s) = \nabla_X(s)$ $(X \in \mathfrak{X}(B), s \in \Gamma(E))$ と書くとき，すべての $f \in C^\infty(B), X, s$ に対して次の二つの条件を満たすものを，π 上の**接続** (connection) という．

(i) $\nabla_{fX}(s) = f\nabla_X(s)$
(ii) $\nabla_X(fs) = X(f)s + f\nabla_X(s)$

条件 (i) は，∇_X は X に関して関数について線形 (function linear) であることをいっている．また条件 (ii) は，∇_X の s への作用が通常の微分と同じように，ライプニッツの規則に従うことをいっている．

例 3.2.1 自明なベクトルバンドル $E = B \times \mathbb{R}^n$ に対して，

$$\Gamma(E) = C^\infty(B) \times \overset{n \text{ 個}}{\cdots} \times C^\infty(B)$$

と同一視するとき，対応

$$\Gamma(E) \ni s = (f_1, \ldots, f_n)$$
$$\mapsto \nabla_X(s) = (X(f_1), \ldots, X(f_n)) \in \Gamma(E) \quad (X \in \mathfrak{X}(B))$$

は接続であることが簡単にわかる．これを自明な接続という．

この例が示しているように，接続とは偏微分あるいは方向微分を一般化して得られる概念である．

一般のベクトルバンドルに対しては，B の開被覆 $B = \cup_\alpha U_\alpha$ と，それに従属する 1 の分割 $\{\lambda_\alpha\}_\alpha$，および U_α 上の E の局所自明化 $\varphi_\alpha : \pi^{-1}(U_\alpha) \cong U_\alpha \times \mathbb{R}^n$ を使って

$$\nabla = \sum_\alpha \lambda_\alpha \nabla^\alpha$$

とおけば，これは E 上の接続となることがわかる．ここで ∇^α は $E|_{U_\alpha}$ 上の上記自明化が誘導する自明な接続である．この構成から，一般に接続は豊富に存在することがわかる．実際 E 上の接続の全体のなす空間 $\mathcal{A}(E)$ は，（自明の場合を除き無限次元の）アフィン空間 (affine space) となることがわかる．すなわち，∇_i $(i = 1, \ldots, k)$ を接続とするとき

3.2 ベクトルバンドルの特性類

$$\sum_{i=1}^{k} \lambda_i \nabla_i \quad (\lambda_1 + \cdots + \lambda_k = 1)$$

もまた接続である．

自明な接続の場合，二つのベクトル場 $X, Y \in \mathfrak{X}(B)$ に対して，等式

$$\nabla_X \nabla_Y - \nabla_Y \nabla_X = \nabla_{[X,Y]}$$

が成立する．ここで $[X,Y] \in \mathfrak{X}(B)$ は X と Y とのかっこ積を表す．しかし，一般の接続の場合，上記等式は必ずしも成立しない．そこで，次のように定義する．

定義 3.2.12 (曲率) ベクトルバンドル E 上の接続 ∇ に対して，

$$k(X,Y) = \frac{1}{2}\{\nabla_X \nabla_Y - \nabla_Y \nabla_X - \nabla_{[X,Y]}\}$$

とおき，これを**曲率** (curvature) という．

曲率の基本的な性質は，B 上の任意の関数 $f, g, h \in C^\infty(B)$ と任意の $s \in \Gamma(E)$ に対して，等式

$$k(fX, gY)(hs) = fgh\, k(X,Y)(s)$$

が成立することである．証明は比較的簡単にできるので，興味ある読者は試してみてほしい．

接続 ∇_X と曲率 $k(X,Y)$ は，それぞれ X および X,Y について関数に関して線形

$$\nabla_{fX} = f\nabla_X, \quad k(fX, gY) = fg\, k(X,Y)$$

であり，微分形式と極めて相性が良い．接続と曲率のこの性質から，ベクトルバンドルの曲がり具合を微分形式により表すことが可能となる．具体的には次のようにする．

B の開集合 U 上で E は自明とする．U 上の自明化 $\varphi : \pi^{-1}(U) \cong U \times \mathbb{R}^n$ を選べば，対応して U 上の n 個の切断 $s_i : U \longrightarrow \pi^{-1}(U) \subset E$ ($i = 1, \ldots, n$) が

$$\varphi(u) = (b, s_1(b), \ldots, s_n(b)) \quad (b \in U, u \in \pi^{-1}(b))$$

により定まる．このとき

$$\nabla_X(s_i) = \sum_{j=1}^n \omega_{ji}(X) s_j \quad (X \in \mathfrak{X}(U))$$

により $\omega_{ji}(X)$ を定めれば $\omega_{ji}(fX) = f\omega_{ji}(X)$ となることがわかる．したがって ω_{ji} は U 上の 1 次の微分形式となる．i, j をすべて動かしたものを一体として考えたものを

$$\omega = (\omega_{ij}) \in A^1(U; \mathfrak{gl}(n, \mathbb{R}))$$

と書き，これを**接続形式**（connection form）と呼ぶ．ただし，$\mathfrak{gl}(n, \mathbb{R})$ は構造群 $GL(n, \mathbb{R})$ のリー代数である．すなわち ω は U 上の $\mathfrak{gl}(n, \mathbb{R})$ に値を持つ 1 形式（これらの全体を $A^1(U; \mathfrak{gl}(n, \mathbb{R}))$ と表す）と見なすのである．

次に

$$k(X, Y)(s_i) = \sum_{j=1}^n \Omega_{ji}(X, Y) s_j \quad (X, Y \in \mathfrak{X}(U))$$

により $\Omega_{ji}(X, Y)$ を定めれば

$$\Omega_{ji}(Y, X) = -\Omega_{ji}(X, Y), \quad \Omega_{ji}(fX, gY) = fg\Omega(X)_{ji}$$

となることがわかる．したがって Ω_{ji} は U 上の 2 次の微分形式となる．i, j をすべて動かしたものを一体として考えたものを

$$\Omega = (\Omega_{ij}) \in A^2(U; \mathfrak{gl}(n, \mathbb{R}))$$

と書き，これを**曲率形式**（curvature form）と呼ぶ．すなわち Ω は U 上の $\mathfrak{gl}(n, \mathbb{R})$ に値を持つ 2 形式と見なすのである．接続形式と曲率形式は次のような密接な関係にある．

定理 3.2.13（構造方程式）

$$\Omega_{ij} = d\omega_{ij} + \sum_{k=1}^n \omega_{ik} \wedge \omega_{kj}$$

3.2 ベクトルバンドルの特性類

以上の接続形式,曲率形式はいずれも E が自明化されている U 上でのみ定義されている.別の開集合 V 上で E が自明化されていれば,別の接続形式,曲率形式が定義される.これらの間の関係を与えるのが次の命題である.

命題 3.2.14 $\pi : E \longrightarrow B$ を n 次元ベクトルバンドルとし,∇ を E 上の接続とする.B の交わる二つの開集合 U, V 上の E の自明化

$$\varphi_U : \pi^{-1}(U) \cong U \times \mathbb{R}^n, \quad \varphi_V : \pi^{-1}(V) \cong V \times \mathbb{R}^n$$

が定義する接続形式,曲率形式をそれぞれ $\omega_U, \Omega_U, \omega_V, \Omega_V$ とする.また上記二つの自明化の変換関数を $g : U \cap V \longrightarrow \mathrm{GL}(n, \mathbb{R})$ とする.すなわち

$$\varphi_U \circ \varphi_V^{-1}(b, u) = (b, g(b)u) \quad (b \in U \cap V, u \in \mathbb{R}^n)$$

である.このとき,次の等式が成立する.

$$\omega_V = g^{-1} \omega_U g + g^{-1} dg$$
$$\Omega_V = g^{-1} \Omega_U g$$

これらの定理および命題の証明は,読者に委ねることにする.

さて,曲率形式から B 全体で定義された微分形式を構成することを考える.上記命題の最後の等式を念頭に,次のように定義する.

定義 3.2.15(不変多項式) $\mathrm{GL}(n, \mathbb{R})$ のリー代数 $\mathfrak{gl}(n, \mathbb{R})$,すなわち n 次実正方行列 $X = (x_{ij})$ 全体のなす集合上の,x_{ij} に関する多項式関数

$$f : \mathfrak{gl}(n, \mathbb{R}) \longrightarrow \mathbb{R}$$

は,任意の正則行列 $A \in \mathrm{GL}(n, \mathbb{R})$ に対して,不変性の条件

$$f(A^{-1}XA) = f(X)$$

を満たすとき,**不変多項式**(invariant polynomial)という.

不変多項式の全体 $I(\mathrm{GL}(n, \mathbb{R})) = \oplus_k I^k(\mathrm{GL}(n, \mathbb{R}))$ は,$\mathbb{R}$ 上の次数付き代数(graded algebra)の構造を持つ.すぐにわかる不変多項式の例として

は，行列式 $\det X$（次数は n）とトレース $\operatorname{Trace} X$（次数は 1）がある．これらを一般化して次のように定義する．すなわち，t を変数として

$$\det(E + tX) = 1 + t\sigma_1(X) + \cdots + t^n \sigma_n(X)$$

のように，t について昇べきの順に展開する．ただし，E は n 次単位行列を表す．このとき，簡単にわかるように $\sigma_i(X)$ はすべて不変多項式となる．特に

$$\sigma_1(X) = x_{11} + \cdots + x_{nn} = \operatorname{Trace} X$$
$$\sigma_n(X) = \sum_{\tau \in S_n} \operatorname{sgn} \tau x_{1\tau(1)} \cdots x_{n\tau(n)} = \det X$$

である．別の言葉で言えば，$\sigma_i(X)$ は X の固有値 $\lambda_1, \ldots, \lambda_n$ に関する i 次の基本対称式である．このとき，次の定理が示すように $I(\operatorname{GL}(n, \mathbb{R}))$ はこれらの元により完全に記述される．

定理 3.2.16 $\operatorname{GL}(n, \mathbb{R})$ の不変多項式代数 $I(\operatorname{GL}(n, \mathbb{R}))$ は σ_i ($i = 1, \ldots, n$) の生成する多項式代数となる．すなわち

$$I(\operatorname{GL}(n, \mathbb{R})) = \mathbb{R}[\sigma_1, \ldots, \sigma_n]$$

である．

以上の準備のもとに，接続と曲率を用いたベクトルバンドルの特性類を次のようにして構成することができる．$\pi : E \longrightarrow B$ を n 次元ベクトルバンドルとし，$f \in I^k(\operatorname{GL}(n, \mathbb{R}))$ を次数 k の不変多項式とする．E 上の接続を一つ選んで，それを ∇ とする．B の開集合 U 上の E の自明化が与えられると，対応する接続形式 $\omega = (\omega_{ij})$ と曲率形式 $\Omega = (\Omega_{ij})$ が定まる．不変多項式 f を Ω に適用すると U 上の $2k$ 形式 $f(\Omega)$ が定まる．これらの微分形式は，自明化の与えられた B の開集合ごとに定まるが，f の不変性によりそれらは共通部分の上で一致する．したがって，$f(\Omega)$ は B 全体の上で定義された $2k$ 形式となる．さらに，実はこの微分形式は閉形式となることがわかり，したがってそのドラム（de Rham）コホモロジー類

$$[f(\Omega)] \in H^{2k}(B; \mathbb{R})$$

が得られる．

3.2 ベクトルバンドルの特性類

定理 3.2.17 $\pi: E \longrightarrow B$ を n 次元ベクトルバンドル, $f \in I^k(\mathrm{GL}(n, \mathbb{R}))$ を次数 k の不変多項式とする.このとき,上記のようにして得られるコホモロジー類 $[f(\Omega)] \in H^{2k}(B; \mathbb{R})$ は,接続のとり方によらずに定まる.さらに,これはベクトルバンドルの特性類となる.すなわち,バンドル写像に関して自然である.

ここでは,接続のとり方によらないことの証明を述べる.それには,次の命題を証明すれば十分である.この命題は,上記の定理の証明に使われるだけではなく,基本的なものである.

命題 3.2.18 $\pi: E \longrightarrow B$ を n 次元ベクトルバンドルとし,二つの接続 ∇, ∇' が与えられているものとする.対応する曲率形式を Ω, Ω' とする.このとき,任意の次数 k の不変多項式 $f \in I^k(\mathrm{GL}(n, \mathbb{R}))$ に対し,ある $(k-1)$ 形式 $h_f(\nabla, \nabla')$ が存在し,$dh_f(\nabla, \nabla') = f(\Omega') - f(\Omega)$ となる.したがって,$[f(\Omega')] = [f(\Omega)]$ となる.

証明は概略次のようにする.積多様体 $B \times \mathbb{R}$ から B への自然な射影 $p: B \times \mathbb{R} \longrightarrow B$ を考え,それによる引き戻しのベクトルバンドル p^*E を考える.このベクトルバンドル上の接続 $\widetilde{\nabla}$ で,$B \times \{0\}, B \times \{1\}$ への制限が,それぞれ ∇, ∇' となるものを構成することができる.簡単に言えば,B 方向のベクトル場に沿う微分としては $(1-t)\nabla + t\nabla'$ を使い,$\mathbb{R}$ 方向は自明な接続 $\frac{\partial}{\partial t}$ を使うのである.対応する曲率を $\widetilde{\Omega}$ とすれば,$f(\widetilde{\Omega})$ の $B \times \{0\}, B \times \{1\}$ への制限は,それぞれ $f(\Omega), f(\Omega')$ となる.一方,$H^*(B \times \{0\}; \mathbb{R}) \cong H^*(B \times \mathbb{R}; \mathbb{R}) \cong H^*(B \times \{1\}; \mathbb{R})$ であるから,$[f(\Omega')] = [f(\Omega)]$ となる.

$dh_f(\nabla, \nabla') = f(\Omega') - f(\Omega)$ となる微分形式 $h_f(\nabla, \nabla')$ は次のようにして構成する.$f(\widetilde{\Omega})$ は $B \times \mathbb{R}$ 上の閉じた $2k$ 形式であるが,これを $B \times [0,1]$ 上 $[0,1]$ 方向にファイバー積分するという操作がある.こうして得られる $(2k-1)$ 形式

$$\int_{[0,1]} f(\widetilde{\Omega})$$

を $h_f(\nabla, \nabla')$ とすればよい.ファイバー積分について詳しくは [5] を参照してほしい.

このようにして，次数を2倍にする準同型写像

$$I(\mathrm{GL}(n,\mathbb{R})) \longrightarrow H^*(\mathrm{BGL}(n,\mathbb{R});\mathbb{R})$$

が得られた．

定義 3.2.19（ポントリャーギン類） 上記準同型写像による元

$$\frac{1}{(2\pi)^{2i}}\sigma_{2i} \in I^{2i}(\mathrm{GL}(n,\mathbb{R}))$$

の像

$$p_i \in H^{4i}(\mathrm{BGL}(n,\mathbb{R});\mathbb{R})$$

を，i 次ポントリャーギン類（Pontrjagin class）という．

上記の準同型は単射ではない．すなわち次の命題が成立する．

命題 3.2.20 $\pi: E \longrightarrow B$ を n 次元ベクトルバンドルとし，一つ接続 ∇ が与えられているものとする．対応する曲率形式を Ω とする．このとき，任意の奇数次数の不変多項式 $f \in I^{2i+1}(\mathrm{GL}(n,\mathbb{R}))$ に対し，ある $4i+1$ 形式 $h_f(\nabla)$ が存在し，$dh_f(\nabla) = f(\Omega)$ となる．したがって，f に対応する特性類は常に自明である．

この命題は，初めはせっかく定義した特性類が自明となってしまうという消極的な意味しかないように見えるだろう．しかし，後に解説する葉層構造の特性類の定義に積極的な役割を果たすのである．

証明の概略を述べる．簡単のためにここでは，不変多項式 σ_{2i+1} に対応する特性類が常に自明なコホモロジー類となることを示す．まずベクトルバンドルに計量を入れる．すなわち，各ファイバー $E_b = \pi^{-1}(b)$ $(b \in B)$ に b に関して C^∞ 級の内積

$$E_b \times E_b \ni (X, Y) \mapsto \langle X, Y \rangle \in \mathbb{R}$$

を入れる．このとき，二つの切断 $s, s' \in \Gamma(E)$ に対し，B 上の関数 $\langle s, s' \rangle \in C^\infty(B)$ が

$$\langle s, s' \rangle(b) = \langle s(b), s'(b) \rangle \in \mathbb{R}$$

3.2 ベクトルバンドルの特性類

とおくことにより定まる．次に E 上の接続 ∇ で，任意の $X \in \mathfrak{X}(B)$ に対し条件

$$X\langle s, s'\rangle = \langle \nabla_X(s), s'\rangle + \langle s, \nabla_X(s')\rangle$$

を満たすものを構成する．この条件を満たす接続は**計量接続**（metric connection）と呼ばれる．**リーマン接続**（Riemannian connection）と呼ばれる場合もある．このような接続が存在することは，次のようにしてわかる．上記の構成において，B の開集合 U 上の自明化 $\varphi : \pi^{-1}(U) \cong U \times \mathbb{R}^n$ として，対応する U 上の n 個の切断 $s_i : U \longrightarrow \pi^{-1}(U) \subset E$ $(i=1,\ldots,n)$ が，任意の $b \in U$ に対して

$$(s_1(b), \ldots, s_n(b))$$

が常に E_b の正規直交基底となるように選ぶ．このようにして得られる接続形式 ω および曲率形式 Ω は交代行列となる，すなわち等式

$$^t\omega = -\omega, \quad {}^t\Omega = -\Omega$$

を満たすことがわかる．後者を特性類の定義式

$$\det(E + t\Omega) = 1 + t\sigma_1(E) + \cdots + t^n\sigma_n(E)$$

に代入すれば

$$\begin{aligned}\det(E + t\Omega) &= \det{}^t(E + t\Omega) = \det(E - t\Omega)\\ &= 1 - t\sigma_1(E) + \cdots + (-1)^n t^n \sigma_n(E)\end{aligned}$$

となる．したがって，すべての奇数 $2i+1$ に対して $\sigma_{2i+1}(E) = 0$ となる．

最後に，$dh_{2i+1} = \sigma_{2i+1}(\Omega)$ となる微分形式 dh_{2i+1} の構成は次のようにすればよい．すなわち，計量接続 ∇^0 を一つ選び，$h_{2i+1} = h_{\sigma_{2i+1}}(\nabla^0, \nabla)$ とおく．このとき，計量接続に関しては $\sigma_{2i+1}(\Omega^0) = 0$ となることから $dh_{2i+1} = f(\Omega)$ となる．

次に，複素ベクトルバンドルの接続，曲率，特性類について簡単に述べる．複素ベクトルバンドル $\pi : E \longrightarrow B$ に対しては，C^∞ 級の切断全体のなすベクトル空間 $\Gamma(E)$ は，$\mathbb{C}$ 上のベクトル空間となる．

定義 3.2.21　$\pi: E \longrightarrow B$ を C^∞ 級の複素ベクトルバンドルとする．E 上の実ベクトルバンドルとしての接続 ∇ は，さらにすべての $X \in \mathfrak{X}(B)$ と $s \in \Gamma(E)$ に対して，条件

$$\nabla_X(\sqrt{-1}s) = \sqrt{-1}\nabla_X(s)$$

が満たされるとき，複素ベクトルバンドルとしての接続という．

　任意の複素ベクトルバンドルが接続を持つことの証明，および曲率の定義は実ベクトルバンドルの場合と同様である．

　接続形式および曲率形式は

$$\omega = (\omega_{ij}) \in A^1(U; \mathfrak{gl}(n,\mathbb{C}))$$
$$\Omega = (\Omega_{ij}) \in A^2(U; \mathfrak{gl}(n,\mathbb{C}))$$

のように，それぞれ U 上の $\mathfrak{gl}(n,\mathbb{C})$ に値を持つ 1 および 2 形式となる．

定義 3.2.22（不変多項式）　$\mathrm{GL}(n,\mathbb{C})$ のリー代数 $\mathfrak{gl}(n,\mathbb{C})$，すなわち n 次複素正方行列 $X = (x_{ij})$ 全体のなす集合上の，x_{ij} に関する多項式関数

$$f: \mathfrak{gl}(n,\mathbb{C}) \longrightarrow \mathbb{C}$$

は，任意の正則行列 $A \in \mathrm{GL}(n,\mathbb{C})$ に対して，不変性の条件

$$f(A^{-1}XA) = f(X)$$

を満たすとき，不変多項式という．

　不変多項式の全体 $I(\mathrm{GL}(n,\mathbb{C})) = \oplus_k I^k(\mathrm{GL}(n,\mathbb{C}))$ は，$\mathbb{C}$ 上の次数付き代数の構造を持つ．

定理 3.2.23　$\mathrm{GL}(n,\mathbb{C})$ の不変多項式代数 $I(\mathrm{GL}(n,\mathbb{C}))$ は σ_i $(i = 1, \ldots, n)$ の生成する多項式代数となる．すなわち

$$I(\mathrm{GL}(n,\mathbb{C})) = \mathbb{C}[\sigma_1, \ldots, \sigma_n]$$

である．

3.2 ベクトルバンドルの特性類

実ベクトルバンドルの場合と同様に,複素ベクトルバンドルの特性類を次のようにして構成することができる. $\pi: E \to B$ を n 次元複素ベクトルバンドルとし, $f \in I^k(\mathrm{GL}(n, \mathbb{C}))$ を次数 k の不変多項式とする. E 上の接続を一つ選んで,それを ∇ とする. B の開集合 U 上の E の自明化が与えられると,対応する接続形式 $\omega = (\omega_{ij})$ と曲率形式 $\Omega = (\Omega_{ij})$ が定まる.不変多項式 f を Ω に適用すると U 上の複素数係数の $2k$ 形式 $f(\Omega)$ が定まる.これらの微分形式は,自明化の与えられた B の開集合ごとに定まるが, f の不変性によりそれらは共通部分の上で一致する.したがって, $f(\Omega)$ は B 全体の上で定義された $2k$ 形式となる.さらに,実はこの微分形式は閉形式となることがわかり,したがってそのドラムコホモロジー類

$$[f(\Omega)] \in H^{2k}(B; \mathbb{C})$$

が得られる.

このようにして,次数を 2 倍にする準同型写像

$$I(\mathrm{GL}(n, \mathbb{C})) \longrightarrow H^*(\mathrm{BGL}(n, \mathbb{C}); \mathbb{C})$$

が得られた.

定義 3.2.24(チャーン類) 上記準同型写像による元

$$\left(\frac{-1}{2\pi\sqrt{-1}}\right)^i \sigma_i \in I^i(\mathrm{GL}(n, \mathbb{C}))$$

の像

$$c_i \in H^{2i}(\mathrm{BGL}(n, \mathbb{C}); \mathbb{C})$$

を, i 次チャーン類という.

チャーン類を曲率形式で書けば次のようになる. n 次元複素ベクトルバンドル $\pi: E \longrightarrow B$ 上に接続を選び,その曲率形式を Ω とする.このとき

$$\left[\det\left(E - \frac{1}{2\pi\sqrt{-1}}\Omega\right)\right] = 1 + c_1(E) + \cdots + c_n(E)$$

となる.

上記の定義ではチャーン類は複素数係数のコホモロジー類として定まるが，実はそれらは実係数のコホモロジー類であることが次のようにしてわかる．

命題 3.2.25 チャーン類は実コホモロジー類である．

証明の概略は次のとおりである．まず E 上にエルミート計量，すなわち各ファイバー上にエルミート内積

$$E_b \times E_b \longrightarrow \mathbb{C} \quad (b \in B)$$

を入れる．次に E 上の接続 ∇ で，任意の $X \in \mathfrak{X}(B)$ に対し条件

$$X\langle s, s' \rangle = \langle \nabla_X(s), s' \rangle + \langle s, \nabla_X(s') \rangle$$

を満たすものを構成する．これが可能であることは，実ベクトルバンドルの場合とほとんど同じ議論で示せる．このようにして得られる接続形式 ω および曲率形式 Ω は歪エルミート行列となる，すなわち等式

$$\omega^* = -\omega, \quad \Omega^* = -\Omega$$

を満たすことがわかる．ここで一般の複素行列 X に対し $X^* = {}^t\overline{X}$ は X の随伴行列を表す．このとき，簡単に確かめられるように，チャーン類の定義式に現れる行列

$$E - \frac{1}{2\pi\sqrt{-1}}\Omega$$

はエルミート行列，すなわち随伴行列が自分自身と一致する．一般にエルミート行列の行列式は実数である．これを今の状況にあてはめると，$\bar{c}_i = c_i$ となり，チャーン類が実コホモロジー類であることが示される．

上記のポントリャーギン類，オイラー類およびチャーン類の間には，3.2.1項「分類空間のコホモロジー」で述べたような密接な関係がある．これらの関係はすべて，接続と曲率の枠組みの中で証明することが可能である．しかし，ここでは省略する．詳しくは [21], [27] などを参照してほしい．

3.2.4 ベクトルバンドルの種々の操作とホイットニーの公式

ベクトルバンドルは底空間上の各点の上に，ベクトル空間を並べてできるものである．したがって，線形代数学におけるベクトル空間に関する種々の操作，例えば，ベクトル空間 V の双対ベクトル空間 V^*，二つのベクトル空間 V, W の直和 $V \oplus W$，線形部分空間 $U \subset V$ による商空間 V/U，外積代数 $\Lambda^* V$，対称代数 $S^* V$ などを，ベクトルバンドルに対して施すことができる．中でも最も基本的な操作は，双対をとる操作と直和をとる操作に対応するもので，それぞれ双対ベクトルバンドルおよびホイットニー和と呼ばれる．定義を述べる．

定義 3.2.26（双対ベクトルバンドル） 実ベクトルバンドル $\xi = (E, \pi, B)$ に対し，各ファイバー E_b の双対ベクトル空間 $E_b^* = \mathrm{Hom}(E_b, \mathbb{R})$ をファイバーとすることにより，B 上のベクトルバンドルが定まる．これを ξ^* と書き，ξ の**双対ベクトルバンドル** (dual vector bundle) という．複素ベクトルバンドルに対しても同様に定義する．

せっかく定義したのだが，ξ が実ベクトルバンドルの場合には，

$$\xi^* \cong \xi$$

となることが次のようにしてわかる．ξ にリーマン計量を入れると，各ファイバー E_b 上の内積

$$E_b \times E_b \ni (X, Y) \longmapsto \langle X, Y \rangle \in \mathbb{R}$$

は非退化である．このことから，対応

$$E_b \ni X \longmapsto \{E_b \ni Y \to \langle Y, X \rangle \in \mathbb{R}\} \in E_b^*$$

は同型であることがわかり，したがって $\xi \cong \xi^*$ となる．

しかし，複素ベクトルバンドルに対しては，必ずしもそうではない．実際，次の定理が成立する．

定理 3.2.27 η を複素ベクトルバンドルとするとき

$$c_i(\eta^*) = (-1)^i c_i(\eta)$$

が成立する．特に $c_1(\eta^*) = -c_1(\eta)$ となる．

まず，η にエルミート計量，すなわち各ファイバー E_b にエルミート内積を入れる．このとき，上記の実ベクトルバンドルと同様の議論により，同型対応
$$\overline{E_b} \ni X \longmapsto \{E_b \ni Y \to \langle Y, X \rangle \in \mathbb{R}\} \in E_b^*$$
が得られる．ここで注意することは，エルミート内積は第 2 成分に関しては共役線形であるため，上記の同型対応の左辺は E_b ではなくその共役ベクトル空間 $\overline{E_b}$ にしなくてはならない，ということである．ここで，一般に複素ベクトル空間 V に対してその共役ベクトル空間 $\overline{V}$ とは，集合としては V 自身であるが，複素数倍 λX ($\lambda \in \mathbb{C}$) が，もとの V では $\bar{\lambda} X$ に対応する $\overline{V}$ の元と定義される複素ベクトル空間である．こうして，複素ベクトルバンドルとしての同型
$$\eta^* \cong \bar{\eta} = \bigcup_{b \in B} \overline{E_b}$$
が得られた．ここで $\bar{\eta}$ は η の共役バンドル (conjugate bundle) と呼ばれる．

さて，定理の証明に戻って，η にエルミート計量を一つ与え，それに関する計量接続 ∇ を一つ選ぶ．このとき，対応する曲率を Ω とすれば，これは歪エルミート行列となる．すなわち
$$\Omega^* = -\Omega$$
である．一方 ∇ は，そのまま η の共役バンドル $\bar{\eta}$ の接続の働きをすることがわかる．そして，対応する曲率はもとの曲率の複素共役，すなわち $\overline{\Omega}$ となる．このとき
$$\overline{\Omega} = {}^t\Omega^* = -{}^t\Omega$$
となる．したがって
$$c(\eta^*) = c(\bar{\eta}) = \left[\det\left(E - \frac{1}{2\pi\sqrt{-1}}(-{}^t\Omega)\right)\right]$$
$$= \left[\det\left(E + \frac{1}{2\pi\sqrt{-1}}\Omega\right)\right]$$

3.2 ベクトルバンドルの特性類

となる.これから主張 $c_i(\eta^*) = (-1)^i c_i(\eta)$ が従う.

次に,二つのベクトル空間の直和に対応する操作を定義する.

定義 3.2.28（ホイットニー和） $\xi_i = (E_i, \pi_i, B)$ $(i = 1, 2)$ を,同じ底空間 B 上の二つのベクトルバンドルとする.このとき,各点 $b \in B$ に対して,$(E_1)_b \oplus (E_2)_b$ をファイバーとすることにより,B 上のベクトルバンドルが定まる.これを $\xi_1 \oplus \xi_2$ と書き,ξ_1 と ξ_2 の**ホイットニー和**（Whitney sum）という.

例 3.2.2 M を C^∞ 多様体,$N \subset M$ をその部分多様体とする.このとき,N の M における**法バンドル** $\nu(N, M)$ は,TM の N への制限 $TM|_N$ の部分バンドル TN による商バンドルとして定義される.すなわち

$$\nu(N, M) = TM|_N / TN.$$

ここで M にリーマン計量を入れれば,TN の $TM|_N$ における直交補バンドル

$$TN^\perp = \bigcup_{x \in N} \{X \in T_x M; X \text{ は } T_x N \text{ の任意のベクトルと直交する}\}$$

が定義され,

$$TM|_N \cong TN \oplus TN^\perp$$

となる.一方,$TN^\perp \cong \nu(N, M)$ であることがわかり,したがって

$$TM|_N \cong TN \oplus \nu(N, M)$$

となる.

例 3.2.3 球面 S^n の接バンドル TS^n は,$n = 1, 3, 7$ の場合を除いて自明にならないことが知られているが,自明な直線バンドル ε を一つホイットニー和したベクトルバンドル $TS^n \oplus \varepsilon$ はいつでも自明である.なぜならば,S^n を $\mathbb{R}^{n+1}$ の部分多様体と見れば,その法バンドル $\nu(S^n, \mathbb{R}^{n+1})$ は自明な直線バンドルとなることが簡単にわかるからである.したがって,

$$TS^n \oplus \varepsilon \cong TS^n \oplus \nu(S^n, \mathbb{R}^{n+1}) \cong T\mathbb{R}^{n+1}|_{S^n}$$

となるが,$\mathbb{R}^{n+1}$ の接バンドルは自明であるから主張が従う.

ここで特性類に関する言葉を一つ用意する.

定義 3.2.29　n 次元実ベクトルバンドル $\xi = (E, \pi, B)$ に対し

$$w(\xi) = 1 + w_1(\xi) + \cdots + w_n(\xi) \in H^*(B; \mathbb{Z}/2)$$
$$p(\xi) = 1 + p_1(\xi) + \cdots + p_{[n/2]}(\xi) \in H^*(B; \mathbb{Z})$$

とおき,これらをそれぞれ**全シュティーフェル–ホイットニー類** (total Stiefel–Whitney class) および**全ポントリャーギン類** (total Pontrjagin class) という.

同様に複素ベクトルバンドルに対しては次のように定義する.

定義 3.2.30　n 次元複素ベクトルバンドル $\eta = (E, \pi, B)$ に対し

$$c(\eta) = 1 + c_1(\eta) + \cdots + c_n(\eta) \in H^*(B; \mathbb{Z})$$

とおき,これを**全チャーン類** (total Chern class) という.

次に挙げるいくつかの定理は,これまでに定義したベクトルバンドルの特性類が,ホイットニー和に関してどのように振る舞うかを記述する基本的な結果である.すべて同じ形をした公式で表され,いずれも**ホイットニーの公式** (Whitney formula) と呼ばれる.極めて重要な公式であるため,列挙することにする.

定理 3.2.31（実ベクトルバンドルのホイットニーの公式）　同じ底空間 B 上の二つの実ベクトルバンドル ξ_i $(i = 1, 2)$ に対して

$$w(\xi_1 \oplus \xi_2) = w(\xi_1)w(\xi_2) \in H^*(B; \mathbb{Z}/2)$$
$$p(\xi_1 \oplus \xi_2) = p(\xi_1)p(\xi_2) \in H^*(B; \mathbb{Z})$$

となる.ただし,後者は位数 2 の元を法とした等式である.言い換えると,次式が成立する.

$$w_k(\xi_1 \oplus \xi_2) = \sum_{i+j=k} w_i(\xi_1)w_j(\xi_2) \in H^*(B; \mathbb{Z}/2)$$
$$p_k(\xi_1 \oplus \xi_2) = \sum_{i+j=k} p_i(\xi_1)p_j(\xi_2) \in H^*(B; \mathbb{Z})$$

3.2 ベクトルバンドルの特性類

定理 3.2.32（複素ベクトルバンドルのホイットニーの公式） 同じ底空間 B 上の二つの複素ベクトルバンドル η_i $(i=1,2)$ に対して

$$c(\eta_1 \oplus \eta_2) = c(\eta_1)c(\eta_2) \in H^*(B;\mathbb{Z})$$

となる．言い換えると，次式が成立する．

$$c_k(\eta_1 \oplus \eta_2) = \sum_{i+j=k} w_i(\eta_1)w_j(\eta_2) \in H^*(B;\mathbb{Z})$$

定理 3.2.33（向き付けられた実ベクトルバンドルのホイットニーの公式） 同じ底空間 B 上の向き付けられた二つの実ベクトルバンドル ξ_i $(i=1,2)$ に対して，次式となる．

$$\chi(\xi_1 \oplus \xi_2) = \chi(\xi_1)\chi(\xi_2) \in H^*(B;\mathbb{Z})$$

ホイットニーの公式は，特性類の種々の定義に対応してそれぞれの証明がある．ここでは，チャーン類に関するホイットニーの公式の，接続と曲率の考えに基づいた証明の概略を述べることにする．

そこで η_i $(i=1,2)$ を同じ底空間 B 上の二つの複素ベクトルバンドルとする．η_i 上の接続 ∇_i を一つとり，Ω_i を対応する曲率形式とする．このとき，まず全チャーン類の定義により

$$c(\eta_i) = \det\left[\left(E - \frac{1}{2\pi\sqrt{-1}}\Omega_i\right)\right] \in H^*(B;\mathbb{Z})$$

となることがわかる．このとき，ホイットニー和 $\eta_1 \oplus \eta_2$ の接続として，接続の直和 $\nabla_1 \oplus \nabla_2$ がとれ，対応する曲率形式は

$$\Omega_1 \oplus \Omega_2 = \begin{pmatrix} \Omega_1 & O \\ O & \Omega_2 \end{pmatrix}$$

となることがわかる．したがって

$$\begin{aligned}
c(\eta_1 \oplus \eta_2) &= \det\left[\left(E - \frac{1}{2\pi\sqrt{-1}}\Omega_1 \oplus \Omega_2\right)\right] \\
&= \det\left[\left(E - \frac{1}{2\pi\sqrt{-1}}\Omega_1\right)\left(E - \frac{1}{2\pi\sqrt{-1}}\Omega_2\right)\right] \\
&= c(\eta_1)c(\eta_2)
\end{aligned}$$

となり，主張が従う．

ホイットニーの公式を使うことにより，具体的な多様体の特性類を計算することができる．ただし，一般の微分可能多様体 M に対して，その接バンドル TM の特性類を単に M の特性類といい，$w(TM)$, $p(TM)$ の代わりに単に $w(M)$, $p(M)$ と書く．また M が複素多様体の場合は TM の全チャーン類を $c(M)$ と書く．個々の次数の特性類についても同様である．この書き方をすれば，例えば

$$M \text{ が向き付け可能である} \iff w_1(M) = 0$$

と記すことができる．

いくつか例を挙げることにする．

命題 3.2.34 二つの微分可能多様体 M, N の直積 $M \times N$ の全シュティーフェル–ホイットニー類および全ポントリャーギン類は

$$w(M \times N) = w(M) \times w(N), \quad p(M \times N) = p(M) \times p(N)$$

で与えられる．ただし，各式の右辺の $\times$ はクロス積

$$\times : H^*(M; A) \times H^*(N; A) \longrightarrow H^*(M \times N; A) \quad (A = \mathbb{Z}/2 \text{ または } \mathbb{Z})$$

を表すものとする．複素多様体の積の全チャーン類についても同様である．

証明は次のようにすればよい．$M \times N$ から各成分への自然な射影を

$$p : M \times N \longrightarrow M, \quad q : M \times N \longrightarrow N$$

とする．このとき

$$T(M \times N) \cong p^*(TM) \oplus q^*(TN)$$

であることがわかる．この等式にホイットニーの公式を適用すればよい．

例 3.2.4 有限個の球面の積の全シュティーフェル–ホイットニー類，および全ポントリャーギン類は自明である．すなわち

$$w(S^{i_1} \times \cdots \times S^{i_k}) = 1$$
$$p(S^{i_1} \times \cdots \times S^{i_k}) = 1$$

3.2 ベクトルバンドルの特性類

である．なぜならば，$k=1$ の場合は，$TS^n \oplus \varepsilon$ にホイットニーの公式を適用すれば

$$w(S^n) = w(TS^n) = w(TS^n \oplus \varepsilon) = w(T\mathbb{R}^{n+1}|_{S^n}) = 1$$

となるからである．これから帰納的に $k>1$ の場合が従う．

特性類が自明でない多様体の最も重要な例は，実射影空間 $\mathbb{R}P^n$ および複素射影空間 $\mathbb{C}P^n$ である．この例を考えるために，準備として一つ定義を与える．

定義 3.2.35（Hom バンドル） $\xi_i = (E_i, \pi_i, B)$ $(i=1,2)$ を，同じ底空間 B 上の二つの実ベクトルバンドルとする．このとき，各点 $b \in B$ に対して，$\mathrm{Hom}((E_1)_b, (E_2)_b)$ をファイバーとすることにより，B 上のベクトルバンドルが定まる．ただし，一般に $\mathrm{Hom}(V,W)$ は V から W への線形写像全体のなすベクトル空間を表すものとする．これを $\mathrm{Hom}(\xi_1, \xi_2)$ と書き，ξ_1 から ξ_2 への Hom バンドルという．

複素ベクトルバンドルについても同様に定義する．ただしこの場合，Hom は $\mathbb{C}$ 上の線形写像全体を表すものとする．

$\mathbb{R}P^n$ および $\mathbb{C}P^n$ 上の標準直線バンドル ξ_1，および標準複素直線バンドル η_1 を考える．さらに，$(n+1)$ 次元の積バンドル $\mathbb{R}P^n \times \mathbb{R}^{n+1}$ および $\mathbb{C}P^n \times \mathbb{C}^{n+1}$ の中で，ξ_1 および η_1 の直交補バンドルをそれぞれ $\xi_1^\perp$，$\eta_1^\perp$ とする．また，自明な直線バンドルを，実と複素で同じ記号 ε で表す．このとき，基本的な事実は自然な同型

$$T\mathbb{R}P^n \cong \mathrm{Hom}(\xi_1, \xi_1^\perp)$$
$$T\mathbb{C}P^n \cong \mathrm{Hom}(\eta_1, \eta_1^\perp)$$

が存在するということである．これは次のように考えれば理解しやすいだろう．簡単のために実の場合を考えるが，複素の場合も同様である．射影空間 $\mathbb{R}P^n$ の点は $\mathbb{R}^{n+1}$ の中の原点を通る直線 $\ell \subset \mathbb{R}^{n+1}$ で表せる．この点における $\mathbb{R}P^n$ への接ベクトルは，ℓ を $\mathbb{R}^{n+1}$ の中で原点を通る直線として少し動かすことで表すことができる．一方この動きは，ℓ にその直交方向 $\ell^\perp$ の

成分を少し加えることで実現できる．これは $\mathrm{Hom}(\ell,\ell^\perp)$ を考えることに対応する．このことを各ファイバーで一斉に考えれば，上記の同型が従う．

定理 3.2.36 実射影空間 $\mathbb{R}P^n$ の全シュティーフェル–ホイットニー類は
$$w(\mathbb{R}P^n) = (1+u)^{n+1}$$
により与えられる．ただし，$u = w_1 \in H^1(\mathbb{R}P^n; \mathbb{Z}/2)$ は生成元である．したがって，特に
$$w_i(\mathbb{R}P^n) = \binom{n+1}{i} u^i$$
である．

定理 3.2.37 複素射影空間 $\mathbb{C}P^n$ の全チャーン類，および全ポントリャーギン類は
$$c(\mathbb{C}P^n) = (1+\alpha)^{n+1}, \quad p(\mathbb{C}P^n) = (1+\alpha^2)^{n+1}$$
により与えられる．ただし，$\alpha = -c_1 \in H^2(\mathbb{C}P^n; \mathbb{Z})$ は正の生成元である．したがって，特に
$$c_i(\mathbb{C}P^n) = \binom{n+1}{i} \alpha^i, \quad p_i(\mathbb{C}P^n) = \binom{n+1}{i} \alpha^{2i}$$
である．

これらの定理の証明の概略は次のとおりである．まず準備として次の事実を観察する．すなわち，任意の直線バンドル ξ に対して $\mathrm{Hom}(\xi,\xi)$ は自明な直線バンドルとなる，すなわち
$$\mathrm{Hom}(\xi,\xi) \cong \varepsilon$$
となるということである．これは，$\xi = (E,\pi,B)$ とするとき，対応
$$B \times \mathbb{R} \ni (b,t) \longmapsto \bigcup_{b \in B} \{E_b \ni X \to tX \in E_b\} \in \mathrm{Hom}(\xi,\xi)$$
が同型になることからわかる．

3.2 ベクトルバンドルの特性類

まず実射影空間について考える．$T\mathbb{R}P^n \cong \mathrm{Hom}(\xi_1, \xi_1^\perp)$ の両辺に自明な直線バンドルをホイットニー和すると

$$
\begin{aligned}
T\mathbb{R}P^n \oplus \varepsilon &\cong \mathrm{Hom}(\xi_1, \xi_1^\perp) \oplus \mathrm{Hom}(\xi_1, \xi_1) \\
&\cong \mathrm{Hom}(\xi_1, \xi_1^\perp \oplus \xi_1) \\
&\cong \mathrm{Hom}(\xi_1, \varepsilon \oplus \cdots \oplus \varepsilon) \\
&\quad (n+1 \text{ 個の } \varepsilon \text{ のホイットニー和}) \\
&\cong \mathrm{Hom}(\xi_1, \varepsilon) \oplus \cdots \oplus \mathrm{Hom}(\xi_1, \varepsilon) \\
&\quad (n+1 \text{ 個のホイットニー和}) \\
&\cong (n+1)\xi_1^* \cong (n+1)\xi_1
\end{aligned}
$$

となる．ここでホイットニーの公式を適用すれば

$$
w(\mathbb{R}P^n) = w((n+1)\xi_1) = w(\xi_1)^{n+1} = (1+u)^{n+1}
$$

が得られる．

次に，複素射影空間の場合を考える．途中までは上記の実射影空間の場合の議論と同じであるが，最後の段階が異なり

$$
\begin{aligned}
T\mathbb{C}P^n \oplus \varepsilon &\cong \mathrm{Hom}(\eta_1, \eta_1^\perp) \oplus \mathrm{Hom}(\eta_1, \eta_1) \\
&\cong \mathrm{Hom}(\eta_1, \varepsilon) \oplus \cdots \oplus \mathrm{Hom}(\eta_1, \varepsilon) \\
&\quad (n+1 \text{ 個のホイットニー和}) \\
&\cong (n+1)\eta_1^*
\end{aligned}
$$

となる．ここでホイットニーの公式を適用すれば

$$
c(\mathbb{C}P^n) = c((n+1)\eta_1^*) = c(\eta_1^*)^{n+1} = (1+\alpha)^{n+1}
$$

が得られる．ポントリャーギン類に関する公式は，ポントリャーギン類とチャーン類の関係式を適用して得られる．

3.2.5 グロタンディクの分解原理

前項までの記述ですでにわかるように，特性類の定義（あるいは計算方法）にはいくつかのものが知られている．この項では，グロタンディク

(Grothendieck) による**分解原理**（splitting principle）と呼ばれる方法によるチャーン類およびシュティーフェル–ホイットニー類の定義を与える．

この方法の出発点は，複素直線バンドルの第一チャーン類 c_1，および実直線バンドルの第一シュティーフェル–ホイットニー類 w_1 をまず定義することから始める．具体的には，前者すなわち複素直線バンドルの c_1 は，対応する向き付けられた実 2 次元ベクトルバンドルのオイラー類と定める．次に，後者すなわち w_1 は，以前に述べた底空間の基本群から $\mathbb{Z}/2$ への準同型写像の定めるものとする．

これらをもとに一般の次数の特性類を定義するのであるが，この方法の基礎にあるのは，次のような構成である．

定義 3.2.38（**複素ベクトルバンドルの射影化**） n 次元複素ベクトルバンドル $\eta = (E, \pi, B)$ に対して，各ファイバー E_b の射影空間を $P(E_b)$ とし

$$P(E) = \bigcup_{b \in B} P(E_b)$$

とおく．このとき，自然な射影

$$\pi' : P(E) \longrightarrow B \quad (\pi'(P(E_b)) = \{b\})$$

は，B 上の $\mathbb{C}P^{n-1}$ をファイバーとするファイバーバンドルの構造を持つ．これを $P(\eta)$ と書き，η の**射影化**（projectivization）と呼ぶ．

π' による η の引き戻し $(\pi')^*(\eta)$ を考え，その全空間を $\tilde{E}$ とする．そして，次の可換図式を考える．

$$\begin{array}{ccc} \tilde{E} & \xrightarrow{\tilde{\pi}'} & E \\ \tilde{\pi} \downarrow & & \downarrow \pi \\ P(E) & \xrightarrow{\pi'} & B \end{array}$$

さて，$P(E)$ 上の点はある点 $b \in B$ 上の η のファイバー E_b の 1 次元複素線形部分空間 $\ell \subset E_b$ で表される．$P(E)$ 上の点であることを強調するため，これを $\bar{\ell} \in P(E)$ と書くことにする．一方 $\bar{\ell}$ 上の $(\pi')^*(\eta)$ のファイバー $\tilde{E}_{\bar{\ell}}$

3.2 ベクトルバンドルの特性類

は $\bar{\ell} \times E_b$ と書ける.したがって

$$L = \bigcup_{\bar{\ell} \in P(E)} \bar{\ell} \times \ell \subset \tilde{E} \subset P(E) \times E$$

とおけば,自然な射影 $\pi: L \longrightarrow P(E)$ は $(\pi')^*(\eta)$ の 1 次元部分ベクトルバンドルを定める.これを η_1 と書くことにすれば,これは $P(E)$ 上の複素直線バンドルで,その $P(E_b) \cong \mathbb{C}P^{n-1}$ への制限は標準バンドルとなる.そこで

$$\alpha = -c_1(\eta_1) \in H^2(P(E); \mathbb{Z})$$

とおく.このとき,次の二つの事実が成立する.

命題 3.2.39

(i) $(\pi')^*(\eta)$ は 1 次元の部分バンドル η_1 を持つ.

(ii) $(\pi')^* : H^*(B; \mathbb{Z}) \longrightarrow H^*(P(E); \mathbb{Z})$ は単射であり,その像と $H^*(B; \mathbb{Z})$ を同一視すれば $H^*(P(E); \mathbb{Z}) = H^*(B; \mathbb{Z}) \oplus \alpha H^*(B; \mathbb{Z}) \oplus \cdots \oplus \alpha^{n-1} H^*(B; \mathbb{Z})$ となる.

証明の概略は次のとおりである.(i) はすでに示された.(ii) は,次に示すルレー–ヒルシュの定理と呼ばれるファイバーバンドルのコホモロジーに関する基本的な定理を適用して得られる.

定理 3.2.40(ルレー–ヒルシュ (Leray–Hirsch) の定理) M を多様体,$M^0 \subset M$ をその部分多様体とする.A を環とし,$H^*(M, M^0; A)$ は有限個の元 $u_1, \ldots, u_k$ で生成される自由 A 加群であると仮定する.さて,$\xi = (E, \pi, B)$ を M バンドルとし,$\xi^0 = (E^0, \pi, B)$ を部分 M^0 バンドルとする.そして,全空間で定義されたコホモロジー類

$$\tilde{u}_1, \ldots, \tilde{u}_k \in H^*(E, E^0; A)$$

で,各ファイバー (E_b, E_b^0) $(b \in B) \cong (M, M^0)$ への制限が上記の元 $u_1, \ldots, u_k$ となるものが存在すると仮定する.このとき,$\pi^* : H^*(B; A) \longrightarrow H^*(E; A)$ は単射であり,カップ積 $H^*(E; A) \otimes$

$H^*(E, E^0; A) \longrightarrow H^*(E, E^0; A)$ は同型写像
$$H^*(E, E^0; A) \cong H^*(B; A)u_1 \oplus \cdots \oplus H^*(B; A)u_k$$
を誘導する.

この定理の証明は，ここでは述べることはしないが，マイヤー–ヴィートリスの完全系列を利用するものと，スペクトル系列を用いるものに大別される．詳しくは，[29], [5] などを参照してほしい．

ルレー–ヒルシュの定理の仮定を満たす重要な三つの例を挙げよう．

複素ベクトルバンドルの射影化 $(M, M^0) = (\mathbb{C}P^n, \phi), A = \mathbb{Z}$
実ベクトルバンドルの射影化 $(M, M^0) = (\mathbb{R}P^n, \phi), A = \mathbb{Z}/2$
n 次元ベクトルバンドル E と，ゼロ切断を除いた空間 E^0 との対 (E, E^0)

命題 3.2.39 に戻れば，η_1 のファイバーへの制限は $\mathbb{C}P^{n-1}$ 上の標準バンドルであるから，ルレー–ヒルシュの定理の仮定を満たすことがわかる．こうして，コホモロジー類 $\alpha^n \in H^{2n}(P(E); \mathbb{Z})$ は $H^*(B; \mathbb{Z})$ の元を係数とする $1, \alpha, \ldots, \alpha^{n-1}$ の 1 次結合として一意的に表すことができることになる．そこで次のように定義する．

定義 3.2.41　　上記のようにして得られる式
$$\alpha^n + c_1(\eta)\alpha^{n-1} + \cdots + c_n(\eta) = 0$$
により定まる元 $c_i(\eta) \in H^{2i}(B; \mathbb{Z})$ を η の i 次チャーン類という．

$n = 1$ の場合は，明らかに $P(E) = E$ となる．したがって $\eta_1 = \eta$ であり，$\alpha = -c_1(\eta)$ となる．これは上記の定義 $\alpha + c_1(\eta) = 0$ とうまく整合している．この定義をもとにバンドル写像に関する自然性やホイットニーの公式を示すことができ，チャーン類の理論を展開することができる．さらに強く，次の定理が示される．

定理 3.2.42 (グロタンディク)　　チャーン類についての命題（例えば，複素ベクトルバンドルに種々の操作を施したもののチャーン類の振る舞いの決定）は，複素 1 次元のベクトルバンドル，すなわち複素直線バンドルの直和に対してのみ証明すれば十分である．

3.2 ベクトルバンドルの特性類

この事実の基礎にあるのは,次の命題である.

命題 3.2.43　任意の複素ベクトルバンドル $\eta = (E, \pi, B)$ に対し,ある多様体 N から η の底空間 B への写像 $f : N \to B$ が存在して次の条件を満たす.

(i) $f^* : H^*(B; \mathbb{Z}) \longrightarrow H^*(N; \mathbb{Z})$ は単射である.
(ii) $f^*(\eta)$ は複素直線バンドルの直和に分解する.

このような多様体 N は,複素ベクトルバンドルの射影化の操作を繰り返し適用することにより具体的に構成することができる.これを使うと,任意の複素ベクトルバンドル η は

$$\eta = \eta_1 \oplus \cdots \oplus \eta_n \quad (n = \dim \eta)$$

と複素1次元バンドルの直和と想定することができる.ここでホイットニーの公式を使うと

$$c_i(\eta) = \sum_{1 \leq j_1 < \cdots < j_i \leq n} c_1(\eta_{j_1}) \cdots c_1(\eta_{j_i})$$

となり,チャーン類はある意味で第一チャーン類のみで表されてしまうことになる.

実ベクトルバンドルに対するシュティーフェル–ホイットニー類についても,次に示すようにチャーン類と同様のことが成り立つ.

定義 3.2.44(実ベクトルバンドルの射影化)　n 次元実ベクトルバンドル $\xi = (E, \pi, B)$ に対して,各ファイバー E_b の射影空間を $P(E_b)$ とし

$$P(E) = \bigcup_{b \in B} P(E_b)$$

とおく.このとき,自然な射影

$$\pi' : P(E) \longrightarrow B \quad (\pi'(P(E_b)) = \{b\})$$

は,B 上の $\mathbb{R}P^{n-1}$ をファイバーとするファイバーバンドルの構造を持つ.これを $P(\xi)$ と書き,ξ の**射影化**(projectivization)と呼ぶ.

π' による ξ の引き戻し $(\pi')^*(\xi)$ を考え，その全空間を $\tilde{E}$ とする．そして，次の可換図式を考える．

$$\begin{array}{ccc} \tilde{E} & \xrightarrow{\tilde{\pi}'} & E \\ \tilde{\pi}\downarrow & & \downarrow \pi \\ P(E) & \xrightarrow{\pi'} & B \end{array}$$

さて，$P(E)$ 上の点はある点 $b \in B$ 上の ξ のファイバー E_b の 1 次元線形部分空間 $\ell \subset E_b$ で表される．$P(E)$ 上の点であることを強調するため，これを $\bar{\ell} \in P(E)$ と書くことにする．一方 $\bar{\ell}$ 上の $(\pi')^*(\xi)$ のファイバー $\tilde{E}_{\bar{\ell}}$ は $\bar{\ell} \times E_b$ と書ける．したがって

$$L = \bigcup_{\bar{\ell} \in P(E)} \bar{\ell} \times \ell \subset \tilde{E} \subset P(E) \times E$$

とおけば，自然な射影 $\pi: L \longrightarrow P(E)$ は $(\pi')^*(\zeta)$ の 1 次元部分ベクトルバンドルを定める．これを ξ_1 と書くことにすれば，これは $P(E)$ 上の直線バンドルで，その $P(E_b) \cong \mathbb{R}P^{n-1}$ への制限は標準バンドルとなる．そこで

$$u = w_1(\xi_1) \in H^1(P(E); \mathbb{Z}/2\mathbb{Z})$$

とおく．このとき，次の二つの事実が成立する．

命題 3.2.45

(i) $(\pi')^*(\xi)$ は 1 次元の部分バンドル ξ_1 を持つ．

(ii) $(\pi')^* : H^*(B; \mathbb{Z}/2) \longrightarrow H^*(P(E); \mathbb{Z}/2)$ は単射であり，その像と $H^*(B; \mathbb{Z}/2)$ を同一視すれば $H^*(P(E); \mathbb{Z}/2) = H^*(B; \mathbb{Z}/2) \oplus uH^*(B; \mathbb{Z}/2) \oplus \cdots \oplus u^{n-1}H^*(B; \mathbb{Z}/2)$ となる．

(ii) はルレー–ヒルシュの定理から従う．この命題から，コホモロジー類 $u^n \in H^{2n}(P(E); \mathbb{Z}/2\mathbb{Z})$ は $H^*(B; \mathbb{Z}/2\mathbb{Z})$ の元を係数とする $1, u, \ldots, u^{n-1}$ の 1 次結合として一意的に表すことができることになる．そこで次のように定義する．

定義 3.2.46 上記のようにして得られる式

$$u^n + w_1(\xi)u^{n-1} + \cdots + w_n(\xi) = 0$$

により定まる元 $w_i(\xi) \in H^i(B;\mathbb{Z}/2\mathbb{Z})$ を ξ の i 次シュティーフェル–ホイットニー類という．

$n = 1$ の場合は，明らかに $P(E) = E$ となる．したがって $\xi_1 = \xi$ であり，$u = w_1(\xi)$ となる．これは上記の定義 $u + w_1(\xi) = 0$ とうまく整合している．この定義をもとにバンドル写像に関する自然性やホイットニーの公式を示すことができ，シュティーフェル–ホイットニー類の理論を展開することができる．さらに強く，次の定理が示される．

定理 3.2.47 シュティーフェル–ホイットニー類についての命題（例えば，実ベクトルバンドルに種々の操作を施したもののシュティーフェル–ホイットニー類の振る舞いの決定）は，1 次元のベクトルバンドル，すなわち直線バンドルの直和に対してのみ証明すれば十分である．

この事実の基礎にあるのは，次の命題である．

命題 3.2.48 任意の実ベクトルバンドル $\xi = (E, \pi, B)$ に対し，ある多様体 N から ξ の底空間 B への写像 $f : N \to B$ が存在して次の条件を満たす．

(i) $f^* : H^*(B;\mathbb{Z}/2) \longrightarrow H^*(N;\mathbb{Z}/2)$ は単射である．
(ii) $f^*(\xi)$ は 1 次元ベクトルバンドルの直和に分解する．

一方，ポントリャーギン類については，前に述べたとおり実ベクトルバンドルの複素化と呼ばれる操作があり，そのチャーン類に一致するということが知られている（これをポントリャーギン類の定義とすることも多い）．このようにして，すべての特性類は

$$w_1 \text{ と } c_1 = \text{向き付けられた } S^1 \text{ バンドルのオイラー類}$$

で記述できることになる．この事実には両面の意味があり，一つには

　　　　特性類の理論の統一性を表している

と言えるが，他方

　　　　これらの特性類の限界を表している

とも思える．

将来に向かっての大きな課題としては,オイラー類を超えるような,本質的に新しい理論の建設(あるいは発見)が挙げられる.

3.2.6 トム同型定理とギシン完全系列

この項では,ベクトルバンドルのコホモロジー群に関する,最も重要な定理であるトム同型定理およびその帰結であるギシン完全系列を述べる.そして,これらを用いた特性類の定義を記述する.

まず $\xi = (E, \pi, B)$ を n 次元ベクトルバンドルとする.E から各ファイバーのゼロベクトルを除いた空間 $E_0 = \{u \in E; u \neq 0\}$ を考える.このとき,自然な射影 $\pi^0 : E_0 \longrightarrow B$ は $\mathbb{R}^n$ から原点を除いた空間 $\mathbb{R}^n - \{o\}$ をファイバーとする ξ の部分ファイバーバンドルとなる.このとき,(π, π^0) の任意のファイバー (E_b, E_b^0) は $(\mathbb{R}^n, \mathbb{R}^n - \{o\})$ と微分同相となる.したがって

$$H^k(E_b, E_b^0; \mathbb{Z}) \cong \begin{cases} 0 & (k \neq n) \\ \mathbb{Z} & (k = n) \end{cases}$$

となる.

定理 3.2.49(トム類の存在) $\xi = (E, \pi, B)$ を n 次元ベクトルバンドルとする.このとき,任意のファイバー E_b $(b \in B)$ への制限は同型

$$H^n(E, E^0; \mathbb{Z}/2) \cong H^n(E_b, E_b^0; \mathbb{Z}/2) \cong \mathbb{Z}/2$$

を誘導する.また,ξ が向き付けられている場合には,任意のファイバーへの制限は同型

$$H^n(E, E^0; \mathbb{Z}) \cong H^n(E_b, E_b^0; \mathbb{Z}) \cong \mathbb{Z}$$

を誘導する.$H^n(E, E^0; \mathbb{Z}/2) \cong \mathbb{Z}/2$ あるいは $H^n(E, E^0; \mathbb{Z}) \cong \mathbb{Z}$ の(後者の場合は正の)生成元 U を**トム類**(Thom class)という.

この定理の証明の概略は次のとおりである.まず ξ が積バンドルの場合はキュネトの定理から従う.次にマイヤー–ヴィートリス完全系列を用いた議論により一般の場合が証明される.詳しくは,[26], [5], [29] などを参照してほしい.

3.2 ベクトルバンドルの特性類

上記定理により，任意のベクトルバンドル E に対し，対 (E, E^0) はルレー–ヒルシュの定理の仮定を満たすことになる．ただし，係数環 A は，一般の場合は $\mathbb{Z}/2$，バンドルが向き付けられている場合は $\mathbb{Z}$ とする．したがって，次の定理が得られる．

定理 3.2.50（トム同型定理） $\xi = (E, \pi, B)$ をベクトルバンドルとする．このとき，任意の k に対しトム類とのカップ積は同型

$$\cup U : H^k(B; \mathbb{Z}/2) \stackrel{\pi^*}{\cong} H^k(E; \mathbb{Z}/2) \stackrel{\cup U}{\cong} H^{n+k}(E, E^0; \mathbb{Z}/2)$$

を誘導する．また，ξ が向き付けられている場合は，上記の同型対応が $\mathbb{Z}$ 係数で成立する．

定義 3.2.51 $\xi = (E, \pi, B)$ を n 次元ベクトルバンドルとする．このとき，次の準同型写像

$$H^n(E, E^0; \mathbb{Z}/2) \stackrel{j^*}{\longrightarrow} H^n(E; \mathbb{Z}/2) \stackrel{\pi^*}{\cong} H^n(B; \mathbb{Z}/2)$$

によるトム類 $U \in H^n(E, E^0; \mathbb{Z}/2)$ の像を $w_n(\xi) \in H^n(B; \mathbb{Z}/2)$ と書く．また，ξ が向き付けられている場合には，$\mathbb{Z}$ 係数のトム類 $U \in H^n(E, E^0; \mathbb{Z}/2)$ の像を $e(\xi) \in H^n(B; \mathbb{Z})$ と書く．

実は，上記で定義された w_n は，その表し方が示しているように，実際 n 次のシュティーフェル–ホイットニー類に一致することが証明できる．同様に，e はオイラー類に一致することが証明される．ただし，n が奇数の場合は $2e = 0$ となることがわかる．このため，通常オイラー類という場合には，n は偶数である場合がほとんどである．

定理 3.2.52（ギシン（Gysin）完全系列） $\xi = (E, \pi, B)$ を n 次元ベクトルバンドルとする．このとき，次の完全系列が存在する．

$$\cdots \longrightarrow H^k(B; \mathbb{Z}/2) \stackrel{\cup w_n}{\longrightarrow} H^{k+n}(B; \mathbb{Z}/2) \stackrel{(\pi^0)^*}{\longrightarrow} H^{k+n}(E^0; \mathbb{Z}/2)$$
$$\longrightarrow H^{k+1}(B; \mathbb{Z}/2) \longrightarrow \cdots$$

また，ξ が向き付けられている場合には，上記完全系列が $\mathbb{Z}$ 係数で成立する．ただし w_n の代わりにオイラー類 $e \in H^n(B; \mathbb{Z})$ を用いる．

この定理の証明は次のとおりである．対 (E, E^0) のコホモロジーの完全系列

$$\cdots \longrightarrow H^{k+n}(E, E^0; \mathbb{Z}/2) \xrightarrow{j^*} H^{k+n}(E; \mathbb{Z}/2) \xrightarrow{i^*} H^{k+n}(E^0; \mathbb{Z}/2)$$
$$\xrightarrow{\delta} H^{k+n+1}(E, E^0; \mathbb{Z}/2) \longrightarrow \cdots$$

を考える．ただし，$i: E^0 \longrightarrow E$, $j: (E, \phi) \longrightarrow (E, E^0)$ は包含写像であり，δ はコバウンダリー作用素を表す．ここで，トム同型定理

$$\longrightarrow H^{k+n}(E, E^0; \mathbb{Z}/2) \cong H^k(B; \mathbb{Z}/2)$$

および，射影 $\pi: E \longrightarrow B$ がホモトピー同値写像であることから，コホモロジー群の同型 $H^*(B; \mathbb{Z}/2) \cong H^*(E; \mathbb{Z}/2)$ を誘導することを使えば，ギシン完全系列が得られる．

ギシン完全系列についてより詳しくは，[26], [5], [14], [29] などを参照してほしい．

ギシン完全系列を用いて，シュティーフェル–ホイットニー類およびチャーン類のもう一つの定義をすることができる．まずチャーン類の定義を述べる．$\eta = (E, \pi, B)$ を n 次元複素ベクトルバンドルとし，自然な射影 $\pi^0: E^0 \longrightarrow B$ を考える．E^0 上の $(n-1)$ 次元複素ベクトルバンドルを次のように定義する．すなわち，点 $v \in E_b^0 \subset E^0$ 上の η^0 のファイバーは，n 次元複素ベクトル空間 E_b の v により生成される 1 次元線形部分空間 $\langle v \rangle$ による商ベクトル空間 $E_b/\langle v \rangle$ と定義するのである．このとき

$$(\pi^0)^*(\eta) \cong \eta^0 \oplus \varepsilon$$

となることがわかる．したがって，チャーン類がうまく定義され，ホイットニーの公式が満たされると仮定すれば

$$(\pi^0)^*(c_i(\eta)) = c_i(\eta_0)$$

となるはずである．このことを念頭に置いて，次のように定義する．

定義 3.2.53（チャーン類のギシン完全系列による定義） $\eta = (E, \pi, B)$ を n 次元複素ベクトルバンドルとし，そのチャーン類 $c_i(\eta) \in H^{2i}(B; \mathbb{Z})$ を n

3.2 ベクトルバンドルの特性類

に関して帰納的に定義する．複素ベクトルバンドルは自然に向き付けられているため，オイラー類 $e(\eta) \in H^{2n}(B; \mathbb{Z})$ が定義される．そこで，最高次のチャーン類について $c_n(\eta) = e(\eta)$ と定義する．次に，ギシン完全系列から同型

$$(\pi^0)^* : H^{2i}(B; \mathbb{Z}) \cong H^{2i}(E^0; \mathbb{Z}) \quad (i < n)$$

が得られる．そこで，$c_i(\eta) = ((\pi^0)^*)^{-1}(c_i(\eta^0))$ $(i < n)$ とおく．

この定義から出発して，チャーン類の自然性とホイットニーの公式を示すことができる．詳しくは [26], [29] を参照されたい．

シュティーフェル–ホイットニー類についても，ほぼ同様にしてギシン完全系列を用いた定義を与えることができる．

3.2.7 特性類の公理

これまでの記述で明らかなように，特性類には多種多様な定義がある．それらを統一的に理解するために，特性類の公理による特徴付けを与える．これは，理論と応用の双方にとって有用である．

定理 3.2.54（シュティーフェル–ホイットニー類の公理） 与えられた実ベクトルバンドル ξ に対して，底空間のコホモロジー類

$$w(\xi) = 1 + w_1(\xi) + \cdots + w_n(\xi) \in H^*(B; \mathbb{Z}/2)$$
$$(w_i(\xi) \in H^i(B; \mathbb{Z}/2), \ n \text{ は } \xi \text{ の次元})$$

を対応させ，次の三つの公理を満たすものが，ただ一つ存在する．

(i) （自然性） バンドル写像 $\xi \to \xi'$ に対して $w(\xi) = f^*(w(\xi'))$（f は底空間の間の写像）
(ii) （ホイットニーの公式） $w(\xi_1 \oplus \xi_2) = w(\xi_1)w(\xi_2)$
(iii) （非自明性） $\mathbb{R}P^1$ 上の標準バンドル ξ_1 に対して $w_1(\xi_1) = u \in H^1(\mathbb{R}P^1; \mathbb{Z}/2)$：生成元

定理 3.2.55（チャーン類の公理） 与えられた複素ベクトルバンドル η に対

して，底空間のコホモロジー類

$$c(\eta) = 1 + c_1(\eta) + \cdots + c_n(\eta) \in H^*(B;\mathbb{Z})$$
$$(c_i(\eta) \in H^{2i}(B;\mathbb{Z}), \ n \text{ は } \eta \text{ の次元})$$

を対応させ，次の三つの公理を満たすものが，ただ一つ存在する．

(i) （自然性）バンドル写像 $\eta \to \eta'$ に対して $c(\eta) = f^*(c(\eta'))$ （f は底空間の間の写像）
(ii) （ホイットニーの公式）$c(\eta_1 \oplus \eta_2) = c(\eta_1)c(\eta_2)$
(iii) （非自明性）$\mathbb{C}P^1$ 上の標準バンドル η_1 に対して $c_1(\eta_1) = -\alpha \in H^2(\mathbb{C}P^1;\mathbb{Z})$：負の生成元

3.3 チャーン–ヴェイユ理論

前の節では，ベクトルバンドルの特性類の理論を解説した．ベクトルバンドルとは，$GL(n,\mathbb{R})$ あるいは $GL(n,\mathbb{C})$ を構造群とするファイバーバンドルであるが，この節では一般のリー群を構造群とする**主バンドル**（principal bundle）の特性類の理論を記述する．この理論は**チャーン–ヴェイユ理論**（Chern–Weil theory）と呼ばれる．

この理論はドラム（de Rham）の定理を用いて，微分形式によりバンドルのねじれ具合を記述するものである．分類空間のコホモロジーあるいは切断の存在への障害類による特性類の定義は，位相幾何的なアプローチと言える．これに対して，ベクトルバンドルの接続と曲率を用いた特性類の定義は，微分幾何的なアプローチということができる．チャーン–ヴェイユ理論は，このアプローチをベクトルバンドルから一般の主バンドルに対して拡張した理論ということができる．1980 年代前半に登場したドナルドソンによるゲージ理論を用いた 4 次元多様体に関する画期的な仕事に始まる，幾何学のほとんど革命的な変動により，この微分幾何的な側面の重要性は相対的にますます大きくなっている．チャーン–ヴェイユ理論について詳しくは，[21], [27] などを参照してほしい．

3.3.1　S^1 バンドルの場合

まず最も簡単ではあるが，最も基本的である向き付けられた S^1 バンドル

$$\pi : E \longrightarrow B$$

の場合を考える．

グロタンディクの分解原理により，この場合がすべてを統制しているとも言える．π の大局的な曲がり具合を微分形式を用いて調べるわけであるが，微分形式は局所的なものである．そこでまず π の局所的な曲がり具合を，いわば強引に規制する，これが**接続**の概念である．もし π が積バンドル，すなわち $E = B \times S^1$ ならば，全空間である E 上の接ベクトルは水平部分と垂直部分の直和に分解する．ところが一般の S^1 バンドルの場合は，垂直なベクトルは存在するが，水平なベクトルというものが定義されない．そこで水平方向を強引に決めてしまおう，というのが接続である．

まず，例えば全空間にリーマン計量を入れることにより π の各ファイバーには長さが定義されているとしてよい．それらを正規化することにより，ファイバーの長さはすべて 2π に等しいとしてよい．したがって回転群 $S^1 = \mathrm{SO}(2)$ が E に変換群として（右から）作用しているとしてよい．元 $g \in S^1$ に対して，同じ記号

$$g : E \longrightarrow E$$

でファイバーごとの g だけの回転の作用を表すことにする．このような構造込みの π を主 S^1 バンドルという．一般の主バンドルの定義は次項に記す．$S^1 = \mathbb{R}/2\pi\mathbb{Z}$ 上の標準的な座標を θ とすれば，$d\theta$ は S^1 上の回転不変で至るところ消えない閉 1 形式となる．

定義 3.3.1（接続）　主 S^1 バンドルの全空間 E 上の 1 形式 ω が，次の 2 条件を満たすとき，**接続形式**であるという．

(i) 任意の $g \in S^1$ に対して $g^*\omega = \omega$，すなわち ω は S^1 不変．
(ii) ω の，任意の点 $b \in B$ 上のファイバーへの制限は，$d\theta$ に一致する．

接続の存在は，1 の分割を使うことにより容易に証明できる．接続が与えられると E 上の各点 $u \in E$ においてその点における接空間が

$$T_u E = V_u \oplus \mathrm{Ker}\,\omega_u$$

と直和分解される．ただし $V_u = \{v \in T_u E; \pi_* v = 0\}$ は垂直な接ベクトルの全体のなす 1 次元線形部分空間である．したがって，$\mathrm{Ker}\,\omega$ が（この接続に関する）水平方向を与えることになる．

さて，接続は上記のようにいわば強引な操作であるため，そのしわ寄せが出てくる．それが**曲率**と呼ばれるものである．具体的には，接続形式の外微分

$$d\omega \in A^2(E) \quad (E \text{ 上の 2 形式の全体})$$

を考える．これは E 上の完全 2 形式であるが，たいへん良い性質を持っていることを以下に見てみよう．座標近傍 $U \subset B$ をとり，そこでの局所座標を x_i とする．このとき $\pi^{-1}(U) \cong U \times S^1$ 上で ω は

$$\omega = \sum_i f_i(x, \theta) dx_i + d\theta$$

と表されるが（ここで条件 (ii) を使った），条件 (i) により関数 f_i は θ によらないことがわかる．したがって

$$d\omega = d\left(\sum_i f_i(x) dx_i + d\theta\right) = \sum_{i,j} \frac{\partial f_i}{\partial x_j} dx_j \wedge dx_i$$

となる．このことは，E 上の 2 形式 $d\omega$ が実は底空間 B 上のある 2 形式 Ω の π による引き戻し

$$d\omega = \pi^* \Omega$$

であることを示している．一般に射影が微分形式に誘導する準同型写像

$$\pi^* : A^*(B) \longrightarrow A^*(E)$$

は単射であることが簡単にわかるので，上記のような Ω は一意的に定まり，さらに

3.3 チャーン–ヴェイユ理論

$$d\Omega = 0$$

となることもわかる．こうして M 上に閉 2 形式 Ω が得られた．これを曲率形式という．ドラムの定理によりドラムコホモロジー類

$$[\Omega] \in H^2(B; \mathbb{R})$$

が定まる．このとき次の定理が成立する．

定理 3.3.2 曲率形式 Ω の表すコホモロジー類 $[\Omega]$ は，接続のとり方によらずに定まり，さらに等式

$$-\frac{1}{2\pi}[\Omega] = \chi(\pi) \otimes \mathbb{R} \in H^2(B; \mathbb{R})$$

が成立する．

こうして最も基本的なオイラー類が，微分形式を用いたドラムコホモロジー理論の枠組みの中で定義されたことになる．

さて上記の議論は，一般のベクトルバンドル（構造群は $\mathrm{GL}(n, \mathbb{R})$ あるいは $\mathrm{GL}(n, \mathbb{C})$）に対しても，多少複雑にはなるが，基本的にはほとんど並行に展開することができる．そしてポントリャーギン類とチャーン類が自然な議論のもとに定義される．さらに一般のリー群を構造群とする主バンドルの場合にも理論は展開される．これを次項で記述する．

3.3.2 一般のリー群の場合

まず主バンドル（principal bundle）の定義を述べる．

定義 3.3.3（主バンドル） G をリー群とする．G は自分自身に左から自然に作用する．G をファイバーとし G を構造群とするファイバーバンドルを，主 G バンドル（principal G-bundle）という．

主 G バンドル $\pi: P \longrightarrow B$ に対し，構造群 G の全空間 P へのファイバーをファイバーに写す右作用 $P \times G \longrightarrow P$ で，各ファイバー上では G の G 自身へのリー群としての作用に等価なものを構成することができる．逆に，このような右作用を許容するファイバーバンドルは主 G バンドルであるこ

とがわかる．また，次の命題は主 G バンドルという概念の有用性を示す重要な性質である．

命題 3.3.4　主 G バンドルが自明，すなわち積バンドルと同型であるための必要十分条件は，それが切断を持つことである．

さて，G をリー群（重要なのは $\mathrm{GL}(n, \mathbb{R}), \mathrm{GL}(n, \mathbb{C})$ の場合である）とし

$$\pi : P \longrightarrow B$$

を主 G バンドルとする．まず G のリー代数 $\mathfrak{g}$ を考える．定義により

$$\mathfrak{g} = \{G \text{ 上の左不変ベクトル場の全体 }\}$$

となる．言い換えると，各点 $x \in G$ における接空間 $T_x G$ と $\mathfrak{g}$ との同型が与えられていることになり，$\mathfrak{g}$ に値をとる 1 形式

$$\omega_0 \in A^1(G; \mathfrak{g})$$

が定義される．これを**モーラー–カルタン形式**（Maurer–Cartan form）という．この微分形式の外微分は

$$d\omega_0 = -\frac{1}{2}[\omega_0, \omega_0]$$

となることが知られている．ただし，右辺のブラケット $[\ ,\ ]$ はリー代数 $\mathfrak{g}$ のそれが誘導するものである．これを**モーラー–カルタン方程式**（Maurer–Cartan equation）という．上記の $G = \mathrm{SO}(2)$ の場合には，$\omega_0 = d\theta$ であり，この群がアーベル群であること（あるいは今の場合，次元が 1 であること）から，モーラー–カルタン方程式は

$$d\omega_0 = 0$$

となる．

モーラー–カルタン形式は G のそれ自身への左作用 $L_g : G \longrightarrow G, L_g(h) = gh\ (h \in G)$ では不変，すなわち $L_g^* \omega_0 = \omega_0$ である．しかし，右作用 $R_g : G \longrightarrow G, R_g(h) = hg\ (h \in G)$ では一般に不変ではない．実際，

$$R_g^* \omega_0 = R_g^* L_{g^{-1}}^* \omega_0 = \iota_{g^{-1}}^* \omega_0$$

3.3 チャーン–ヴェイユ理論

となる.ここで $\iota_g^{-1} : G \longrightarrow G$ は $\iota_g(h) = g^{-1}hg$ により定義される G の自己同型写像である.$\iota_g(h)$ の微分を

$$\mathrm{Ad}(g^{-1}) : \mathfrak{g} \longrightarrow \mathfrak{g}$$

と書き,対応する準同型写像 $\mathrm{Ad} : G \longrightarrow \mathrm{Aut}\,\mathfrak{g}$ を**随伴表現**という.

さて,主 G バンドル $\pi : P \to B$ 上の接続とは,大雑把に言えば,各ファイバー上ではモーラー–カルタン形式に一致し,G の右作用に関して然るべき条件を満たすような 1 形式

$$\omega \in A^1(P; \mathfrak{g})$$

のことである.その条件を記すために,G の P への右作用 $P \times G \longrightarrow P$ において,各元 $g \in G$ の作用を $R_g : P \longrightarrow P$ と書く.すなわち $R_g u = ug \ (u \in P)$ である.

定義 3.3.5(接続) 主 G バンドルの全空間 P 上の $\mathfrak{g}$ に値を持つ 1 形式 $\omega \in A^2(P; \mathfrak{g})$ が,次の 2 条件を満たすとき,**接続**という.**接続形式**という場合もある.

(i) 任意の $g \in G$ に対して $R_g^* \omega = \mathrm{Ad}(g^{-1})\omega$.

(ii) 任意の点 $b \in B$ に対して,自明化 $\pi^{-1}(b) \cong G$ を選び b 上のファイバーと G を同一視する.このとき ω の $\pi^{-1}(b) \cong G$ への制限は,ω_0 に一致する.

接続 ω が与えられると,$\mathrm{Ker}\,\omega$ は P 上の各点 $u \in P$ における接空間に"水平の方向"を定義する.すなわち

$$H_u = \{v \in T_u P; \omega_u(v) = 0\}$$
$$V_u = \{v \in T_u P; \pi_*(v) = 0\}$$

とおけば,$T_u = H_u \oplus V_u$ となり,各接ベクトルが水平成分と垂直成分の直和に一意的に分解される.このとき

$$\mathcal{H} = \bigcup_{u \in P} H_u$$

とおけば，これは TP の部分バンドルとなる．あるいは別の言い方で**分布**
(distribution) と呼ばれることもある．そして，上記の接続の条件を $\mathcal{H}$ の
言葉で言い表すと，この分布が G の右作用に関して不変であること，すな
わち

$$\text{任意の } g \in G \text{ に対して } (R_g)_*(\mathcal{H}) = \mathcal{H}$$

という条件になる．

向き付けられた S^1 バンドルの場合と同様，接続はいわば強引に水平方向
を定めるものである．したがって，その"つけ"が曲率として現れることに
なる．具体的には，方程式

$$d\omega = -\frac{1}{2}[\omega, \omega] + \Omega \quad (\text{構造方程式})$$

により，P 上の 2 形式 $\Omega \in A^2(P; \mathfrak{g})$ が定義されるが，これを**曲率**あるい
は**曲率形式**という．そしてこの微分形式が与えられたバンドルの曲がり具合
を反映することが示されるのである．上記の方程式は**構造方程式** (structure
equation) と呼ばれる．接続形式の外微分により曲率形式が定義されたわけ
であるが，それでは曲率形式の外微分はどうなるであろうか．それを与える
のが次のビアンキの恒等式 (Bianchi's identity) である．

$$d\Omega = [\Omega, \omega] \quad (\text{ビアンキの恒等式})$$

こうして接続形式と曲率形式は，外微分をとる操作に関して閉じた体系を
作ることがわかる．この体系を与えられた個々の主バンドル上ではなく，普
遍的に実現したものが**ヴェイユ代数** (Weil algebra) と呼ばれるものである．

定義 3.3.6（**ヴェイユ代数**） G をリー群，$\mathfrak{g}$ をそのリー代数とするとき

$$W(\mathfrak{g}) = \Lambda^* \mathfrak{g}^* \otimes S^* \mathfrak{g}^*$$

を G の**ヴェイユ代数**という．

ここで $\mathfrak{g}^*$ は $\mathfrak{g}$ の双対空間であるが，G 上の左不変 1 次微分形式の全体と
自然に同一視される．$\Lambda^* \mathfrak{g}^*$ は $\mathfrak{g}^*$ が生成する外積代数であり，G 上の左不
変微分形式の全体と自然に同一視される．次に $S^* \mathfrak{g}^*$ は $\mathfrak{g}^*$（ただし，各元に

3.3 チャーン–ヴェイユ理論

次数 2 を与えたもので,曲率形式に対応する)が生成する対称代数である.$W(\mathfrak{g})$ には自然に次数 1 反微分 (anti-derivation)

$$\delta : W(\mathfrak{g}) \longrightarrow W(\mathfrak{g})$$

が定義され,$\delta \circ \delta = 0$ が成立する.これらの構造により $(W(\mathfrak{g}), \delta)$ は次数付き微分代数 (differential graded algebra,略して d.g.a.) と呼ばれるものになる.

さて,G を構造群とする主バンドル $\pi : P \longrightarrow B$ が与えられ,接続 ω を一つ選ぶと,G のヴェイユ代数から P のドラム複体 $A^*(P)$ への次数付き微分代数としての準同型 (d.g.a. map と呼ばれる)

$$w : W(\mathfrak{g}) \longrightarrow A^*(P)$$

が誘導される.具体的には,前者の $\mathfrak{g}^*$(次数 1)は接続形式に,後者の $\mathfrak{g}^*$(次数 2)は曲率形式に写されることになる.$(W(\mathfrak{g}), \delta)$ はいわば主バンドルの全空間のドラム複体のモデルと呼ぶべきものである.特に G は $(W(\mathfrak{g}), \delta)$ に自己同型群として自然に作用することがわかる.そこで次のように定義する.

定義 3.3.7(**不変多項式代数**) リー群 G に対して

$$I(G) = \{ f \in S^*\mathfrak{g}^* \subset W(\mathfrak{g}); G \text{ は } f \text{ に自明に作用する} \}$$

とおき,これを G の**不変多項式代数** (algebra of invariant polynomials) という.

さて,任意の不変多項式 $f \in I(G)$ に対して,その w による像 $w(f) \in A^*(P)$ は次の著しい性質を持つことがわかる.すなわち,底空間 B 上に一値に定まるある閉じた微分形式の $\pi^* : A^*(B) \longrightarrow A^*(P)$ による引き戻し,となるのである.こうして,B 上の閉じた微分形式全体を $Z^*(B) \subset A^*(B)$ と書けば,次の可換図式が成立することになる.

$$\begin{array}{ccc} W(\mathfrak{g}) & \xrightarrow{w} & A^*(P) \\ \cup \uparrow & & \uparrow \pi^* \\ I(G) & \xrightarrow{w} & Z^*(B) \end{array}$$

そこで，自然な射影 $Z^*(B) \longrightarrow H^*(B; \mathbb{R})$ を考えれば，結局準同型写像
$$w : I(G) \longrightarrow H^*(B; \mathbb{R})$$
が得られる．これを**ヴェイユ準同型写像**（Weil homomorphism）という．ここで重要なことは，第一に，上記の準同型写像が接続のとり方によらないということである．第二には，これらの構成がバンドル写像に関して自然であるということである．まとめると，次のチャーン–ヴェイユ理論の基本定理が得られる．

定理 3.3.8（チャーン–ヴェイユ理論の基本定理） リー群 G を構造群とする主バンドル $\pi : P \longrightarrow B$ に対し，準同型写像
$$w : I(G) \longrightarrow H^*(B; \mathbb{R})$$
が定義され，G を構造群とするファイバーバンドルの特性類の役割を果たす．

上記の構成がどのくらい普遍的なものであるか，という問に対する一つの答えは次の定理により与えられる．

定理 3.3.9（カルタン（Cartan）の定理） G を連結でコンパクトなリー群とするとき，
$$w : I(G) \longrightarrow H^*(\mathrm{B}G; \mathbb{R})$$
は同型である．

ここで，$\mathrm{B}G$ は G の**分類空間**と呼ばれる空間で，G を構造群とする主バンドルの底空間の情報をすべて持っている普遍的な空間である．より具体的には，**普遍バンドル**（universal bundle）と呼ばれる $\mathrm{B}G$ を底空間とする主 G バンドル $\mathrm{E}G \longrightarrow \mathrm{B}G$ が存在して，任意の主 G バンドル $\pi : P \longrightarrow B$ に対して，ホモトピーの意味で一意的なバンドル写像

$$\begin{array}{ccc} P & \xrightarrow{\tilde{f}} & \mathrm{E}G \\ \pi \uparrow & & \uparrow \\ B & \xrightarrow{f} & \mathrm{B}G \end{array}$$

が存在するのである．このとき，底空間の間の写像 $f: B \longrightarrow \mathrm{B}G$ は，**分類写像**と呼ばれる．

分類空間についてより詳しくは，[14] を参照してほしい．

任意のリー群 G に対して，極大コンパクト群と呼ばれる部分群 $K \subset G$ が存在することが知られている．このとき包含写像 $K \subset G$ はホモトピー同値写像であり，したがって誘導される写像 $\mathrm{B}K \longrightarrow \mathrm{B}G$ もまたホモトピー同値写像である．特に $\mathrm{B}K$ と $\mathrm{B}G$ のコホモロジー群は互いに同型である．これらのことから，実係数の特性類はすべてチャーン–ヴェイユ理論により構成される，ということができる．

例えば $G = \mathrm{GL}(n, \mathbb{R}), \mathrm{GL}(n, \mathbb{C})$ の場合には

$$I(\mathrm{GL}(n, \mathbb{R})) \cong \mathbb{R}[c_1, \ldots, c_n]$$
$$I(\mathrm{GL}(n, \mathbb{C})) \cong \mathbb{C}[c_1, \ldots, c_n]$$

となり，後者の場合はチャーン類で生成される多項式代数となる．前者の場合には，添字が奇数次の $c_1, c_3, \ldots$ は特性類としては自明になり，添字が偶数次の $c_2, c_4, \ldots$ はポントリャーギン類を与えることになる．

$G = \mathrm{GL}(n, \mathbb{R})$ の場合，$c_1, c_3, \ldots$ はチャーン–ヴェイユ理論においては役割がないが，2 次特性類の理論においては重要な役割を果たすことになる．

3.4 特性類の使われ方

3.4.1 多様体の特性類と特性数

C^∞ 多様体 M に対し，その接バンドル TM は M 上のベクトルバンドルである．したがってそのシュティーフェル–ホイットニー類，およびポントリャーギン類が定義される．これらを

$$w_i(M) \in H^i(M; \mathbb{Z}/2), \quad p_i(M) \in H^{4i}(M; \mathbb{Z})$$

と書き，M の特性類と呼ぶ．また，和

$$w(M) = 1 + w_1(M) + \cdots + w_n(M)$$
$$p(M) = 1 + p_1(M) + \cdots + p_{[n/2]}(M)$$

をそれぞれ，全シュティーフェル–ホイットニー類，全ポントリャーギン類という．ただし $n = \dim M$ である．

次に，M が偶数次元 ($n = 2m$) の向き付けられた多様体の場合には，TM は向き付けられた $2m$ 次元ベクトルバンドルであるから，オイラー類

$$\chi(M) \in H^{2m}(M; \mathbb{Z})$$

が定義される．もし M が閉多様体の場合には基本類

$$[M] \in H_n(M; \mathbb{Z}/2), \quad [M] \in H_n(M; \mathbb{Z}) \ (M \text{ が向き付けられている場合})$$

が定まる．したがって，$x_1, \ldots, x_n$ を変数とする $\mathbb{Z}_2$ 係数の任意の n 次同次多項式 $f(x_1, \ldots, x_n)$ に対して，x_i に $w_i(M)$ を代入することにより，$\mathbb{Z}_2$ に値を持つ数

$$f(w_1(M), \ldots, w_n(M))[M] \in \mathbb{Z}/2$$

が定まる．これを M の f に対応するシュティーフェル–ホイットニー数という．同様にして，M が向き付けられた 4 の倍数の次元 ($n = 4m$) の閉多様体の場合には，$x_1, \ldots, x_n$ を変数とする $\mathbb{Z}$ 係数の任意の n 次同次多項式 $f(x_1, \ldots, x_n)$ に対して，$\mathbb{Z}$ に値を持つ数

$$f(p_1(M), \ldots, p_{2m}(M))[M] \in \mathbb{Z}$$

が定まる．これを M の f に対応するポントリャーギン数という．場合によっては，多項式の係数として有理数 $\mathbb{Q}$ あるいは実数 $\mathbb{R}$ を使うこともある．これらの場合には，ポントリャーギン数は有理数あるいは実数に値を持つことになる．

また，M が向き付けられた偶数次元 ($n = 2m$) の閉多様体の場合には，オイラー類に対応する整数

$$\chi(M)[M] \in \mathbb{Z}$$

が定まるが，これについては次の定理が成立する．

3.4 特性類の使われ方

定理 3.4.1（ガウス–ボンネ（Gauss–Bonnet）の定理） M を向き付けられた偶数次元の閉多様体とするとき，等式

$$\chi(M)[M] = \chi(M) \quad \text{（右辺は } M \text{ のオイラー数を表す）}$$

が成立する．

次に M を n 次元複素多様体とすれば，その接バンドル TM は M 上の複素ベクトルバンドルである．したがってそのチャーン類

$$c_i(M) \in H^{2i}(M; \mathbb{Z})$$

および全チャーン類

$$c(M) = 1 + c_1(M) + \cdots + c_n(M)$$

が定義される．M がコンパクト複素多様体の場合には $x_1, \ldots, x_n$ を変数とする整数係数の任意の n 次同次多項式 $f(x_1, \ldots, x_n)$ に対して，x_i に $c_i(M)$ を代入することにより

$$f(c_1(M), \ldots, c_n(M))[M] \in \mathbb{Z}$$

が定まる．これを M の f に対応するチャーン数という．例えば，複素射影空間について

$$c_n(\mathbb{C}P^n)[\mathbb{C}P^n] = n + 1 = \chi(\mathbb{C}P^n)$$

となる．

3.4.2 トムの同境理論

トポロジーの黄金時代は，トムの**コボルディズム理論**（同境理論）により始まった．この理論はすべての閉（すなわち，コンパクトで境界のない）C^∞ 多様体を"コボルダント"という同値関係により分類しようという壮大な理論である．論文は [33] であり，速報は [32] にある．ここで "cobordant" という言葉が現れている．"境界を共有する"，というような意味である．定義を述べよう．

定義 3.4.2　二つの向き付けられた n 次元の C^∞ 閉多様体 M, N は，コンパクトで向き付けられた C^∞ 多様体 W で，条件

$$\partial W = M \amalg -N \quad (\text{直和，} -N \text{ は } N \text{ の向きを逆にしたもの})$$

を満たすものが存在するとき，互いにコボルダント（同境）であるという．

コボルダントという関係は同値関係であることがわかる．そこで

$$\Omega_n = \{n \text{ 次元向き付けられた閉多様体 }\}/\text{コボルダント}$$

とおく．多様体の直和により Ω_n はアーベル群となることがわかり，さらに多様体の積をとる操作により，次数付き加群

$$\Omega_* = \sum_{n=0}^{\infty} \Omega_n$$

は環となる．これをコボルディズム環という．1次元の閉多様体（の微分同相類）は S^1 だけであり，また $S^1 = \partial D^2$ であるから，$\Omega_1 = 0$ である．次に2次元の向き付けられた閉多様体は，向き付けられた閉曲面であり，それらはハンドル体の境界となるから $\Omega_2 = 0$ である．3次元については，これほど簡単ではないが，すべての向き付け可能3次元閉多様体が境界となることがわかり $\Omega_3 = 0$ となる．次の次元4のところで非自明な現象が始まり，ここでポントリャーギン類（およびポントリャーギン数）が登場する．すなわち第一ポントリャーギン類 p_1 を用いて

$$\frac{1}{3} p_1 : \Omega_4 \cong \mathbb{Z}$$

となることがわかったのである．生成元は $[\mathbb{C}P^2]$ である．その後トムは次の定理を証明した．

定理 3.4.3（トム）
$$\Omega_* \otimes \mathbb{Q} \cong \mathbb{Q}[\mathbb{C}P^2, \mathbb{C}P^4, \ldots]$$

ここではポントリャーギン類およびポントリャーギン数が基本的な役割を果たした．またトムは向きを仮定しないコボルディズム環も決定したが，そこ

3.4 特性類の使われ方

ではシュティーフェル–ホイットニー類(および数)が本質的な役割を果たしたのである.

この役割の基礎にあるのは,特性数に関する基本的な次の命題である.

命題 3.4.4(ポントリャーギン) 特性数は同境不変量である.すなわち,互いに同境な閉多様体の特性数はすべて一致する.

証明を向き付けられた同境に関するポントリャーギン数の場合について述べる.$M = \partial W$ となる場合に,M の特性数がすべて消えることを示せばよい.まず

$$TW|_M = TM \oplus \varepsilon$$

となることに注意する.ここで ε は自明な 1 次元ベクトルバンドルである.したがって,特性類の自然性により任意の i に対して

$$p_i(M) = i^*(p_i(W))$$

となる.ただし $i : M \to W$ は包含写像である.このことから,特性数を定義する任意の多項式 f に対し

$$f(p(M))[M] = i^*(f(p(W)))\partial[W,M] = f(p(W))i_*([M]) = 0$$

となり,証明が終わる.

実は上記の命題の逆,すなわち

> すべての特性数が消えるような閉多様体は境界となる

という事実が,トム同境理論の最終結果である.

3.4.3 ヒルツェブルフの符号数定理

$4k$ 次元の向き付けられた閉多様体 M の符号数 $\operatorname{sign} M$ は,ワイル (Weyl) により 1920 年代に導入された不変量で,次のように定義される.

定義 3.4.5 M を $4k$ 次元の向き付けられた閉多様体とする.M の中間次元の実コホモロジー群 $H^{2k}(M;\mathbb{R})$ 上定義される対応

$$H^{2k}(M;\mathbb{R}) \times H^{2k}(M;\mathbb{R}) \ni (x,y) \mapsto (x \cup y)[M] \in \mathbb{R}$$

は非退化対称双 1 次形式となる．そこでその符号数（すなわち，この形式を表す対称行列の正の固有値の数から負の固有値の数を引いたもの）を $\mathrm{sign}\, M$ と記し，これを M の**符号数**（signature）と呼ぶ．

例えば，4 次元多様体 $\mathbb{C}P^2, S^2 \times S^2, S^4$ の場合，上記の対称行列はそれぞれ

$$(1), \quad \begin{pmatrix} 0 & 1 \\ 1 & 0 \end{pmatrix}, \quad \phi$$

となるので，符号数はそれぞれ $1, 0, 0$ である．もし M がコンパクトで向き付け可能な多様体 W の境界になっている場合，すなわち $\partial W = M$ のときは $\mathrm{sign}\, M = 0$ となることが，対 (W, M) のコホモロジー群とポアンカレ–レフシェッツ（Poincaré–Lefschetz）双対定理を使うことにより示すことができる．このことから，符号数はコボルディズム不変量となることがわかる．また積多様体 $M \times N$ に対しては符号数は乗法的すなわち

$$\mathrm{sign}\, M \times N = \mathrm{sign}\, M \cdot \mathrm{sign}\, N$$

となる．ただし，次元が 4 の倍数でない向き付けられた閉多様体の符号数は 0 と定義する．これらのことから，符号数は環準同型写像

$$\mathrm{sign} : \Omega_* \longrightarrow \mathbb{Z}$$

を誘導する．一方，ポントリャーギン数はすべてコボルディズム不変量となる（命題 3.4.4 参照）ので，それらも加法的な準同型写像

$$\text{ポントリャーギン数} : \Omega_* \to \mathbb{Z}$$

を誘導する．そこで符号数が，ポントリャーギン数の 1 次結合で表せるのではないかという予想が生まれるのは自然である．具体的な公式によりこの予想を定式化し，これが成立することを（1953 年 6 月 2 日に）証明したのが有名なヒルツェブルフの符号数定理である（詳しくは [15] 参照）．

定理 3.4.6（ヒルツェブルフ）　M を $4k$ 次元の向き付けられた閉多様体とするとき，等式

$$\mathrm{sign}\, M = L_k(p_1(M), \ldots, p_k(M))[M]$$

3.4 特性類の使われ方

が成立する．

ここで L_k はヒルツェブルフの L 多項式と呼ばれる具体的な多項式であり，初めの三つは

$$L_1 = \frac{1}{3}p_1, \quad L_2 = \frac{1}{45}(7p_2 - p_1^2), \quad L_3 = \frac{1}{945}(62p_3 - 13p_1 p_2 + 2p_1^3)$$

であるが，一般の項は次のように定義される．変数 t に関する形式的べき級数

$$h(t) = \frac{\sqrt{t}}{\tanh\sqrt{t}} = 1 + \frac{1}{3}t - \frac{1}{45}t^2 + \cdots + (-1)^{k-1}\frac{2^{2k}}{(2k)!}B_k t^k + \cdots$$

を考える．ただし B_k は k 次のベルヌーイ数と呼ばれる有理数を表す．k 個の変数 $t_1, \ldots, t_k$ に関する積

$$h(t_1)\cdots h(t_k)$$

の k 次の項は $t_1, \ldots, t_k$ に関する対称式であるから，それらの基本対称式 $\sigma_1, \ldots, \sigma_k$ の多項式 $L_k(\sigma_1, \ldots, \sigma_k)$ として表される．ここで σ_i のところに p_i を代入して得られる多項式 $L_k(p_1, \ldots, p_k)$ がヒルツェブルフの L 多項式である．

ここで符号数定理の発見・証明のいきさつを論文 [16] にあるヒルツェブルフ自身の回想から引用してみる：

> How to prove it? After conjecturing it I went to the library of the Institute for Advanced Study (June 2, 1953). Thom's Comptes Rendus note had just arrived. This finished the proof $\cdots\cdots$ The actual process of conjecturing the Riemann–Roch theorem and the signature theorem was not so straightforward as the process described in §1 and §2 $\cdots\cdots$

3.4.4 "微分トポロジー"の誕生と特性類 〜異種球面〜

1956 年に出版されたミルナーの有名な論文 [25] は微分トポロジー（differential topology）という分野の誕生を高らかに宣言するものとなった．こ

こでミルナーは，7次元球面 S^7 上に通常の微分構造と異なる（厳密に言えば，通常の微分構造とは決して微分同相にならない）微分構造の存在を証明した．このように通常と異なる微分構造を持つ球面は，**異種球面**と呼ばれる．

具体的には，ミルナーは次のような議論をした．通常の S^7 はハミルトン（Hamilton）の 4 元数体 $\mathbb{H}$ 上の 2 次元空間 $\mathbb{H}^2$ 内の単位球面

$$S^7 = \{(u_1, u_2) \in \mathbb{H}^2; |u_1|^2 + |u_2|^2 = 1\}$$

として実現できる．また $\mathbb{H}$ 上の 1 次元射影空間 $\mathbb{H}P^1$ は S^4 と微分同相となる．このとき自然な射影

$$\pi : S^7 = \{(u_1, u_2) \in \mathbb{H}^2; |u_1|^2 + |u_2|^2 = 1\} \longrightarrow \mathbb{H}P^1 \cong S^4$$

は（$\mathbb{H}$ に関する）ホプフの写像と呼ばれるが，これは S^3 をファイバーとする（構造群が $\mathrm{SO}(4)$ の）ファイバーバンドルとなる．このことから S^7 は S^4 上の S^3-バンドルの構造を持つことがわかる．一方，S^4 上の S^3-バンドルはホモトピー群

$$\pi_3 \mathrm{SO}(4) \cong \mathbb{Z} \oplus \mathbb{Z}$$

によって分類され，したがって，たいへん豊富に存在する．ところで，これらの多様体はすべて同伴する D^4-バンドルの境界となっており，二つの整数のパラメータはそれぞれオイラー類とポントリャーギン類に対応するものである．ミルナーはこれら二つのパラメータをうまくとり，まずモース理論（Morse theory）を使ってそれが S^7 と同相であることを示した．ところが，それを境界とする D^4-バンドルのポントリャーギン類の違いと上記ヒルツェブルフの符号数定理（の 8 次元の場合）により，それが S^7 と微分同相ではないことを示したのである．

ミルナーの上述の仕事に続き，ケルヴェア（Kervaire）とミルナーは，一般の次元でのホモトピー球面（ホモトピー型が球面と同じ閉多様体）の分類理論を建設し，論文 [19] に発表した（この論文の続編は結局書かれなかった）．この理論においてポントリャーギン類およびシュティーフェル–ホイットニー類は引き続き基本的な役割を果たした．特に $(4k-1)$ 次元のホモト

3.4 特性類の使われ方

ピー球面の分類にとってポントリャーギン類は不可欠のものである．この理論は**手術理論**（surgery theory）の先駆けとなり，その後スメール（Smale），ノヴィコフ（Novikov），ブラウダー（Browder），ウォール（Wall），サリヴァン（Sullivan）など多くのトポロジストの活躍によって微分トポロジーは数年間の隆盛を迎えることになる．

一方，同じ 1963 年には，有名なアティヤ–シンガーの指数定理が発表された．これは微分トポロジーの枠組みを超えて，数学全般に計り知れない影響を及ぼし，それは現在も続いている．この理論においても特性類は基本的な役割を果たしている．

そして 1969 年，位相多様体の三角形分割の存在および一意性（基本予想）に関するカービー（Kirby）とシーベンマン（Siebenmann）の決定的な仕事 [20] がなされる．ここでは位相多様体 M に対して定義される新しい特性類

$$ks(M) \in H^4(M; \mathbb{Z}/2) \quad (\text{カービー–シーベンマン類と呼ばれる})$$

が登場した．

定理 3.4.7（カービー–シーベンマン） M を 5 次元以上（境界を持つ場合は 6 次元以上）の位相多様体とする．このとき，M が組合せ多様体（PL 多様体ともいう）として三角形分割可能であるための必要十分条件は，そのカービー–シーベンマン類 $ks(M) \in H^4(M; \mathbb{Z}/2)$ が消えることである．

この仕事により微分トポロジーの一つの時代は終わったのである．ただし，例えば符号数と並んで微分トポロジーで重要なケルヴェア不変量と呼ばれる $\mathbb{Z}/2$ に値を持つ不変量の問題は 50 年近くの間未解決であった．しかし，2009 年になってヒル–ホプキンス–ラヴネル（Hill–Hopkins–Ravenel）によって一つの次元を除いて全面的に解決した．さらに，残されていた微分トポロジーの最重要な問題の一つであった，一般次元の位相多様体が単体複体として三角形分割可能かどうかという問題も，2013 年にマノレスク（Manolescu）によって否定的に解決された．

3.5 2次特性類の理論

前節までに述べてきたポントリャーギン類などの特性類は，以下に述べる2次特性類と対比する場合には，1次特性類と呼ばれる．2次特性類とは，大雑把に言えば，1次特性類が（部分的に）消えるときに，それに付随して定義されるもので，より緻密な構造を検知する機能を持っている．

3.5.1 平坦バンドル

簡単な場合として再び向き付けられた S^1 バンドル

$$\pi : E \longrightarrow B$$

を考える．すでに説明したように，E 上に接続形式 ω を与えれば，M 上の閉2形式である曲率形式 Ω が定まる．

一般に（すなわち一般のリー群 G を構造群とする，接続の与えられた主バンドルにおいて）曲率形式が恒等的に消えるような接続を**平坦接続**（flat connection）という．この場合，$\mathrm{Ker}\,\omega$ は "積分可能" となる．すなわち全空間上の各点 $u \in E$ において，その点を通る部分多様体 L で次の条件を満たすものが存在する：L 上の任意の点 $v \in L$ において

$$T_v L = \mathrm{Ker}\,\omega(v).$$

言い換えると，全空間 E が，ファイバーと横断的に交わり底空間 B の次元と等しい部分多様体で，その各点における接ベクトルがすべて水平となるようなものの族により埋め尽くされることになる．このような構造は，3.5.4項で詳しく解説する葉層構造と呼ばれる構造の特別な場合であり，**平坦 G バンドル**（flat G-bundle）という．

簡単のために，再び今考えている向き付けられた S^1 バンドル π の場合で考えよう．底空間 B 上に基点 b，$\pi^{-1}(b)$ から E の基点 $\tilde{b}$ を選ぶ．このとき，基本群 $\pi_1 B$ の元を表す b を通る閉曲線が与えられると，$\tilde{b}$ を通る上記部分多様体 L 上の曲線としてリフトできる．このときその終点は必ずしも $\tilde{b}$

3.5 2次特性類の理論

となるとは限らず，b 上のファイバーに沿ってある角度だけ回転した点となる．バンドルの大局的な曲がり具合が，ずれとして現れるのである．基本群の元を動かすことにより，結局ある準同型写像

$$\rho : \pi_1 B \longrightarrow S^1 = \{z \in \mathbb{C}; |z| = 1\}$$

が得られる．これを平坦バンドルの**ホロノミー**（holonomy）（あるいは場合によっては**モノドロミー**（monodromy））準同型写像という．一般の平坦 G バンドルの場合には，準同型写像

$$\rho : \pi_1 B \longrightarrow G$$

が得られる．この準同型写像は平坦バンドルのすべての情報を含んでいる．実際次の定理が成り立つ．

定理 3.5.1 M を多様体，G をリー群とする．このとき，平坦バンドルにそのホロノミー準同型写像を対応させる写像は，一対一対応

$$\{\text{平坦 } G \text{ バンドルの同型類}\} \iff \{\text{準同型写像 } \rho : \pi_1 B \to G \text{ の共役類}\}$$

を誘導する．

平坦バンドルの分類空間を記述するために，ホモトピー論における一つの定義を述べる．

定義 3.5.2 n を自然数，π を群とする．ただし，$n \geq 2$ の場合は π はアーベル群とする．位相空間 X は，その n 次のホモトピー群が π と同型であり，それ以外のホモトピー群 π_i $(i \neq n)$ がすべて自明となるとき，(π, n) 型の**アイレンベルグ–マクレーン空間**（Eilenberg–MacLane space）と呼ぶ．このような位相空間のホモトピー型は，(π, n) のみによることがわかる．そこで $X = K(\pi, n)$ と記す．$n = 1$ の場合は，$K(\pi, 1)$ 空間ともいう．

アイレンベルグ–マクレーン空間の典型的な例としては，円周 $S^1 = K(\mathbb{Z}, 1)$ および無限複素射影空間 $\mathbb{C}P^\infty = K(\mathbb{Z}, 2)$ がある．

次に群のコホモロジー理論について簡単に述べる．詳しくは [6] を参照してほしい．

一般に，与えられた群 Γ に対し，上記のようにそれを基本群とするアイレンベルグ–マクレーン空間 $K(\Gamma,1)$ がホモトピー型を除いて一意的に定まる．したがって，任意のアーベル群 A に対し $K(\Gamma,1)$ の A を係数とするコホモロジー群 $H(K(\Gamma,1);A)$ は群 Γ のみによることになる．これを群 Γ の A を係数とするコホモロジー群と呼び

$$H^*(\Gamma;A)$$

と書く．このコホモロジー群は，アイレンベルグ–マクレーン空間 $K(\Gamma,1)$ を使わずに，純粋に代数的に定義することもできる．

以上の準備のもとに平坦 G バンドルの分類空間は次のように表すことができる．リー群 G に離散位相を与えた群を G^δ と記す．このとき上記の定理 3.5.1 から，求める分類空間は

$$\mathrm{B}G^\delta = K(G^\delta,1)$$

と書けることになる．したがって，平坦 G バンドルの特性類としては，G^δ の群のコホモロジー群

$$H^*(\mathrm{B}G^\delta) \cong H^*(G^\delta)$$

がその役割を果たすことになる．しかし，このコホモロジー群はその計算が極端に難しい．そこで G のリー代数 $\mathfrak{g}$ のコホモロジー（リー代数のコホモロジー理論）が使われる．具体的には G の極大コンパクト群を K とするとき，準同型写像

$$H^*(\mathfrak{g},K) \longrightarrow H^*(G^\delta;\mathbb{R})$$

が定義される．またリー代数 $\mathfrak{g}$ 自身のコホモロジー群からは，自然な群同型写像 $G^\delta \to G$ を連続写像と見なしたときのホモトピーファイバー（それは自然に位相群となる）として定義される位相群 $\overline{G}$ の分類空間 $\mathrm{B}\overline{G}$ のコホモロジー群への準同型写像

$$H^*(\mathfrak{g}) \longrightarrow H^*(\mathrm{B}\overline{G};\mathbb{R})$$

が定義される．

3.5　2 次特性類の理論

主 G バンドルの特性類を与えるチャーン–ヴェイユ理論では，K の不変多項式代数 $I(K)$ から $H^*(\mathrm{B}G;\mathbb{R})$ へのヴェイユ準同型写像が定義された．これと，平坦 G バンドルの特性類との関係は，次の可換図式にまとめられる．

$$\begin{array}{ccc}
H^*(\mathfrak{g}) & \longrightarrow & H^*(\mathrm{B}\overline{G};\mathbb{R}) \\
\uparrow & & \uparrow \\
H^*(\mathfrak{g},K) & \longrightarrow & H^*(\mathrm{B}G^\delta;\mathbb{R}) \\
\uparrow & & \uparrow p^* \\
I(K) & \xrightarrow{w} & H^*(\mathrm{B}G;\mathbb{R})
\end{array} \tag{3.1}$$

3.5.2　チャーン–サイモンズ理論

この理論は 1970 年代初頭に，チャーンとサイモンズ (Simons) の論文 [7] の結果から発展して建設された理論で，チャーン–ヴェイユ理論のある種の精密化と言える．

$\xi = (P,\pi,B)$ を主 G バンドルとする．接続 ω を一つ与えれば，対応する曲率形式 Ω が定まる．そして，任意の不変多項式 $f \in I^k(G)$ を Ω に適用すれば，B 上の閉じた $2k$ 形式 $f(\Omega)$ が得られ，そのドラムコホモロジー類

$$f(\xi) = [f(\Omega)] \in H^{2k}(B;\mathbb{R})$$

が f に対応する特性類となるのであった．さて，射影 $\pi : P \longrightarrow B$ による ξ の引き戻し $\pi^*(\xi)$ を考える．このバンドルは自明になり，さらに自然な自明化を持つことが次のようにしてわかる．$\pi^*(\xi)$ の全空間 P^* は

$$P^* = \{(u,v) \in P \times P; \pi(u) = \pi(v)\}$$

と書ける．したがって，写像 $s : P \longrightarrow P^*$ を $s(u) = (u,u) \in P^*$ と定義すれば，これは $\pi^*(\xi)$ の切断となる．そこで，対応

$$P \times G \ni (u,g) \longmapsto (u,ug) \in P^*$$

を考えれば，これが主 G バンドルの同型 $P \times G \cong P^*$ を誘導することがわかる．この自明化が定める $\pi^*(\xi)$ の接続を ω^0 とする．一方，このバンド

ルはもとの接続の引き戻しの接続 $\omega^1 = \pi^*\omega$ を持つ．そこで，3.2.3 項の命題 3.2.18 と同様の構成をする．すなわち，積多様体 $P \times \mathbb{R}$ から P への自然な射影 $p: P \times \mathbb{R} \longrightarrow P$ を考え，それによる引き戻しの主 G バンドル $p^*(\pi^*(\xi))$ を考える．この主 G バンドル上の接続で，$P \times \{0\}$, $P \times \{1\}$ への制限がそれぞれ ω^0, ω^1 となるものを構成することができる．すなわち，P 方向の微分としては $(1-t)\omega^0 + t\omega^1$ を使い，$\mathbb{R}$ 方向は自明な接続を使うのである．対応する曲率形式を $\widetilde{\Omega}$ とすれば，$f(\widetilde{\Omega})$ は $P \times \mathbb{R}$ 上の閉じた $2k$ 形式である．これを $[0,1]$ 方向にファイバー積分して得られる P 上の $(2k-1)$ 次の微分形式を

$$Tf(\Omega) = \int_{[0,1]} f(\widetilde{\Omega})$$

とすれば

$$dTf(\Omega) = \pi^*(f(\Omega))$$

となる．少し別の観点から説明すると次のようになる．$\pi^*(f(\Omega))$ は自明なバンドル $\pi^*(\xi)$ の特性類を表す微分形式であるから，コホモロジー類としては自明である．すなわち，ある微分形式 η の外微分 $d\eta$ の形（完全形式）をしているはずである．上記の構成は，そのような η を自然に構成したことになる．このようにして得られる微分形式 $Tf(\Omega)$ を**チャーン–サイモンズ形式**（Chern–Simons form）という．

この構成は，与えられた主 G バンドルによらず普遍的なものである．このことをヴェイユ代数 $W(\mathfrak{g})$ の言葉を使って言い換えると，次のように表すこともできる．不変多項式 $f \in I^k(G)$ は，$W^{2k}(\mathfrak{g})$ の元とも考えられるが，そこでは $\delta f = 0$ である．チャーン–サイモンズ形式とは，ある特定の元

$$Tf \in W^{2k-1}(\mathfrak{g})$$

であって，$\delta Tf = f$ となるもの，ということができる．

もし接続の与えられた主 G バンドルの曲率形式が消える場合，すなわち平坦バンドルの場合には，チャーン–サイモンズ形式は閉形式となり，したがってそのドラムコホモロジー類

$$[Tf(\Omega)] \in H^{2k-1}(P; \mathbb{R})$$

3.5 2次特性類の理論

が定まる．これを**チャーン–サイモンズ類**（Chern–Simons class）という．

チャーン–サイモンズ類の応用については，例えば [22] などを参照してほしい．

3.5.3 ゲルファント–フックス理論

この理論は，1969 年代末にゲルファント（Gelfand）とフックス（Fuks）により建設された理論で，C^∞ 微分可能多様体 M 上の C^∞ ベクトル場全体のなす無限次元リー代数 $\mathfrak{X}(M)$ のコホモロジー理論である．具体的には，このリー代数には C^∞ 位相と呼ばれる自然な位相が定義され，位相リー代数（topological Lie algebra）になるが，その位相に関して連続なコチェイン全体のなすコチェイン複体のコホモロジー群（連続コホモロジーと呼ばれる）を

$$H^*_{GF}(M) = H^*_c(\mathfrak{X}(M))$$

と書き，これを M の**ゲルファント–フックス・コホモロジー**と称するのである．ここで添字の c は連続コホモロジー（continuous cohomology）を表す記号である．定義は自然なものであるが，そもそもこのようなコホモロジー群が計算できるものか，また計算できたとして，どのような意味を持ちうるものかは，まったく明らかではない．ゲルファント–フックス理論が大きな成功を収めたのは，その二つの問に対して明確な解答を与えたことにある．ゲルファント–フックス理論について詳しくは，[10] などの原論文および解説書 [4] を参照してほしい．

S^1 の場合

まず最も単純なコンパクト多様体，すなわち $M = S^1$ の場合の結果を述べる．この場合にすでに答えは極めて美しいものである．また応用上でも，後述するゴッドビヨン–ヴェイ類との密接な関係が理論の提唱後直ちに明らかになり，極めて重要である．

ゲルファントとフックスは，次のような具体的な 2-コサイクル $\alpha \in Z^2_c(\mathfrak{X}(S^1))$ と，3-コサイクル $\beta \in Z^3_c(\mathfrak{X}(S^1))$ を定義した．まず S^1 上のベ

クトル場は $t \in [0, 2\pi]$ を S^1 の座標とすれば

$$f\frac{d}{dt} \quad (f \in C^\infty(S^1))$$

と表すことができる．ここで $f = f(t)$ は t に関して周期 2π の C^∞ 関数である．このとき

$$\alpha\left(f\frac{d}{dt}, g\frac{d}{dt}\right) = \int_{S^1} \begin{vmatrix} f' & f'' \\ g' & g'' \end{vmatrix}$$

$$\beta\left(f\frac{d}{dt}, g\frac{d}{dt}, h\frac{d}{dt}\right) = \begin{vmatrix} f & f' & f'' \\ g & g' & g'' \\ h & h' & h'' \end{vmatrix}_{t=0}$$

と定義する．β に関しては

$$\beta'\left(f\frac{d}{dt}, g\frac{d}{dt}, h\frac{d}{dt}\right) = \int_{S^1} \begin{vmatrix} f & f' & f'' \\ g & g' & g'' \\ h & h' & h'' \end{vmatrix}$$

で定義される β' と（定数を除いて）互いにコホモロガスであること，具体的には $\beta' \sim 2\pi\beta$ であることがわかる．そして次の定理が成立する．

定理 3.5.3（ゲルファント−フックス）

$$H^*_{GF}(S^1) \cong \mathbb{R}[\alpha] \otimes E(\beta)$$

ここで E は外積代数を表す．

回転群 $\mathrm{SO}(2)$ は S^1 に自然に作用する．この作用は $\mathrm{SO}(2)$ の $\mathfrak{X}(S^1)$ への作用を誘導する．したがって，この作用に関する相対コホモロジー群

$$H^*_{GF}(S^1, \mathrm{SO}(2)) = H^*_c(\mathfrak{X}(S^1), \mathrm{SO}(2))$$

が定義される．このとき，オイラー類と呼ばれる 2-コサイクル $\chi \in Z^2_c(\mathfrak{X}(S^1), \mathrm{SO}(2))$ が

$$\chi\left(f\frac{d}{dt}, g\frac{d}{dt}\right) = \int_{S^1} \begin{vmatrix} f & f' \\ g & g' \end{vmatrix}$$

により定義される．このとき，$\alpha\chi \sim 0$ であることが確かめられ，さらに次の定理が成立することがわかる．

定理 3.5.4
$$H_{GF}^*(S^1, \mathrm{SO}(2)) \cong \mathbb{R}[\alpha, \chi]/(\alpha\chi)$$

一般の閉多様体の場合

ゲルファントとフックスは，一般の閉多様体 M の場合に次の結果を証明した．

定理 3.5.5（ゲルファント–フックス） M を任意の閉 C^∞ 多様体とする．このとき，任意の k に対して $H_{GF}^k(M)$ は有限次元である．

一般の M に対して $H_{GF}^*(M)$ を計算することは容易ではないが，具体的な計算のアルゴリズムは知られている．それを説明するために少し準備をする．

$\mathrm{U}(n)$ を n 次ユニタリ群，すなわち n 次ユニタリ行列全体のなすリー群とする．$n=1$ の場合は，$\mathrm{U}(1) = \mathrm{SO}(2)$ である．$\mathrm{U}(n)$ の分類空間を $\mathrm{BU}(n)$ で表し，
$$\mathrm{U}(n) \longrightarrow \mathrm{EU}(n) \xrightarrow{\pi} \mathrm{BU}(n)$$
を，$\mathrm{BU}(n)$ 上の普遍バンドルとする．このバンドルは，すべての主 $\mathrm{U}(n)$ バンドルを統制する普遍的なバンドルである．このとき，分類空間の一般論により，全空間 $\mathrm{EU}(n)$ は可縮である．$\mathrm{BU}(n)$ は自然なセル複体（cell complex）としての構造を持つが，その $2n$ 切片を $\mathrm{BU}(n)^{(2n)}$ と書き，$\mathrm{EU}(n)$ の部分空間 Y_n を
$$Y_n = \pi^{-1}(\mathrm{BU}(n)^{(2n)}) \subset \mathrm{EU}(n)$$
と定義する．構造群 $\mathrm{U}(n)$ は Y_n に自然に作用し，その商空間が $\mathrm{BU}(n)^{(2n)}$ ということになる．

例 3.5.1 $n=1$ の場合は
$$Y_1 = S^3$$
であることが次のようにしてわかる．$\mathrm{BU}(1) = \mathbb{C}P^\infty$ であり，普遍 $\mathrm{U}(1)$ バンドルは標準バンドル（ホップバンドルともいう）
$$\mathrm{U}(1) = S^1 \longrightarrow \mathrm{EU}(1) = S^\infty \longrightarrow \mathrm{BU}(1) = \mathbb{C}P^\infty$$

である.したがって,$BU(1)^{(2)} = \mathbb{C}P^1$ となる.定義から Y_1 は $\mathbb{C}P^1 = S^2$ 上のホプフバンドルの全空間,すなわち S^3 であることがわかる.

さて,M を n 次元 C^∞ 多様体とする.M の接バンドルに同伴する主 $GL(n, \mathbb{R})$ バンドルを $PM \longrightarrow M$ とする.構造群 $GL(n, \mathbb{R})$ は $GL(n, \mathbb{C})$ を通して Y_n に作用する.そこで $PM \longrightarrow M$ に同伴し Y_n をファイバーとするファイバーバンドル

$$Y_n \longrightarrow Y(M) = PM \times_{GL(n,\mathbb{R})} Y_n \longrightarrow M$$

を考える.例えば,S^1 の接バンドルは自明であるから $Y(S^1) = S^3 \times S^1$ となる.このファイバーバンドルの切断の全体

$$\Gamma(Y(M)) = \{Y(M) \longrightarrow M \text{ の切断}\}$$

を考え,それを M から $Y(M)$ への連続写像の全体のなす位相空間の部分空間

$$\Gamma(Y(M)) \subset \mathrm{Map}(M, Y(M))$$

と見なして,位相を入れる.このとき,ボット (Bott) とシーガル (Segal) は次の定理を証明した.

定理 3.5.6(ボット–シーガル) 閉 C^∞ 多様体 M に対して

$$H^*_{GF}(M) \cong \Gamma(Y(M); \mathbb{R})$$

が成立する.

この定理は,M がコンパクトでなくても例えば $M = \mathbb{R}^n$ に対しては成立する.このとき,$\Gamma(Y(\mathbb{R}^n)) = \mathrm{Map}(\mathbb{R}^n, Y_n)$ は Y_n とホモトピー同値であるから

$$H^*_{GF}(\mathbb{R}^n) \cong H^*(Y_n; \mathbb{R})$$

が得られる.また S^1 に対しては

$$H^*_{GF}(S^1) \cong H^*(\mathrm{Map}(S^1, S^3); \mathbb{R})$$

3.5 2次特性類の理論

となる．一方，写像空間 $\mathrm{Map}(S^1, S^3)$ から S^1 上の基点の S^3 における像を対応させる写像は，ファイブレーション

$$\Omega(S^3) \dashrightarrow \mathrm{Map}(S^1, S^3) \longrightarrow S^3$$

を誘導する．ここで $\Omega(S^3)$ は S^3 のループ空間，すなわち S^3 の基点から出る閉曲線（ループ）の全体のなす空間である．上記のファイブレーションは S^3 上に各点における定値ループが誘導する切断 $S^3 \dashrightarrow \mathrm{Map}(S^1, S^3)$ を許容する．このことから，同型

$$H^*(\mathrm{Map}(S^1, S^3); \mathbb{R}) \cong H^*(\Omega(S^3); \mathbb{R}) \otimes H^*(S^3; \mathbb{R})$$

が得られる．ここで，$H^*(\Omega(S^3); \mathbb{R})$ は次数 2 の元が生成する多項式代数であることがわかる．したがって，上記の同型はゲルファント–フックスの定理 3.5.3 とうまく合っていることがわかる．

一般の M に対しては，有理ホモトピー理論におけるサリヴァンの極小モデル（minimal model）と呼ばれる理論を適用することにより，$H^*_{GF}(M)$ を具体的に計算するアルゴリズムが得られる場合がある．より詳しくは，M の有理ホモトピー型の極小モデルがわかれば，写像空間 $\mathrm{Map}(M, Y_n)$ の極小モデルを与えるサリヴァンの方法を適用すればよい．

ゲルファント–フックス・コホモロジーの幾何的意味

ここではゲルファント–フックス・コホモロジーの果たす幾何学的な役割を解説する．微分同相群 $\mathrm{Diff}\, M$ には C^∞ 位相と呼ばれる自然な位相が入り，これにより $\mathrm{Diff}\, M$ は位相群となる．その分類空間 $\mathrm{BDiff}\, M$ は，$\mathrm{Diff}\, M$ を構造群とするファイバーバンドル，すなわち M をファイバーとする微分可能ファイバーバンドルを分類することになる．前述のように，このようなバンドルを簡単に微分可能 M バンドルと呼ぶことにする．

$\mathrm{Diff}\, M$ に離散位相を入れた位相群を $\mathrm{Diff}^\delta M$ と記す．$\mathrm{Diff}^\delta M$ の分類空間 $\mathrm{BDiff}^\delta M$ は，次のようにして定義される葉層 M バンドルを分類する．ただし，葉層構造については，3.5.4 項の記述を参照してほしい．

定義 3.5.7 微分可能 M バンドル $E \longrightarrow B$ は，全空間 E 上に各ファイバー $E_b = \pi^{-1}(b)$ ($b \in B$) に横断的な葉層構造が与えられているとき，

葉層 M バンドル (foliated M-bundle) という. 平坦 M バンドル (flat M-bundle) と呼ぶ場合もある.

さて，$\mathrm{Diff}\,M$ の恒等写像は自然な連続準同型写像
$$\mathrm{Diff}^\delta M \longrightarrow \mathrm{Diff}\,M$$
を誘導する. この写像のホモトピーファイバーとして定義される位相群を
$$\overline{\mathrm{Diff}}M$$
と書き，この位相群の分類空間を $\mathrm{B}\overline{\mathrm{Diff}}M$ とする. $\mathrm{BDiff}^\delta M$ は，次のようにして定義される葉層 M 積バンドル (foliated M product) を分類する.

定義 3.5.8 微分可能 M バンドル $E \longrightarrow B$ は，全空間 E 上に各ファイバー E_b $(b \in B)$ に横断的な葉層構造が与えられ，それに加えて M バンドルとしての自明化
$$\varphi : E \cong B \times M$$
が与えられているとき，葉層 M 積バンドルという.

定理 3.5.9 自然な準同型写像
$$H^*_{GF}(M) \longrightarrow H^*(\mathrm{B}\overline{\mathrm{Diff}}M; \mathbb{R})$$
が存在する.

すなわち，M のゲルファント–フックス・コホモロジー $H^*_{GF}(M)$ は，葉層 M 積バンドルの特性類の役割を果たすのである. この定理は平坦 G バンドルの無限次元版と考えることができる. $M = S^1$ に対しては，次の結果が示すように，S^1 のゲルファント–フックス・コホモロジーが果たす葉層 S^1 バンドルの特性類の役割は完全に解決されている.

定理 3.5.10 S^1 に対してゲルファント–フックス・コホモロジーから定義される葉層 S^1 積バンドルおよび葉層 S^1 バンドルの特性類は，すべて非自明である. すなわち，次の可換図式において左辺から右辺への準同型写像は，すべて単射である（最下段の準同型は同型である）.

3.5 2次特性類の理論

$$\begin{array}{ccc}
H^*_{GF}(S^1) \cong \mathbb{R}[\alpha] \otimes E(\beta) & \xrightarrow{\text{単射}} & H^*(B\overline{\mathrm{Diff}}\,S^1;\mathbb{R}) \\
\uparrow & & \uparrow \\
H^*_{GF}(\mathfrak{X}(S^1),\mathrm{SO}(2)) \cong \mathbb{R}[\alpha,\chi]/(\alpha\chi) & \xrightarrow{\text{単射}} & H^*(B\mathrm{Diff}^\delta_+ S^1;\mathbb{R}) \\
\uparrow & & \uparrow{\scriptstyle \mu^*} \\
H^*(B\mathrm{SO}(2);\mathbb{R}) \cong \mathbb{R}[\chi] & \xrightarrow{\text{同型}} & H^*(B\mathrm{Diff}_+ S^1;\mathbb{R})
\end{array}$$
(3.2)

この定理において中段の準同型が単射であることは,特に向き付けられた平坦 S^1 バンドルのオイラー類のべき $\chi^k \in H^{2k}(B\mathrm{Diff}^\delta_+ S^1;\mathbb{R})$ は,任意の k に対してすべて非自明であることを主張している.同じことが,実解析的なカテゴリーで成立するか,すなわち $\chi^k \in H^{2k}(B\mathrm{Diff}^{\omega,\delta}_+ S^1;\mathbb{R})$ が非自明かどうかという問は,大きな未解決問題である.ここで $\mathrm{Diff}^\omega_+ S^1$ は S^1 の向きを保つ実解析的な微分同相全体のなす群を表す.

さらに,一般の C^∞ 多様体に対して,そのゲルファント–フックス・コホモロジーが定義する葉層 M バンドルの特性類の非自明性は,未解明のことが多い.

$\mathbb{R}^n$ 上の形式的ベクトル場のなすリー代数

ゲルファント–フックス理論において多様体上のベクトル場のなすリー代数と並んで重要な役割を果たすのが,形式的ベクトル場のなすリー代数である.

$\mathbb{R}^n$ 上の**形式的ベクトル場** (formal vector field) とは,$\mathbb{R}^n$ の標準的座標 $x_1,\ldots,x_n$ に関する形式的べき級数を係数とするベクトル場のことである.具体的には

$$f_1\frac{\partial}{\partial x_1} + \cdots + f_n\frac{\partial}{\partial x_n} \quad (f_i \in \mathbb{R}[[x_1,\ldots,x_n]])$$

と表すことができる.$\mathbb{R}^n$ 上の形式的ベクトル場全体を

$$\mathfrak{a}_n = \{\mathbb{R}^n \text{ 上の形式的ベクトル場}\}$$

と記せば,これはベクトル場の通常のかっこ積により(無限次元の)リー代数の構造を持つことがわかる.直交群 $\mathrm{O}(n+1)$ は座標への通常の作用を通

して $\mathfrak{a}_n$ に作用する．また，$\mathrm{O}(n+1)$ のリー代数 $\mathfrak{o}(n+1)$ は座標の斉次 1 次式を係数とする線形ベクトル場全体として，$\mathfrak{a}_n$ の部分リー代数となる．また $\mathfrak{a}_n$ には，次のように定義されるクルル位相と呼ばれる位相が入り，位相リー代数となる．定数項のない形式的ベクトル場全体は

$$\mathfrak{a}_n^0 = \left\{ f_1 \frac{\partial}{\partial x_1} + \cdots + f_n \frac{\partial}{\partial x_n} ; f_i(0,\ldots,0) = 0 \ (i=1,\ldots,n) \right\}$$

と書けるが，これは $\mathfrak{a}_n$ のイデアルとなる．このとき

$$U_m = \left\{ f_1 \frac{\partial}{\partial x_1} + \cdots + f_n \frac{\partial}{\partial x_n} ; f_i \in (\mathfrak{a}_n^0)^m \ (i=1,\ldots,n) \right\} \ (m=1,2,\ldots)$$

とおき，$U_1, U_2, \ldots$ を $0 \in \mathfrak{a}_n$ の近傍系とすることにより位相を入れるのである．

まず 1 次元，すなわち $\mathbb{R}$ 上の形式的ベクトル場のなすリー代数については，次の簡明な結果がある．

定理 3.5.11（ゲルファント-フックス）

$$H_{GF}^*(\mathfrak{a}_1) \cong \begin{cases} \mathbb{R} & (* = 0, 3) \\ 0 & (その他) \end{cases}$$

一般の n に関する結果を記すため少し準備をする．$\mathrm{U}(n)$ のリー代数を $\mathfrak{u}(n)$ とし，ヴェイユ代数

$$W(\mathfrak{u}(n)) = \Lambda^* \mathfrak{u}(n)^* \otimes S^* \mathfrak{u}(n)^*$$

を考える．ここで対称代数 $S^* \mathfrak{u}(n)^*$ の部分は $\mathfrak{u}(n)^*$ の各元の次数を 2 とし，曲率形式の生成する微分形式のシステムに対応するのであった．そこで，次数 $2n$ を超える部分全体のなすイデアル，すなわち $(S^{n+1} \mathfrak{u}(n)^*)$ による商をとった代数

$$\hat{W}(\mathfrak{u}(n)) = \Lambda^* \mathfrak{u}(n)^* \otimes S^* \mathfrak{u}(n)^* / (S^{n+1} \mathfrak{u}(n)^*)$$

を考える．さてチャーン-ヴェイユ理論により，$W(\mathfrak{u}(n))$ は $\mathrm{BU}(n)$ 上の普遍バンドルの全空間 $\mathrm{EU}(n)$ のドラム複体のモデルであった．このことから

3.5 2次特性類の理論

$\hat{W}(\mathfrak{u}(n))$ は $\mathrm{EU}(n)$ の $\mathrm{BU}(n)$ の $2n$ 切片への制限，すなわち Y_n のドラム複体のモデルとなることが期待される．実際，自然な同型

$$H^*(\hat{W}(\mathfrak{u}(n))) \cong H^*(Y_n; \mathbb{R})$$

が存在することが証明できる．このモデルよりもさらに小さなモデルが次のようにして構成される．$\mathrm{U}(n)$ の普遍多項式代数は，チャーン類 $c_1, \ldots, c_n$ によって生成される多項式代数

$$I(\mathrm{U}(n)) \cong \mathbb{R}[c_1, \ldots, c_n] \subset S^*\mathfrak{u}(n)^* \subset W(\mathfrak{u}(n))$$

である．一方，ヴェイユ代数のコホモロジーは自明，すなわち $H^*(W(\mathfrak{u}(n))) \cong \mathbb{R}$ であるから，ある元 $h_i \in W(\mathfrak{u}(n))$ が存在して

$$\delta h_i = c_i$$

となる．例えば，h_i としてチャーン–サイモンズ形式 Tc_i をとればよい．このとき

$$W_n = E(h_1, \ldots, h_n) \otimes \mathbb{R}[c_1, \ldots, c_n]$$

とおけば，これは $W(\mathfrak{u}(n))$ の部分複体となるが，包含写像 $W_n \subset W(\mathfrak{u}(n))$ はチェインホモトピー同値となることがわかる．言い換えると $H^*(W_n)$ は自明である．したがって

$$\hat{W}_n = E(h_1, \ldots, h_n) \otimes \mathbb{R}[c_1, \ldots, c_n]/I_n$$

とおけば（ただし，I_n はチャーン類に関する次数 $2n$ を超える多項式全体のなすイデアルである），包含写像

$$\hat{W}_n \subset \hat{W}(\mathfrak{u}(n))$$

が定義されるが，これはコホモロジーの同型を誘導することが期待される．実際，そのとおりであることが証明される．以上の準備のもとに，ゲルファント–フックスは次の定理を証明した．

定理 3.5.12（ゲルファント–フックス） 任意の n に対して，自然な同型

$$H^*_{GF}(\mathfrak{a}_n) \cong H^*(Y_n; \mathbb{R}) \cong H^*(\hat{W}(\mathfrak{u}(n))) \cong H^*(\hat{W}_n)$$

が存在する．特に，$H^*_{GF}(\mathfrak{a}_n)$ は有限次元である．

O($n+1$) に関する相対コホモロジーについては，結果は次のようになる．まず GL($n,\mathbb{R}$) のヴェイユ代数は U(n) のヴェイユ代数と同型であることがわかる．これは二つの自然な同型

$$\mathfrak{gl}(n,\mathbb{C}) = \mathfrak{gl}(n,\mathbb{R}) \otimes \mathbb{C}, \quad \mathfrak{gl}(n,\mathbb{C}) \cong \mathfrak{u}(n) \otimes \mathbb{C}$$

から従う．したがって，包含写像

$$W_n = E(h_1,\ldots,h_n) \otimes \mathbb{R}[c_1,\ldots,c_n] \subset W(\mathfrak{gl}(n,\mathbb{R}))$$
$$\hat{W}_n = E(h_1,\ldots,h_n) \otimes \mathbb{R}[c_1,\ldots,c_n]/I_n \subset \hat{W}(\mathfrak{gl}(n,\mathbb{R}))$$

が定義される．ここで，k が奇数ならば h_k は O(n) $\subset$ GL($n,\mathbb{R}$) の作用で不変にとれることがわかる．そこで

$$\hat{W}O_n = E(h_1,h_3,\ldots,h_\ell) \otimes \mathbb{R}[c_1,\ldots,c_n]/I_n$$

とおく．ただし ℓ は n 以下の最大の奇数を表すものとする．このとき次の定理が成立する．

定理 3.5.13（ボット–ヘフリガー）　任意の n に対して，自然な同型

$$H^*_{GF}(\mathfrak{a}_n, \mathrm{O}(n)) \cong H^*(\hat{W}O_n)$$

が存在する．

　ヴェイ（Vey）は，上記の $\hat{W}_n$ および $\hat{W}O_n$ のコホモロジーの基底を与えた．それを記述するため，記号を準備する．

$$h_{i_1} \cdots h_{i_k} c_{j_1} \cdots c_{j_\ell}$$

を簡単に $h_I c_J$ と書くことにする．ただし

$$I = (i_1,\ldots,i_k), \quad i_1 < \cdots < i_k$$
$$J = (j_1,\ldots,j_\ell), \quad j_1 \leq \cdots \leq j_\ell$$

とする．また

$$|J| = j_1 + \cdots + j_\ell$$

と定義する．このとき，次の命題が成立する．

3.5 2次特性類の理論

命題 3.5.14（ヴェイ） $\hat{W}_n, \hat{WO}_n$ のコホモロジーは，それぞれ次の基底を持つ．

(i) $H^*(\hat{W}_n) : \{h_I c_J; |J| \leq n,\ i_1 \leq j_1,\ i_1 + |J| > n\}$
(ii) $H^*(\hat{WO}_n) : \{h_I c_J; I$ の成分はすべて奇数，$\ell = 0$ ならば J の成分はすべて偶数，$\ell \neq 0$ ならば $i_1 \leq J$ の成分の中の最小の奇数，$|J| \leq n,\ i_1 + |J| > n\}$

3.5.4 葉層構造の特性類

上記チャーン–サイモンズ理論およびゲルファント–フックス理論に触発されて，1970年代初頭に葉層構造の特性類の理論が建設され，盛んに研究された．その代表的なものとしてゴッドビヨン–ヴェイ類と呼ばれる特性類がある．そして 1970 年代から 80 年代にかけて，多くの著しい結果が得られた．

大雑把に言えば，葉層構造の特性類とは，葉層構造の法バンドルの特性類 (特にポントリャーギン類) がある範囲で消えることを主張する，ボットの消滅定理と呼ばれる事実に基づいて定義されるコホモロジー類である．その意味で，葉層構造の特性類は通常の特性類の理論のある種の精密化と考えることができる．この理論が 2 次特性類の理論 (の一つ) と呼ばれるのはこのためである．

葉層構造について詳しくは，[31], [3] などを参照してほしい．

葉層構造の定義

まず葉層構造の定義を簡単に述べる．n 次元ユークリッド空間 $\mathbb{R}^n$ を考える．$0 \leq q \leq n$ を満たす任意の q に対して，$\mathbb{R}^n = \mathbb{R}^{n-q} \times \mathbb{R}^q$ と書ける．したがって，$\mathbb{R}^n$ は $\mathbb{R}^q$ でパラメトライズされた $\mathbb{R}^{n-q}$ の互いに交わらない平行移動の族によって

$$\mathbb{R}^n = \coprod_{y \in \mathbb{R}^q} \mathbb{R}^{n-q} \times y \tag{3.3}$$

と分割される．n 次元多様体 M 上の余次元 q の葉層構造 (foliation) とは，M 全体に上記のような構造 (あるいは "模様") が大局的に定義されている

場合をいう．詳しくは次のように定義する．

定義 3.5.15（葉層構造） M を n 次元 C^∞ 級多様体とし，$0 \leq q \leq n$ とする．$\{L_\alpha\}_\alpha$ を M の互いに交わらない $(n-q)$ 次元の連結部分多様体の族で，M がそれらの和集合となっている

$$M = \coprod_\alpha L_\alpha$$

とする．ただし，ここで部分多様体とは 1 対 1 のはめ込みの像を指すものとする．M の各点に対して，その近くで定義された局所座標系 $\varphi: U \longrightarrow \mathbb{R}^n$ が存在し，任意の α に対して次の条件

$U \cap L_\alpha$ の各連結成分は，ある $y \in \mathbb{R}^q$ が存在して
φ により $\mathbb{R}^{n-q} \times y$ の中に写される

を満たすとする．このとき $\mathcal{F} = \{L_\alpha\}_\alpha$ を M 上の余次元（codimension）q の**葉層構造**という．また各部分多様体 L_α を**葉**（leaf）という．

多様体 M 上の余次元 q の葉層構造を，M のアトラス（座標近傍系）$\{(U_\alpha, \varphi_\alpha)\}_\alpha$ とその座標変換に関する条件で記述すれば，次のようになる．すなわち，座標変換

$$f_{\beta\alpha} = \varphi_\beta \circ \varphi_\alpha^{-1} : \varphi_\alpha(U_\alpha \cap U_\beta) \longrightarrow \varphi_\beta(U_\alpha \cap U_\beta)$$

がすべて上記の分割 (3.3) を保つ，すなわち $(x,y) \in \mathbb{R}^{n-q} \times \mathbb{R}^q \cap \varphi_\alpha(U_\alpha \cap U_\beta)$ に対して

$$f_{\beta\alpha}(x,y) = (h_1(x,y), h_2(y)) \in \mathbb{R}^{n-q} \times \mathbb{R}^q$$

の形をしているとする．このとき，$\varphi_\alpha^{-1}(\mathbb{R}^{n-q} \times y)$ は U_α の $(n-q)$ 次元部分多様体となるが，上記座標変換の形により，この部分多様体は別の座標近傍にうまくつながって全体として M の部分多様体を形作る．これらの部分多様体を葉とすることにより，葉層構造が定まるのである．

C^∞ 多様体 M の上に余次元 q の葉層構造 $\mathcal{F}$ が与えられているとき，対 $(M, \mathcal{F})$ を余次元 q の**葉層多様体**と呼ぶことにする．このとき

$$\tau\mathcal{F} = \{v \in TM; v \text{ は葉に接する}\} \subset TM$$

3.5 2次特性類の理論

とおけば，これは M の接バンドル TM の部分バンドルとなる．これを $\mathcal{F}$ の**接バンドル** (tangent bundle) という．$\tau\mathcal{F}$ の切断の全体を $\Gamma(\tau\mathcal{F})$ と書く．このとき，かっこ積に関して

$$[\Gamma(\tau\mathcal{F}), \Gamma(\tau\mathcal{F})] \subset \Gamma(\tau\mathcal{F})$$

となることがわかる．一般にこのような性質を持つ TM の部分バンドルを，**包合的** (involutive) あるいは**完全積分可能** (completely integrable) という．逆に，包合的な部分バンドルはある葉層構造の接バンドルとなることが知られている．これをフロベニウス (Frobenius) の定理という．

定理 3.5.16 (フロベニウスの定理) M を C^∞ 多様体，$\xi \subset TM$ を M の接バンドルの部分バンドルとする．このとき，ある葉層構造 $\mathcal{F}$ が存在して $\xi = \tau\mathcal{F}$ となるための必要十分条件は，ξ が包合的，すなわち

$$[\Gamma(\xi), \Gamma(\xi)] \subset \Gamma(\xi)$$

となることである．

上記はフロベニウスの定理のベクトル場による表現であるが，この定理にはもう一つ次のような微分形式による表現がある．こちらのほうも極めて重要である．上記のように M を C^∞ 多様体とし，$\xi \subset TM$ を余次元 q の部分バンドルとする．このとき M のドラム複体 $A^*(M)$ の部分空間

$$I^*(\xi) = \bigoplus_{k=0}^{\infty} I^k(\xi) \quad (I^k(\xi) \subset A^k(M))$$

を

$$I^k(\xi) = \{\alpha \in A^k(M);$$
$$\text{任意の } X_1, \ldots, X_k \in \Gamma(\xi) \text{ に対して } \alpha(X_1, \ldots, X_k) = 0\}$$

とおく．定義からすぐにわかることは，$I^*(\xi)$ がイデアルとなることである．すなわち，任意の $\alpha \in I^*(\xi)$ と $\beta \in A^*(M)$ に対して $\alpha \wedge \beta \in I^*(\xi)$ となる．

定理 3.5.17 (フロベニウスの定理 (微分形式による表現)) M を C^∞ 多様体，$\xi \subset TM$ を M の接バンドルの部分バンドルとする．このとき，ξ

が積分可能となるための必要十分条件は，$I^*(\xi)$ が $\Lambda^*(M)$ の微分イデアル (differential ideal) となること，すなわち

$$dI^*(\xi) \subset I^*(\xi)$$

が成立することである．

この定理を，局所的にもう少しわかりやすく述べると次のようになる．U を M の任意の座標近傍とすれば，U 上の各点 p で1次独立な q 個の1形式 $\theta_1, \ldots, \theta_q$ が存在して

$$E(\xi)_p = \{X \in T_pM; \theta_1(X) = \cdots = \theta_q(X) = 0\}$$

となる．ただし $E(\xi)_p \subset T_pM$ は ξ の p 上のファイバーを表すものとする．このとき，$I^*(\xi|_U)$ はこれらの1形式 $\theta_1, \ldots, \theta_q$ で生成されるイデアルとなる．そして，ξ が完全積分可能であるための必要十分条件は，任意の U に対して

$$d\theta_i = \sum_{j=1}^q \eta_{ij} \wedge \theta_j \tag{3.4}$$

となるような1形式 $\eta_{ij} \in A^1(U)$ が存在すること，となる．上記の条件 (3.4) を**積分可能条件** (integrability condition) という．

定義 3.5.18（法バンドル）　$(M, \mathcal{F})$ を葉層多様体とする．このとき，商バンドル

$$\nu\mathcal{F} = TM/\tau\mathcal{F}$$

を $\mathcal{F}$ の**法バンドル**という．

葉層構造の作り方については，種々の方法が知られている．ここでは，それらの中で代表的な二つの構成方法を述べることにする．

第一は，リー群を用いる方法である．G をリー群，$H \subset G$ をその閉部分群とする．このとき，H に関する右剰余類の全体 $\mathcal{F} = \{gH; g \in G\}$ は G 上に葉層構造を定めることがわかる．一般に，微分可能なファイバーバンドル $E \longrightarrow B$ が与えられると，各ファイバーを葉とすることにより全空間 E

3.5 2次特性類の理論

上に葉層構造が定まる.上記の設定において,自然な射影 $G \longrightarrow G/H$ は微分可能なファイバーバンドルとなることが知られている.このとき $\mathcal{F}$ は,このファイバーバンドルの定める葉層構造である.この葉層構造はそれ自体はあまり面白いものではない.しかし,この葉層構造に次の操作を施すことにより豊富な構造を持った例が作られるのである.すなわち $\Gamma \in G$ を離散部分群で,ねじれ元(有限位数の元,ただし単位元は除く)を持たないものとする.このとき,Γ の G への左作用は上記の葉層構造 $\mathcal{F}$ を保つ.すなわち葉を葉に写す微分同相写像である.一方,この作用による商空間 $\Gamma \backslash G$ は微分可能多様体となることが知られている.したがって,$\Gamma \backslash G$ 上の葉層構造 $\Gamma \backslash \mathcal{F}$ が得られる.

例 3.5.2 重要な例としては,

$$G = \mathrm{PSL}(2, \mathbb{R})$$
$$H = G \text{ に属する上三角行列の全体}$$

として得られる葉層構造 $\mathcal{F}$ がある.よく知られているように,G は上半平面 $\mathbb{H} = \{(x,y) \in \mathbb{R}^2 ; y > 0\}$ のポアンカレ計量(Poincaré metric)に関する向きを保つ等長変換全体のなすリー群と一致する.そして,種数 $g \geq 2$ の向き付けられた閉曲面 Σ_g の基本群 $\pi_1 \Sigma_g$ から G への,効果的かつ離散的な表現が豊富に存在することが知られている.より具体的には,Σ_g 上には負の定曲率計量が豊富に存在するが,そのような計量 (Σ_g, m) を定めるごとに,対応する上記の表現 $\rho_m : \pi_1 \Sigma_g \longrightarrow G$ が存在し,$\mathrm{Im}\, \rho_m \backslash \mathcal{F}$ は (Σ_g, m) の長さ1の接ベクトル全体からなる単位円周バンドル(unit circle bundle)$T_1(\Sigma_g, m)$ 上の**アノソフ葉層構造**(Anosov foliation)と呼ばれる葉層構造となる.

第二の方法は,多様体の微分同相群への表現を用いるものである.M を C^∞ 多様体,$\mathrm{Diff}\, M$ をその微分同相群とする.さて,C^∞ 多様体 B の基本群から $\mathrm{Diff}\, M$ への準同型写像

$$\rho : \pi_1 B \longrightarrow \mathrm{Diff}\, M$$

が与えられたとする.このとき,B の普遍被覆多様体 $\tilde{B}$ と M との直積

$\tilde{B} \times M$ 上の自明な葉層構造

$$\mathcal{F}_0 = \{\tilde{B} \times x; x \in M\}$$

を考える．すなわち，第 2 成分への射影 $\tilde{B} \times M \longrightarrow M$ の定義する自明な葉層構造である．B の基本群 $\pi_1 B$ は $\tilde{B} \times M$ に作用する．すなわち，$\tilde{B}$ には被覆変換群として，また M へは準同型写像 ρ を通して作用する．この作用は，自由な作用であるため，商空間 $\tilde{B} \times_{\pi_1 B} M$ は C^∞ 多様体の構造を持つ．さらにこの作用は，明らかに $\mathcal{F}_0$ を保つ．したがって，$\tilde{B} \times_{\pi_1 B} M$ 上の葉層構造 $\pi_1 B \backslash \mathcal{F}_0$ が誘導される．自然な射影

$$\tilde{B} \times_{\pi_1 B} M \longrightarrow B$$

は B を底空間とし M をファイバーとするファイバーバンドルの構造を持つが，$\pi_1 B \backslash \mathcal{F}_0$ の各葉はすべてファイバーに横断的な部分多様体となる．別の言い方をすれば，このファイバーバンドルの構造群は表現 ρ を通して，離散群 $\mathrm{Diff}^\delta M$ に値を持つことになる．

この葉層構造を，ρ を全ホロノミー群（total holonomy group）とする葉層 M バンドルという．

葉層構造の特性類の定義

ここでは，葉層構造の特性類の定義を与える．より詳しくは，[2] を参照してほしい．

$\mathcal{F}$ を C^∞ 多様体 M 上の余次元 q の葉層構造とする．このとき $\mathcal{F}$ の接バンドル $\tau\mathcal{F}$ は包合的である．さて $p : TM \longrightarrow \nu\mathcal{F}$ を射影とする．任意の $s \in \Gamma(\nu\mathcal{F})$ に対し，ある $\tilde{s} \in \Gamma(TM) = \mathfrak{X}(M)$ で $s = p(\tilde{s})$ となるものが存在する．このとき，任意の $X \in \Gamma(\tau\mathcal{F})$ に対し

$$p[X, \tilde{s}]$$

は s のみに依存し，$\tilde{s}$ のとり方によらない．なぜならば，$\tilde{s}'$ を別の選び方とすれば，ある $Y \in \Gamma(\tau\mathcal{F})$ が存在して $\tilde{s}' = \tilde{s} + Y$ となるが，このとき

$$p[X, \tilde{s}'] = p[X, \tilde{s} + Y] = p[X, \tilde{s}] + p[X, Y] = p[X, \tilde{s}]$$

3.5 2次特性類の理論

となるからである．ここで $\tau\mathcal{F}$ の包合性から従う $[X,Y]\in\Gamma(\tau\mathcal{F})$ を使った．

上記の準備のもとで，葉層構造 F の法バンドル $\nu\mathcal{F}$ には次のような接続が存在することがわかる．

定義 3.5.19（ボット接続） 葉層構造 F の法バンドル $\nu\mathcal{F}$ 上の接続 ∇ は，任意の $X\in\Gamma(\tau\mathcal{F})$ と $s\in\Gamma(\nu\mathcal{F})$ に対し，条件
$$\nabla_X(s) = p[X,\tilde{s}]$$
を満たすときボット接続という．ただし，$\tilde{s}\in\mathfrak{X}(M)$ は $p(\tilde{s})=s$ となる任意のリフトである．

命題 3.5.20 任意の葉層構造に対し，ボット接続は存在する．

証明の概略は次のとおりである．まず，$\nu\mathcal{F}$ 上の任意の接続 ∇ を選ぶ．次に，M にリーマン計量を入れることにより，$\nu\mathcal{F}$ と $\tau\mathcal{F}$ の直交補バンドル $\tau\mathcal{F}^\perp$ とを同一視し
$$TM = \tau\mathcal{F}\oplus\nu\mathcal{F}$$
と書いておく．このとき
$$\mathfrak{X}(M) = \Gamma(\tau\mathcal{F})\times\Gamma(\nu\mathcal{F})$$
となる．したがって，任意の $X\in\mathfrak{X}(M)$ は
$$X = X_\tau\oplus X_\nu \quad (X_\tau\in\Gamma(\tau\mathcal{F}), X_\nu\in\Gamma(\nu\mathcal{F}))$$
と分解する．そこで，任意の $s\in\Gamma(\nu\mathcal{F})$ と $X\in\mathfrak{X}(M)$ に対し
$$\widetilde{\nabla}_X(s) = p[X_\tau, s] + \nabla_{X_\nu}(s)$$
と定義する．$\widetilde{\nabla}$ が接続の条件を満たすことは簡単な計算により確かめることができる．そして，この接続は明らかにボット接続の条件を満たす．

定理 3.5.21（ボット消滅定理） M を C^∞ 多様体，$\mathcal{F}$ を M 上の余次元 q の葉層構造とする．このとき $\mathcal{F}$ の法バンドル $\nu(\mathcal{F})=TM/\tau\mathcal{F}$ のポントリャーギン類で生成される部分代数
$$\mathrm{Pont}(\nu\mathcal{F})\subset H^*(M;\mathbb{R})$$

において，次数 $> 2q$ の部分空間は自明である．

証明の概略は次のとおりである．法バンドル $\nu\mathcal{F}$ 上のボット接続 ∇ を一つ選び，対応する曲率を $k(X,Y)$ $(X,Y \in \mathfrak{X}(M))$ とする．このとき，まず任意の $X,Y \in \Gamma(\tau\mathcal{F})$ に対して

$$k(X,Y) = 0$$

であることを確かめよう．任意の $s \in \Gamma(\nu\mathcal{F})$ に対し，$p(\tilde{s}) = s$ となる $\tilde{s} \in \mathfrak{X}(M)$ を選ぶ．このとき

$$\begin{aligned}2k(X,Y)(s) &= \nabla_X\nabla_Y(s) - \nabla_Y\nabla_X(s) - \nabla_{[X,Y]}(s) \\ &= \nabla_X(p[Y,\tilde{s}]) - \nabla_Y(p[X,\tilde{s}]) - p[[X,Y],\tilde{s}] \\ &= p[X,[Y,\tilde{s}]] - p[Y,[X,\tilde{s}]] - p[[X,Y],\tilde{s}] \\ &= p([X,[Y,\tilde{s}]] - [Y,[X,\tilde{s}]] - [[X,Y],\tilde{s}])\end{aligned}$$

となるが，最後の式はリー代数 $\mathfrak{X}(M)$ のヤコビの恒等式

$$[X,[Y,\tilde{s}]] - [Y,[X,\tilde{s}]] - [[X,Y],\tilde{s}] = [X,[Y,\tilde{s}]] + [Y,[\tilde{s},X]] + [\tilde{s},[X,Y]] = 0$$

により 0 となる．

次に，U を M の開集合で葉層構造 $\mathcal{F}$ の U への制限 $\tau\mathcal{F}|_U$ が

$$\mathbb{R}^n = \mathbb{R}^{n-q} \times \mathbb{R}^q$$

上の標準的な分割 (3.3) の定める葉層構造と同一視できるものとしよう．ただし M の次元を n とする．葉層構造の定義により，M の各点の周りでこのような開集合がとれる．このとき，$\tau\mathcal{F}$ の U 上への制限は，ベクトル場

$$\frac{\partial}{\partial x_i} \quad (i = 1,\ldots,n-q)$$

が生成する $TM|_U = T\mathbb{R}^n$ の部分バンドルとなる．U のドラム複体 $A^*(U)$ を考え，$\Gamma(\tau\mathcal{F}|_U)$ 上で消える 1 形式が生成する $A^*(U)$ のイデアルを $I(\mathcal{F}|_U)$ と書くことにする．このとき，上記の同一視のもと明らかに

$$I(\mathcal{F}|_U) = dx_{n-q+1},\ldots,dx_n \text{ が生成するイデアル}$$

3.5 2次特性類の理論

となる.さて,$\nu\mathcal{F}$ 上にボット接続 ∇ を一つ選び,その U 上の曲率形式を

$$\Omega = (\Omega_{ij}) \in A^2(U; \mathfrak{gl}(n;\mathbb{R}))$$

とする.各 Ω_{ij} は U 上の 2 形式であるから,$dx_i \wedge dx_j$ $(1 \leq i < j \leq n)$ の U 上の関数を係数とする 1 次結合で書ける.ところが,上記に示したように,任意の $X, Y \in \Gamma(\tau\mathcal{F}|_U)$ に対し,$k(X, Y) = 0$ である.したがって,Ω_{ij} の表示の中には $dx_i \wedge dx_j$ $(1 \leq i < j \leq n-q)$ の項は表れないことがわかる.すなわち,Ω_{ij} は q 個の 1 形式 $dx_{n-q+1}, \ldots, dx_n$ が生成するイデアル $I(\mathcal{F}|_U)$ に属することになる.このことから,それらの m 個のウェッジ積

$$\Omega_{i_1 j_1} \wedge \cdots \wedge \Omega_{i_m j_m}$$

は,$m > q$ に対して常に消えることが従う.これを簡単に

$$\Omega^{q+1} = 0$$

と書くことにする.

一方,定義により $\nu\mathcal{F}$ のポントリャーギン類は,Ω_{ij} に関する多項式で表せる.したがって,それらの積の次数が $2q$ を超えれば恒等的に消える微分形式となる.このようにしてボット消滅定理が示された.

こうして,葉層構造の法バンドルのポントリャーギン類がある範囲で消えることが証明された.この事実を使って,葉層構造に関して従来のものと異なる新しい特性類を定義することができる.以下にそれを解説する.

$\mathcal{F}$ を M 上の余次元 q の葉層構造とし,その法バンドル $\nu\mathcal{F}$ を考える.$\nu\mathcal{F}$ 上に二つの接続を入れる.一つはボット接続 ∇^b であり,もう一つは $\nu\mathcal{F}$ 上の任意の計量に関する計量接続 ∇^m である.これら二つの接続に関する曲率形式をそれぞれ Ω^b, Ω^m とする.このときボット消滅定理により

$$(\Omega^b)^{q+1} = 0$$

となる.特に $\mathrm{GL}(q;\mathbb{R})$ の不変多項式

$$I(\mathrm{GL}(q;\mathbb{R})) \cong \mathbb{R}[c_1, \ldots, c_q]$$

において，c_i に関する $(q+1)$ 次以上の任意の多項式を f とするとき，微分形式として

$$f(\Omega^b) = 0 \tag{3.5}$$

となる．一方，計量接続の性質から任意の奇数次の c_{2i+1} に対して，これも微分形式として

$$c_{2i+1}(\Omega^m) = 0 \tag{3.6}$$

となる．最後に，ある $2i$ 形式

$$h_{2i+1}(\nabla^m, \nabla^b)$$

が存在して

$$dh_{2i+1}(\nabla^m, \nabla^b) = c_{2i+1}(\Omega^b) - c_{2i+1}(\Omega^m) = c_{2i+1}(\Omega^b) \tag{3.7}$$

となる．ここで，ゲルファント–フックス・コホモロジー理論の考察で表れた次数付き代数

$$\hat{W}O_q = E(h_1, h_3, \ldots, h_\ell) \otimes \mathbb{R}[c_1, \ldots, c_q]/I_q$$

を考える．三つの式 (3.5), (3.6), (3.7) を使うことにより，準同型写像

$$\Phi : \hat{W}O_q \longrightarrow A^*(M)$$

を，対応

$$\Phi(h_{2i+1}) = h_{2i+1}(\nabla^m, \nabla^b)$$
$$\Phi(c_i) = c_i(\Omega^b)$$

により定義することができることがわかる．コホモロジー群に移ることにより，準同型写像 $\Phi : H^*(\hat{W}O_q) \longrightarrow H^*(M; \mathbb{R})$ が得られる．

このとき，次の定理が成立する．

定理 3.5.22 $\mathcal{F}$ を C^∞ 多様体 M 上の余次元 q の葉層構造とする．このとき，上記のようにして定まる準同型写像

$$\Phi : H^*(\hat{W}O_q) \longrightarrow H^*(M; \mathbb{R})$$

3.5 2次特性類の理論

は $\mathcal{F}$ のみによって定まり,接続のとり方によらない.さらに,こうして得られるコホモロジー類は葉層構造の特性類となる.

証明の要点は次のとおりである.準同型写像 Φ の構成において任意性があるのは,$\nu\mathcal{F}$ 上の計量の選び方,計量を一つ定めたときの計量接続の選び方,そしてボット接続の選び方の 3 点である.まず,第一の計量については,二つの計量 g_0, g_1 が与えられたとき,それらの 1 次結合 $(1-t)g_0 + tg_1$ もまた計量となることが簡単にわかる.実際,計量全体のなす空間は可縮となる.次に,与えられた計量に関する二つの計量接続 ∇_0, ∇_1 が与えられたとき,それらの 1 次結合 $(1-t)\nabla_0 + t\nabla_1$ もまた接続計量となることがわかる.これら二つを組み合わせれば,任意の二つの計量接続は,接続計量の族により互いに結べることがわかる.最後に,二つのボット接続 ∇_0, ∇_1 が与えられたとき,それらの 1 次結合 $(1-t)\nabla_0 + t\nabla_1$ もまたボット計量となることがわかる.これらの事実を使うことにより,定理の前半を証明することができる.

定理の後半の意味は次のとおりである.

$\mathcal{F}$ を M 上の余次元 q 葉層構造とする.C^∞ 多様体 N から M への C^∞ 写像

$$f: N \longrightarrow M$$

は,二つの線形写像

$$T_pN \xrightarrow{f_*} T_{f(p)}M \longrightarrow \nu\mathcal{F}|_{f(p)}$$

の合成が,すべての $p \in N$ において全射であるとき,$\mathcal{F}$ に横断的であるという.このとき

$$f^*\mathcal{F} = \{f^{-1}(L); L \in \mathcal{F}\}$$

とおけば,これは N 上の余次元 q の葉層構造となることがわかる.これを,f による $\mathcal{F}$ の引き戻しという.

定義 3.5.23 C^∞ 多様体 M 上の余次元 q 葉層構造 $\mathcal{F}$ に対して,あるコホモロジー類

$$\alpha(\mathcal{F}) \in H^k(M; \mathbb{R})$$

が定義され，それが葉層構造の引き戻しに関して自然であるとする．すなわち，等式
$$\alpha(f^*\mathcal{F}) = f^*(\alpha(\mathcal{F}))$$
が常に成立するとする．このとき α を，余次元 q の葉層構造の次数 k の実特性類という．

この定義のもと，$\hat{W}O_q$ の任意の元の準同型写像 Φ による像が，余次元 q の葉層構造の実特性類となることがわかる．証明は $\nu\mathcal{F}$ 上のボットおよび計量接続を f により引き戻せば，それぞれ $\nu(f^*\mathcal{F})$ 上のボットおよび計量接続となることから従うことがわかる．興味ある読者は，試してみてほしい．

こうして定義された葉層構造の実特性類の中で，最も有名かつ重要なものを改めて挙げる．

定義 3.5.24 元 $h_1 c_1^q \in \hat{W}O_q$ が定義する余次元 q の葉層構造の特性類を，**ゴッドビヨン–ヴェイ類**という．

$q = 1$ の場合のゴッドビヨン–ヴェイ類の接続の言葉を使わない簡単な定義を述べる．$\mathcal{F}$ を M 上の余次元 1 の葉層構造とする．簡単のため $\mathcal{F}$ は横断的に向き付け可能とする．すなわち法バンドル $\nu\mathcal{F}$ が向き付け可能なベクトルバンドルだとする．今の場合は $q = 1$ であるから，$\nu\mathcal{F}$ は自明な 1 次元ベクトルバンドルとなる．このとき，M 上の 1 形式 θ であって
$$\tau\mathcal{F} = \mathrm{Ker}\,\theta$$
となるものが存在することがわかる．このとき積分可能条件 (3.4) より
$$d\theta = \eta \wedge \theta$$
となる 1 形式 η が存在する．次に 3 形式
$$\eta \wedge d\eta$$
の外微分を計算すると
$$d(\eta \wedge d\eta) = d\eta \wedge d\eta = \eta \wedge \theta \wedge \eta \wedge \theta = 0$$

より，閉形式となる．したがって，そのドラムコホモロジー類が定まる．このコホモロジー類は θ のとり方によらず，$\mathcal{F}$ のみによって定まることが簡単にわかる．そこで

$$\mathrm{gv}(\mathcal{F}) = [\eta \wedge d\eta] \in H^3(M; \mathbb{R})$$

とおき，これを $\mathcal{F}$ のゴッドビヨン–ヴェイ類と呼ぶのである．

例 3.5.3（ルッサリー（Roussarie）） 例 3.5.2 の葉層構造 $\mathcal{F}$ を考える．リー群 $\mathrm{PSL}(2,\mathbb{R})$ のリー代数 $\mathfrak{sl}(2,\mathbb{R})$ の基底として

$$X_0 = \begin{pmatrix} 1 & 0 \\ 0 & -1 \end{pmatrix},\ X_1 = \begin{pmatrix} 0 & 1 \\ 0 & 0 \end{pmatrix},\ X_2 = \begin{pmatrix} 0 & 0 \\ 1 & 0 \end{pmatrix}$$

をとり，その双対基底を

$$\theta_0, \theta_1, \theta_2 \in \mathfrak{sl}(2,\mathbb{R})^*$$

とする．このとき $\mathcal{F}$ の各葉は，X_0, X_1 の張る部分群 H のある左剰余類であるから，この葉層構造は $\theta_2 = 0$ により定義されることになる．具体的な計算により

$$d\theta_2 = -2\theta_0 \wedge \theta_2$$

となることがわかる．したがって，$\mathcal{F}$ のゴッドビヨン–ヴェイ類は 3 形式

$$-2\theta_0 \wedge d(-2\theta_0) = 4\theta_0 \wedge \theta_1 \wedge \theta_2$$

により表されることになる．この微分形式は $\mathrm{PSL}(2,\mathbb{R})$ 上の体積要素である．したがって，任意のフックス群としての表現 $\rho_m : \pi_1 \Sigma_g \longrightarrow \mathrm{PSL}(2,\mathbb{R})$ に対し，$T_1(\Sigma_g, m)$ 上のアノソフ葉層構造 $\mathrm{Im}\ \rho_m \backslash \mathcal{F}$ のゴッドビヨン–ヴェイ類は $H^3(T_1(\Sigma_g, m); \mathbb{R}) \cong \mathbb{R}$ の非自明な元となる．

こうして，ゴッドビヨン–ヴェイ類の非自明性がわかったことになる．実はさらに強い結果が知られている．ゴッドビヨン–ヴェイ類をはじめとする葉層構造の特性類は，2 次特性類と呼ばれるものの代表である．これらの 2 次特性類は，1 次特性類とは異なる際立った性質を持っている．すなわち後者が整数係数で定義されるのに対し，前者は真に実係数のコホモロジー類であるという性質が端的に現れる．中でも最も有名な定理は次のものである．

定理 3.5.25（サーストン [34]）　余次元 1 の葉層構造 $\mathcal{F}$ に対して定義されるゴッドビヨン–ヴェイ類

$$\mathrm{gv}(\mathcal{F}) \in H^3(M;\mathbb{R})$$

は連続に変化する．具体的には，S^3 上の余次元 1 の葉層構造の族 $\mathcal{F}_t$ ($t \in \mathbb{R}$) で

$$\mathrm{gv}(\mathcal{F}_t) = t \in H^3(M;\mathbb{R}) \cong \mathbb{R}$$

となるものが存在する．

この定理を一般の余次元の葉層構造の特性類に関して一般化した多くの結果が知られている．詳しくは [35] などを参照してほしい．

ベクトルバンドルの特性類は，分類空間と呼ばれる空間（具体的にはグラスマン多様体）のコホモロジーとして理解できることを述べた．実は，葉層構造の特性類もヘフリガーの分類空間と呼ばれるある空間のコホモロジーとして理解できることが知られている．より詳しくは，$\mathbb{R}^q$ の局所微分同相全体の作る擬群（pseudo group）を Γ_q とするとき，Γ_q に値を持つヘフリガー構造と呼ばれるものが定義される．この構造は余次元 q の葉層構造の一般化であり，ホモトピー論との相性が良い．すなわち，ヘフリガー分類空間と呼ばれる空間 $B\Gamma_q$ が存在して，Γ_q に値を持つヘフリガー構造を分類する役割を果たすのである．そして，定理 3.5.22 を一般化する準同型写像

$$\Phi : H^*(\hat{W}O_q) \longrightarrow H^*(B\Gamma_q;\mathbb{R})$$

が存在することが示される．

分類空間 $B\Gamma_q$ のホモトピー型については，1970 年代に多くの結果が得られたが，依然として未解決の問題も数多く残されている．

上記で考察してきた葉層構造は，$\mathbb{R}^q$ の C^∞ 級の局所微分同相写像に基づくものである．$\mathbb{R}^q$ 上にさまざまな幾何学的な構造を考え，それらの構造を保つ局所微分同相写像に基づく，さまざまな葉層構造を考えることができる．ここでは，三つの重要な例のみを挙げる．第一のものは $\mathbb{R}^n$ 上のリーマン構造を考え，その局所等長写像に基づくものである．これは，余次元 n の横断的にリーマニアンな葉層構造（transversely Riemannian foliation）

と呼ばれる．第二のものは，$\mathbb{R}^{2n}$ 上の複素構造 $\mathbb{C}^n$ を考え，その局所正則同型写像に基づくものである．これは，余次元 n の横断的に正則な葉層構造 (transversely holomorphic foliation) と呼ばれる．第三のものは，$\mathbb{R}^{2n}$ 上の標準的なシンプレクティック形式

$$\omega_0 = dx_1 \wedge dx_2 + \cdots + dx_{2n-1} \wedge dx_{2n}$$

を考え，その局所シンプレクティック微分同相写像に基づくものである．これは，余次元 $2n$ の横断的にシンプレクティックな葉層構造 (transversely symplectic foliation) と呼ばれる．これらの一般化された葉層構造に関しても，それぞれに固有な特性類の理論が建設され，多くの結果が得られている．ここでは一例として，横断的に正則な葉層構造の場合のボット消滅定理を述べる．横断的に正則な葉層構造の法バンドルは複素ベクトルバンドルである．したがってチャーン類が定義される．

定理 3.5.26（横断的に正則な葉層構造に関するボット消滅定理）
M を C^∞ 多様体，$\mathcal{F}$ を M 上の余次元 q の横断的に正則な葉層構造とする．このとき $\mathcal{F}$ の法バンドル $\nu\mathcal{F} = TM/\tau\mathcal{F}$ のチャーン類で生成される部分代数

$$\mathrm{Chern}(\nu\mathcal{F}) \subset H^*(M; \mathbb{R})$$

において，次数 $> 2q$ の部分空間は自明である．

ただし，横断的にシンプレクティックな葉層構造に関する特性類の理論の展開には特別の困難が伴い，特に多くの未解決問題が残されている．

3.6 一般のファイバーバンドルの特性類

この節では，一般の C^∞ 多様体 M をファイバーとする微分可能なファイバーバンドルの特性類の理論を取り上げる．この場合，構造群は M の微分同相群 $\mathrm{Diff}\,M$ となる．この群は（M が 0 次元である自明な例外を除き）無限次元の群である．一般に無限次元の群を構造群とするファイバーバンドルに対して特性類の理論を建設するには，非常な困難が伴う．$\mathrm{Diff}\,M$ の分類

空間 BDiff M は存在し,その具体的構成も知られてはいるが,ほとんどの場合,この空間のコホモロジー群の計算にはまったく役に立たないのである.

ただし M が曲面の場合は,次元の特殊性からリーマン面のモジュライ空間と呼ばれる空間と密接な関係があることがわかり,曲面バンドルの特性類の理論が建設されている.また,一般のファイバーバンドルの場合でも,いくつかの条件を付けた上で,高次トーションと呼ばれる有望な理論がある.しかし,全体としてはまだまだ未開拓の領域と言ってよい.

3.6.1 曲面バンドルの特性類

種数 g の向き付けられた閉曲面 Σ_g をファイバーとするファイバーバンドルを,曲面バンドルあるいは Σ_g バンドルと呼ぶ.ここでは簡単のために,向き付けられた曲面バンドル,すなわち各ファイバーに向きを与えて近くのファイバーの向きは互いに同調しているようにできるものを考える.この場合,構造群は Σ_g の向きを保つ微分同相群

$$\mathrm{Diff}_+ \Sigma_g$$

であり,無限次元の群である.上述のように,一般に無限次元の群の研究は難しい.しかし曲面の場合には,2 次元という次元の特殊性から特に詳しい研究がなされてきた.

まず $g = 0$ すなわち球面 S^2 の場合は次のようになる.3 次の直交群 SO(3) が自然に等長変換群として作用するが,スメール [30] による次の結果がある.

定理 3.6.1(スメール) 包含写像 $\mathrm{SO}(3) \subset \mathrm{Diff}_+ S^2$ はホモトピー同値写像である.

系 3.6.2 二つの分類空間 BSO(3), $\mathrm{BDiff}_+ S^2$ は互いにホモトピー同値である.したがって,S^2 をファイバーとする微分可能ファイバーバンドルの特性類は,3 次元ベクトルバンドルのそれに帰着される.

次に $g = 1$ すなわちトーラス T^2 の場合を考える.構造群 $\mathrm{Diff}_+ T^2$ の単

3.6 一般のファイバーバンドルの特性類

位元の連結成分を $\mathrm{Diff}_0 T^2$ とする．商群

$$\mathcal{M}_1 = \mathrm{Diff}_+ T^2 / \mathrm{Diff}_0 T^2$$

に自然な位相としての離散位相を入れた群を T^2 の写像類群という．この群は T^2 の 1 次元ホモロジー群 $H_1(T^2;\mathbb{Z}) \cong \mathbb{Z}^2$ に自然に作用し，それが誘導する準同型写像 $\mathcal{M}_1 \longrightarrow \mathrm{SL}(2,\mathbb{Z})$ は同型であることがわかる．こうして位相群の完全系列

$$1 \longrightarrow \mathrm{Diff}_0 T^2 \longrightarrow \mathrm{Diff}_+ T^2 \longrightarrow \mathcal{M}_1 \cong \mathrm{SL}(2,\mathbb{Z}) \longrightarrow 1$$

が得られる．一方，T^2 は自分自身に平行移動として作用するが，包含写像 $T^2 \subset \mathrm{Diff}_0 T^2$ はホモトピー同値写像であることが知られている．これらのことから，T^2 バンドルの分類空間 $\mathrm{BDiff}_+ T^2$ のホモトピー型，特に特性類を決定することができる．詳細はここでは述べない．

次に，最も重要な $g \geq 2$ の場合を述べる．この場合，まず $\mathrm{Diff}_+ \Sigma_g$ の単位元の連結成分 $\mathrm{Diff}_0 \Sigma_g$ は可縮であることがアール–イールズ（Earle–Eells）[8] により証明された．したがって，商群

$$\mathcal{M}_g = \mathrm{Diff}_+ \Sigma_g / 単位元の連結成分$$

の自然な位相は離散位相となる．この群を $\mathcal{M}_g$ の**写像類群**（mapping class group）という．

Σ_g バンドルの分類空間 $\mathrm{BDiff}_+ \Sigma_g$ に戻れば，$\mathrm{Diff}_0 \Sigma_g$ が可縮であることから

$$\pi_i \mathrm{BDiff}_+ \Sigma_g = 0 \quad (i \geq 2)$$

となる．したがって，この分類空間は基本群が $\mathcal{M}_g$ であるようなアイレンベルグ–マクレーン空間となり

$$\mathrm{BDiff}_+ \Sigma_g = K(\mathcal{M}_g, 1)$$

と書ける．

群のコホモロジーの言葉を使えば，同型

$$H^*(\mathrm{BDiff}_+ \Sigma_g; A) \cong H^*(\mathcal{M}_g; A)$$

が得られる．言い換えると

$$\text{曲面バンドルの特性類} = \text{写像類群のコホモロジー}$$

ということになる．

さて，曲面上には複素構造（この場合リーマン面と呼ばれる構造と一致する）や曲率が一定となるリーマン計量（定曲率計量という）が存在すること，さらに種数が 1 以上の場合には極めて豊富に存在することが古典的に知られている．次元が大きくなると，与えられた微分可能多様体上に複素構造あるいは定曲率計量が存在することは，次第に少なくなっていく．したがって，次元が 2 すなわち曲面の場合は例外的と言える．曲面の場合には，この特殊性を使って特性類の詳しい研究が可能となる．以下にこのことを説明する．

一般に複素多様体には自然な向きが定まる．したがって Σ_g 上に複素構造を与えると，それに伴う自然な向きが定まる．以後 Σ_g 上の複素構造という場合は，Σ_g 上にあらかじめ定められた向きに同調する複素構造のみを考えることにする．$\mathcal{C}$ を Σ_g 上の複素構造とし，$\varphi \in \mathrm{Diff}_+\Sigma_g$ を Σ_g の向きを保つ微分同相写像とする．このとき φ により $\mathcal{C}$ を引き戻した複素構造 $\varphi^*\mathcal{C}$ が定まる．二つの複素構造 $\mathcal{C}, \mathcal{C}'$ は，ある恒等写像にイソトピックな微分同相写像 $\varphi \in \mathrm{Diff}_0\Sigma_g$ が存在して，$\mathcal{C}' = \varphi^*\mathcal{C}$ となるとき，互いにイソトピックであるという．

定義 3.6.3 向き付けられた種数 g の閉曲面 Σ_g に対し

$$\mathcal{T}_g = \{\Sigma_g \text{ 上の複素構造のイソトピー類}\}$$

とおき，これを Σ_g の**タイヒミュラー空間**（Teichmüller space）という．

タイヒミュラー空間は，その名のとおりタイヒミュラーによって 1930 年代に導入された．この空間について詳しくは [18] を参照してほしい．タイヒミュラー空間と深く関連する古典的に重要な空間として次のものがある．

定義 3.6.4

$$\mathbf{M}_g = \{\Sigma_g \text{ 上の複素構造},$$
$$\text{すなわち種数 } g \text{ のコンパクトリーマン面の双正則同値類}\}$$

3.6 一般のファイバーバンドルの特性類

とおき,これを種数 g のリーマン面のモジュライ空間 (moduli space) という.

リーマン面のモジュライ空間はリーマンモジュライ空間とも呼ばれ,リーマン自身によって 1850 年代に初めて考察された.

$\mathrm{Diff}_+\Sigma_g$ は上記のように Σ_g 上の複素構造全体のなす空間に作用するが,部分群 $\mathrm{Diff}_0\Sigma_g$ よる商空間がタイヒミュラー空間であり,全体の群による商空間がモジュライ空間である.したがって,写像類群 $\mathcal{M}_g$ はタイヒミュラー空間に作用し,その商空間がモジュライ空間ということになる.すなわち

$$\mathbf{M}_g = \mathcal{T}_g/\mathcal{M}_g$$

と書ける.

$g=0$ のとき $\mathbf{M}_0$ は $\mathbb{C}P^1$ の 1 点からなる空間である.$g=1$ のとき $\mathcal{T}_1$ は自然に上半平面 $\mathbb{H}=\{z\in\mathbb{C};\mathrm{Im}\,z>0\}$ と同一視できることがわかる.また $\mathbf{M}_1=\mathbb{H}/\mathrm{SL}(2,\mathbb{Z})$ と書けることが知られている.ここで $\mathrm{SL}(2,\mathbb{Z})$ は $\mathbb{H}$ に 1 次分数変換を通して作用する.$g\geq 2$ のときリーマン面のモジュライ空間は $(6g-6)$ 次元の,準射影多様体と呼ばれる構造を持った空間である.

リーマン面のモジュライ空間およびタイヒミュラー空間は,代数幾何学および複素解析学において多くの深い研究が積み重ねられてきた.一方,1970 年代後半から 1980 年代にかけて,位相幾何学の観点からの研究が始められた.ここでは特に,この新しい展開にとっても重要なタイヒミュラーによる基本的な結果の一つを挙げる.

定理 3.6.5（タイヒミュラー） $g\geq 2$ のとき,$\mathcal{T}_g$ は $\mathbb{R}^{6g-6}$ と同相である.また,$\mathcal{M}_g$ の $\mathcal{T}_g$ への作用は真正不連続である.

この定理の一つの帰結として次のことが従う.

系 3.6.6 分類空間 $\mathrm{BDiff}_+\Sigma_g$ の有理数係数コホモロジーは,モジュライ空間 $\mathbf{M}_g$ のそれと自然に同型である:

$$H^*(\mathrm{BDiff}_+\Sigma_g;\mathbb{Q}) \cong H^*(\mathbf{M}_g;\mathbb{Q}).$$

ここで,曲面バンドルの特性類の具体的な定義を述べる.向き付けられた曲面バンドル

$$\pi : E \longrightarrow B$$

において，ファイバーに沿う接バンドル（tangent bundle along the fiber）

$$T\pi = \{X \in TE; \pi_*(X) = 0\}$$

を考えれば，これは E 上の向き付けられた 2 次元実ベクトルバンドルとなる．したがって，そのオイラー類

$$e = \chi(\pi) \in H^2(E; \mathbb{Z})$$

が定義される．そこで，その $(i+1)$ べきにギシン準同型写像（Gysin homomorphism）$\pi_* : H^*(E; \mathbb{Z}) \longrightarrow H^{*-2}(B; \mathbb{Z})$ を施したもの

$$H^{2i+2}(E; \mathbb{Z}) \ni e^{i+1} \xrightarrow{\pi_*} e_i \in H^{2i}(B; \mathbb{Z})$$

を考える．こうして得られる底空間のコホモロジー類 e_i は，曲面バンドルの特性類となることがわかる．したがって，

$$e_i \in H^{2i}(\mathrm{BDiff}_+ \Sigma_g; \mathbb{Z}) \cong H^{2i}(\mathcal{M}_g; \mathbb{Z})$$

と書くことができる．また，有理数係数のコホモロジーとしては

$$e_i \in H^{2i}(\mathbf{M}_g; \mathbb{Q})$$

とも書ける．これを**マンフォード–森田–ミラー類**（Mumford–Morita–Miller class）という．マンフォードは代数幾何学の枠組みの中で，モジュライ空間のドリニュ–マンフォードのコンパクト化 $\overline{\mathbf{M}}_g$ と呼ばれる空間のチャウ代数 $\mathbf{A}^*(\overline{\mathbf{M}}_g)$ の元としてこの特性類を定義した．

マンフォード–森田–ミラー類の全部を考えれば，準同型写像

$$\mathbb{Z}[e_1, e_2, \ldots] \longrightarrow H^*(\mathcal{M}_g; \mathbb{Z}) \cong H^*(\mathrm{BDiff}_+ \Sigma_g; \mathbb{Z})$$

が得られる．これらの特性類については，これまでに多くの結果が得られてきている．それらのいくつかを述べる．

もう一度，向き付けられた曲面バンドル

$$\pi : E \longrightarrow B$$

3.6 一般のファイバーバンドルの特性類

を考える.ファイバーに沿う接バンドル $T\pi$ は向き付けられた 2 次元実ベクトルバンドルであるから,1 次元複素ベクトルバンドルとしての構造を入れることができる.このとき各ファイバー E_x $(x\in M)$ には概複素構造が入るが,それは常に積分可能,すなわち複素構造となることが古典的に知られている.すなわち各 E_x はリーマン面となり,$\{E_x\}_x$ は底空間 B 上のリーマン面の族となる.こうして,向き付けられた曲面バンドルは常にリーマン面の微分可能な族と見なせることがわかった.一般に複素多様体に対して Ω^1 をその上の正則 1 次微分形式の芽のなす層とする.このとき $H^0(E_x;\Omega^1)$ は E_x 上の正則 1 次微分形式全体のなす $\mathbb{C}$ 上のベクトル空間であるが,これは g 次元であることが知られている.それらを集めたもの

$$\xi : \bigcup_{x\in M} H^0(E_x;\Omega^1) \longrightarrow B$$

は B 上の g 次元複素ベクトルバンドルとなる.これを**ホッジバンドル** (Hodge bundle) という.ホッジバンドルのチャーン類 $c_i(\xi)\in H^{2i}(B:\mathbb{Z})$ を考えることができるが,これらは曲面バンドルの特性類であることがわかる.すなわち

$$c_i \in H^{2i}(\mathcal{M}_g;\mathbb{Z}),\quad c_i \in H^{2i}(\mathbf{M}_g;\mathbb{Q})$$

と書ける.

これらの特性類を少し別の観点から見てみる.Σ_g の 1 次元ホモロジー群 $H_1(\Sigma_g;\mathbb{Z})$ を簡単のため H と記すことにする.二つのホモロジー類 $u,v\in H$ に対してその交叉数 $u\cdot v\in\mathbb{Z}$ が定義され,これは反対称な双 1 次形式

$$\mu : H\otimes H \longrightarrow \mathbb{Z}$$

を誘導する.この形式に関して次の条件

$$x_i\cdot x_j = \delta_{ij},\ y_i\cdot y_j = \delta_{ij},\ x_i\cdot y_j = 0$$

を満たす H の基底 $x_1,\dots,x_g, y_1,\dots,y_g$ が存在するが,このような基底を**シンプレクティック基底** (symplectic basis) という.さて,群 $\mathrm{Diff}_+\Sigma_g$ は H 上に自己同型として作用するが,この作用は μ を保存する.このとき,

部分群 Diff_0 の作用は明らかに自明である．したがって，写像類群 $\mathcal{M}_g$ が H に作用し，準同型写像

$$\rho_0 : \mathcal{M}_g \longrightarrow \mathrm{Aut}(H, \mu)$$

が誘導される．上記のような H のシンプレクティック基底を一つ選ぶと，$\mathrm{Aut}(H,\mu)$ は整数係数シンプレクティック群，あるいはジーゲルモジュラー群（Siegel modular group）と呼ばれる群

$$\mathrm{Sp}(2g, \mathbb{Z}) = \{X \in \mathrm{GL}(2g, \mathbb{Z}) ; {}^t XJX = J\}$$

と同型となる．ここで J は

$$J = \begin{pmatrix} O & E \\ -E & 0 \end{pmatrix} \quad (E \text{ は } g \text{ 次単位行列})$$

と定義される行列である．こうして準同型写像

$$\rho_0 : \mathcal{M}_g \longrightarrow \mathrm{Sp}(2g, \mathbb{Z})$$

が得られた．この準同型写像は古典的に全射であることが知られている．ρ_0 の核を $\mathcal{I}_g$ と記し，これを**トレリ群**（Torelli group）という．こうして群の完全系列

$$1 \longrightarrow \mathcal{I}_g \longrightarrow \mathcal{M}_g \longrightarrow \mathrm{Sp}(2g, \mathbb{Z}) \longrightarrow 1$$

が得られるが，これは曲面バンドルの特性類の理論，およびリーマン面のモジュライ空間の理論の双方にとって極めて重要である．

さて $\mathrm{Sp}(2g, \mathbb{Z})$ は $\mathrm{Sp}(2g, \mathbb{R})$ の離散部分群であり，$\mathrm{Sp}(2g, \mathbb{R})$ は極大コンパクト部分群として $\mathrm{U}(g)$ を含む．分類空間に移れば，連続写像

$$\mathrm{BDiff}_+\Sigma_g = K(\mathcal{M}_g, 1) \longrightarrow \mathrm{BSp}(2g, \mathbb{R}) \stackrel{\text{ホモトピー同値}}{\simeq} \mathrm{BU}(g)$$

が得られる．$\mathrm{U}(g)$ 上の普遍な g 次元複素ベクトルバンドルを上記の写像で引き戻したものがホッジバンドルである．

こうして，曲面バンドルの特性類としてマンフォード–森田–ミラー類とホッジバンドルのチャーン類が得られたが，両者の間には密接な関係があ

3.6 一般のファイバーバンドルの特性類

る．それを説明するために一つ言葉を用意する．i 次チャーン類 c_i は i 次の基本対称式に対応して定義される．これに対して i 次のべき和に対応する特性類を s_i と記し，これを i 次ニュートン類と呼ぶ．ホッジバンドルの i 次ニュートン類を s_i と表すことにする．このとき次の関係式が成立する．

定理 3.6.7 $H^{4i-2}(\mathcal{M}_g; \mathbb{Q})$ の元として次の等式が成立する．

$$e_{2i-1} = (-1)^i \frac{2i}{B_{2i}} s_{2i-1}$$

ここで B_{2i} はベルヌーイ数である．

証明はアティヤ–シンガーの定理あるいはグロタンディクのリーマン–ロッホの定理と呼ばれる深い定理を適用して得られる．こうして有理数係数では，奇数次のマンフォード–森田–ミラー類はホッジバンドルのチャーン類と等価であることがわかる．整数係数の場合は，秋田予想と呼ばれた予想を巡って興味深い結果が得られた．

上記の特性類は個々の種数 g ごとに定義されているが，ある意味で種数によらないコホモロジー類であることがわかる．ハーラー (Harer) [12] は，写像類群のコホモロジー群 $H^*(\mathcal{M}_g)$ が安定域と呼ばれる次数のある範囲で種数によらず一定であることを証明した．これをハーラー安定性定理 (Harer stability theorem) という．したがって，写像類群の安定コホモロジー群

$$\lim_{g \to \infty} H^*(\mathcal{M}_g; \mathbb{Q})$$

が定義され，マンフォード–森田–ミラー類はその元であることになる．そして，マドセン (Madsen) とヴァイス (Weiss) [24] により 2000 年代初めに次の決定的な結果が証明された．

定理 3.6.8 (マドセン–ヴァイス) 写像類群の有理数係数の安定コホモロジー群はマンフォード–森田–ミラー類により生成される多項式代数である．すなわち，次が成立する．

$$\lim_{g \to \infty} H^*(\mathcal{M}_g; \mathbb{Q}) \cong \mathbb{Q}[e_1, e_2, \ldots]$$

曲面バンドルの特性類については [28] を参照してほしい．

2010年代に入って,上記のハーラー安定性定理とマドセン–ヴァイスの定理を高次元多様体の場合に一般化するいくつかの結果が得られ始めている.

3.6.2 高次トーションの理論

もし$\mathrm{Diff}\,M$が有限次元リー群Gとホモトピー同値となる場合には,$\mathrm{BDiff}\,M$はBGとホモトピー同値になる.したがって問題は主Gバンドルの特性類に還元され,基本的に解決済みと言ってよい.しかし,残念ながら(あるいは幸いにと言ったほうがよいかもしれないが),このような場合はごく例外的である.Mが球面S^nの場合,その等長変換群$\mathrm{O}(n+1)$は$\mathrm{Diff}\,S^n$の部分群となる.包含写像$\mathrm{O}(n+1) \subset \mathrm{Diff}\,S^n$は$n=1,2,3$の場合ホモトピー同値となることが知られている.$n=2,3$の場合は,それぞれスメールとハッチャー[13]の定理である.しかし一般のnについては必ずしも成立しない(次項参照).

一般のMバンドル$\pi: E \to B$に対する特性類の理論として,高次トーション(higher torsion)の理論が1990年代頃から活発に展開されてきた.ただし,今のところ,底空間の基本群$\pi_1 B$のファイバーであるMのホモロジー群への作用のべき零性あるいは各ファイバー上でモース関数となるような関数$E \to \mathbb{R}$の存在を仮定するなどの条件を付ける必要があり,これらの条件をいかに弱めることができるかが課題である.大きな流れは二つあり,一つは井草(Igusa)による高次フランツ–ライデマイスター・トーション(Franz–Reidemeister torsion)の理論であり([17]参照),もう一つはビスム(Bismut),ロット(Lott),ゲッテ(Goette)らによる高次解析的トーション(higher analytic torsion)の理論である([1]など参照).これらの理論は,双方が影響を及ぼし合いながら発展を続けている.両者の関連の解明も含めて一般論の建設が現在まだ進行中である.

ここでは,井草による理論を簡単にまとめてみる.まずファイバーバンドルのべき零性についての定義を述べる.

定義 3.6.9 二つの群G, Γに対して,準同型写像$G \to \mathrm{Aut}\,\Gamma$が与えられているとき,$G$は$\Gamma$に作用するという.この作用がべき零であるとは,$\Gamma$の

3.6 一般のファイバーバンドルの特性類

G の作用に関して不変な部分群の系列

$$\Gamma = \Gamma_0 \supset \Gamma_1 \supset \cdots \supset \Gamma_k = \{e\}$$

が存在して，二つの条件

(i) Γ_{i+1} は Γ_i の正規部分群であり，Γ_i/Γ_{i+1} はアーベル群
(ii) G の Γ_i/Γ_{i+1} への作用は自明

が満たされることである．

任意の群は自分自身に内部自己同型を通じて作用する．この作用がべき零であることと，その群がべき零であることとは同値である．

定義 3.6.10 $\pi: E \longrightarrow B$ を M をファイバーとするファイバーバンドルとする．このとき，底空間の基本群 $\pi_1 B$ はファイバーの有理ホモロジー群 $H_*(M; \mathbb{Q})$ に作用する．この作用がべき零であるとき，このファイバーバンドルはべき零 (nilpotent) であるという．

定義をここで述べることはしないが，井草はべき零なファイバーバンドル $\pi: E \longrightarrow B$ に対して，高次フランツ–ライデマイスター・トーション類 (higher Franz–Reidemeister torsion class) と呼ばれる特性類

$$\tau_{2k}(E) \in H^{4k}(B; \mathbb{R})$$

を定義した．

一方，一般の向き付けられた C^∞ 級の閉多様体 M に対して，M をファイバーとする微分可能ファイバーバンドル $\pi: E \longrightarrow B$ に対して，一般化されたマンフォード–森田–ミラー類

$$M_{2k}(E) \in H^{4k}(B; \mathbb{Z}) \quad (k = 1, 2, \ldots)$$

を次のように定義した．すなわち

$$M_{2k}(E) = \frac{(2k)!}{2} \pi_* ch_{4k}(T\pi \otimes \mathbb{C}) \cup e(T\pi) \in H^{4k}(B; \mathbb{Z})$$

とおくのである．ここで，π_* はギシン写像，$T\pi \subset TE$ はファイバーに沿う接バンドル，$T\pi \otimes \mathbb{C}$ はその複素化を表す．また $ch_{4k}(T\pi \otimes \mathbb{C}) \in H^{4k}(E, \mathbb{Q})$

は $T\pi \otimes \mathbb{C}$ のチャーン指標と呼ばれる特性類で，チャーン類の有理数係数のある多項式である．さらに $e(T\pi)$ は $T\pi$ のオイラー類を表す．これらの特性類は，M が向き付けられた閉曲面の場合の偶数次のマンフォード–森田–ミラー類 e_{2k} を一般化したものである．

井草は高次トーション類の特徴付けとして二つの公理（加法性とトランスファーの性質）を挙げ，彼の定義による高次フランツ–ライデマイスター・トーション類および一般化されたマンフォード–森田–ミラー類はこれらの公理を満たすことを示した．

一方，高次解析的トーション

$$\mathcal{T}_{2k}(E) \in H^{4k}(B;\mathbb{R})$$

が上記二つの公理を満たすことは，少なくともある条件を仮定すれば証明されている．

さて井草は，彼の二つの公理を満たす任意の高次トーション類 τ は，偶数部分 τ^+（$\dim M$ が偶数のときのみ非自明）と奇数部分 τ^-（$\dim M$ が奇数のときのみ非自明）の和に分解することを示し，さらに主定理として

- τ^+ は各次数 $4k$ ごとに一般マンフォード–森田–ミラー類 M_{2k} の定数倍
- τ^- は各次数 $4k$ ごとに高次フランツ–ライデマイスター・トーション類 τ_{2k} の奇数部分の定数倍

であることを証明した．したがって，高次解析的トーション類は，（ある条件のもとで）高次フランツ–ライデマイスター・トーション類の奇数部分と（スカラーを除き）一致するということが従う．

他方，具体的な M に対しての高次フランツ–ライデマイスター・トーション類の非自明性は，ベクトルバンドルに同伴する球面バンドルの場合，ポントリャーギン類のある定数（それは $\zeta(2k+1)$ を含む）倍となることや，ハッチャーによる S^{4k} 上の異種 S^{2n-1} バンドルで非自明となることなどが証明されている．2010 年代に入って，一般の M についてもいくつか深い結果が得られてきている．しかし，まだまだ未知のことが多い．近い将来の発展が期待される．

3.6.3　球面バンドルの特性類

この項では，特に重要な例として M が球面の場合の知られた結果を述べる．

すでに述べたように，実ベクトルバンドルの有理数係数の安定特性類の全体は，ポントリャーギン類 p_i の生成する多項式代数として表される．すなわち

$$\mathrm{BGL}(\infty, \mathbb{R}) = \lim_{n \to \infty} \mathrm{BGL}(n, \mathbb{R})$$

とするとき

$$H^*(\mathrm{BGL}(\infty, \mathbb{R}); \mathbb{Q}) \cong \mathbb{Q}[p_1, p_2, \ldots]$$

である．さて $\mathbb{R}^n$ の位相同型写像全体のなす位相群を $\mathrm{Homeo}\,\mathbb{R}^n$ とし

$$\mathrm{Top} = \lim_{n \to \infty} \mathrm{Homeo}\,\mathbb{R}^n$$

とおく．自然な包含写像 $\mathrm{GL}(n, \mathbb{R}) \subset \mathrm{Homeo}\,\mathbb{R}^n$ は，連続写像

$$\mathrm{BGL}(\infty, \mathbb{R}) \to \mathrm{BTop}$$

を誘導する．1960 年代の微分トポロジーの重要な結果，すなわちケルヴェア–ミルナーおよびセルフによる球面 S^n 上の微分構造の分類と，カービー–シーベンマンによる位相多様体の三角形分割に関する基本的な結果により，上記連続写像は有理数係数コホモロジー群の同型

$$H^*(\mathrm{BTop}; \mathbb{Q}) \cong H^*(\mathrm{BGL}(\infty, \mathbb{R}); \mathbb{Q})$$

を誘導することが従う．一方，球面上の錐をとることにより，準同型写像

$$\mathrm{Diff}\,S^n \longrightarrow \mathrm{Homeo}\,D^n \longrightarrow \mathrm{Homeo}\,\mathbb{R}^n$$

が定義される．したがって，準同型写像

$$H^*(\mathrm{BTop}; \mathbb{Q}) \cong \mathbb{Q}[p_1, p_2, \ldots] \longrightarrow H^*(\mathrm{BDiff}\,S^n; \mathbb{Q})$$

が得られる．すなわち，球面バンドルに対してポントリャーギン類が定義される．

一方，ワルトハウゼンの理論を使ってファレル–シャーン [9] は $\mathrm{Diff}\,S^n$ の有理ホモトピー群に関する次の結果を得た．すなわち安定域と称される次数 ($i < \frac{n}{6} - 7$) のところで

$$\pi_i \mathrm{Diff}\,S^n \otimes \mathbb{Q} = \begin{cases} 0 & i \neq 4k-1 \\ \mathbb{Q} & i = 4k-1, \quad n：偶数 \\ \mathbb{Q} \oplus \mathbb{Q} & i = 4k-1, \quad n：奇数 \end{cases}$$

となる．上記で n が奇数のときの $\pi_{4k-1}\mathrm{Diff}\,S^n \otimes \mathbb{Q}$ の二つの生成元は，それぞれポントリャーギン類 p_k と（定数倍を除き）高次トーション類 τ_{2k} に対応することが知られている．しかし，これらの特性類については幾何学的にわかりやすい定義がまだ知られておらず，たいへん興味深く難しい問題を提供している．

3.6.4 離散位相を持った微分同相群の特性類

$\mathrm{Diff}\,M$ に離散位相を入れた群 $\mathrm{Diff}^\delta M$ の分類空間 $\mathrm{BDiff}^\delta M$ は葉層 M バンドル，すなわち微分可能 M バンドル $\pi: E \to B$ で，各ファイバーに横断的な（余次元 = $\dim M$ の）葉層構造が与えられているものを分類する．自然な準同型写像（恒等写像）$\iota: \mathrm{Diff}^\delta M \to \mathrm{Diff}\,M$ の誘導する連続写像 $\mathrm{BDiff}^\delta M \to \mathrm{BDiff}\,M$ のホモトピーファイバーを $\mathrm{B\overline{Diff}}\,M$ とすれば，ファイブレーション

$$\mathrm{B\overline{Diff}}\,M \longrightarrow \mathrm{BDiff}^\delta M \to \mathrm{BDiff}\,M$$

が得られる．$\mathrm{B\overline{Diff}}\,M$ は葉層 M 積，すなわち自明な M バンドルとファイバーに横断的な葉層構造の組を分類する空間である．

葉層 M バンドルに対しては，3.5 節で述べたように 1970 年代にゲルファント–フックス理論による特性類の理論が建設された．すなわち M のゲルファント–フックス・コホモロジー代数 $H^*_{GF}(M)$ から分類空間 $\mathrm{B\overline{Diff}}\,M$ の実コホモロジー代数への準同型写像 Φ が定義された（定理 3.5.9 参照）．こうして次の可換図式が得られる．

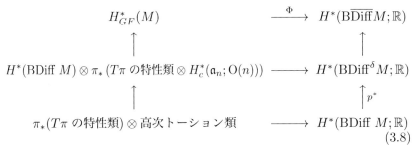
(3.8)

ここで $\pi: \mathrm{EDiff}\, M \to \mathrm{BDiff}\, M$ は分類空間上の普遍 M バンドル，$T\pi$ はそのファイバー方向の接バンドル，$T\pi$ の特性類はその（ポントリャーギン類やオイラー類などの）特性類を表すものとする．また $\mathfrak{a}_n$ は $\mathbb{R}^n$ 上の形式的ベクトル場全体のなす位相リー代数を表す．

これまでの研究では，M バンドルの特性類と葉層 M バンドルの特性類は別々に研究されてきたが，上記の図式をもとに互いの関係を考える視点を加えれば，双方の研究に有益であろう．

参考文献

[1] J. -M. Bismut and J. Lott, Flat vector bundles, direct images and higher real analytic torsion, J. Amer. Math. Soc., **8**(1995), 291–363.

[2] R. Bott, Lectures on characteristic classes and foliations, in: Lectures on Algebraic and Differential Topology, Lecture Notes in Mathematics, **279**(1972), Springer.

[3] R. Bott and A. Haefliger, On characteristic classes of Γ-foliations, Bull. Amer. Math. Soc., **78**(1972), 1039–1044.

[4] R. Bott, Gel'fand–Fuks Cohomology and Foliations, Proceedings of the 11-th Annual Holiday Symposium at New Mexico State University, 1973.

[5] R. Bott and L. Tu, Differential Forms in Algebraic Topology, Graduate Texts in Mathematics, **82**(1982), Springer-Verlag.

[6] K. Brown, Cohomology of Groups, Graduate Texts in Mathemat-

ics, **87**(1982), Springer-Verlag.

[7] S. Chern and J. Simons, Characteristic forms and geometric invariants, Ann. of Math., **99**(1974), 48–69.

[8] C. J. Earle and J. Eells, The diffeomorphism group of a compact Riemann surface, Bull. Amer. Math. Soc., **73**(1967), 557–559.

[9] F.T. Farrell and W.C. Hsiang, On the rational homotopy groups of the diffeomorphism groups of discs, spheres and aspherical manifolds, Proc. Sympos. Pure Math., **32**(1978), 325–337, American Mathematical Society.

[10] I. M. Gelfand and D. B. Fuks, The cohomology of the Lie algebra of tangent vector fields on a smooth manifold, I, II, Functional Anal. Appl., **3**(1969), 194–210, **4**(1970), 110–116.

[11] A. Haefliger, Sur les classes caractéristiques des feuilletages, Séminaire Bourbaki, 1971/72, Lecture Notes in Mathematics, **317**(1973), 239–260, Springer Verlag.

[12] J. Harer, Stability of the homology of the mapping class group of an orientable surface, Ann. of Math., **121**(1985), 215–249.

[13] A. Hatcher, A proof of a Smale conjecture Diff $S^3 \simeq O(4)$, Ann. of Math., **117**(1983), 553–607.

[14] 服部晶夫, 位相幾何学, 岩波書店, 1991.

[15] F. Hirzebruch, Topological Methods in Algebraic Geometry, 3rd ed., Springer-Verlag, 1966.

[16] F. Hirzebruch, The signature theorem: Reminiscences and Recreation, in: Prospects in Mathematics, Ann. Math. Studies, **70**(1971), 3–31.

[17] K. Igusa, Higher Franz–Reidemeister Torsion, AMS/IP Studies in Advanced Mathematics, American Mathematical Society, 2002.

[18] 今吉洋一・谷口雅治, タイヒミュラー空間論, 日本評論社, 1989.

[19] M. Kervaire and J. Milnor, Groups of homotopy spheres, I, Ann. of Math., **77**(1963), 504–537.

[20] R. Kirby and L. Siebenmann, On the triangulation of manifolds and the Hauptvermutung, Bull. Amer. Math. Soc., **75**(1969), 742–749.

[21] S. Kobayashi and K. Nomizu, Foundations of Differential Geometry, I, II, Interscience, New York, 1963, 1969.

[22] 河野俊丈, 場の理論とトポロジー, 岩波書店, 1998.

[23] 小松醇郎・中岡 稔・菅原正博, 位相幾何学 I, 岩波書店, 1967.

[24] I. Madsen and M. Weiss, The stable moduli space of Riemann surfaces: Mumford's conjecture, Ann. of Math., **165**(2007), 843–941.

[25] J. Milnor, On manifolds homeomorphic to the 7-sphere, Ann. of Math., **64**(1956), 399–405.

[26] J. Milnor and J. Stasheff, Characteristic Classes, Ann. of Math. Studies, **76**(1974), Princeton University Press.
【邦訳】佐伯 修・佐久間一浩 訳, 特性類講義, シュプリンガー・フェアラーク東京, 2001.

[27] 森田茂之, 微分形式の幾何学, 岩波書店, 2005.

[28] 森田茂之, 特性類と幾何学, 岩波書店, 2008.

[29] 中岡 稔, 位相幾何学――ホモロジー論, 共立出版, 1970.

[30] S. Smale, Diffeomorphisms of the 2-sphere, Proc. Amer. Math. Soc., **10**(1959), 621–626.

[31] 田村一郎, 葉層のトポロジー, 岩波書店, 1976.

[32] R. Thom, Variétés différentiables cobordantes, C. R. Acad. Sci. Paris, **236**(1953), 1733–1735.

[33] R. Thom, Quelques propriétés globales des variétés différentiables, Comment. Math. Helv., **28**(1954), 17–86.

[34] W. Thurston, Noncobordant foliations of S^3, Bull. Amer. Math. Soc., **78**(1972), 511–514.

[35] W. Thurston, Foliations and groups of diffeomorphisms, Bull. Amer. Math. Soc., **80**(1974), 304–307.

索引

■英字

analysis situs　103

Brieskorn 多様体　186
BU スペクトラム　91
$\mathcal{B}$ 同値 $\mathcal{A}$ コンコーダンス構造集合　192

Casson 不変量　187
CW 複体　35

Δ 集合　178

Gromoll filtration（グロモールフィルトレーション）　197

h 同境　126
h 同境体　125

J 準同型　64
J 準同型写像　163

$K(\pi,n)$ 空間　72
K 群　81
k 連結　165

L 種数　97

n 連結　61

PD 同相　146
PD 平滑化　147
PD 平滑化集合　148
PL 三角形分割問題　182
PL 多様体構造　180
PL 多様体構造集合　180
PL 多様体による三角形分割問題　117
PL 多様体の主予想　183
PL ファイバー束　149

$\mathcal{P}$ 作用素　79
Sq 作用素　79
standard mistake　178

Theorema Egregium　207

■ア行

アイレンベルグ マクレーン空間　72, 287
アイレンベルグ–マクレーンスペクトラム　91
アダムス作用素　86
アティヤ–シンガーの指数定理　285
アデム関係式　79
アノソフ葉層構造　305
アルフ–ケルベール不変量　145
アルフ不変量　170
アレクサンダーの双対定理　46
アレクサンダー–ホイットニー写像　29
安定コホモロジー作用素　78
安定同値　82
安定ファイバーホモトピー同値　158
安定平行化可能　136
安定法束　151
安定法束類　136
安定ホモトピー群　63, 163
安定類　151

異種球面　122, 204, 284
位相幾何の基本予想　112
位相多様体　112, 113
位相不変量　2
一意被覆ホモトピー性質　50
位置解析　103
一般化されたマンフォード–森田–ミラー類　325
一般コホモロジー理論　81
一般ホモロジー理論　81

ヴェイユ準同型写像　276
ヴェイユ代数　274

エキゾティック球面　122

オイラー　2, 101, 204
オイラー数　2, 19, 205
オイラーの多面体公式　2
オイラー標数　2
オイラー–ポアンカレ標数　9, 106
オイラー類　203, 227, 234
横断的にシンプレクティックな葉層構造　315
横断的に正則な葉層構造　315
横断的に正則な葉層構造に関するボット消滅定理　315
横断的にリーマニアンな葉層構造　314

■カ行
開星状体　16
回転数　41
概平行化可能　138
ガウス　2, 204
ガウス曲面論　205
ガウス曲率　206
ガウス写像　206
ガウス–ボンネの公式　2
ガウス–ボンネの定理　207, 278
可縮　32
カップ積　24
カービー–シーベンマン類　285
からみ複体　116
カルタンの定理　276
ガロア被覆　50
完全カップル　68
完全系列公理　39
完全積分可能　303

ギシン完全系列　265
ギシン準同型　53
基点付き（位相）空間　5
基点付き写像　5
基点付きホモトピー　6
基本群　6, 109
基本予想　285
基本類　159
キャップ積　30
球状　160
球体束　57
球面スペクトラム　91

球面束　57
球面ファイバー空間　157
境界作用素　8
共役バンドル　250
局所化定理　89
局所系　55
局所ホモロジー　35
曲面バンドルの特性類　316
曲率　239, 270, 274
曲率形式　240, 274

空間の局所化　93
グラスマン多様体　209, 213
クロス積　27
グロタンディック k 群　151
グロタンディック群　81
クロネッカー積　22

形式的ベクトル場　297
計量接続　245
ケルヴェア/ケルベール不変量　145, 285
ゲルファント–フックス・コホモロジー　291
ゲルファント–フックス理論　204, 291
懸垂　157
懸垂コホモロジー作用素　77
懸垂定理　62
懸垂同型　63

交叉数　107
高次解析的トーション　324
高次トーション　324
高次フランツ–ライデマイスター・トーション　324
構造群　222
構造群 H　52
構造方程式　240, 274
交点数　26
コサイクル　21
コサイクル条件　221
ゴッドビヨン–ヴェイ類　204, 312
コホモロジー作用素　76
コンコーダンスホモトピー群　191
コンコーダント　147, 152

■サ行
鎖　13
サイクル　8
ザイフェルト膜　47
細分　15

索引

鎖群　13
鎖準同型　11
鎖複体　13
鎖ホモトピー　15
鎖ホモトピー同値　26
三角形分割問題　112

次元公理　40
指数
　ベクトル場の——　44
次数1の法写像　156
自然性　212
実現　8
実ベクトルバンドルのホイットニーの公式　252
自明化　220
射　73
射影　209, 220
射影化　258, 261
弱ホモトピー同値　62
写像錐　158
写像柱　62, 158
写像度　41, 208
写像類群　317
周期性定理　83
充満部分複体　175
手術　141
手術完全系列　173
手術基本定理　167
手術理論　285
主束　52
シュティーフェル多様体　235
シュティーフェル–ホイットニー数　95, 278
シュティーフェル–ホイットニー類　95, 203
　普遍——　94
シュティーフェル–ホイットニー類の公理　267
主バンドル　271
主ファイバー束　52
シューベルト胞体　227
準単体的集合　177
障害理論　53
商バンドル　212
ジョルダンの曲線定理　47
ジョルダン–ブロウアーの定理　47
シンプレクティック基底　321

錘　58, 157

スピバック法ファイバー空間　160
スペクトラム　91
スペクトル系列　53, 67
　つぶれる——　71
スマッシュ積　92

正規被覆　50
星状複体　115
正則近傍　175
正則値　129
積分可能条件　304
切除公理　40
切除定理　33, 34
接続　238, 246, 269, 273
接続形式　240, 269, 273
切断　53, 212, 220
接バンドル　303
切片　33
セル　106
セールスペクトル系列　69
ゼロ切断　220
全空間　209, 220
全シュティーフェル–ホイットニー類　252
前層　54
全チャーン類　252
全ホロノミー群　306
全ポントリャーギン類　252

相対ホモロジー群　17
双対多面体　108
双対ベクトルバンドル　249
束化写像　172

■タ行
第一基本形式　206
第一シュティーフェル–ホイットニー類　226
第一障害類　74, 234
代数的交叉数　134
第二基本形式　206
タイヒミュラー空間　318
多様体　103
単体　7, 106
単体三角形分割問題　182
単体写像　15
単体集合　14
単体的鎖複体　13
単体的集合　177
単体（的）複体　7, 106
単体分割　8

単連結　6, 109

チェイン　13
チェックコホモロジー群　23
チェックホモロジー群　16
チャーン–ヴェイユ理論　268
　　——の基本定理　276
チャーン–サイモンズ形式　290
チャーン–サイモンズ理論　204
チャーン–サイモンズ類　291
チャーン指標　86
チャーン数　279
チャーン類　74, 203, 247
　　——の公理　267
超平面束　53
直線束　52
直線バンドル　210

底空間　209, 220

同境（コボルダント）　93, 125
同境環　93
同境体　125
同境理論　204, 279
等質空間　213
同相写像　104
同伴球面バンドル　225
同伴次数付き加群　70
同伴バンドル　225
同変 K 群　88
導来関手　55
特異 q 単体　11
特異コホモロジー群　21
特異鎖複体　13
特異ホモロジー群　11
特性写像　35
特性類　203, 212, 224
トッド級数　86
トッド類　86
トートロジー的直線束　53
トム空間　92, 139, 158
トム同型　57, 159
トム同型定理　57, 265
トムのコボルディズム理論（同境理論）
　　204, 279
トム複体　92
トム類　57, 159
ドラムコホモロジー　20
ドラムの定理　20
トレリ群　322

■ナ行
2 次特性類　205, 286
二重正二十面体群（複正 20 面体群）　10,
　　110

ねじれ部分群　9

■ハ行
葉　302
把手（ハンドル）分解　128
ハーラー安定性定理　323
バンドル写像　210, 223

ビアンキの恒等式　274
引き戻し　211
非特異　169
被覆空間　50
被覆ホモトピー性質　52, 157
微分　69
微分可能 M バンドル　220
微分可能構造　114
微分可能多様体構造　114
微分可能ファイバーバンドル　220
微分幾何学　205
微分構造　170
微分構造空間　170
微分同相写像　104, 115
微分トポロジー　204, 283
被約懸垂　58
被約錘　58
標準 q 単体　10
標準バンドル　215, 219
ヒルツェブルフの符号数定理　282
ヒル–ホプキンス–ラヴネル　285

ファイバー　52, 209, 220
ファイバー空間　64, 157
ファイバー沿い積分　54
ファイバー束（バンドル）　52, 220
ファイバーホモトピー同値　73, 157
複素化　230
複素グラスマン多様体　218
複素射影空間　28, 36
複素シュティーフェル多様体　236
複素直線バンドル　210
複素ベクトルバンドル　210
　　——のホイットニーの公式　253
符号数　282
符号数定理　96, 97, 204

索引

不動点
　非退化な── 43
不動点指数 43
不動点定理 42
部分鎖複体 14
部分バンドル 212
普遍係数定理 18
不変多項式 241, 246
不変多項式代数 275
普遍バンドル 276
普遍被覆空間 50
ブラウンの表現定理 90
フレヴィッツ準同型 61
フレヴィッツ同型定理 61
フロイデンタルの懸垂定理 63
ブロウアーの不動点定理 43
ブロック 176
ブロック束 149, 176
フロベニウスの定理 303
フロベニウスの定理 (微分形式による表現) 303
分解原理 85, 258
分布 274
分類空間 90, 136, 217, 276
分類写像 90, 217, 277

平滑化集合 148
平坦 G バンドル 286
平坦 M バンドル 296
平坦接続 286
ベクトル束 52
ベクトルバンドル 209
ヘッセ行列 128
ベッチ数 8, 106
ヘフリガー分類空間 314
変位レトラクト 32
変換関数 221

ポアンカレ 5, 102, 204
ポアンカレ級数 37
ポアンカレ球面 10, 35
ポアンカレ双対 24
ポアンカレ多項式 37, 106
ポアンカレの双対定理 9
ポアンカレ複体 155, 159
ポアンカレ–ホプフの指数定理 44
ポアンカレホモロジー球面 10, 110
ポアンカレ予想 10, 111
ポアンカレ–レフシェッツの双対定理 45
ホイットニー結合 158

ホイットニーの定理 216
ホイットニー和 81, 251
包合的 303
胞体 9, 35
胞体的鎖複体 36
胞体複体 35
胞体分割 35
法同境 156
法バンドル 215, 251, 304
ポストニコフ塔 76
ポストニコフ不変量 76
ポストニコフ分解 76
ボックシュタイン作用素 79
ホッジバンドル 321
ボット消滅定理 307
ボット接続 307
ボット–モース関数 49
ホプフの定理 42
ホプフファイバー束 53
ホプフ不変量 63
ホモトピー 5
ホモトピー型 32
ホモトピー群 58, 59
ホモトピー公理 39
ホモトピック 5
ホモトピー同値 32
ホモトピーファイバー 66
ホモトピー不変性 31
ホモトピー平滑化 171
ホモロジー球面 9
ホモロジー群 8
ホモロジー多様体 35
ホモロジー的胞体 9
ボレル構成 90
ホロノミー 287
ホワイトヘッドの定理 61
ポントリャーギン数 96, 278
ポントリャーギン–トム構成 138
ポントリャーギン類 97, 203, 244

■マ行
マイクロ束 149, 175
マイヤー–ヴィートリス完全系列 34
まつわり数 47
マンフォード–森田–ミラー類 320

向き 218
向き付け可能 218
向き付け同境 125
向き付け同境体 125

向き付けられたグラスマン多様体　214
向き付けられた実ベクトルバンドルのホイットニーの公式　253
向き付けられた無限グラスマン多様体　218
向きの局所系　56
向きの層　56
無限グラスマン多様体　217
無限次元実射影空間　72
無限次元複素射影空間　73
無限複素グラスマン多様体　219

面　7

モース関数　48, 128
モース骨格　111
モース指数　48
モース不等式　48
モース理論　47
持ち上げ　50
モノドロミー　287
モーラー–カルタン形式　272
モーラー–カルタン方程式　272

■ヤ行
誘導準同型　11
誘導バンドル　211

葉層 M 積バンドル　296
葉層 M バンドル　296, 306
葉層構造　204, 286, 301, 302
余鎖複体　21

■ラ行
リーマン　4, 102, 204
リーマン接続　245
リーマン面のモジュライ空間　316, 319
リーマン–ロッホ公式　96
臨界値　129
輪体　8

ループ空間　58, 78, 161
ルレー–ヒルシュの定理　56, 71, 259

レフシェッツ数　42
レフシェッツの不動点公式　43
連結準同型　18, 60
連結度　3
連結和　135

ロホリンの不変量　185

■ワ行
枠付き部分多様体　139
ワンの完全系列　67

幾何学百科 I
多様体のトポロジー　　　　　定価はカバーに表示

2016 年 11 月 5 日　初版第 1 刷
2017 年 2 月 10 日　　　　第 2 刷

　　　　　　著　者　服　部　晶　夫
　　　　　　　　　　佐　藤　　　肇
　　　　　　　　　　森　田　茂　之
　　　　　　発行者　朝　倉　誠　造
　　　　　　発行所　株式会社　朝　倉　書　店
　　　　　　　　　　東京都新宿区新小川町 6-29
　　　　　　　　　　郵便番号　162-8707
　　　　　　　　　　電　話　03 (3260) 0141
　　　　　　　　　　F A X　03 (3260) 0180
　　　　　　　　　　http://www.asakura.co.jp
〈検印省略〉

Ⓒ 2016〈無断複写・転載を禁ず〉　　　　中央印刷・渡辺製本

ISBN 978-4-254-11616-8　C 3341　　Printed in Japan

JCOPY <(社)出版者著作権管理機構 委託出版物>
本書の無断複写は著作権法上での例外を除き禁じられています．複写される場合は，そのつど事前に，（社）出版者著作権管理機構（電話 03-3513-6969, FAX 03-3513-6979, e-mail: info@jcopy.or.jp）の許諾を得てください．

東大 坪井　俊著
講座　数学の考え方5
ベクトル解析と幾何学
11585-7 C3341　　　　A5判 240頁 本体3900円

2次元の平面や3次元の空間内の曲線や曲面の表示の方法，曲線や曲面上の積分，2次元平面と3次元空間上のベクトル場について，多数の図を活用して丁寧に解説．〔内容〕ベクトル／曲線と曲面／線積分と面積分／曲線の族，曲面の族

前東大 森田茂之著
講座　数学の考え方8
集　合　と　位　相　空　間
11588-8 C3341　　　　A5判 232頁 本体3800円

現代数学の基礎としての集合と位相空間について予備知識を前提とせずに初歩から解説．一般化へ進むさいには重要な概念の説明や定義を言い換えや繰り返しによって丁寧に記述した．一般論の有用性を伝えるため少し発展した内容にも触れた

学習院大 川崎徹郎著
講座　数学の考え方14
曲　面　と　多　様　体
11594-9 C3341　　　　A5判 256頁 本体4200円

微積分と簡単な線形代数の知識以外には線形常微分方程式の理論だけを前提として，曲線論，曲面論，多様体の基礎について，理論と実例の双方を分かりやすく丁寧に説明する．多数の美しい図と豊富な例が読者の理解に役立つであろう

東工大 小島定吉著
講座　数学の考え方22
3　次　元　の　幾　何　学
11602-1 C3341　　　　A5判 200頁 本体3600円

曲面に対するガウス・ボンネの定理とアンドレーフ・サーストンの定理を足がかりに，素朴な多面体の貼り合わせから出発し，多彩な表情をもつ双曲幾何を背景に，3次元多様体の幾何とトポロジーがおりなす豊饒な世界を体積をめぐって解説

筑波大 井ノ口順一著
現代基礎数学18
曲　面　と　可　積　分　系
11768-4 C3341　　　　A5判 224頁 本体3300円

しゃぼん玉を数学的に表現した「平均曲率一定曲面」を中心に，曲面の幾何学の基礎を学ぶ．解ける(積分できる)偏微分方程式の研究である無限可積分系と微分幾何学が交差する「曲面の可積分幾何」のための，初めての入門書．

筑波大 井ノ口順一著
開かれた数学4
曲　線　と　ソ　リ　ト　ン
11734-9 C3341　　　　A5判 192頁 本体3200円

曲線の微分幾何学とソリトン方程式のコンパクトな入門書．「曲線を求める」ことに力点を置き，微分積分と線形代数の基礎を学んだ読者に微分方程式と微分幾何学の交錯する面白さを伝える．各トピックにやさしい解説と具体的な応用例．

明大 砂田利一・早大 石井仁司・日大 平田典子・
東大 二木昭人・日大 森　　真監訳

プリンストン数学大全
11143-9 C3041　　　　B5判 1192頁 本体18000円

「数学とは何か」「数学の起源とは」から現代数学の全体像，数学と他分野との連関までをカバーする，初学者でもアクセスしやすい総合事典．プリンストン大学出版局刊行の大著「The Princeton Companion to Mathematics」の全訳．ティモシー・ガワーズ，テレンス・タオ，マイケル・アティヤほか多数のフィールズ賞受賞者を含む一流の数学者・数学史家がやさしく読みやすいスタイルで数学の諸相を紹介する．「ピタゴラス」「ゲーデル」など96人の数学者の評伝付き．

東大 川又雄二郎・東大 坪井　俊・前東大 楠岡成雄・
東大 新井仁之編

朝　倉　数　学　辞　典
11125-5 C3541　　　　B5判 776頁 本体18000円

大学学部学生から大学院生を対象に，調べたい項目を読めば理解できるよう配慮したわかりやすい中項目の数学辞典．高校程度の事柄から専門分野の内容までの数学諸分野から327項目を厳選して五十音順に配列し，各項目は2～3ページ程度の，読み切れる量でページ単位にまとめ，可能な限り平易に解説する．〔内容〕集合，位相，論理／代数／整数論／代数幾何／微分幾何／位相幾何／解析／特殊関数／複素解析／関数解析／微分方程式／確率論／応用数理／他

上記価格（税別）は2017年1月現在